前 言

认清形势　把握机遇

《建造师17——走进后金融危机时代》一书终于与广大读者见面了。

　　随着世界主要经济体经济呈现不同程度的复苏,第二次世界大战以来最为严重的世界经济衰退结束迹象初显。当前世界经济正处于新一轮经济周期的上升期。有预测,今后5~10年,世界经济发展速度将快于20世纪80年代~90年代。中国、印度、俄罗斯和巴西等发展中大国的先后崛起,将加速国际经济关系调整与格局演进,多极化趋势将日趋明显。世界经济整体趋势向好。

　　世界经济进入后金融危机时代,如何认识清国际、国内经济形势、如何应对瞬息万变的形势,我们组织了一组具有一定权威性的、高质量的分析、探讨、指导性文章,内容包括后金融危机时代我国宏观经济形势的分析、劳动力市场分析、国际工程承包市场及中国建筑企业分析、我国政府应采取的相应对策建议等,供建筑业广大同仁参考。

　　2010年4月2日,是《邓小平同志关于建筑业和住宅问题的谈话》发表30周年的日子,为了纪念"讲话"的发表,我们特别刊出"中国建筑业60年演变与持续发展"、"中国建筑承包市场的体制变革",与广大读者共同回顾我国建筑业60的发展与变革,感怀邓小平同志的英明决策。

　　从美国工程新闻纪录公布2010年225家最大全球承包商的数据看,在以包括本国市场在内的总营业收入为依据进行排名榜单上,中国企业占据了前10名中的5个席位,中国企业取得的成绩有目共睹,但中国国际工程承包企业与世界一流工程承包企业相比还存在不小的差距。这种差距体不仅表现在经营规模上,而且还体现在行业结构方面。如何培养企业的核心竞争力,使我国建筑企业在国际承包市场上能有更出色的表现,请参阅"著名国际承包商核心竞争力对我国企业的启示"一文。

　　传承《建造师》丛书的一贯风格,我们给读者作贡献了一批有借鉴意义的案例供建造师们参考。

　　2011年,《建造师》仍将本着为广大建造师服务的宗旨,为读者奉献更多可借鉴性比较强的文章,并努力提高丛书的品位,力争为读者提供一些更具指导性的内容。

　　期待广大建造师朋友、广大读者继续关注、支持《建造师》!

图书在版编目(CIP)数据

建造师 17——走进后金融危机时代 /《建造师》编委会编. —北京：
中国建筑工业出版社，2010
ISBN 978-7-112-11917-2

Ⅰ.建... Ⅱ.建... Ⅲ.建造师—资格考核—自学参考资料 Ⅳ.TU

中国版本图书馆CIP数据核字(2010)第044389号

主　编：李春敏
特邀编辑：李　强　吴　迪
发　行：杨　杰

《建造师》编辑部
地址：北京百万庄中国建筑工业出版社
邮编：100037
电话：(010)58934848
传真：(010)58933025
E-mail：jzs_bjb@126.com

建造师 17——走进后金融危机时代
《建造师》编委会　编

*

中国建筑工业出版社出版、发行(北京西郊百万庄)
各地新华书店、建筑书店经销
北京朗曼新彩图文设计有限公司排版
世界知识印刷厂印刷

*

开本：787×1092毫米　1/16　印张：18 1/2　字数：620千字
2010年12月第一版　2010年12月第一次印刷
定价：35.00元

ISBN 978-7-112-11917-2
(19176)

版权所有　翻印必究
如有印装质量问题，可寄本社退换
(邮政编码 100037)

特别关注

1　世界经济复苏和中国经济形势　　　　　　　　　　谢明干
10　后金融危机时代的国际工程承包市场和中国企业竞争力分析
　　——2010年国际工程承包商225强业绩评述
　　　　　　　　　　　　　　　　　　　王云升　唐润帆
14　劳动力市场新挑战　　　　　　　　　　　　　　蔡　昉
23　迪拜债务危机对中国工程建筑的影响与警示　　　宓　雯
27　论政府在大型海外建筑承包工程中的作用与角色
　　　　　　　　　　　　　　　　　　　　　　　　张　茜
30　我国海外承包工程的风险与危机应对　王宏伟　李贺楼
34　2010年国际建材价格走势分析　　　　　　　　罗　亮
37　"金砖四国"：崛起与挑战　　　　　　　　　　林跃勤
41　谨防泡沫风险　维持持续增长　　　　　　　　林跃勤
45　关于利用外汇储备支持海外资源开发的政策建议
　　　　　　　　　　　　　　　　　　　　　　　任海平
51　钢材期货—中国钢材企业应对铁矿石金融化的关键对策
　　　　　　　　　　　　　　　　　　　　　　　胡毓鑫
55　中国建筑业60年演变与持续发展　　　　　　　韩　孟
60　中国建筑承包市场的体制变革　　　　　　　　常　健
63　从供需视角解读2010年中国房价走势　　　　　徐　枫
68　建设领域欠薪问题原因及对策探讨
　　　　　　　　　　　　　孙瑜香　陈　云　张丽宾

案例分析

73　国际工程承包项目融资策略及风险分析
　　——以非洲能源项目为例　　　　　　李砚琪　彭　翱
77　KH变电站工程项目的质量控制　　　　　　　　顾慰慈
85　Momentive 南通有机硅项目污水处理开车　　　韩江涛

97	南水北调西四环暗涵穿越岳各庄桥施工技术措施 ……高强 张健
100	浅谈高层建筑梁柱节点中施工的技术措施 ……朱建奇
102	A国LNG水工工程项目风险分析 ……马金才 刘晖 杨俊杰
108	川气东送地面工程项目管理应用实践 ……范承武
115	项目风险管理在中国移动TD-SCDMA一期建设项目中的应用 ……蔡雪梅
118	曹妃甸原油码头及配套工程项目管理实践 ……刘硕
121	多种消防系统在大跨度、高空间建筑中的应用 ……王建全 贾继业
127	装饰工程职业健康安全管理案例分析 ……张能训
130	电力隧道防水问题及措施 ……许颖 史海波

企业管理

134	著名国际承包商核心竞争力对我国企业的启示 ……吕萍
139	儒家思想在现代人力资源管理中的运用探析 ……赵利民
146	充分发挥央企集团优势以投融资方式大力拓展基础设施业务带动区域经济发展 ……宋旋
150	关于提升建筑业劳务分包管理水平的思考 ……曹向阳
154	中建城建公司绩效考核体系改革研究 ……姜旭
159	加强建筑施工企业的"二次经营" ……李光庆

成本管理

162	浅谈建筑工程项目的成本管理 ……李慧
166	科学发展全面推进铁路施工责任成本管理 ……任刚

项目管理

171	谈谈矿业工程施工项目风险管理的几个问题 ……贺永年

本社书籍可通过以下联系方法购买：
本社地址：北京西郊百万庄
邮政编码：100037
发行部电话：(010)58934816
传真：(010)68344279
邮购咨询电话：
(010)88369855 或 88369877

质量管理

174　水运工程的质量检验标准与质量通病的防治　　王海滨

178　高速公路路面混凝土塑性裂缝的防治　　李　锐　付庆海

180　QS变电所配电装置项目的质量控制　　顾慰慈

194　浅论建筑企业的质量管理　　李建伟

合同管理

188　单项建造合同完全独立核算架构探讨　　张荣虎

190　初论工程成本加酬金合同　　金铁英　徐金晶　杨俊杰

195　论FIDIC合同下咨询工程师的地位与作用　　安　倩

198　论保证国际工程承包项目合同的顺利执行　　龚美若

安全管理

201　论建筑施工企业安全生产长效机制的建立　　陈　新

工程法律

205　建筑施工领域的主要侵权行为及其法律处理(下)
　　　　　　　　　　　　　　　　　　　　　　曹文衔

211　新颁《侵权责任法》有关建筑施工领域侵权损害赔偿的新特点　　曹文衔

215　《突发事件应对法》视角下建筑应急管理的关键环节
　　　　　　　　　　　　　　　　　　　　　　王宏伟

海外巡览

218　房地产泡沫与新城计划：日本经济高度增长时期的经验
　　　　　　　　　　　　　　　　　　　　　　西村友作

222　俄罗斯国际工程承包项目政策透析　　苏　可

建造师论坛

226　水下地形测量方法的选用对比研究　　牛根良

229　读毛泽东主席的《矛盾论》有感
　　——运用"矛盾论"分析国有设计企业的经营与管理
　　　　　　　　　　　　　　　　　　　　　　薛　峰

233 关于建筑业发展走向的哲学思考 袁小东

237 深化收入分配和社会保障制度改革
——优先改善建筑工人的工资待遇 蔡金水

244 项目计划管理快速入门及项目管理软件 MS Project 实战运用(七) 庄淑亭 马睿炫

251 结合长春盛世城项目探析大型城市综合体全过程控制的方略要点 龚建翔 张玉霞

254 结合长春"盛世城"城市综合体探析 CBD 区域内大型地下停车场的建设与管控 任晓光 龚建翔

257 上海环球金融中心工程项目管理的体会 钱进

261 BM 轻集料砌块在工程中的应用
——京辉高尔夫俱乐部会馆工程砌筑施工总结 王威

264 "大智慧"决胜 4·18"高标准"打造高铁劲旅
——北京建工集团天津西站"4·18"既有线第一次拨线施工提前告竣 张炳栋

267 浅谈工程索赔 郑丽

建造师风采

270 非洲建筑工地上的故事(七) 大凉

建筑节能

272 以发展节能建筑为突破口推动建筑业节能降耗减排 陈庆修

276 低碳,悬在中国工程承包企业头上的达摩克利斯之剑 周密

279 可持续发展与国际绿色建筑评估体系 王文广

281 市场化是推动绿色建筑发展的关键 张晨强

信息博览

286 注册建造师继续教育管理暂行办法

《建造师》顾问委员会及编委会

顾问委员会主任：姚　兵

顾问委员会副主任：刘宇昕　赵春山　叶可明

顾问委员会委员（按姓氏笔画排序）：

刁永海	王松波	王燕鸣	韦忠信
乌力吉图	冯可梁	刘贺明	刘晓初
刘梅生	刘景元	孙宗诚	杨陆海
杨利华	李友才	吴昌平	忻国梁
沈美丽	张　奕	张之强	吴　涛
陈英松	陈建平	赵　敏	赵东晓
赵泽生	柴　千	骆　涛	高学斌
商丽萍	常　建	焦凤山	蔡耀恺

编委会主任：丁士昭

编委会委员（按姓氏笔画排序）：

习成英	王要武	王海滨	王雪青
王清训	王建斌	尤　完	毛志兵
任　宏	刘伊生	刘　哲	孙继德
肖　兴	杨　青	杨卫东	李世蓉
李慧民	何孝贵	陆建忠	金维兴
周　钢	贺　铭	贺永年	顾慰慈
高金华	唐　涛	唐江华	焦永达
楼永良	詹书林		

海外编委：

Roger.Liska（美国）

Michael Brown（英国）

Zillante（澳大利亚）

特别关注

世界经济复苏和中国经济形势

谢明干

(国务院发展研究中心世界发展研究所，北京 100010)

中国经济工作近期的首要任务，是要把稳增长同惠民生结合起来

当前我国经济形势总体上说是比较好的，积极因素正在增加。但外部环境仍然比较严峻，世界政治局势又不断动荡，世界经济复苏的前景不明朗；从内部看，无论是发展还是改革、稳定，都有大量问题急待解决。其中最紧迫的，是要保持经济平稳较快增长，并且把稳增长同惠民生结合起来。

首先，思想认识要统一到"平稳较快"上来。 要树立两个观点：一是坚持"好字当头"，着重经济增长的质量和效益；而不能"快字当头"，片面追求高速度。改革开放前，我们吃够了只求"多快"不顾"好省"造成巨大损失和引发许多严重经济社会问题的苦头；改革开放以来，也发生过几次经济过热，有的年份经济增长速度超过两位数，通货恶性膨胀、生态环境恶化、资源大量消耗等问题接踵而来，教训也很深刻。一年多以前，为了尽快扭转在国际金融危机冲击下连续下跌的经济颓势，提出了"保增长"的口号，这是正确的。但是保增长，不是不顾质量和效益地为增长而增长，而是按照科学发展观的要求"科学"地增长、持续地平稳较快地增长。有的媒体提出"千方百计保增长"、"全力以赴保增长"，这是不妥当的。如果那样，中看不中用的"形象工程"、"政绩工程"，劳民伤财的"节"、"庆典"，盲目发展、形成包袱的低水平重复建设，以及挪用银行贷款去炒股炒楼等现象又会大行其道，造成巨大的损失和浪费。现在GDP的增幅已经超过8%这个比较理想的目标，"保增长"就要适时转到"稳增长"（平稳地增长）上来，既不让它下跌，又防止它盲目飙升、引发经济过热。但是有的人似乎又头脑发热起来，提出要搞几个"世界第一"，要维持10%以上的增长速度等等。其实，增长8%左右，在世界上已经是"高速"了，经验表明，这样的速度既有利于促进就业和增加财政收入，又为调结构、转方式、实现可持续发展创造必要条件和良好的环境。因而保持8%左右的增长速度，应是我们今后一段时间的计划目标。只要这个速度是实实在在的、没有水分没有泡沫的，就是"理想"的速度。"保增长、扩内需、调结构、惠民生"的提法应改为"调结构、扩内需、稳增长、惠民生"，把调结构放在经济工作的首位。二是继续坚持刺激经济增长的政策，保持宏观经济政策的连续性和稳定性。鉴于当前世界尚未摆脱金融危机的影响，我国经济企稳回升的基础尚不牢固，宏观经济政策的重点仍应是应对危机、刺激经济增长，如果过早"退出"，就不可能保持"较快"增长，而且会使既得成果丧失掉。与此同时，刺激的力度也应视经济运行情况的变化，适时作出必要的调整。

第二，坚持扩大内需，并且从以扩大投资为重点转为以扩大消费为重点。 改革开放以来，我国经济以近10%的速度持续增长，但最终消费率不升反降，到2008年只有48.6%，比世界平均水平低近30个百分点，比"金砖四国"中的俄、印、巴也落后十几二十多个百分点。最终消费率下降，迫使经济增长更多地依赖于投资和出口的拉动，而高投资会带来能源的高消耗和环境的高污染，高出口则增大从外部输入的高风险，导致货币过量供应和通货膨胀。要保持经济的平稳较快增长，防止经济企稳回升的势头逆转，关键就在于扩大消费尤其是居民消费。

扩大居民消费，在城镇，要保障市场供给，保持农副产品市场供应的基本稳定；要大力发展和扩大社区商业、物业、家政等便民消费，家电、汽车、摩托车、手机等换代消费，文艺、出版、网络、动漫、体育等文体消

特别关注

费、旅游、娱乐、餐饮等休闲消费,信用卡、分期付款、租赁等信用消费,传统节假日、现代庆典活动等节庆消费,完善有关政策,采取有效措施;要提倡和鼓励发展多种市场形式,如各种专业市场、农贸市场、早市、夜市和旧货市场、跳蚤市场、拍卖市场、典当市场等,并且加强管理规范,维护好正常的市场秩序。

扩大居民消费的最大潜力在农村,工作重点也应在农村。这是因为农村人口多、消费水平低、消费设施落后,扩大消费的空间非常大。挖掘农村消费的巨大潜力,是推动我国经济持续、长远发展的不竭动力。要改变扩大消费重城市轻农村的状况,在调整农业结构,增加农民收入,加强对农民工的公共服务和社会管理,建立农村现代流通体系,完善农村社会保障体系等方面下大工夫,采取得力的政策措施。

第三,努力稳定外需、扩大出口。这次国际金融危机对我国经济的冲击,最突出的是外需严重不足,出口从2008年11月连续大幅下降。2009年前10个月出口额同比负增长20.5%,而2001至2008年出口额年均增长24.4%,可见出口落差之大。根据前些年的经验,出口额一年下降10%,就会使GDP增幅减少2个百分点。2009年秋交会的出口订单交易额,比上年和2007年的秋交会分别减少3.4%和17%,而且以小额、短期订单居多,这说明外需的回升是缓慢的、不稳定的。我们要继续采取各种政策措施,特别是要切实贯彻落实出口多元化战略,不仅要做到出口产品多元化,更要实现出口地区多元化;不仅要以更好的产品性能、质量和服务力保和扩大对美、日、欧等大国的出口份额,更要大力开辟和扩大俄罗斯、印度和中东、拉、非等的出口市场。

我国近些年的外贸实践表明,同有关国家组建自由贸易区,在稳定外需、促进进出口和保持份额方面有显著作用。我国对自贸伙伴国的出口表现明显好于同期对全球的出口,如家具、箱包、鞋类的出口增幅就高214%、72%和52%。不仅如此,自贸区还促进了我国对自贸伙伴国出口结构的优化,如中-智自贸协定实施头两年,我国电子电器、电脑通讯、机械设备等的出口额就增长百分之好几十。我国已与14个国家签署了自贸协定,希望今后有更多的自贸协定签署和实施。

第四,着力培育新的经济增长点,如电动汽车、节能环保、新能源、信息、医药、新材料、生物育种、现代物流、绿色食品、网络动漫、旅游、文化、职业培训、社区服务等等。

为什么说当前的首要任务是要把稳增长和惠民生结合起来呢?这首先是落实科学发展观的要求和发展经济的根本目的。其次,这是保持社会稳定的需要,是建设和谐社会的基础。第三,这又是扩大消费、夯实经济企稳回升基础的需要。民生不改善,消费上不去,发展生产就缺乏动力。随着经济的发展,使人民群众分享到相应的经济成果,特别是让困难较多的群众得到看得见摸得着的好处,才能更好地鼓舞广大群众的积极性,增强继续战胜困难、共克时艰的信心。

改善民生的头等大事是扩大就业。就业压力大,始终是我国现代化进程中的一个突出问题。当前这个问题尤为突出,是影响社会稳定的首要因素。扩大就业,首先要更新观念。一是要充分认识就业形势的严重性以及扩大就业的紧迫性,把它放在经济工作更加突出的位置上,财政、金融、投融资、劳动、工商管理等方面的政策都应该更多地向它倾斜,给它支持,坚持稳增长与促就业并重。二是要端正投资方向,不要只盯着铁路、公路之类的基础设施和一般的工业企业项目,除非十分必要和紧迫,应更多(或主要)投向有利于改善民生、扩大就业的项目。投资应优先考虑就业。过去GDP每增长1个百分点,可新增加约120万人就业,近几年只能新增加五六十万人,这固然与工业企业劳动生产率提高有关,但主要是由于只考虑投资拉动GDP增长的作用,很少考虑投资就业效应的大小。据中国社会科学院的调查,在"废弃资源和废旧材料回收加工业",平均每9万元投资对应一个就业岗位;而"黑色金属冶炼及压延加工业"(如钢铁业),平均需要155万元投资才能对应一个就业岗位。2009年1~5月前者的投资仅55亿元,后者却近1 000亿元。这说明投资的方向对创造就业岗位的多少关系很大。不仅在投资领域,而且在生产、流通、消费等领域,都应该把促进和扩大就业作为一个重要的目标来对待。

其次要创新就业途径和方式:(1) 最大的就业增长点是服务业。随着经济的增长,不仅传统的服务业的需求大大增加,而且现代的服务业(如电信、传媒、金融、物流、交通、文化、医疗等)的需求和发展潜力都非常大,第二产业尤其是装备制造业的发展和升级也需要现代服务业更多的支持。只要政府放松对服务业的限制,消除垄断,降低门槛,鼓励民资进入,让资源自由流动，就能创造出大量就业岗位来。(2)最大的就业载体是中小企业。我国就业的劳动力，有60%以上在中小企业。中小企业就业范围广、就业形式多、就业弹性大，经营灵活、讲究效率、"船小好调头"，又富有勇于创新和吃苦耐劳精神，能够大量提供就业机会，大量创造税收，为大企业和人民生活提供大量服务。从政府部门到广大群众，在思想认识上和政策措施上都应消除对中小企业的偏见、歧视与各种限制，积极扶持。在这个非常时期更应把这件事作为一项非常的工程来抓。(3)最需要提倡的就业方式是劳动者自主创业。目前在劳动市场上，常常出现千人万人竞聘一个工作岗位的现象。也有些大学毕业生，为了找一个"理想"的工作岗位，长期赋闲在家，这是人力资源的一大浪费。政府部门和社会舆论应广泛宣传更新择业观念和提倡自主创业。据有的地方的经验，一个回乡农民工创业，至少可带动5个劳动者就业。回乡农民工、企业下岗职工、复员军人、大学毕业生自主创业，已有许多成功的范例。政府部门和社会各方面应从政策、资金、培训、舆论等多方面给以大力鼓励和支持，在全社会营造自主创业的气氛和环境。大学毕业生到农村当"村官"，到城镇街道、社区做管理工作，既可在一定程度上缓解就业的紧张，又可使他们得到宝贵的实际锻炼机会，很值得提倡和鼓励。(4)最根本的措施是加强专业培训和职业教育。经济和科技的快速发展，使劳动者现有的知识和技能越来越不适应实际需要，因此提供多种渠道、多种形式、多种层次的专业培训和职业教育，既是短期扩大内需的一个着力点，是提升求职者的就业能力、拓宽就业渠道、促进劳动就业与再就业的紧迫要求，也是全面实施科教兴国战略、实现经济社会可持续发展的重要支撑。有的研究资料指出，如果把我国制造行业职工的学历提高到高中，企业劳动生产率可提高24%，城乡劳动力教育受益率可提高17%~21%。因此，一定要把教育(特别是职业教育)和培训(特别是企业职工培训)作为经济长期、持续发展的重要支撑，大力办好。

改善民生迫切需要做的另一件大事是提高中低收入者的收入水平。扩大消费，必须提高中低收入者的收入水平，使他们有更高的购买力，想消费、能消费、敢消费。提高中低收入者的收入水平，从根本上说，要靠经济发展和产业提升。从近期看，除了要着力增加就业外，主要是：(1)提高劳动者的收入水平。现在，劳动者工资增长赶不上企业利润增长已成为一个普遍现象，而且这种差距还在不断扩大。为此，要提高企业职工的工资，使之与其劳动绩效、工作技能相对称，与企业的经济效益相对称。同时也要提高退休人员的养老金和社会优抚对象的待遇水平。(2)减少居民的税收支出。主要是提高个人所得税起征点，建议提高到4 000元；同时，加强税收征管，堵塞收税漏洞，特别要大力加强对高收入者和企业主的纳税征管，做到应收尽收。(3)努力提高农民收入。一是根据市场的变化，适时提高粮食的收购价，使种粮农民的实际收入不仅不因成本提高和粮食增产而降低，而且还有所提高，以保护农民种粮的积极性和稳定农副产品的总体价格。二是大力推广退耕还林(还湖、还草)，坚持行之有效的以粮代赈、国家提供树苗和补贴、林木产权归己的政策。这不仅有利于改善生态环境，又可以使农民得到实实在在的好处。三是加强科技下乡，指导农民提高劳动生产率，引导农民开拓新的生产领域(包括各种养殖业、农副产品加工业等高效农业、设施农业，城乡流通业、服务业等第三产业和各种优势产业、特色产业等)，以拓宽农民增加收入的途径。四是推进农业产业化经营，扶持龙头企业，通过"公司+基地+农户"的模式，减少农民生产风险，稳定收入预期。五是做好对农村富余劳动力转移就业的培训和指导，鼓励和帮助他们就地创业、就近就业。六是对农村职业教育与培训、科技推广、自主创业、购买机具等采取支持、优惠政策。对家电、汽车等下乡，不仅要疏通运销渠道，还要搞好服务，尽量减免农民在运输、安装、维修等方面的支出。七是按照广覆盖、保基本、多层次、可持续原则，加快健全农村社会保障体系，落实农村五保供养政策，使被征地农民的基本生活长期有保障。(4)改变"干得多，挣得少"的状况，确保多劳动、劳动好的人有更多的收入。在提供公共产品的单位，也要认真推行绩效工资制度。(5)加快城乡医疗体制改革和普及义务教育，减少居民在医疗、教育方面的费用开支。

中国经济要长期保持平稳较快发展，必须大力调结构、转方式、促改革

制约我国经济长期保持平稳较快发展的瓶颈，主要是经济结构不合理。经济结构是一个很大的体系。从宏观方面来说，有：(1)国民经济的产业结构，即第一、二、三产业之间的比例关系。2009年第一产业占

GDP的比重为10.6%,第二产业为46.8%,第三产业为42.6%;而目前发达国家第三产业约占70%,有些发展中国家也达到50%。这表明我国第三产业占比太小,发展滞后,存在着重生产轻流通轻服务轻民生等问题;第二产业占比又太大,存在着重复建设、资源大量消耗、环境污染严重等问题。(2)国民经济的需求结构,即投资、消费和出口这"三套马车"之间的比例关系。目前这一比例很不协调,经济增长过分依赖增加投资和扩大出口,消费占的比例太低。发达国家个人消费支出约占GPD三分之二,世界平均为76%,而我国还不到50%,这既不利于改善民生和社会稳定,又妨碍经济发展的良性循环和可持续。(3)地区经济结构,即地区之间的经济比例。我国东部沿海地区经济发展水平比较高,中西部地区比较低,虽然西部大开发战略实施了10年,但同东部的差距仍然不小,而且还有扩大的趋势,必须加大国家与东部地区对中西部的扶持、支持力度。(4)城乡结构,即城市与广大农村的经济比例。从中观方面来说,主要有工业产业结构和农业产业结构,还有各个行业、各个领域的内部结构,诸如投资结构、消费结构、进出口结构、信贷结构、外汇结构、利用外资结构、收入分配结构等等。从微观方面来说,有企业组织结构、工资结构、劳动力结构等等。所有这些结构,目前都积累了许多不合理不均衡的问题,急需加以调整,使之适应迅速变化的形势,也为长远的持续发展夯实基础。

调整经济结构与转变发展方式是一个问题的两个方面,是相辅相成、相互促进的。一方面,加快经济结构调整是推动经济发展方式转变（从主要依靠投资、出口拉动转为消费、投资、出口协调拉动,从主要依靠第二产业拉动转为第一、二、三产业协同拉动,从高能耗、高排放、高污染、低效益转为低能耗、低排放、低污染、高效益,从粗放型、高投入型转为集约型、节约型）的重要抓手和主攻方向。可以说,经济结构不合理就是我国经济发展方式落后的主要原因。另一方面,加快发展方式转变是促进结构优化、产业提升和科技进步的推动力。

深化经济体制改革,是要把立足当前与着眼长远结合起来,把发挥市场机制作用与加强宏观调控结合起来,消除制约经济社会发展的突出矛盾和影响长期发展的体制障碍,为调结构、转方式和可持续发展提供不竭的动力和体制保障。把调结构、转方式、促改革结合起来、一同推进,是经济工作的长期任务。

（一）下大决心大工夫解决工业生产能力过剩问题。产能过剩是影响我国工业和经济可持续发展的一大问题。过去,"五小"企业一哄而起,遍地开花,形成了一大批规模小、水平低、质量差、消耗高、污染严重的产能;"十五"规划以来,固定资产投资高速增长,又形成了一大批低水平重复建设的过剩产能。现在,除一次性能源和矿产开采行业外,所有工业行业的生产能力都明显大于社会有效需求。钢铁行业的过剩产能,已有1亿吨之多;水泥产能过剩近3亿吨;铝冶炼行业生产能力放空35%以上;家电的生产能力,约为国内市场需求的一两倍;汽车虽然目前很热销,但全国产能过剩每年亦多达300万辆。现在不仅有低水平重复建设问题,也有高水平重复建设问题,属于新兴产业的煤化工、多晶硅和风电设备,就被国务院列入6个产能过剩产业之中。风电设备行业的整机企业数量,已经超过了全世界其他地区的总和。导致产能过剩的原因,从指导思想上说,是重速度轻效益、重投资轻消费、重数量轻质量品种,认为"经济怕冷不怕热";从工作上说,主要是体制改革不到位,没有充分发挥市场机制的基础性作用,竞争不充分,定价不合理,行业垄断,地区封锁;同时,宏观调控和指导不力,市场规则不健全,市场监管不力,对地方和企业主要考核产值指标,地区经济发展主要依赖工业扩张,等等。产能过剩造成了产成品库存积压,生产能力放空,企业效益差甚至亏损,生产技术水平低,竞争和抗风险能力弱,影响产业有序发展和经济合理布局。

解决产能过剩问题,要从多方面着手:一是指导思想要从片面追求产值解脱出来,认识到扩大内需不是以扩大投资为主,更不是以扩大工业投资特别是加工工业投资为主,而应投资、消费统筹兼顾,以扩大最终消费为主。扩大内需也不是所有产能都扩大,所有企业都开足马力生产,而是要根据国内外市场供需情况,有扩大、有缩小,更有优胜劣汰,坚决把落后的过剩的产能淘汰掉,而着力扶持有市场需求而能力不足或技术亟待提高的企业和重要的生产技术环节。目前,钢铁、纺织、轻工、机械行业的产品,"大路货"多,高端技术、高附加值的少。风电设备,低端制造部分过剩,高端技术不足,如高性能大叶片等核心技术部件市场供不应求。二是通过信贷和质量监督的手段,继续淘汰各种"五小"企业,并严格监管,防止其死灰复燃。三是强化市场竞争。项目招标和推销、采购，应着重质量、技术和资信，不应把价格放在首位。要严厉打击假冒伪劣。要通过立法执法坚决打破垄断。四是投资与信贷，要向销路好的企业、企业技术改造、开发高端产品、创新自主品牌倾斜。五是提高产业准入门槛、市场准入门槛。不仅考核其资金来源、资源供应、市场销路等条件，也要考核其技术先进性、规模经济性、商业诚信、对环境的影响等。六是建立过剩产能淘汰机制，妥善解决职工安置、债务化解、企业转产以及地方财政收入受影响如何增收等一系列问题。

（二）推动企业兼并重组，优化产业组织结构。近些年，国内一些企业通过收购兼并重组迅速发展起来，特别是一些实力雄厚的企业成功地收购了海外一些知名企业，大大拓展了发展空间、增强了实力。现在世界经济处于后危机时期，正是推进企业兼并重组的有利时机。(1)积极推进大企业的收购兼并工作。随着市场经济的发展和信息技术的广泛应用，社会分工越来越细化，生产越来越专业化。以少数大企业为龙头，以大量小而专、小而精的小企业为配套，组成专业化协作体系，运用先进技术，进行规模生产，是适应经济全球化、实现工业现代化的客观要求。大企业肩负为社会提供重要产品，为国家创造大量税收的重任，产业链长，带动作用大，在不断增强国家的实力、满足人民群众不断增长的需要和保障国家的安全等方面有重大作用。要在产业政策的指引下，充分运用市场机制，鼓励与引导大企业兼并重组，但不可随意行政干预，搞"拉郎配"。(2)大力扶助中小企业并鼓励其向大企业靠拢。我国中小企业的数量占99%，经济总量占60%，吸纳就业占80%，是我国经济的重要组成部分，但一直存在管理粗放、信息不灵、创新能力弱、缺乏核心技术和自主知识产权的品牌等问题。扶助中小企业发展，需要加大财税、金融政策的支持，特别是缓解中小企业融资难、担保难的问题，还需要制定产业准入标准与质量标准，以引导中小企业产业升级。鼓励中小企业向大企业靠拢，为大企业生产元器件、零部件、"拾余补缺"，组成相对稳定的协作体系，也是一个重要的方面，这对于调整产业结构、提高行业的集中度也是很必要的。(3)鼓励企业海外并购，做大做强。据报道，截至2009年11月底，我国中资企业海外并购交易完成32起，并购金额超过133亿元，其中属能源、矿产行业的金额占93%。如华能收购新加坡大士能源、五矿收购世界第二大锌矿商等，成效都比较好。实践表明，有条件的企业走出去投资、并购或搞贸易、开展国际合作，是培育国际性现代企业的必经之途。根据已有经验，走出去尤其是海外并购，需要注意掌握好以下几点：编制可行性报告，全面分析投资国的投资环境、各种风险及技术实用性；强化内外法律意识，加强对各种风险的防控；建立健全现代企业制度，完善法人治理机构，强化总部对海外人员、资金的调控能力；充分利用中介机构在信息收集、业务咨询、人才引进、熟悉当地情况等方面的优势，为己服务；重视履行企业的社会责任，如扩大就业、保护环境、积极参与当地公益活动等；熟悉当地的法律、文化传统、风土人情，拓宽社会联系，尽快融入当地主流社会；等。

（三）进一步加大自主创新和技术改造的力度。我国经济之所以受到国际金融危机很大冲击，固然有外部市场变化的影响，但主要是由于我国经济本身的脆弱性所致。这种脆弱性是内部各种结构性矛盾的集中反映。特别是我国经济发展基本上是低层次的规模性扩张，自主创新能力弱，核心技术少，在全球产业链中大多数处在低端地位（组装加工），因而技术和市场都严重依赖于外部。这种状况必须尽快改变，扩内需、调结构、转方式都应以大力推进科技进步提高自主创新能力为重点。这对于企业在国内外市场竞争中发展壮大和长远发展是一条根本途径。

(1)进一步增加科技投入。近年来，我国全社会科技投入持续增加，2009年中央财政科技拨款1461亿元，比上年增长25%，地方的拨款还超过此数。但科技拨款的比重，与发达国家和一些发展中国家相比仍有较大差距。这是制约我国自主创新能力提升的主要瓶颈。不久前，美国政府提出，金融危机表明，单靠市场本身并不能促进长期社会效益。必须采取历史性步骤，把创新作为确保经济长期繁荣的良方。为此，美国政府已设立逾千亿美元的资金，推出一系列的创新战略。我们在扩大内需增大投资力度时，不仅要增加生产性投资，更要大幅增加科技性投资，包括开展重大科技专项、重点产业关键技术攻关、添置和更新科技设施设备、技术引进、消化、吸收和创新，组织产学研共同体，发展科技中介机构，科技人才引进和培训，等。

(2)推行以企业为主体的产学研相结合的长效机制。这种科技创新联盟聚集了项目、资金、人才和政策等各种创新要素,不仅可以资源共享,减少研发成本,降低技术、市场风险,而且可以在技术上取长补短,在信息方面相互交流,从而全方位地支持企业解决生产中的重大技术难题,推动企业的技术改造。

(3)采取有力措施,为自主创新产品走向市场、推广使用铺平道路。研发创新产品,目的是用于社会消费。过去不少科技成果,或者以图纸资料形式束之高阁,或者作为"试制品"放在展览厅,未能推广使用,这是很大的浪费。产学研相结合,解决了研究和生产脱节的问题,但不能解决生产和消费脱节的问题。创新产品只有通过市场和消费者的反复检验,根据反馈意见加以改进、提高,才能臻于完善。解决这个问题有两个方法:一是政府采购时,凡国内能生产的,品种、质量、数量也能满足使用要求的重大装备设备,必须采购国产品。如果要采购进口品,应经有关部门审查批准。二是宣传"用国货光荣",这不仅是为了"肥水不落外人田",刺激经济发展;也是为了使我们的创新产品得到更多的消费者的检验,促进企业生产技术水平和自主创新能力的提高。

(4)把自主创新同培育自主品牌结合起来。当今世界,品牌竞争已日益成为市场竞争的最重要形式,品牌消费也已成为人们最主要的消费选择。品牌是企业最重要的无形资产,一个国家或地区拥有品牌多少已成为经济实力和综合竞争力大小的标志。面对国际金融危机,拥有自主知识产权和品牌的企业逆势上扬,而那些忽视技术创新和品牌建设、依靠贴牌生产的企业则陷入困难甚至倒闭。我国拥有国际品牌的企业为数太少,迄今还没有一个品牌能进入全球最有价值的100个品牌之列。打造自主品牌,首先当然要掌握核心技术,舍得在研发上大量投入,在技术上有创新、有突破。还要采取各种方式加大品牌的宣传力度,让广大用户了解、知晓这个品牌。

(5)大力扶助中小科技型企业自主创新。中小企业和民间有许多科技人才和科技发明,如何发现他们,给他们以支持和机会,使他们更好发挥自己的聪明才智,使他们的科技发明得以完善并发展成为现实生产力,国家和全社会都有责任。在这方面,一年一度的高交会(中国国际高新技术成果交易会)和创业板的推出起了良好的作用,使不少企业、科研机构、大专院校和民间科技人员的科技发明、科技成果实现了同资本的结合,得以进入产业化、市场化。要推广高交会这种形式,各地都可以开,多开些,门槛低些。还可以探求其他有效形式,把技术市场搞得更活。产业板要成功,不是靠炒作,必须建立一套稳定的产权保护制度作为基础,同时要有金融支持,积极发展风险投资和私募资金。

(四)大力发展低碳经济,让"低碳"尽快进入经济、社会生活。这既是保护环境、应对气候变化的要求,也是实现可持续发展的重要途径。低碳经济同绿色经济、生态经济、循环经济、节能减排等概念,本质一致,侧重点各有所不同。低碳经济主要要求推广清洁能源,减少温室气体排放对全球气候的影响。节能减排主要要求节约能源使用,减少废水、废气、固体废弃物等的排放。循环经济主要要求推进资源的再生利用和循环使用。生态经济主要要求保护生态环境不受破坏,实现人和自然的和谐。绿色经济的范畴最广,涵盖了一、二、三产业和人类生活各个方面,要求维护人类生存环境、合理保护和利用资源、增进居民身体健康、实现低(无)排放、低(无)污染、无毒无害和可持续发展,这显然也是上述几种提法的共同宗旨与根本目的。

联合国自上世纪90年代以来,非常关注气候变化问题,多次通过文件提出对温室气体排放目标、各国责任与实现机制的要求,其中2007年12月制定的"巴厘岛路线图"要求发达国家在到2020年将温室气体排放减少25%~40%。2008年7月G8峰会提出到2050年将全球温室气体排放减少50%的目标。我国2007年6月就发布了《应对气候变化国家方案》,提出到2010年实现单位GDP能耗比2005年末降低20%左右(这一指标,到2009年上半年已降到13%)。2010年初我国又宣布,到2020年单位GDP二氧化碳排放比2005年下降40%~45%,非化石能源占一次能源消费的比重达到15%左右,森林面积比2005年增加4 000万公顷,森林蓄积量比2005年增加13亿m^3。当然,我们大力发展低碳经济,不仅是为了应对全球气候变暖,体现大国责任,也是为了解决能源瓶颈,减少环境污染,提升产业结构。例如,目前汽车产销两旺,有力地拉动GDP的增长,但也大大加剧城市交通紧张和环境污染汽车尾气已成为城市空气最大的污染源;加上我国石油对外依存度2009年已高达51.3%(产量1.89亿t,净进口1.99亿t),这两种情况迫切要求调整汽车结构,提高新能源汽车的比重,降低传统汽车的比重。我国电动汽车在技术上已基本过关,批量生产也没有大问题,加快电动汽车的生产和推广使用,改组并适当收缩传统汽车的生产,应成为我国汽车工业的一大发展战略。为此,应在投资、信贷及有关政策上加大扶持力度,特别是在提高电池的性能、寿命和降低成本上,在合理安排充电站的布局和建设上,在保证零部件的供应以及汽车的维修保养上,给予足够的重视与支持。同时,政府应采取措施鼓励、引导城镇居民更多地使用自行车。在工业生产、交通、建筑等方面,都要有计划、有鼓励政策、有监督检查地积极淘汰高耗能高排放的产品和生产设备、技术、工艺,代之以节能型的产品和生产设备、技术、工艺。

转变人的行为方式,培养低碳生活方式,是发展低碳经济的要求,也是转变发展方式的一个重要方面。要加大宣传和推广使用节能灯、节能水龙头与马桶、人走关灯关电器、太阳能热水器与取暖器、节能建筑、再生纸、使用购物袋、回收有用的废旧物、拒绝过度包装等等,使"低碳"成为全社会的风气和生活习惯。

(五)积极稳妥地推进城镇化,为经济长期平稳较快发展增强后劲。 我国的城镇化率,近10年来有较大提高,从1998年的33%提高到45%,但仍比世界平均水平低10~15个百分点。推进城镇化建设,既是调整经济结构、扩大内需的重要抓手,又是大量吸收农村富余劳动力就业、改善民生、提高消费率的重要举措。从长远看,推进城镇化,是我国经济长期平稳较快发展的潜力与动力所在。因此,五年规划和年度经济工作,都要对这个问题予以高度重视。

推进城镇化,一要从我国国情和各地实际出发,搞好科学规划,节约、集约利用土地,统筹兼顾城乡发展。二要搞好市政规划和各项基础设施建设,完善城镇功能,建立各项管理秩序,提高城镇管理与服务水平。三要改革城镇户籍制度,以利于乡镇企业向城镇积聚和有条件的农业人口到城镇就业与落户。

加快小城镇的建设是推进城镇化的重点。小城镇具有明显的聚集人口、扩大就业和壮大县域经济的功能。凡是经济实力强的县市,无不有重点小城镇作支撑。据全国农业调查,目前村镇人均公用设施投资只相当于城市的5%,全国28%的镇没有集中供水,63%的镇没有垃圾处理站,81%的镇生活污水没有经过集中处理,教育、医疗与社保状况都大大落后于城市。因此,首先应抓好小城镇的道路、供水、供电、通讯、教育、医疗、文化设施、污水和垃圾处理等的建设,政府要加大投资力度,并动员尽可能多的民间资本来参与。要按照发展绿色经济、建设生态文明的要求,把小城镇建设好,使之成为县域的经济、文化中心。这就必须科学规划、科学设计,有序地进行。不能一讲城镇化,就一哄而起地盖大楼、大广场和各种各样的"形象工程",盲目发展,劳民伤财。

推进城镇化,还要同珠江三角洲、长江三角洲、环渤海地区及其他城市带、经济区的建设结合起来,加快培育一批基础条件较好、发展潜力较大、吸纳人口较多的新兴城市,形成若干以大中城市为依托,开放式、网络型的现代化经济区;要同区域经济结构的调整和西部大开发结合起来,加大对贫困地区的支援,促使4 200万贫困人口尽快脱贫。中西部地区小城镇的建设,要把承接东部地区产业转移同吸纳农民工进城创业、买房结合起来。

(六)深入收入分配制度改革,共享发展、改革成果。 我国收入分配不合理,主要表现在三个方面:(1)居民收入占国民收入的比重过低,1998年为68%,2006年降到59%。这同我国长期重投资轻消费的发展方式有关,社会财富增加的大部分被用去投资搞建设,用于增加居民收入的部分太少。所以,做大国民收入这块"蛋糕"和改变这种分配方式,是增加居民收入、改善人民生活的前提。(2)劳动报酬在初次分配中的比重过低。在发达国家,工资一般约占企业运营成本50%,而在我国只占10%不到。发达国家劳动报酬在国民收入中一般占55%以上,而我国的占比却从1997年的53.4%下降到2009年的39.7%。(3)收入差距过大,收入分配不公平,是世界上收入差距最大的国家之一。城乡居民人均纯收入差距2007年为3.33倍,加上社会公共福利(隐性收入)约为6~7倍;高收入行业职工平均工资约为其他行业的2~3倍,加上工资外收入及职工福利,实际差距为5~10倍。

我国绝大多数居民的收入来自劳动收入,收入分配制度改革要从提高劳动报酬在初次分配中的比重开始,而且不仅要注重效率,也要兼顾公平。一是要建立健全职工最低工资制度并提高最低工资。据全国总工会调查,在生活成本不断提高的过去几年中,从未增加过工资的全国普通工人高达26%以上。这次金融危机又使不少企业发不出工资。因此,不仅要恢复工资的正常发放,不拖不欠、不扣不少,而且要提高最低工资。二是要建立健全职工工资正常增长机制,做到职工工资增长和国民经济增长同步、和企业利润增长同步。三是要建立企业和劳动者就工资福利问题谈判协商的机制,以便及时缓解、解决劳企矛盾,维护劳动者的正当权益和企业内部的稳定。以上三点,对中小企业尤为重要,因为中小企业就业人数多,收入不高,工资福利问题也多。为鼓励中小企业建立工资增长机制,财政部门可考虑给以减免税收等优惠。

在此基础上,按照注重公平的原则,加快二次分配改革,包括:增加政府对公共服务支出(诸如教育、医疗、社保以及低收入者生活保障金、退休人员退休金等等)的投入,我国这方面的政府支出占政府总支出的比重约比发达国家和多数发展中国家低15%~25%;进一步发挥税收的调节功能,提高高收入者的累进所得税率,对企业年金征收个人所得税,加强税收征管;对垄断性行业的高工资待遇、对企业高管人员的高工资待遇,抓紧进行调整,缩小与其他行业、与一般职工的巨大差距;提高国有企业利润上缴的比例(现在垄断性国有企业的上缴利润只占其实现利润的10%),防止企业利润以补贴、奖金或其他名目大量进入个人腰包;等。通过这些途径增加的财政收入,大部分应用来提高劳动报酬和公共服务支出。

(七)坚决遏制住房价格的恶性上涨,使之回归到正常、合理的水平。住房关系到每个人的切身利益。衣食住行用,在基本上解决了衣食问题之后,"住"就成为最大的"乐业"可言?焉有消费意愿?近几年,我国许多城市的房价飙升,2009年一线城市房价平均上涨了50%,有的地方甚至上涨了几倍。这一现实,粉碎了多少人包括"夹心层"(即中产阶层)的购房梦,使多少人望房而兴叹。据中国社会科学院调查,2009年我国城镇居民房价收入比为8.6(部分城市超过了10),大大超出国际公认的合理范围(3~6)。据中国指数研究院统计,2004年以来,京、沪地区的房屋租售比高达1:434和1:418(部分城市达1:800),大大高于1:200~300的国际警戒线(如房子租出,200~300个月内能收回房款,买房合算。如此比值不断拉大,表明房价上涨过快)。目前,北京、上海的房价已比东京、纽约有过之而无不及。中国房价之高,引起了国际上高度关注,被列为世界"十大经济泡沫"之一。世界银行行长佐立克说:"如果中国房地产市场崩盘,将给全世界经济带来重大冲击。"

其实,房价上涨过快的问题早已出现,但有关部门见事迟、行动慢,虽然也提出过要抑制,但不动真格,听任房价年年涨涨不已,远离其价值、远离民众的购买力水平,致使金融风险快速积聚,成为今日我国经济一个大患。

住房是一种不同于一般商品的特殊商品,价值巨大但人人必需,既有商品性又有公益性,不应仅视之为国民经济的一大支柱产业,更应视之为民生的最大最紧迫的需求。因此,必须采取经济手段和行政、法律手段相结合的有力政策措施进行宏观调控:

(1)实行"住有所居"计划。按照城建部门的资料,过去10年,我国盖了80亿平米商品房,相当于每10户家庭中只有3.5户能获得改善住房的机会。依此推算,基本解决城镇居民住房问题要二三十年之久。因此应采取特殊措施,加大政府投资力度,扩大经济适用房、廉租房的建设,扩大经济适用房的供应范围,力求在5年内做到"夹心层"能买得上房子,低保层能买得上或租得起房子。在这方面,香港的公屋政策,包括香港1998年实施的《床位寓所条例》(对无力买房租房群众出租床位),可供我们借鉴。

(2)把紧把好土地关。一是改变"土地财政"观念。卖地收入是地方财政收入来源之一,但地方政府不能指望以卖地保财政,一味推高土地价格。地价要区别建高档商品房、一般商品房、经济适用房、廉租房,合理确定。地价过高,又辗转炒卖,是导致房价过高的一个重要因素。二是严厉打击囤地、炒地风。据国土资源部资料,目前全国闲置的房地产用地有1万公顷之多,其中55%是因政府部门的规划调整和司法查封造成,这应由政府部门抓紧处置、充分利用;其余45%应严格按照《土地法》规定处理,凡非农建设用地闲置一年不满两年的,要按照出让或划拨土地价款的20%征收土地闲置费;闲置满两年的,依法无偿收回,重新安排使用。三是土地售出后,不得改变用途,规定建保障房的不得改建商品房,规定一定比例建保障房的不得全部建商品房,违者将土地无偿收回。

(3)重拳打击官商勾结寻租行为。房地产行业和建筑行业是腐败现象最严重的领域之一。突出的表现是政府部门或官员,运用行政权力,违法以低价把土地批给开发商,开发商则以给回扣、送厚礼、低价卖房给官员、无偿或低价为该部门盖办公楼等作为回报。这也是导致房价高涨的一个重要原因。

(4)抑制住房投机炒作风。目前主要采取增加投机者频繁买卖的交易成本的办法,这种办法效果不大,而且会增加购房者的税费负担,不利于房市的良性循环。可考虑参考新加坡的做法,除高档商品房外,一户只能购买一套;而且经济适用房和保障房不得转卖、转租。

(5)加强对房地产市场的监管。目前房地产市场秩序混乱,开发商捂盘惜售、虚假宣传、哄抬房价、偷工减料等行为很普遍,甚至出现了"楼歪歪"、"楼脆脆"等极端质量事件。房地产商没有诚信,购房者维权困难,原因是缺乏有效有力的监管机制。作为主管机构的城建部门,以及作为国家主要监督机构的物价、工商、质检等部门,应当把应尽的监管责任切实担当起来,打击无良开发商的嚣张气焰,杜绝"豆腐渣工程",维护购房者的正当权益。新加坡政府对每座完工的建筑物都进行全面的质量检查,合格后才能出售和使用,每年还进行一次检查,发现问题立即维修、解决。这一做法体现了对人民群众的权益和安全的高度负责与尊重,值得我们学习。监管市场、公共服务,本来就是政府的天职。

(八)逐步推进价格改革,缓解通货膨胀的压力。目前一般舆论认为,由于2009年三四季度居民消费价格(CPI)和工业品出厂价格(PPI)同比下降的幅度继续缩窄,环比则双双上涨,通货膨胀预期正在加强,但2010年不会出现通货膨胀,或者通胀压力不会很大。这一判断不见得正确。从国际上看,(1)各国经济企稳向上的趋势已经基本形成,总需求正在扩张。(2)国际原油价格攀升,2010年每桶可能达到80~100美元。铁矿石、有色金属等大宗资源性产品的价格亦呈现涨势。(3)由于加大投资和全球流动性过剩,加上美元贬值,加大了全球性通胀的压力。(4)美、欧、日、加等发达国家和俄、印、韩等发展中国家,物价已开始明显上升。这些外部涨价因素正在向我国输入。

从国内看,(1)由于市场货币投放量大(2009年人民币各项贷款增加9.59万亿元,广义货币供应量比上年增长27.68%),其增速已超过GDP增速近20个百分点,加上国际热钱大量涌入,使市场流动性快速增长。(2)资产价格不断走高,尤其是一些企业把信贷资金从生产领域转入房地产市场、大宗商品市场等价格上升较快的领域进行投机,这既损害了实体经济,又推动了通胀预期。(3)水、电、天然气正在

或将要调价,汽车的价格也正在上涨。(4)关系民生最密切的食品类价格,近几个月来一直处于涨势,尤其是粮食和蔬菜价格涨势明显。2010年将提高粮食最低收购价格,又对食品类价格有一定的拉升作用。有人认为,我国产能过剩,市场供大于求,因而不可能出现通胀。这是一种片面的认识。产能过剩、供大于求是指一般工业品,不包括能源和高端工业品,更不包括农副产品和食品,而且这些产品价格上涨都会在一定程度上拉动一般工业品价格的上涨。

世界性通货膨胀正在到来,我国的物价上涨也已初露端倪。对此我们不可大意,要未雨绸缪,周密应对,力求使通货膨胀的影响减至最小。一是稳增长,防止经济过热。现在经济呈快速增长之势,今明两年有可能突破两位数。历史经验表明,经济过热必然引发通货膨胀。二是在继续坚持既定的刺激经济政策的同时,适时根据形势变化对货币政策进行微调,适当减少流动性。三是优化信贷结构,将更多的信贷资金用于"三农"、改善民生、促进消费和中西部地区,这对扩大消费和降低通胀预期都有利。三是继续调整农业结构,保证粮食稳产。四要加强对财政拨款和信贷资金是否按规定使用实施严格的监督,防止大批资金脱离实体经济流入房市、股市,助长资本市场泡沫化和通货膨胀。五是降低门槛,鼓励民间资金进入实体经济,以减少银行信贷资金的投放。

价格改革是经济体制改革的重要环节,既要积极,更要稳妥,确保群众的实际生活水平不因价格的变动而降低。与群众生活关系密切的调价,要分散进行、小步走,坚持价格听证程序。要加强价格监督检查,严禁囤积居奇、哄抬价格、垄断市场和地方保护主义,维护公平竞争的价格秩序。

(九)进一步转变政府职能,深化行政管理体制改革。改革是经济转型和调结构、转方式的体制保障。我国经济改革已取得了不少进展,但仍需要在财税、金融、国有企业、投融资等方面进一步深入。特别是要深化行政管理体制改革,从审批型政府转变为服务型政府,从追求GDP最大化转变为主要为公众提供公共产品与服务。为此,必须推进政企、政事、政资分开,减少与规范行政审批,依法行政,提高宏观调控水平,强化市场监管。从一定意义上说,各项改革能否顺利深化并取得成功,调结构转方式能否"雷声大雨点也大",关键就在政府和行政管理体制改革。

后金融危机时代的国际工程承包市场和中国企业竞争力分析
——2010年国际工程承包商225强业绩评述

王云升，唐润帆

(对外经济贸易大学国际经贸学院，北京 100029)

美国《工程新闻记录》(Engineering News-Record，简称 ENR)历年公布的国际工程承包商 225 强排行榜是业界公认的权威排名，能较好地反映当年国际工程承包市场的发展状况。近日，ENR 发布了最新一期的国际工程承包商排行榜，从中我们分析出国际工程承包市场状况呈现出以下特征。

一、总体状况：营业额仍保持增长，但增速同比大幅下降

2009 年，全球前 225 家国际工程承包商的海外营业额达到 3 837.8 亿美元，较 2008 年的 3 824.4 亿美元增加了 0.4%，仍然保持了自 2003 年以来的增长态势，但增长幅度较 2008 年的 25.7%有了大幅下降。由于大中型工程建设项目的建设周期较长，且项目招投标都是提前进行，因此从统计数据看，虽然金融危机爆发于 2008 年，但对当年国际工程承包市场的影响尚不明显。金融危机对建筑市场的冲击在 2009 年下半年和 2010 年开始逐步显现，特别是一些中小型建筑项目的投资已经开始萎缩，这导致了 2009 年国际工程承包市场营业额增速出现大幅下降。

二、地区市场：欧美市场业绩下滑，亚非市场增长迅速

从 ENR 公布的排行榜上看，全球前 225 年国际工程承包商的海外业绩仍然主要来自欧洲、中东和亚洲这三个市场，其中欧洲市场 1 008 亿美元，中东市场 775 亿美元，亚洲市场 731 亿美元。

从世界各地区业绩变化来看，欧洲和美洲市场的海外业绩较 2008 年分别同比下降了 11.7%和 16.5%。欧美市场业绩大幅下滑主要是由于金融危机对发达国家建筑市场的冲击显著，成屋销售率和开工率都出现急剧下降，办公楼空置率居高不下，这导致美国、英国、西班牙、爱尔兰等国家的建筑市场陷入低迷。

与欧美市场形成鲜明对比的是，非洲市场的海外业绩则出现大幅上升。2009 年中南非市场营业额为 275.2 亿美元，北非市场营业额为 292.9 亿美元，分别较 2008 年同比增长了 31.7%和 30.8%，增幅居全球前两位。非洲市场的大幅增长主要由于原因：第一、非洲地区的工程承包发包额基数较低；第二、非洲地区的工程发包项目很大一部分是国际社会对非援助项目，其中以电力、交通运输、给排水等基础设施建设为主，这些工程项目受金融危机的冲击相对较小。

亚洲和中东市场营业额相对稳定，其中亚洲市场延续了 2007 年以来的良好发展势头，2009 年营业额同比增长 6.75%。

三、行业状况：交通运输、石油化工和房屋建筑占据主要份额

从行业状况来看，全球前 225 家国际工程承包商的营业额主要集中在交通运输、石油化工和房屋建筑类项目，上述三类项目合计占比达到 75.5%，较 2008 年同比上升了 1.4 个百分点。金融危机对房地

特别关注

ENR2010年国际工程承包商前10名　　表1

2010年	2009年	公司名称
1	1	德国霍克蒂夫公司 HOCHTIEF AG, Essen, Germany
2	2	法国万喜公司 VINCI, Rueil-Malmaison, France
3	3	奥地利斯特伯格公司 STRABAG SE, Vienna, Austria
4	5	美国柏克德集团公司 Bechtel, San Francisco, Calif., U.S.A.
5	6	法国布依格公司 BOUYGUES, Paris, France
6	4	瑞典斯堪斯卡公司 Skanska AB, Solna, Sweden
7	7	意大利萨伊姆公司 Saipem, San Donato Milanese, Italy
8	8	德国比尔芬格柏格建筑公司 Bilfinger Berger AG, Mannheim, Germany
9	11	美国福陆公司 Fluor Corp., Irving, Texas, U.S.A.
10	9	法国德希尼布集团 TECHNIP, Paris, France

产行业的巨大冲击,使得房屋建筑类项目融资变得越发困难,业主资金链紧张导致支付能力不足,新项目开发难度加大。由此,房屋建筑类项目营业额从2008年的939.3亿美元下降到2009年的859.9亿美元,降幅达到8.5%。

四、全球前10强:近几年名单基本稳定,但合计占比逐年下降

2010年ENR国际工程承包商前10强与2009年基本一致(详见表1),只是位次稍有不同,只有美国福陆公司从2009年的第11位上升至第9位,澳大利亚宝维士联盛公司由2009年的第10位跌出10名以外。前10强2009年海外营业额为1 373亿美元,占全部225强的36%。国际市场竞争的激烈程度在逐年上升,前10强的占比从2005年的48%下降到2010年的36%(详见图1),前10强的垄断地位逐渐削弱。从地域上来看,前10强中欧洲企业8家,美国企业2家,基本与历年比例近似,欧洲的国际工程承包商仍然处于世界领先水平,尤其是德国霍克蒂夫公司2009年海外营业额237.69亿美元,近六年来一直处于世界第一的位置。

五、中国公司总体情况:数目增加,整体占比跃居世界第一,但与国际领先承包商相比,仍有一定差距

纵观ENR2010年度排行榜,我国共有54家企业入选(详见表2),较2009年增加4家,创入选家数的新纪录,其中多家企业首次入选。我国入选

ENR2010年225强的企业2009年共完成海外营业额505.91亿美元,比2008年的357.14亿美元增加了41.6%。按照世界各国营业额排名,我国企业占全部225强营业额的13.2%,已经超过美国和法国,跃居世界第一位。

(一)中国企业整体实力增强,民营企业首次上榜

与上一年度榜单相比,我国企业的整体排名情况变化不大。中国交通建设股份有限公司连续3年位居上榜中国企业第1名。而南通建工、上海隧道、南通三建、云南建工、泛华建设集团有限公司、南通六建等6家企业首次出现在国际承包商225强榜单上。在这6家企业中,排名第197位和第221位的南通三建和南通六建是民营建筑企业,中国民营建筑企业首次出现在国际承包商225强榜单上。由此可见,我国的优秀民营企业的竞争力得到了充分肯定,它们已经登上了世界的舞台,正在改变着市场格局。在国际承包市场上大显身手的中国企业已不再局限于央企和国企。

(二)我国设计咨询为主的企业相继上榜

在"ENR全球承包商225强"的榜单中,继去年

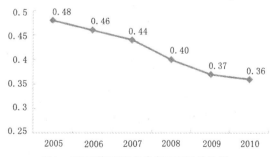

图1　ENR前10强占全部225强的比例

特别关注

入选 ENR2010 年国际工程承包商 225 强的中国企业　　　　表2

序号	公司名称	2010年	2009年
1	中国交通建设股份有限公司	13	17
2	中国建筑工程总公司	22	25
3	中国铁建股份有限公司	25	51
4	中国机械工业集团公司	26	28
5	中国冶金科工集团公司	31	61
6	中信建设有限责任公司	32	59
7	中国水利水电建设集团公司	41	56
8	中国石油工程建设(集团)公司	46	100
9	中国中铁股份有限公司	53	62
10	中国石化工程建设公司	69	94
11	中国石油天然气管道局	76	120
12	上海电气集团	78	83
13	山东电力建设第三工程公司	79	95
14	东方电气股份有限公司	80	80
15	中国葛洲坝集团公司	84	99
16	中国土木工程集团公司	86	72
17	上海建工(集团)总公司	89	103
18	山东电力基本建设总公司	101	123
19	中国地质工程集团公司	106	142
20	哈尔滨电站工程有限责任公司	108	137
21	北京建工集团	117	140
22	中国江苏国际经济技术合作公司	119	147
23	中原石油勘探局工程建设总公司	123	112
24	中国化学工程股份有限公司	124	90
25	中国水利电力对外公司	125	122
26	中国地质海外建设总公司	128	131
27	中国海外工程有限责任公司	130	141
28	青岛建设集团公司	133	143
29	中国机械进出口(集团)有限公司	135	109
30	合肥水泥研究设计院	137	145
31	中国万宝工程公司	140	153
32	中国大连国际经济技术合作集团有限公司	141	172
33	上海城建集团	149	202
34	中国寰球工程公司	151	189
35	安徽建工集团	157	168
36	中国河南国际合作集团有限公司	159	165
37	中国机械设备进出口总公司	160	185
38	泛华建设集团有限公司	162	*
39	新疆北新建设工程(集团)有限责任公司	169	191
40	安徽省外经建设(集团)有限公司	179	212
41	中国武夷实业股份有限公司	184	222
42	中国江西国际经济技术合作公司	185	192
43	中国中原对外工程公司	186	175

续表2

序号	公司名称	2010年	2009年
44	中钢设备有限公司	188	193
45	南通建工集团股份有限公司	197	*
46	江苏南通三建集团有限公司	200	*
47	中国有色金属建设股份有限公司	201	194
48	威海国际经济技术合作股份有限公司	206	199
49	中鼎国际工程有限责任公司	207	220
50	云南建工集团有限公司	208	*
51	上海隧道工程股份有限公司	215	*
52	浙江省建设投资集团公司	217	*
53	江苏南通六建集团有限公司	221	*
54	中国成套设备进出口(集团)总公司	224	224

* 表示该年未入选

合肥水泥研究设计院成为中国首个设计咨询类上榜公司后，2010年又新上榜1家中国电力工程顾问集团公司，它是一家面向国内外市场，为政府部门、金融机构提供电力工程建设综合服务的中介机构。此类咨询公司的迅速发展，有助于新技术的研究和国外先进技术的引进、消化和创新等工作。也说明了我国的承包商已经开始细化分工，向更专业的模式发展。

(三)中国企业凭借本国市场占据优势

ENR榜单的数据从侧面反映出全球建筑市场在经历金融危机两年后所发生的明显变化。基础设施建设市场的活跃帮助许多国际承包商实现营收的稳定增长，尤其是亚洲、非洲和中东市场的基础设施投资拉动比较明显。

欧美大型承包商破纪录地排名列在中国企业之后的一个重要原因是，逐渐壮大的亚洲建筑市场并未惠及国际承包商。亚洲市场也许是全球最大建筑市场板块，但国际承包商在亚洲市场的开拓成果并不理想。对于中国而言，在以包括本国市场在内的总营业收入为依据进行排名的全球承包商225强榜单上，中国企业占据了前10名中的5个席位。但在以本国以外市场上的营业收入为依据进行排名的国际承包商225强前10强的名单上，人们却看不到中国企业的名字。这充分说明中国承包商获得的庞大营收数据，很大部分是归功于国内建设。德国霍克蒂公司首席执行官Herbert Lutkestratktter表示，中国内陆市场对外国承包商而言仍属封闭市场。中国承包商在总营业收入的增加上无疑占据了优势。

(四)中国企业个体实力仍须增强

在国际承包商225强榜单上，中国入选企业大都集中在名单的后半部分，这说明中国企业的个体实力与国际领先承包商相比，仍有一定的差距。

数据显示，美国上榜企业仅有20家，但其海外营业总额为497.3亿美元，几乎相当于中国54家企业的海外营业总额。另外5家法国入围企业的国际收入总和也已达到427.225亿美元。在225强中排首位的德国豪赫蒂夫公司2009年度的海外营业额为237.69亿美元，而在中国企业中排名居首的中国交通建设股份有限公司2009年度的海外营业额为74.77亿美元。54家中国企业国际营收的主要来源地是亚洲和非洲市场，其次是中东市场，中国承包商的差距仍旧体现在欧洲、美洲市场的份额不足，在亚洲市场也略逊一筹。榜单显示，4家德国承包商在亚洲市场的海外营收就已达173.797亿美元，而54家中国承包商开拓亚洲市场获得的营收为182.106亿美元，前者与后者基本持平。

中国国际工程承包企业取得的成绩不容否认，但中国国际工程承包企业与世界一流工程承包企业相比还存在不小的差距。这种差距体不仅表现在经营规模上，而且还体现在行业结构方面。我国企业的经营领域较为单一，10强企业的经营偏重房屋建筑、交通运输和石油化工等多种行业。因此，中国承包商不应该因国内巨额营业额而产生定位偏差，中国承包商要想在世界舞台上起到举足轻重的作用，还有很长的路要走。

特别关注

劳动力市场新挑战

蔡昉

(社科院人口与劳动经济研究所,北京 100836)

摘 要:理解中国劳动力市场现象,需要从人口年龄结构变化趋势、劳动力市场发育特点以及经济增长方式三个角度来进行观察和分析。本文从失业的三种形式——周期性失业、自然失业和制度性失业(就业不足)揭示城镇就业特征,从发展阶段和劳动力市场分割解说农民工就业起伏的深层原因,从概括"未富先老"和"未富先大"的挑战入手提出政策建议,并且从初次分配和再分配两个层次阐释改善收入分配格局的政策着力点。

一、引言

在 2010 年《经济蓝皮书》中,我在分析 2009 年就业遭遇的总量冲击及其政策应对的同时,也预测了 2010 年会出现严重的劳动力结构短缺。实际上,在那之后,民工荒成为全国范围广为关注的现象。在网易 2009 年会上,当我和其他嘉宾讨论劳动密集型产业的前景时,听众席中站起一个人,颇不以为然地说,如果你们听听我企业遇到的问题,你们专家所说的种种高见,完全可以算得上是纸上谈兵。他的故事无他,就是他在武汉的企业需要 500 名普工但是根本雇不到。既然是互动节目,我就问他:"你给农民工多高的工资?"答曰:"反正是平均收入的三倍。"我故意说:"城市居民与农村居民收入之比是大约 3.2 比 1,你又高于平均收入三倍,就意味着你可以给农民工大约他们在农村挣得收入的 10 倍工资。你有没有想一想,在如此高的工资条件下,既然农村仍然存在着大量剩余劳动力,何以没有人愿意应聘。总之,我不能理解。"对方无言。

这个并无惊险情节的故事至少反映四个问题。其一,以民工荒为主要表现的劳动力短缺,的确已成为真实而普遍的现象,不容置疑。春节后这个民工荒信息更加强烈,甚至引起一定程度的恐慌。其二,所谓的城乡收入差距继续扩大,高达多少比一,就数量级和趋势来说,是一个值得怀疑的说法。所以,当有人说到农民工工资达到何种相对水平时,实际上并不十分靠谱。其三,农村劳动力仍然大量剩余的说法,很难说还能够反映当今中国的现实。其四,类似这位听众所经营的企业,是否付得起变化了的工资率,是其生存和发展的关键。所有这些问题,都可以看做是挑战和机遇,是一个国家迎来刘易斯转折点后所不可回避的。

论证刘易斯转折点是否到来的证据可以千条万绪,但是归根结底最重要的,则是人口转变的阶段和人口变化的趋势。随着中国人口转变早已进入到低生育阶段(早在上个世纪 90 年代后期总和生育率就下降到替代水平之下),作为以往婴儿潮的回声,劳动年龄人口的增长已经显著减慢。目前,城市所需劳动力数量主要依靠农村转移劳动力满足,而预计最迟到 2015 年,农村向外转移的劳动年龄人口数量(730 万)不足以补偿城市的需要量(696 万),意味着比中国人口总量的峰值提前十余年,全国劳动年龄人口就停止增长,转而绝对减少(图 1)。可见,劳动力短缺绝不是杞人忧天,而且,如果从今天起我们就开始对劳动力短缺忧心忡忡,那么在今后,这个担忧似乎将无休无止。

经济发展到达刘易斯转折点,对于一个发展中国家具有至关重要的意义,因为只有通过了这个转

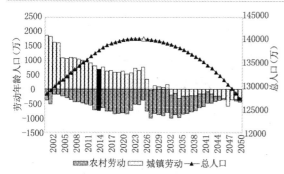

图1　中国总人口和城乡劳动年龄人口增量预测
资料来源：胡英，2009

折点，传统经济部门与现代经济部门的劳动边际生产力才开始逐步接近，以至最终达到消除差距，二元经济结构特征消失的商业化点(Lewis，1972；Ranis and Fei，1961)。因此，做出刘易斯转折点到来的判断，总体上并不应该引起任何担忧。相反，由于这个转折点是否到来，并不仅仅具有单纯的概念性意义，而是对客观发展规律的自觉把握，因此，正确地预见到这个转折点的到来，或者退一步说，及时正视已经发生的现实，并认识到新的发展阶段所面临的新机遇和新挑战，对于政府经济发展政策、企业决策和劳动者行为来说，都将具有极其重要的提示作用，以便继续保持和深入发掘经济增长可持续性的源泉。

有趣的是，2008年到2009年的金融危机，不仅没有改变伴随刘易斯转折点而来的各种劳动力市场变化趋势，相反，其短期内发生的戏剧性变化，以更加明白无误且栩栩如生的方式，把诸多挑战与机遇呈现在我们面前。就业既是经济增长的重要因素，也关乎民生，因此，21世纪的第一个十年与第二个十年相交之际，是中国经济一个十分关键的时刻，回顾劳动力市场状况也好，展望新的变化前景也好，都需要更加紧密地与经济发展阶段变化结合。

二、城镇就业状况再认识

古代郑人买履的故事批评了"宁信度，无自信"的教条主义方法论，我们对于劳动力市场的认识，也不能简单地看诸如失业率一类的数字。在某种程度上，贴近现实的个人观察，如果有正确的理论和分析手段支撑，可以得出比数字更加可靠的形势判断和趋势预见。虽然中国经济遭受金融危机的冲击相对轻，但是，作为中国经济引擎所在的沿海地区，其企业和产业的外向型和劳动密集型性质，使其不可避免地受到出口下降的影响，农民工一度大规模失去工作就是这种现象的反映。此外，直到2008年年中之前，中国宏观经济政策导向始终是从紧的，加上各种预期的因素，房地产等内需产业也受到很大的冲击。这些都不可能不影响到城镇就业状况。

但是，目前我们所能获得的登记失业数据，的确反映不出遭受金融危机期间就业经历的起起伏伏。如图2所示，在2008年比上年提高0.2个百分点之后，在2009年四个季度中，城镇登记失业率几乎没有发生变化，形成一个水平线。与此相反的是美国的失业率，在2008年比上年提高1.2个百分点的基础上，2009年逐季攀升，第四季度达到10%(2010年1月份回落到9.7%)。固然，美国是金融危机的始作俑者，遭遇更严重的就业冲击似乎在情理之中；而中国不仅相对置身事外，还采取了有效的应对措施，积极的财政政策和相对宽松的货币政策都发挥了积极的作用，遭遇较小的就业冲击也不在意料之外。不过，中美失业比较中的故事，远比上述两个原因要丰富得多。

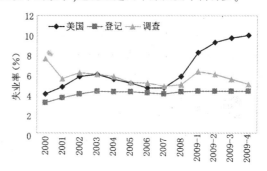

图2　金融危机期间中美失业率比较
资料来源：美国数据来自美国劳动统计局官方网站 http://www.bls.gov/；中国登记失业率数据来自《中国统计年鉴》及国家统计局官方网站 http://www.stats.gov.cn/；中国调查失业率系作者估算，参见 Cai(2004)和 Cai, et al.(2010)。

首先，中国和美国的失业率不是一个完全可比的指标。中国显示的是登记失业率，即在法定工作年龄内的本地居民，在加入失业保险的前提下，申请失业保险的登记数。美国显示的是调查失业率，即通过住户调查得到的关于16岁以上人口(劳动年龄没有上限)，在调查前一周的失业状况。很显然，前者范围窄而后者范围宽。更重要的是，地方政府对登记失业率是有影响激励和影响力的。例如，如果中央政府提出登记失业率的控制要求，地方政府为了显示政绩，则可能人为地抑制登记失业的数量。

实际上，把登记失业率作为唯一的劳动力市场指标,除了它不能充分反映全部失业者的情况外,还有不能保证所有失业者得到充分的保障的弊端。失业保险作为一种现收现付制度,意味着当年的基金收入不应该显著大于当年基金支出,更不应该形成一个大规模的累积结余。而事实上,自2003年以来,失业保险基金收入显著大于支出,每年结余规模巨大,2008年已经达到332亿元,累积结余达到1 288亿元,累积结余为2008年支出额的5倍。虽然任何失业率指标都不可避免地有自身的不足,如调查失业率不能充分显示就业不足和退出劳动力市场的"沮丧工人效应",但是,它仍然是比登记失业率更为有效的劳动力市场指标。因此,我们呼吁尽快发布该指标,以作为宏观经济政策制定的依据,以便实施就业优先原则。

其次,如果使用相同的失业率指标,我们会看到中国劳动力市场的更大波动。但是,从趋势上看,中国调查失业率很可能呈现与美国相反的变化,即不是持续上升,而是在一度攀升之后一路下降。如图1所示,我们通过一定的假设推算的调查失业率,刻画了这个变化过程。不过,关于中国城镇调查失业率的数字,我们不应该简单地去看它的绝对数字,而着眼于变化趋势。此外,这还可以从农民工的就业变化得到佐证。在2009年前半年的短短数月内,从数千万返乡,到95%回城且97%以上实现就业,及至农民工总量一反过去几年的常态,猛增1 000万,并再现民工荒,充分说明了就业冲击发生、应对和调整的波动过程。尽管农民工与城市劳动者的就业稳定性并不完全可比,后者受到的保护程度更高,但是,两者之间的关联性仍然很高,不会出现相反的状况变化。

第三,我们看到的就业恢复,只是意味着周期性失业的缓解,未来自然失业现象将继续长期困扰中国劳动力市场。虽然大多数观察者都承认,此次遭遇金融危机中,就业冲击不像原来想象的那么严峻,恢复也很快。但是,要让人们相信就业压力在未来不是那么大了,却不符合人们长期形成的认识和直接的观察。主管劳动就业的政府部门更不能相信未来促进就业的压力可以减小,劳动官员可以从此高枕无忧。宏观经济学根据具有新古典特征的经济现实,通常把失业现象区分为周期性失业和自然失业,后者包括摩擦性失业和结构性失业。但是,这种划分没有反映出发展中国家的现实,即在二元经济结构下,常常还存在一种制度性失业,即因长期的劳动力市场分割所造成的劳动力供给大于需求状况,具体表现是就业不足和剩余劳动力的存在,理论上我们也可以将其看作是一种失业现象。

根据中国经济现实,我们可以通过图3观察失业构成及其变化趋势,从而认识未来面临的劳动力市场挑战。周期性失业现象是伴随着经济周期发生的,会经常出现,如上个世纪90年代后期以及2008~2009年所发生的。自然失业相对稳定,与劳动力市场功能和政府的促进就业职能的健全程度相关。而制度性失业则随着农村剩余劳动力的转移充分性而发生变化,其基本趋势是逐渐减少。一方面,改革开放以来的大规模劳动力流动,以及城市就业制度的改革,日益消除农村剩余劳动力和城市冗员的数量,制度性失业逐渐消失。另一方面,成功应对金融危机和经济复苏,也使周期性失业水平恢复到正常的水平。因此,说我们在2010年所面对的失业水平并不高,需要结合这个图的含义来理解。

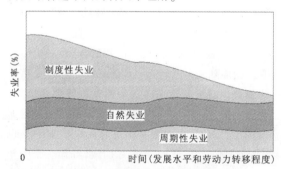

图3 失业类型及其变化趋势

随着剩余劳动力的日益减少,从而刘易斯转折点的到来,中国的制度性失业现象逐渐式微;得力的宏观经济政策也使我们基本摆脱了金融危机的困扰,周期性失业现象暂时不成为紧迫的问题。但是,开放的市场经济不可避免要经历经济波动,因而,周期性失业现象也将不断卷土重来,应该成为宏观经济政策制定的依据①。由于劳动力市场发育程度的制约,以及人力资本的培养赶不上产业结构调整的速度,或者人力资本的培养与劳动力市场对人力资本

---

① 严格地说,制定宏观经济政策并调整其方向和执行力度,最直接的信号,在通常的情况下是就业和物价,在极端(即实行通货膨胀目标制)的情况下,则是价格上涨水平,但任何时候都不是经济增长速度标准。

的需求存在结构上的不对称,自然失业现象将越来越成为劳动力市场是的主要矛盾。不仅大学毕业生面对着技能与市场需求的不匹配现象,城市就业困难群体受制于自身较低的教育水平,年轻的农民工群体也日益遇到与产业结构变化的不相适应。因此,未来积极就业政策的重点领域应该向教育和培训扩展,以降低自然失业率为主要目标。

三、农民工就业起伏的深层含义

我们可以从下面所做的一个模拟来理解劳动力市场变化。但是,需要指出的是,其中所涉及的绝对数字不足为据,本当重点关注结构特征和变化的趋势。比照投入产出表的产业联系及就业吸纳结构,在2008年和2009年遭遇出口下降的情景下,可能的非农就业损失估计总数大约为2527万,其中制造业就业损失数量占59.8%。由于这里模拟的是出口下降对就业的连带影响,即因出口减少导致对就业的部门传递效果,因此,如果制造业主要集中在沿海地区的外向型企业,则首当其冲的自然是集中于这些行业和企业,并且社会保护不足的农民工。这也就是为什么我们曾经看到2009年春节前后农民工大规模返乡的报道。

不过,值得指出的是,农民工大规模返乡其实是一个误读,是因为特定地区的农民工遭遇就业冲击,与春节即将到来在时间上相重合的结果。春节之后农民工迅速回到城市,且很快重新就业,就是一个证明。而从2010年春节期间的农民工返乡特点看,提前回家过年和推迟返城时间,似乎不是失业造成的,而是由于农民家庭收入改善,挣钱压力减轻形成的一个具有趋势性的变化。日本在1960年迎来了刘易斯转折点,特点也是农民工蜂拥进城。而在那以后,每逢经济周期,即使在农村老家还拥有土地所有权,周期性失业也没有导致进城劳动力的返乡,而是主要靠服务业的吸纳进行调整。那么中国农民工的金融危机期间,究竟是如何调适自己劳动力市场状态的呢?

首先,他们不会轻易退出非农劳动力市场。由于农业生产方式对于劳动力大规模稳定外出做出了长期的调整,转移劳动力已经不再为农业生产所需要,他们的转移具有了不可逆性。农业技术变化逐渐从早年的不重视劳动生产率,转向以节约劳动力为导向。从农业机械总动力来看,改革开放30年期间始终是以比较稳定的速度在增长,在基数增大的情况下,近年来并没有减慢的迹象。而更为显著的变化是农用拖拉机及其配套农具的增长趋势和结构的变化,即大型农机具增长明显加快,反映出农业技术变化的节约劳动倾向。在1978~1998年的20年中,农用大中型拖拉机总动力数年平均增长2.0%,小型拖拉机总动力年平均增长11.3%,而在1998~2008年的10年中,大中型拖拉机总动力年平均增长率提高到12.2%,小型拖拉机动力增长率则降到5.2%。拖拉机配套农具的增长消长也类似,大中型配套农具年平均增长率从前20年的0.0%提高到后10年的13.7%,小型配套农具增长率从12.1%降低到6.9%。

其次,农民工没有失业保险,也不能得到城市最低生活保障,并常常被城市政府的就业扶助项目所遗漏,因此承受不起长期失业,必须加倍努力寻找工作。据2009年的调查,在城市打工6个月以上农民工的失业保险覆盖率仅为3.7%(盛来运,2009)。在农村没有就业机会的情况下,春节过后,无论有无工作合同,他们中的绝大多数要回城寻职,他们抓住任何就业机会的愿望比城市劳动者要迫切得多。而从另一个角度看,由于更加强烈的就业愿望,使他们具有较低的保留工资,也能够接受降低了的就业条件,因此,他们是最早通过自身的调整恢复就业的群体。在某种程度上,农民工应对就业冲击的行为,对于其他面对就业困难的群体,如大学毕业生,也应该有所借鉴。国际经验也表明,大学扩招后毕业生的增加从而对劳动力市场的挤压,终究要通过寻职中保留工资的降低进行调整。

第三,城市部门对于农民工的劳动力供给,已经形成刚性需求,不可须臾或缺。在刘易斯转折点之前,城镇或非农产业对劳动力需求的周期性变化,通常导致农业劳动力数量的反向增减,即农业就业规模不是由自身需求决定的,在统计意义上是一个余项,农业仍然是剩余劳动力的蓄水池。而在转折点到来的情况下,城镇和非农产业的劳动力需求波动,则较少引起农业劳动力的反向变化。即一方面农业不再具有消化剩余劳动力的功能,另一方面城镇和非农产业调节劳动力市场短期供求变化的能力也增强了。其结果是,农业不再作为剩余劳动力的蓄水池。

大约以20世纪90年代中后期为转折,在此之前,非农产业就业增长率与滞后一年的农业就业增长率都波动比较剧烈,统计上有较大的变异程度。由于劳动力总量在继续增长,两者多数年份都是正增长,并且由于农村劳动力转移要求与受非农产业就业的约束都很强烈,两个增长率之间的关系并不稳定。在转折点之后,在两个就业增长率变异程度明显降低的同时,两者之间呈现显著的负相关关系,在1998~2008年期间两者相关系数为-0.748,农业就业以负增长为主。也就是说,只有到了这个发展阶段,非农产业就业的增长和农业就业的减少才成为常态的,并具有了密切的相关性。因此,只要有经济复苏,就必然形成对农民工的劳动力需求。

经济复苏和农民工就业调整的过程正是如此发展的。面对出口减少的冲击,他们先是从制造业转到服务业,随着财政刺激计划的实施,他们又在建筑业发现了大量新的就业机会。如图4所示,国家发展和改革委员会安排的一揽子投资计划,与往年的常态投资结构相比,更加反映了应对出口下降危机和结构调整的挑战,制造业比重从45%减少到7%,而建筑业从46%提高到76%,服务业从9%提高到17%。可见,财政刺激方案显著有利于农民工的就业和再就业,从而帮助他们实现了就业结构的调整。

由于财政一揽子投资方案加大了对农业、农村和中西部地区的倾斜,使得农村转移劳动力的就业机会大幅度增加,及其在产业部门、城乡和地区上的拓展,也成为出现民工荒的原因之一。此外,应对金融危机的最终结果显示,劳动密集型产业遭受的冲击最小,且较早得以恢复,因而最先创造出就业需求,在农民工已经被消化完毕的情况下,加上劳动力市场仍然存在的制度性分割现象,以出口带动的持续回升的经济增长则会遭遇用工荒。

四、如何应对"未富先老"

世界范围的经验表明,人口转变的主要推动力是经济增长和社会发展,而生育政策仅仅起到外加的且相对次要的助动作用。例如,中国的生育率急剧下降实际上发生在上个世纪70年代,而在严格实行计划生育政策的80年代和90年代期间,生育率的下降虽然是稳健的,但下降速度已经明显减慢。又如,韩国、新加坡、泰国和中国台湾都没有实行过强制性的计划生育政策,但是,这些国家和地区与中国大陆一样,生育率从上个世纪50年代大致相同的高起点上,到90年代以后都下降到更替水平以下。虽然印度由于经济和社会发展绩效较差,人口转变过程相对滞后,但也经历了类似的变化轨迹(林毅夫,2006)。

由于中国经济高速发展起始于20世纪80年代,在改革开放期间经历了30年的增长奇迹,但其起步仍然晚于亚洲四小龙,因此,在人均收入水平尚低的情况下进入到人口转变的新阶段,形成"未富先老"的特点。2000年中国65岁及以上人口比重为6.8%,与世界老龄化平均水平相同,而2001年中国的人均国民总收入(GNI),按照官方汇率计算,是世界平均水平的17.3%,按照购买力平价计算,则是世界平均水平的56.3%。虽然中国严格的计划生育政策不啻一个适度的加速因素,但是,归根结底,人口转变是经济和社会发展的结果,"未富先老"产生的缺口,也主要是经济发展水平与发达国家的差距造成的。

尽管发达国家都面临着人口老龄化对经济增长和养老保险制度的挑战,各国在应对老龄化问题上的成效也存在差异,但是,总体上来说,这些国家由于人均收入已经处在较高的水平上,技术创新也处于前沿水平上,因此,主要依靠生产率提高驱动的经济增长仍然是可持续的,迄今也足以应对了老龄化危机。相应地,中国应对劳动年龄人口减少、老龄化水平提高的人口转变后果,关键在于保持高速增长势头。换句话说,由于人口转变过程是不可逆转的,即便在生育政策调整的情形下,老龄化趋势仍将继续,已经形成的"未富先老"缺口,主要应该依靠持续的经济增长来予以缩小,并最终得到消除。

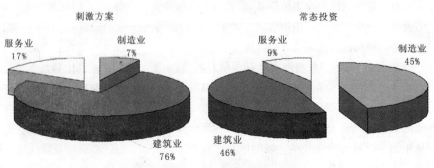

图4 财政刺激性投资的结构特征
资料来源:Cai,Wang and Zhang(2010)

应对"未富先老"的挑战，归根结底要依靠经济发展水平的不断提高，第一是因为更高的人均收入和更强的国力有利于大幅度提高社会保障水平，特别是社会养老保障水平，以及社会赡养老人和扶助老人的能力；第二是因为缩小了"未富先老"缺口，可以使得产业结构更加适应资源禀赋结构，从而经济增长转向更可持续的路径。即不再过度依赖要素的投入，较少受到劳动力短缺的制约。

随着中国经济总量在世界排位的不断跃升，并预计在2010年超过日本成为世界第二大经济体，由于人口增长率大幅度降低，人均GDP的提高也将日益加速。日本经济研究中心（JCER，2007）对中国经济规模和人均收入做了长期预测。根据这个预测，按照购买力平价和2000年不变美元计算，2020年中国GDP总量为17.3万亿美元，2030年为25.2万亿美元，2040年将达到30.4万亿美元。这三个相应年份的人均GDP预测值则分别是1.2万美元、1.8万美元和2.2万美元。美国经济学家Fogel（2007）则更为乐观，预测2040年中国GDP总量高达123.7万亿美元，在人口达到14.6亿的情况下，届时中国人均GDP高达8.5万美元。

值得指出的是，这两个预测采用的方法论不尽相同，使用的数据来源差异也很大，特别是用购买力平价的计算，与中国官方和学者的口径也不相符。其实，从两个预测结果之间的巨大差异也可以看到各自的局限性。

但是，上述预测反映的一个事实是，从本世纪第二个十年开始，中国将以全球第二大经济体的姿态，加速其从中等收入国家向高收入国家的转变。如果中国能够保持与过去30年相当，或即便略微减速的经济增长率和人均收入增长率的话，她将以很快的速度与发达国家的富裕程度趋同。因此，这些经济学家的预测，反映的是一种正确的方向和符合规律的前景。因此，在人口转变趋势不变的情况下，经济发展水平与人口老龄化之间的缺口将逐渐缩小。在图5中，我们把2000年和2010年的中国人口年龄结构与发展中国家进行比较，显示出了明显的"未富先老"特征，而把2020年和2030年的中国人口年龄结构与发达国家进行比较，则显示出"未富先老"缺口的显著缩小。

换句话说，如果我们以2020年全面实现小康社会目标为转折，基本达到或接近发达国家的人均收入水平，则人口年龄结构特征就符合典型化的类型，有我们有机会获得制度是的后发优势，即可以借鉴发达国家的一般做法，结合中国特色应对老龄化的挑战。由此可见，充分挖掘当前人口红利的潜力，创造新的人口红利，并逐渐转向利用新的经济增长源泉，是在后刘易斯转折时期应对人口老龄化的根本出路。

五、如何应对"未富先大"

如果要预期2010年的中国经济的一个特殊之处，或者说一个重要标志的话，套用人口学家"未富先老"的说法，我们可以做这样的表述：中国经济将进入一个"未富先大"的发展时期。2010年中国GDP总量将超过5.4万亿美元，预计超过日本，成为世界第二大经济体，同时，人均水平仍然处在下中等收入国家组，大致在100位前后。中西部地区也有类似的表现。本世纪以来，中西部地区增长速度快于东部地区，意味着在经济总量上，中西部地区越来越大。但是，从人均GDP来看，中部地区只是东部地区的一半略强，西部地区只是44%。也就是说，中西部也有"未富先大"的特点。

从中国整体来讲，这固然是一个鼓舞人心的好消息，但也突显了中国经济"未富先大"的特点，既带来挑战，也提供机遇。首先是挑战。中国作为一个庞大的经济体，特别是作为一个贸易大国，今后会遭遇越来越多的贸易摩擦，发达国家和发展中国家都会以中国为主要对象实施贸易保护。中国汇率水平和政策也会遭到日益增多的质疑和批评。对此我们应该有所准备，以便从容应对。其次是机遇。"未富先大"的国内表现其实就是巨大的地区差异。固然面临着缩小差距的艰巨任务，也可以利用现存的地区产业，构造国内雁阵模式，把随着成本提高而在沿海地区丧失比较优势的产业转移到中西部地区。

对于中西部地区来讲，重要的应对就是如何承接东部地区正在丧失的比较优势，具体来说就是体现在外向型和劳动密集型产业上面的国际市场份额。这意味着中国在实现向主要依靠内需推动经济增长的发展模式转变之前乃至之后，仍然不可避免地要借助自由贸易和经济全球化，在国际市场上实现自身的比较优势。而恰恰是只有经历这个较多依

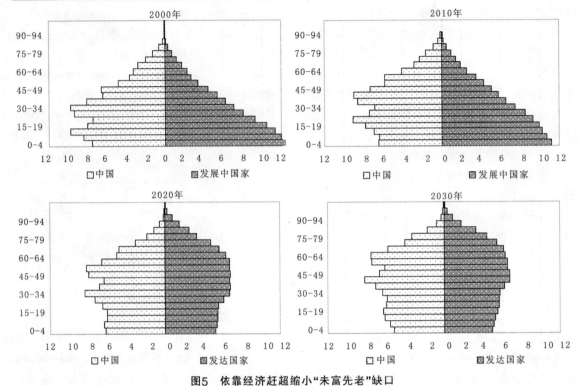

图5 依靠经济赶超缩小"未富先老"缺口
资料来源：United Nations, 2009

靠外部需求的发展阶段，才会迅速提高居民收入，改善城乡收入分配，提高居民消费能力，实现发展方式转变。为此，需要回答以下疑虑。

首先，全球经济能够继续支撑中国作为制造业中心吗？目前，在世界范围内讨论的话题是全球经济再平衡，其核心是通过一系列调整，大幅度提高美国的储蓄率和新兴经济体的国内消费。由于所谓再平衡，主要针对中国的制造业产品竞争优势和市场份额，中国未来的贸易环境会伴随再平衡的各种努力而变坏。但是，归根结底比较优势原则不会消失，发达国家劳动力成本高昂的事实不可能逆转，无论如何也不会在劳动密集型产品上恢复比较优势。所谓"全球经济再平衡"的实现，归根结底有赖于中国居民消费能力的整体提高。伴随着就业扩大、居民收入提高和收入分配状况的改善，未来国内消费需求将显著提高，并逐渐替代国外需求，届时中国自身就会成为一个巨大的消费市场。

其次，中国比较优势是否输给了其他发展中国家，如印度、越南、墨西哥？2009年美国一家企业管理咨询公司发布报告指出，由于成本上升异常快速，中国作为世界制造业中心的地位已经开始丧失，已经或即将被墨西哥、印度和越南等国家相继取代（AlixPartners, 2009）。这个判断并不准确，中国仍将在一段时期内保持劳动密集型产业的比较优势。原因一是中国作为大国经济，区域差异巨大，在东部地区劳动力成本上升的情况下，中西部地区可以继续保持劳动力成本低廉的优势，通过政策调整形成东中西三类地区之间的雁阵模型，劳动密集型产业在10－20年内仍可大有作为。原因二是竞争力不单单看工资成本，还要看劳动生产率。其实，在过去若干年中，中国制造业劳动生产率的提高速度足以匹比工资水平的提速，而且是全世界最快的（蔡昉、王美艳、曲玥）。

再次，继续依靠出口与向内需为主的发展方式转变矛盾吗？回答是不矛盾。内需的扩大是人均收入提高的结果，而收入提高有赖于就业扩大，农村劳动力的充分转移，因此首先要靠就业促进型的经济增长。在一定阶段继续保持出口导向，是农民工充分就业的重要保证，因而也是缩小城乡收入差距，进而改善总体收入分配状况的必由之路。由于现行的城乡家庭收入统计遗漏了劳动力流动带来的收入增长，因而不仅高估了收入差距和不平等的程度,更忽略了劳动力流动和充分就业对于改善收入分配的巨大效果。根据一项保守的估计,如果我们把农村外出人口的收入也纳入农村居民收入的话,则城乡收入差距仅为1.72,缩小幅度为11.86%(蔡昉、王美艳,2008)。此外,中西部地区就业的扩大,也是提高该地区居民收入水平,启动国内消费需求的题中应有之义。

最后,中西部地区赶超有没有不健康的因素?应该说的确是有的。按照省级平均来看,2008年西部地区的人均GDP为15 951元,中部地区为18 542元,东部地区为36 542元,也就是说西部和中部的人均收入水平,分别只是东部平均水平的44%和51%,差距仍然显著。以人均收入定义的发展差距,本身暗含着一个资源禀赋结构上的差异,即发达地区具有相对丰富的资本要素,从而在资本密集型产业上具有比较优势,而相对不发达地区则具有劳动力丰富和成本低的比较优势。然而,中西部地区没有走劳动密集型的路径,而是制造业的日益资本密集化,原因是这里的工业化加速具有政府主导型和投资驱动型的特征,高速增长建立在违背比较优势的基础上,因而具有不可持续性。

中西部地区制造业的资本密集程度,具体指标就是资本劳动比,在2000年以后是迅速上升的,速度大大快于沿海地区,而且经过2003年和2004年的快速攀升,资本密集化的绝对水平已经高于沿海地区。也就是说,中西部地区制造业变得更加资本密集型,更加重化工业化了。与此同时,中西部制造业工资水平上涨也过快,在2000~2007年期间,中部和西部地区工资增长率分别比东部地区高24.9%和13.5%。这个趋势必然对中西部地区增长的可持续性会产生负面影响。要保持中西部地区经济增长的可持续性,需要把赶超建立在市场引导的基础上,回归到符合比较优势的轨道。

六、通过何种途径改善收入分配

综上所述,应对"未富先老"也好,应对"未富先大"也好,归根结底有赖于中国经济是否能够保持持续增长的势头,尽快提高人均收入水平,加快从下中等收入国家向上中等收入国家过渡。然而,仅仅提高人均收入水平而没有合理的收入分配格局也是不够的。因此,改善收入分配,缩小收入差距,是中国面临

的头等重要任务。改善收入分配状况涉及提高国民收入初次分配中劳动者收入份额。实际上,随着刘易斯转折点的到来,改善收入分配既是紧迫的任务,也具有越加有利的条件,在新的发展阶段上,普通劳动者收入将显著增加。归根结底,提高初次分配中劳动者报酬份额,有赖于就业的继续扩大。在刘易斯转折点之前,劳动力供给大于需求的状况,使得充分就业的难度较大,因而,工资水平长期不能得到增长。而在劳动力供求关系明显改善的情况下,就业机会增加了,为整体提高工资水平创造了条件。特别是,随着农村劳动力转移日益充分,以及劳动力短缺现象的出现,按照劳动力市场规律,普通劳动者收入逐年得到提高,是符合逻辑的现象,也是过去若干年发生的事实。

虽然劳动力市场终究是靠自身的调节机制,对劳动力供求关系作出反应,在市场力量之外,在提高劳动者工资,从而提高初次分配中劳动者报酬份额方面,政府也是可以有所作为的。政府首先要做的是维护劳动力市场的公平竞争,清除各种就业机会的进入障碍,涉及消除部门和企业的垄断,防止劳动力市场歧视,避免形成非竞争因素对居民收入的影响和非人力资本因素导致的工资差异;通过改革户籍制度,以及改变公共服务与户籍制度挂钩的做法,进一步减少劳动力在城乡之间、部门之间和企业之间的流动障碍;防止出现违反各种劳动法规,侵害劳动者权益的现象发生。

政府还应对劳动力市场进行适当保护。由于劳动力的载体是人而不是物,因此,劳动力市场的管理和规制与产品市场应该有所不同。例如,最低工资制度就是一个可以采用的杠杆。近年来,各地政府纷纷提高最低工资标准,成为调节普通劳动者工资水平的一个重要方式。图6所显示的,是自上个世纪90年代末以来,调整最低工资标准的城市数量的增长,以及最低工资标准的年平均增长速度。2009年因应对金融危机,促进就业和再就业,暂时中断了最低工资的调整。而随着就业形势好转,特别是出现新一轮民工荒的情况下,2010年各省市逐步开始了新一轮调整。值得指出的是,最低工资标准的确定,要以市场均衡水平为参照,如果超越了这个基准,可以会产生伤害企业雇用积极性的效果。

通过构建劳动力市场制度,特别是培育三方协商机制和工资集体谈判制度,可以达到提高工资,保

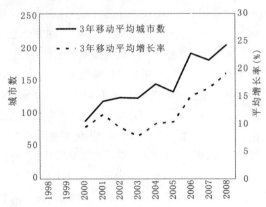

图6 最低工资标准的调整趋势
资料来源：根据城市最低工资数据库（由中国社会科学院人口与劳动经济研究所收集）计算。

护分散的劳动者的目的。人们以为工资水平应该由纯粹的劳动力市场供求决定，是一种不准确的认识。其实，工资决定更多地依靠自由的劳动力市场，还是更多地借助劳动力市场制度，反映了经济发展和劳动力市场发育的阶段高低。可以这样看，在刘易斯转折点之前，通常劳动力市场自由地决定工资水平，而在转折点到来之后，劳动力市场制度应该在工资决定中发挥着越来越大的作用。这种依靠制度建设影响劳动力市场结果的做法，由于是劳动者、企业和政府三方的协商，有利于化解劳动关系中的矛盾，同时也可以避免对劳动力市场的过度干预，是值得借鉴和加快进行的制度安排。

合理的再分配不仅是对初次分配的矫正与调节，还可以改善初次分配本身。完善国民收入再分配机制包括改革财税制度和扩大均等的公共服务两个方面。合理的财税制度应该按照有利于社会公平的原则进行改革。例如，国有企业特别是那些具有垄断地位的国有企业的盈利应该纳入政府财政，而不是被内部分配或在相同的领域进行再投资。个人所得税的改进应该立足于该税种的累进性质，而不能把矛头对准中低收入者，成为抑制中等收入群体形成的工具。政府最有可为并且最应该有所作为的领域，是为全体居民提供均等的公共服务，包括各类社会保险、义务教育和其他社会性基础设施的建设和供给。这类服务的充足供给和充分覆盖，不仅替代部分个人支出，产生提高居民收入的效果，还可以消除劳动者和低收入家庭的后顾之忧，提高他们的消费比重和消费水平，达到改善收入分配的效果。

参考文献

[1] AlixPartners (2009) AlixPartners Introduces New Outsourcing Tool That Determines "Best-Cost Countries", http://www.marketwire.com/press-release/Alixpartners-991044.html

[2] Cai, Fang (2004) The Consistency of China's Statistics on Employment: Stylized Facts and Implications for Public Policies, The Chinese Economy, Vol.37, No.5 (September-October), pp.74-89.

[3] Cai, Fang, Yang Du, and Meiyan Wang (2010) Country Case Study: The Impact of the Global Financial Crisis in China, unpublished memo for UNDP.

[4] Cai, Fang, Dewen Wang and Huachu Zhang (2010) Employment Effectiveness of China's Economic Stimulus Package, China & World Economy, No.1.

[5] Fogel, Robert W. (2007) Capitalism and Democracy in 2040: Forecasts and Speculations, NBER Working Paper, No.13184.

[6] Japan Center for Economic Research (JCER) (2007) Demographic Change and the Asian Economy, Long-term Forecast Team of Economic Research Department, Japan Center for Economic Research, Tokyo.

[7] Lewis, Arthur (1972) Reflections on Unlimited Labour, in Di Marco, L. (ed.) International Economics and Development, New York, Academic Press, pp.75-96.

[8] Ranis, Gustav and Fei, John C. H. (1961) A Theory of Economic Development, The American Economic Review, Vol.51, No.4, pp.533-565.

[9] United Nations (2009) The World Population Prospects: The 2008 Revision, http://esa.un.org/unpp/.

[10] 蔡昉、王美艳(2009)《为什么劳动力流动没有缩小城乡收入差距》，《经济学动态》第8期.

[11] 胡英(2009)《分城乡劳动年龄人口预测》，未发表工作论文.

[12] 林毅夫(2006)《发展战略、人口与人口政策》，载曾毅、李玲、顾宝昌、林毅夫主编《21世纪中国人口与经济发展》，社会科学文献出版社.

[13] 盛来运(2009)《金融危机中农民工就业面临的新挑战》，提交"城乡福利一体化学术研讨会"论文，四川成都4月16日.

特别关注

迪拜债务危机
对中国工程建筑的影响与警示

宓 雯

(对外经济贸易大学国际经贸学院，北京 100024)

2009年11月25日，迪拜酋长国对外宣布，将重组其最大的政府控股公司——迪拜世界集团，并同时宣称将把迪拜世界的债务偿还延迟6个月。还未从金融危机的阴影中走出的全球市场再次受到重创，本就脆弱的信用体系又被迪拜主权债务危机所动摇。迪拜处于中东石油地区，但经济发展并非过多依赖石油资源，石油开采与出口仅占其GDP的6%左右，其经济活动主要集中在基础建设、非石油贸易、金融、物流、高端房产、旅游娱乐等方面。近年来在建筑项目不断上马的狂潮下，迪拜政府和企业外债规模越来越大，金融风暴袭来，迪拜无可避免地遭遇经济衰退，房价下降、资产缩水、美元贬值、资金紧张、信贷谨慎，庞大的债务负担在颓靡形势下终于使得政府无力招架，而一旦无法还债，此次事件将成为2001年阿根廷违约以来全球最大的主权投资基金违约事件。

迪拜债务危机使得股市联动暴跌，贷款机构受挫严重，全球市场恐慌，包括中国商人在内的投资者损失惨重。由于其特有的迪拜模式下地产开发和大型高端建设项目占据重要地位，中国受到的直接影响首先表现在建筑工程市场。工程项目停工，大量劳力被裁，现金流问题突出，中国对外承建商陷入窘迫的处境。如何有效应对不利局面将成为重大挑战。与此同时，负债大兴土木及房产泡沫成为此次危机的导火索，对中国近几年来以投机为主要动因的房价上涨形势拉响警钟，国际热钱流窜也是值得重视的一大风险隐患。中国海外承包项目的战略规划和风险控制在金融危机中尤其成为建筑工程需要把握的重点，而中国及其作为支柱行业之一的建筑业也应在此次迪拜事件里得到关于自身发展的启示。

一、迪拜的崛起与迪拜模式

1.迪拜的崛起与发展概况

迪拜是阿联酋第二大酋长国，位于阿拉伯半岛中部、阿拉伯湾南岸，是海湾地区中心，与南亚次大陆隔海相望，被誉为海湾的明珠。从18世纪末沙漠中的一个小村庄到如今中东地区最大的自由贸易区、经济金融中心、购物中心和航空物流中心，迪拜创造了所谓的"沙漠神话"，其中石油、商贸、金融业、旅游业、现代服务业等是其发展不可或缺的因素。

中东地区石油储量丰富，大规模油田的发现，及其大规模石油开采的活动给迪拜带来了巨大的外汇收入，为它的崛起奠定了物质基础。然而相比起其他国家及城市，迪拜石油资源少、易枯竭，因而很早便注重经济转型。为了实现经济多元化，迪拜政府将大部分资金投入于工程建设和改善基础设施中去，通过扶植非石油产业来寻找发展经济的出路，同时商业、服务业、旅游业等渐渐成为重要力量。凭借其优越的战略性地理位置，迪拜大力兴建港口和机场，开挖运河，完善各种基础物流设施，成为了区域性的物流中心和活跃的转口贸易中心，阿联酋70%左右的非石油贸易都集中在迪拜，因此它被誉为"贸易之都"。而关于旅游业，迪拜早在20世纪80年代便计划建成具有国际标准的旅游目的地。迪拜还致力于成为中东地区最大的资本市场和国际性金融中心。

特别关注

为吸引众多跨国公司落户,迪拜建有大量住宅和办公场所。同时,在迪拜酋长马克图姆坚持"第二名就会饿死"的信念下,世界上最奢华的七星级酒店、"世界第八奇迹"之称的人间棕榈岛、全球最大室内滑雪场以及通天巨塔迪拜塔等层出不穷,种种"世界之最"无不夺人眼球。迪拜众多投资开发和工程项目不断,据统计,迪拜仅过去5年就有3 000亿美元建设项目上马,目前迪拜拥有的高楼起重机,就占了全世界的1/5。在一个资源贫乏的地区,迪拜通过不同于周边经济形态的方式使自己从脱离英国殖民统治到现在的短短三四十年中变成举世闻名的奢华之地,可以说是创造了一种新的模式。

2.迪拜模式

所谓迪拜模式,是以高端房地产与金融业作为主导力量的经济发展模式,依靠大规模举债融资开展一系列庞大的建设项目,试图利用高金融杠杆驱动其经济,同时也避免了石油资源对其发展的束缚。高端建筑工程项目以及旅游开发在短时间内促进了投资和就业,吸引了众多劳工、旅游者和商人进入迪拜,内需也随之增长。同时,迪拜创造了宽松自由的投资环境,无外汇管制,货币能自由汇兑,无须缴纳营业税和所得税,实行6%低税率关税并取消进出口货物配置限制等,这些条件吸引了大量外资涌入,而这也正是迪拜巨额的工程资金所依赖的。随着石油美元催生海湾国家的信贷增长,大量热钱寻找出路,纷纷投入迪拜的房地产项目,地产价格的飙升又吸引了更多的资金进入,建设项目也不断获批上马开工。2008年1月,海湾地区规划及在建项目总额已达1.6万亿美元,到2009年1月已经达到2.54万亿美元,其中沙特和阿联酋的项目占到70%,而阿联酋的项目则集中于迪拜。在巨额负债投资的推动下,建筑业及房地产业占迪拜经济比重达到了30%。

迪拜模式在充分利用良好的宏观环境和政策条件下,在短期内拉动了经济发展,然而也极易产生资产泡沫,其高速发展建立在较为单一的结构体系和政府巨大的债务负担之上,隐含有较大的风险。此次金融危机席卷全球,使得迪拜的外部环境突变,资金回撤和银行信贷收紧对于严重依靠外资的迪拜是沉重的打击,而其本身作为新兴市场,融资能力并不完全成熟。房产泡沫破灭,资产价格下跌,工程拖欠款问题频频出现,资金链愈渐紧张,包括标志性建筑在内的许多项目停工或延期,被暂停的建筑项目价值高达近750亿美元,盲目投资的后果显现,政府控股公司信用等级大幅下调,巨额债务在此时已然成为致命打击。

二、迪拜债务危机对中国工程建筑的影响

1.对外建筑工程承包市场受到的影响

改革开放以来,我国服务贸易一直处于逆差状态,但建筑服务却是其中最大的顺差项目。建筑业已成为我国支柱性产业之一,自1978年开展国际工程承包业务以来,发展十分迅速。据中国对外承包工程商会统计,2009年1~10月份,我国对外承包工程完成营业额572.3亿美元,同比增长33.3%;新签合同额1 001.5亿美元,同比增长22.7%,截至2009年10月底,我国对外承包工程累计完成营业额3 201亿美元,签订合同额5 342亿美元。

我国企业在贯彻"走出去"战略后,具有综合性商务性质的工程活动涉足各地,在许多国家和地区都承揽过一些大型建设项目,具有较强的竞争实力。中东地区依靠石油美元极大地带动了经济发展,发展时间较短但其市场容量较大,中国自20世纪80年代初进入该地区建筑市场,也获得过很好的收益。中东地区大部分国家产业结构单一,受其石油资源价格影响严重,油价下跌会很大程度上成为其建筑市场不景气的原因。迪拜虽然没有过多依赖石油资源,但也会受到周边国家环境的影响,同时其大型项目建设又是其经济活动的重要部分,如今引发债务危机,经济不振导致项目停工,建筑承包市场必然首当其冲。

在此之前,在建筑和房产热潮下,包括迪拜在内的阿联酋一跃成为中国工程承包企业的淘金乐土。2007年,中国企业从阿联酋取得181份承包工程、劳务合作和设计咨询合同,合同额24.799 0亿美元,营业额14.830 1亿美元。2007年中国企业在全球取得合同平均每份合同金额为50.73万美元,在亚洲市场平均每份合同金额为192.59万美元,在阿联酋市场平均每份合同金额为1 370.11万美元;中国企业在全球取得合同平均营业额28.47万美元,在亚洲取得

合同平均营业额111.28万美元,在阿联酋取得合同平均营业额819.34万美元。

金融危机爆发时,中国对外工程承包业务受到一定程度的影响。国际工程承包投资由于其本身具有涉及面广、规模大、周期长、资本劳务跨越国界等特点,需要承受汇率与利率波动、法律与贸易政策差异等系统性风险因素。而此次迪拜债务危机,对我国工程承包市场的影响直接表现为巨额债务推迟偿付所带来的违约风险以及资金链断裂的危险。

各大银行开始重新评估迪拜商业大楼的实际价值,项目贷款的速度明显放慢。中国的建筑承包商一方面面临项目开发商无力还款、垫付资金难以回流、呆账风险加剧的现状;另一方面融资困难,承建资金紧张,尤其一些没有政府信用担保、主要由海外私募投资机构投资的建筑项目,现金流问题更加突出。项目建设一旦半途而废,不仅仅是迪拜项目开发者,工程承包商也会损失严重,而若中资承建商中途撤出,又会面临诉讼、履约保函被冻结及相关公司管理者被拘留的情况。履约保函是在迪拜承接建筑项目时,项目投资方要求境外投标企业或总承包商提供的保证金,一般占承建项目金额的5%~10%,这笔钱往往来自于企业自有资金、银行信贷及担保公司提供的担保借款。同样地,垫付资金部分也来源于国内银行贷款或者担保公司合作贷款。资金损失将会形成复杂的追讨链,而在索赔偿付过程中我国承包商又要受到当地法律法规的约束,国际谈判协商也将成为企业的隐形负担。

国际承包工程市场萎缩,竞争压力加大,项目建设及相关行业投资减少,融资成本提高,工程拖欠款增多,现金流管理更加复杂,这些都使得我国对外承包工程中面临的风险进一步增加。

2. 国内迪拜投资工程项目受到的影响

另一方面,迪拜原在中国的投资项目也可能受到一定的波及,项目开工延期不出人意料。以青岛"小麦岛"项目为例,该项目是迪拜在中国内地投资的第一个旅游酒店综合类项目。2008年10月,迪拜世界(集团)利曼斯有限公司联合其所属的利曼斯香港公司,以每平方米10 400元、共43.68亿元的高价竞得青岛"小麦岛"改造项目开发建设权。按照规划,"小麦岛"区域经过填海改造,将建设一个标志性的超五星级酒店及旅游、会展等高端综合项目,而世界闻名的迪拜"棕榈岛"盛景将被复制到青岛。此前,利曼斯方面曾预计"小麦岛"项目于2009年开建,工期约5年,但现在看来其开发进程已经延期。

"小麦岛"计划由于是外商投资计划,实行过程中约束性条件比较多,综合考虑因素也比较复杂,政府在操作上态度谨慎,故其实施进程可能缓慢。然而因债务风波影响,投资信心必会受到质疑,迪拜政府及迪拜世界的信誉和形象受到严重损害,金融机构贷款和其他融资途径也会收缩。对于建筑工程来说,资金链问题至关重要,项目资金投入存在困难影响正常经济预期和建设进程,使得迪拜在我国投资项目延期乃至停工,而像"小麦岛"这样以复制"棕榈岛"庞大结构的项目在如今经济环境恶劣的宏观条件下更是存在较大的风险。

三、迪拜事件给中国工程建筑的启示

1. 迪拜模式的警示

第一,迪拜模式高负债特点带来的风险问题。

迪拜借助房地产业、金融服务业、旅游业等产业发展经济,选择高端的地产开发路线。近5年来,大举借债推进3 000亿美元规模的房产开发项目,建设庞大的基建和度假区,其巨额资金来源于债券市场、银行贷款和其他企业投入。迪拜政府目前公开债务是其GDP的1.03倍,而其政府控股公司迪拜世界的欠款规模达到近600亿美元。迪拜模式的高负债特点使得迪拜主权基金运作具有高杠杆效应,经济扩张时掩盖了风险,但在衰退时期容易因为资金紧张、资产贬值而使得债务压力陡增,并且会扩大连锁的不良反应。我国部分地区和城市同样存在着过度负债产生的风险隐患。在大规模基建投资过程中融资平台债务比率过高,在经济低迷阶段,其后续还款能力下降,产生极大的流动性风险。

第二,迪拜模式下资金集中投于房产开发建设带来的风险问题。

迪拜借款后投入单一,对房地产行业及各种工程项目大肆放贷,助长了楼市泡沫,许多建设已经脱离实际需求。而中国楼市近年来呈现出的价格大幅攀升的形势,也同样与投机性需求脱不了干系,形成

特别关注

最终消费能力的自住型需求被高价挤出市场,商品房空置率达到了30%~50%。由于土地、房产开发对于地方财政及GDP增长具有较高的贡献率,部分地区靠房地产支撑发展。而迪拜模式警示中国,不应过度依赖单一产业及过高的财务杠杆率拉动经济,盲目扩建,形成资产泡沫,要着眼于真正内需的提高和实体经济的复苏,同时警惕中国房产的畸形发展扭曲中国经济结构,威胁中国的金融安全和经济稳定。

2.国际热钱的隐患

石油美元和国际金融资本形成的国际热钱对于迪拜房产价格上涨起到了极大的推动作用,因应对金融危机而增多的银行信贷以及美元也纷纷涌向表现良好的新兴市场。然而迪拜债务危机爆发,热钱回撤,其今后流向对中国产生了一定的压力。中国作为新兴市场发展速度快,发展空间也比较大,并且其发展有实体产业为基础,同时中国市场因为其不完全开放反而在危机中表现出相对稳定的局面,再加上人民币升值预期,这将对国际上流窜的热钱产生很大的吸引力。投机性资金若进入中国房产市场,将推高市场价格,刺激工程盲目开发,攫取百姓财富,其大规模进出会给经济发展带来不稳定性,而迪拜事件已经显示了资产泡沫破灭所带来的惨重打击,故我们应紧盯热钱动向以避免其对中国市场的不良冲击。

3.对外工程承包业务的管理

首先,对海外工程承包风险的预期和评估要加强,在把握全球化进程的同时,要相应提高风险意识和防范措施。当宏观大环境发生逆转的时候,新兴市场可能会出现比发达国家更不可预测、更难以解决的问题。在此次迪拜事件中,应意识到石油美元下降对中东地区石油国家的不利影响、迪拜政府债务负担在金融危机下偿还压力加大、房产泡沫过多等宏观信号。建立风险预警体系,量化风险并采取应对措施和多种风险管理手段,加强信息投入、合同管理及索赔管理,适当调整风险储备金,定期复查项目风险,同时在损失发生时,能准确清查自身涉及的项目以及损失额度,妥善处理其他关联性活动,能在较短的时间内对损失加以有效控制。

其次,债务危机表现出的工程项目的现金流问题,给中国企业的融资与资金收回能力提出了较高的要求。加强工程款的结算管理,密切关注对方资信及现金流量状况,尤其是在债务率过高、融资成本渐长的形势下,更应提高风险控制能力,加快资金回笼速度,避免呆坏账上升。工程承揽需量力而为,不可盲目,且不宜在时间和空间上过度集中。在金融危机下,一方面要充分利用如今金融机构及政府政策对于建筑行业及国际工程承包企业的支持和优待措施,另一方面对于自身的负债比例以及流动性资产管理,也要随着形势变化相应调整,盘活存量资金,防止现金流断裂给企业造成重大损失。

最后,企业的项目管理水平成为核心竞争力的一大因素,人员素质技能以及管理能力也依然是企业培训的重要内容,跨国工程活动的开展使得市场对于从事承包业务的人员的要求更加综合。管理者不仅要专业的技能,通晓工程竞投标承揽与建设实施过程,熟知当地政策和法律法规,也须拥有良好的商务谈判能力、沟通能力以及应变能力,对于国际形势变化有优秀的判断力和分析力,富有创新精神,善于管理风险和利用风险,这样才能带领企业稳健发展。除了培养复合型、外向型和开拓型高级管理人才,还应有一批在各方面如国际工程咨询、合同管理、财务管理、物资采购管理、施工技术、索赔、风险与管理等方面的专家,协调配合,以促进企业进一步发展,在风云变幻、竞争激烈的国际建筑工程市场上占据一席之地。

参考文献

[1]陈思佳,钱聪.迪拜的发展模式[J].国际市场,2009(8).

[2]车效梅.迪拜的崛起与发展[J].西亚非洲,2008(6).

[3]李燕然.迪拜梦醒[J].韬略天下.

[4]工程建设质量监督动态[J],2008(12).

[5]刘波.危机中的迪拜[J].大经贸,2009(5).

[6]林茂藩.国际工程承包业投资经济风险防范与利用[J].水利科技,2008(2).

[7]吕文学.入世后国际工程公司的经营策略[J].天津大学学报,2001(6).

[8]刘园.国际金融风险管理[M].北京:对外经济贸易大学出版社,2008.

论政府在大型海外建筑承包工程中的作用与角色

张 茜

(对外经济贸易大学法学院，北京 100029)

改革开放30年来,根据国际工程承包市场的变化,我国海外承包工程事业经历了多次大的调整,历经从无到有、从小到大、从弱到强的发展进程。然而,我国虽是建筑产业大国,但却不是强国。在经济全球化不断深化和发展的今天,海外承包工程中竞争优势的获得,单靠企业自身的努力是十分有限的。当今世界的竞争已不单纯是企业间的竞争,也是国家间的竞争,是政府和企业综合实力的竞争。在资金投入巨大、牵涉广泛的大型海外建筑承包工程中,强化政府的职能和服务,发挥政府的有效作用,对我国国际工程承包竞争力的提升具有重要的现实意义。

笔者以为,政府在推动本国大型海外建筑承包工程中的作用与角色主要体现在以下诸方面。

一、法律法规的制定者

(一)通过法律法规的制定规范市场行为

随着我国越来越多的工程承包企业走出国门,企业之间相互压价、恶性竞争的现象日益突出。甚至有些企业不计成本及利润,仅以中标为目的低价竞标。这使一些业主担心工程质量无法保证而拒绝授标,中标企业也难以赢利。这些现象的出现给中国工程承包行业造成了恶劣影响,企业和国家遭受的损失巨大。政府作为法律法规的制定者,应通过完善相应的法律法规,建立公平有序的竞争环境。

在德国,国家除制定《新招标投标法》、《建筑工程发包条例》外,还制定了《反限制竞争法》,将规范上升到法律而非行政管理条例层面,起到了良好的效果。我国于2008年9月开始实行《对外承包工程条例》,对于承包工程资格取得、活动内容等进行了规定,让承包工程企业有法可依,但依然还有值得完善的地方。

同时,政府除规范企业活动外,对于保证工程质量的相关法律也应加以重视。海外承包工程不仅关系到企业自身,也关系到国家的形象和后续工程资源的获得。我国《对外承包工程质量安全管理办法》征求意见稿已于2010年初向公众发布,这对于提高我国对外承包工程的质量和水平、促进对外承包工程业务的健康发展有着重要的战略意义。

(二)积极签订国际多边或双边条约

由于海外承包工程走出了国门,因此政府除了着力规范国内市场外,还应积极与国际接轨,了解国际惯例,与其他国家合作,签订共同协议或条约,促进市场准入,促进海外工程承包企业的发展。

例如,现在较为权威的国际工程师联合会,已指定有关国际合同的三种模式,该联合会所制定的文件如"资格预审标准格式"、"合同文件及业主、咨询工程师协议书"等都是对外承包工程的重要参考资料。"红皮书"、"黄皮书"、"橘皮书"(土木工程施工条件、电气与机械工程合同条件、设计-建造和交钥匙工程合同条件)虽然不是法律法规,但确实已成为全球业内公认的一种国际管理方式。而过去,欧美等发达国家普遍实行专业执照或企业许可、人员注册资格等制度,许多国家的市场准入条件和管理法规往往制约了我国企业进入其市场。国际服务贸易的标准化对工程承包商的资质要求和对服务的质量标准要求,将成为市场准入的新的技术壁垒。我国政府应积极探究国际标准化市场动态,为我国海外承包工程提供前瞻性的规范化指引。

(三)利用法律手段保护我国海外工程承包企业的合法权益

政府在参与双边和多边谈判及区域经济和贸易合作基础上,应积极协调各种国际关系。在海外承包工程中,难免会发生纠纷和冲突。认真研究国际相关条例,如利用WTO的条款和国际仲裁机构作为国际争端的解决依据,以避免不公正、歧视性的待遇。对于市场准入障碍、投资限制、非国民待遇、法律不透明或不公平、知识产权保护等,政府应主动出面加以协商和谈判,为企业减弱或化解这些风险和障碍。

二、宏观管理和政策引导者

(一)有效地监督和管理

法律法规制定完善后,还需要有相应的落实和管理制度,否则就会成为纸上谈兵。海外建筑项目的施工过程脱离国内,大大增加了工程的监管难度,需要政府投入更多的关注和精力,制定专门的监督政策。

(二)注重政策引导

大型海外建筑承包工程具有耗资大、投入多、国际化因素强等特点,一旦承包项目确定,项目更换或撤回的成本很高。因此,从项目开始的市场目标、战略定位的选择就显得十分重要。但企业由于其自身局限性,在选择的过程中往往会因信息不对称、最大化利益追逐而偏离正确的方向。大型海外建筑承包工程对于国民经济有着重大的影响,政府的有效引导作用的发挥不仅对企业,而且对国家经济发展也有着关键作用。

首先,政府应进一步理清海外建筑承包业务在国家大经贸战略体系中的定位,据此制定符合国家整体目标和国际惯例的战略规划,强化已有优势,寻求和培育新的优势。

第二,科学地进行战略定位与选择目标市场。根据国际局势和我国现状进行总体分析,"量身打造",慎重、准确地选择目标市场。不论是经营还是项目管理,不能简单地用国内的眼光看待海外,也不能用一个国家的眼光看待另一个国家。我国现今建筑企业的总部都设在国内,同时,与国际承包商同台的竞争力非常弱,因此要寻找最佳区域,在坚守已有市场的前提下开辟新市场。

第三,根据目前企业分散竞争的现状,倡导集团竞争,提高国内企业的核心竞争力。要引导企业开拓市场,拓宽合作领域,优化市场布局。鼓励业务创新与发展,推动海外工程承包与境外投资和资源开发相结合。推动设计咨询业"走出去",特别是推广中国技术标准规范。

三、市场调控和协调者

(一)及时根据市场情况进行调控

在过去计划经济体制影响下,我国的建筑企业在行业和地域上形成了分割局面,被划分为房屋、路桥、电力、化工等不同的行业,分散在中央、地方的各个层级。并且,建筑业本身的设计、咨询、施工、监理等业务也截然分开,造成了企业业务资源单一的突出问题。

此外,我国缺乏大型建筑企业。国外大型承包商如美国的福陆丹尼尔、日本的大成建设、法国的布依格等都是特大型企业,具有很强的规模优势。而在我国目前的企业中,可以与这些国外承包商相抗衡的数量很少。由于在建筑市场竞争的项目业主比较分散,且管理项目的能力参差不齐,与国际工程管理的惯例要求存在很大差距,再加之行业保护和地方保护,极大地降低了中国企业的市场化程度和竞争能力。各公司业务能力趋同,既没有形成大公司的规模效应,小而专、小而精、小而活的专业公司也是凤毛麟角。

市场只是在资源配置中起基础性作用,并不是万能的,也不是自动的,必须靠国家通过一定的政策和手段才能发挥作用。因此,集中扶持已有成功经验的企业,树立企业形象,利用已有的经营布局和经验,有目的、有计划地培育我国自己的大型建筑企业势在必行。

(二)改变政府单纯管理监督模式

政府的法律法规制定、监督管理有着不可替代的作用,但政府职能现在越来越从管理型向服务性转变,在海外工程承包市场领域,国际企业间的竞争,已经上升为政府和企业联合的竞争。

1.提高行政管理的效率和水平

我国有关政府部门应该勇于打破目前行业保护和条块分割限制,减少海外工程承包中不必要的和环节繁杂的审批程序,对于政府资源是一定程度的耗费,对于企业竞争也极为不利。政府应该减少不必要的审批环节,给企业充足的时间与外界竞争,而不是自我消耗。

我国对跨国企业的投资活动进行管理的部门繁

杂，光中央一级的就有国家发改委、国家外汇管理局、财政部等。还需按投资额的大小实行三级审批制。中国企业若想开办境外企业，一个项目审批往往需要盖几十个章，往往需要相当长的时间。这对于信息、技术、产品需求高度变化着的市场来说，无异于扼杀企业的海外投资机会。

2.实行有弹性的税收管理制度

针对海外工程承包市场的实际情况，税收是调控的有效手段之一，但税收的调节要具有权威性和必要性。适时采用税收优惠政策，尤其对于从事境外工程咨询、设计、工程承包的企业，能够起到重大的推动作用。对我国企业的海外工程承包项目实施有弹性的外汇管理制度，放宽项目的外汇资金融通，将会有力促进我国海外承包工程的发展。

（三）发挥政府在保险、国际担保和投融资等方面的支持体系作用

1.加大财政金融扶持力度

在国际承包市场竞争中，拥有雄厚的资金和融资能力已成为能否赢得工程项目的重要因素。不少发达国家的大承包商凭借其融资能力强及其政府出口信贷等的支持，取得了十分有利的地位。我国的海外项目承包企业面临着财政支持不足和金融支持跟进乏力的重重困难。项目融资单纯依靠出口信贷，成本较高、渠道单一、手续繁杂；出口信用保险风险评估尺度偏紧，费率高，险种少，企业常常处于融资渠道窄、融资担保难、融资成本高的困境。

我国目前海外承包工程贷款虽然低于国内其他企业贷款两个百分点左右，但远高于国际通行工程承包贷款利率。而我国国有商业银行一般不愿为无抵押和担保的工程承包企业提供巨额贷款；我国的政策性银行对国际工程承包企业的支持力度也较小。尽管自2001年以来我国有关部门也先后制定了一系列措施改善企业的融资环境，但迄今为止，国际上通行的项目融资在我国开展得依然十分有限，企业境外融资还面临着很大的障碍。

随着国际竞争激烈程度的增加和国际金融产品种类的增加，政府应推动有关部门提供适合海外工程承包的新金融产品、鼓励金融机构积极开展金融创新、制定政策适当允许相关机构提供无抵押贷款。而且政府还可以利用我国充裕的外汇储备，适当增加中国进出口银行、中国出口信用保险公司的资本金，提高政策性金融机构对海外承包工程企业的支持力度。

2.提供政府担保

向支持海外工程承包业务的国有商业银行提供信用风险担保，以减轻商业银行承担的风险压力。

海外工程承包项目风险较高，尤其是大型工程项目投入大、工期长，回报要在工程完工后才能实现，更容易受不可预见的外来因素影响而造成巨大的损失。当前，恐怖主义、突发事件和地缘政治动荡不安带来的风险，给海外承包工程企业造成了巨大的经济损失和不利影响，导致国际形势的不稳定因素增加。

我国也应参照国际通行做法，尽快建立工程承包风险保障制度。如，鼓励保险机构向国际工程承包项目提供多种类型的保险服务，为我国工程承包企业在境外开展业务时，因战争、政局不稳、国有化等政治因素造成的经济损失提供风险保障。此外，还可以设立海外工程承包风险基金，以提高我国企业的抗风险能力。

3.引导企业提升管理水平

我国海外承包工程行业要真正转变增长方式，实现业务升级，一个重要途径就是要在我国海外承包工程企业中贯彻标准化管理，引导企业差异化发展。大力培育工程咨询、工程管理、投资顾问类公司，使企业有能力根据所在国家经济发展需要作出有效分析，推动企业制定《海外工程承包企业社会责任标准》，建立企业信用档案。

综上，政府在大型海外建筑承包工程中应充分发挥自身职能和作用，分析国际市场动态，结合国内经济形势，及时为企业提供前瞻性政策和服务；建立良好的竞争环境及竞争秩序，通过有效的法律手段规范企业行为；改变政府管理方式，为企业做坚实的后盾，做好政策、资金、税收等方面的支持；提高承包企业核心竞争力，着力促使中国大型海外建筑承包企业的形成。同时，努力发挥政府的外交职能，采用多种手段，为我国企业打开海外承包工程通道提供保障。在此基础上，积极签订互惠互利的国际双边条约、多边条约，向驻外使领馆派遣建设官员，保护我国企业在海外的合法权益，让我国海外承包工程的发展更加快速健康。

我国海外承包工程的风险与危机应对

王宏伟,李贺楼

(中国人民大学公共管理学院,北京 100081)

近年来,我国海外工程承包业务一直保持着较为强劲的增长势头。即便是在 2008 年全球金融危机爆发之后,我国海外承包工程的整体绩效仍逆势上扬。根据商务部统计数据,2009 年 1 至 11 月,我国对外承包工程业务完成营业额 647.7 亿美元,同比增长 37.5%;其中,11 月份完成营业额 75.4 亿美元,同比增长 79.5%。新签合同额 1 065.1 亿美元,同比增长 20.9%。由此即可看出,我国海外工程承包业务总体规模庞大,发展速度较快。

但是,我国海外工程承包企业在其业务开展的过程所面临的各种风险也令人堪忧。近年来,我国企业的海外权益不断遭到侵害,工程人员遭绑架等突发事件屡有发生。为此,我们必须加强海外承包工程的危机管理能力,有效防范、应对各种可能发生的突发事件,保护我国海外企业职员的生命安全,维护我国企业在海外的合法权益。

一、海外承包工程与我国的海外经济利益

西方发达国家将其"海外利益"界定为:"海外公民侨民的人身及财产安全;国家在境外的政治、经济及军事利益;驻外机构和公司企业的安全;对外交通运输线及运输工具安全"[1],等等。一国的海外利益包括政治利益、经济利益和军事利益等方面。其中,海外经济利益是海外利益的核心内容,因为海外政治利益往往是海外经济利益的集中体现,而海外军事利益则是海外经济利益的保障。

改革开放以来,随着中国参与经济全球化程度的不断加深,中国在世界其他国家的投资与贸易不断增多,海外承包工程项目数量不断上涨。中国企业在"走出去"战略的引导下,在世界许多国家和地方都开展了自己的业务,为当地经济的发展做出了重要的贡献。"目前经外经贸部门批准在海外投资的中国公司已经超过 7 000 家,投资合同金额高达 130 多亿美元。有关部门估计,中国境外所有投资项目的资产总和已达 1 500 亿美元。如何采取有效措施、最大限度地保护这 1 500 亿美元海外投资的安全,已经是一个关系中国经济的稳定和国际经贸关系正常发展的重要问题。"[2]

目前,中国"走出去"战略实施的对象主要是发展中国家,海外承包工程业务也主要在发展中国家中开展。许多发展中国家因长期受西方殖民主义的压榨而产生一种受伤情结,对中国投资的性质缺乏正确的理解。当中国的贸易、投资赢利时,一些人会产生失落的心理。此外,我国一些企业及其职员在业务开展过程中也未能很好地融入当地社会,特别是没有通过承担一定社会责任的形式得到工程所在地社会公众的认可。最后,工程所在地各种政治生态环境远较国内复杂,各种可能对工程业务顺利开展和企业及其职员安全造成不利影响的不确定性和风险性因素较多。这些都要求我方企业应做好危机管理工作,积极化解各种危机,保障海外工程承包业务顺利开展,保护我方人员生命安全。

二、海外承包工程的风险与危机

海外承包工程具有其特有的国际性特征。这主要表现为:人员、机械设备的跨国调遣,工程材料及设备的异国采购和运输,合同实施过程中受多国法律制度的约束,使用合同规定的语言进行工作和交流,采用多种货币和不同的支付方式,国际政治、经

---

[1] 张志.关于维护和拓展中国海外利益问题的思考[J].社会科学论坛,2008 年 12 月(下):68.
[2] 张宏.捍卫海外利益刻不容缓[J].中国企业家,2007 年第 6 期:26.

济因素影响的权重明显增大,用于施工的技术规范和标准庞杂、差异甚大等。①为此,我方承包者必须承担较国内市场更多、更为复杂的风险。若这些风险得不到有效化解,极易导致工程承包业务陷入危机。

所谓"海外承包工程危机",主要指我国企业在海外工程承包业务的运作过程中由于未能有效识别并化解各种风险因素而造成的企业人员伤亡、工程无法完工、发包方以各种理由拒付、延付工程款、企业效益亏损等不利局面。这可能会导致海外工程承包业务面临重大的挑战。一般而言,可能导致海外工程承包业务危机的风险因素主要包括:

1.政治风险

海外工程承包业务的开展首先需要一个基本稳定的政治和政策环境,即所在国政治稳定,政策具有连续性。如果所在国政治动乱,如发生游行、罢工甚至政治流血冲突等政治事件,必然会影响到我方企业的正常运营。另一方面,若所在国政府诚信缺失,政策无连续性和可预测性,如对外商投资企业随意调整税率、任意征收或国有化等,也极有可能导致我方企业蒙受损失。

2.社会风险

工程所在地的社会安全形势对业务开展也有不容忽视的影响。我国许多企业在中东、非洲等地区承揽业务。这些地区局势动荡,政府的合法性不足,社会治安较为混乱,偷盗、抢劫、绑架等恶性暴力犯罪频发。我方企业及其职工安全面临着极大的风险。近年来,先后发生了多起我方人员被绑架甚至遇害事件。例如,2008年10月18日,中国石油天然气集团公司的9名工人在苏丹西部地区遭武装分子绑架,其中5人遇害。

此外,我方企业组织管理理念、方式与工程所在国或地区文化、价值观念若有冲突,也会导致企业组织管理不能有效进行。当地民众的排外思想及其政府的纵容也极易导致我方企业蒙受重大的损失。

3.自然风险

在全球气候变化的背景下,极端天气事件发生的可能性加大。极端气候事件一旦发生必然会导致工期延误,这也是我方企业必须要考虑到的一点。此外,其他自然灾害也可能导致我国海外承包工程工期延误。如果企业对自然风险实现没有充分考虑,在签订合同的时候未对相关权责作出明确规定,则发包方极有可能以此为理由拒付、克扣或拖延支付工程款,使得我方企业蒙受损失。

4.合同风险

海外工程承包企业必须在所在国经济、社会环境中运营。所在国的经济、社会环境稳定与否,直接对企业运营、收益产生影响。若我方企业对所在国经济、社会基本情况没有较为细致、深入的了解,也会导致在与发包方签订合同过程中存在的风险加大。稍有不慎,诸如报价、结算、工期、相关权责及免责条款等的规定都有可能给我方企业造成重大损失。以合同结算为例,若合同中规定以所在国货币结算,则必须考察该国经济形势稳定与否,考虑到汇率变动与预期通货膨胀率,基于此提出合理的工程报价。否则,一旦汇率有较大幅度波动或发生严重通货膨胀,我方企业就可能遭受重大损失。例如,在1997年亚洲金融危机中,泰国政府放弃泰铢与美元的固定汇率制度,转为浮动汇率,导致泰铢大幅贬值。许多以泰国本地货币结算的我方企业损失惨重。

此外,若所在国市场萧条、产品和服务供给不足或技术水平较低、产品质量不符合规定、要求,也极有可能导致原材料采购困难、工期延误。若在签订合同过程中未与发包方就此签订相关免责条款,在工程结算中我方企业可能会承受不必要的损失。

5.组织管理风险

海外工程承包企业的自身的组织管理工作较国内企业可能更为复杂。诸如职务设置、人员招聘、薪酬福利、奖惩等组织管理的各个环节不仅要遵守我国法律,还必须严格依照所在国或地区法律行事。不仅如此,企业生产的组织管理工作也要考虑到当地的文化、习俗。这要求国内国内总部(母公司)赋予其驻外分公司较大的自主权,以根据实际情况灵活处理企业运行过程中的各种问题。但考虑到成本控制以及统一管理,总部不可能在其驻外分公司中重复总部职能设置,也不会为开展某一个国外业务另行设置科层管理体系,而往往实行项目管理或矩阵管理或二者的混合形式,总部对驻外分公司控制有限。这一方面有助于驻外分公司根据实际情况灵活开展业务,但同时控制

---

① 刘建华.国际工程承包的风险[J].世界桥梁.2003年第4期。

不足也会加大各种风险,如无法控制成本、无法有效预防、应对驻外企业可能遭遇的各种突发事件等。

风险是危机的过去时,危机是风险的将来时。针对以上风险,我国的海外工程承包企业必须做到未雨绸缪,增强防范、应对各种突发事件的能力,以成功化解、管理各种危机,维护企业在海外的合法权益。此外,从某种意义上讲,做好海外承包工程的危机管理也是捍卫我国海外经济利益的必然要求。

三、海外承包工程危机管理的阶段

对于海外工程承包企业来讲,危机管理是通过风险减缓、危机准备、危机响应以及企业运行恢复等四个环节来避免或减少危机带来的损失的过程。海外承包工程危机管理的最理想状态是在各种风险转化为现实的危机之前予以识别并消除。

但是,企业在其运作的每一阶段和业务开展的各方面组织管理过程中都做到万无一失是不现实的,因而也就存在着现实危机发生的可能,对此,我们必须能有效地加以应对。具体来讲,海外工程承包危机管理包括以下四个环节或阶段:

1.风险减缓

风险减缓主要解决危机事件发生原因问题,目的在于减少危机事件发生的可能性或限制其影响。也即采取措施识别并化解、消除各种风险,从而从源头上避免风险向现实的危机转化,避免损失的发生。其具体的工作包括风险识别、风险评估,并根据风险评估的结果进行风险隐患消除或控制。我方海外工程承包企业可在对相关风险进行识别评估的基础上,采取如下行动,以减缓风险:

在政治风险减缓方面,我方企业应密切关注所在国或地区政局变动;关注政府政策变动趋势,以决定维持现状或通过我使领馆提出交涉或决定撤资。

在社会风险减缓方面,我方企业应加强企业人员和财产安全防护;与当地居民开展各种交流活动,增进了解,适应当地文化和价值观;加入当地相关合法的行业协会。

在自然风险减缓方面,我方企业应注重对致灾因子及工程脆弱性的评估;对自然风险进行及时地监测与评估。

在合同风险减缓方面,我方企业应充分考察所在国经济形势及其在工程期内发展变动趋势,科学预测工期、分析质量要求的合理性;采用多国货币或主要世界货币结算,并考虑汇率变动、对未来一段时间内通胀水平做出合理预期;明确责任承担方式,制定相关免责条款。

在企业组织管理风险减缓方面,我方驻外企业应定期向总部报告业务开展情况,加强总部与驻外子公司之间的信息交流和反馈,强化财务审计等。

2.危机准备

危机准备是在不能完全避免各种危机发生的情况下做好相关准备,以保证危机发生后能有效应对,减少损失。在海外工程承包危机管理过程中,危机准备主要是为危机事件发生后做好各项响应工作而进行事先的安排,包括制定具有实操性的响应预案,建立企业应对危机事件的组织架构和运行机制,储备必要的人力、物资、财力,建立危机预警机制等。

3.危机响应

危机响应是在危机已露端倪或已实际发生的情况下采取行动以尽可能控制其影响范围、危害后果,避免事态的扩大、升级,尽最大努力减少损失。响应主要包括情况分析、启动企业危机应对预案、启动危机情势下的特殊组织运行机制,与相关方面进行沟通等。

在实际的响应中,我方企业应积极寻求我驻外使领馆的援助。我驻各国(地区)使领馆都建立和完善了相应的领事保护应急机制,可以帮助海外工程承包企业应对危机。在海外承包工程危机中,工程企业应紧紧依靠我驻外使领馆,尽可能通过外交途径解决问题。

此外,对于海外工程承包企业来讲,无论何种类型的危机响应,都应注意做好以下工作:在发生危及或可能危及企业人员安全的危机事件时,应首先保障企业人员生命财产安全,必要时可撤回部分甚至全部工作人员;除积极、主动寻求我国使领馆援助外,还应积极、主动向相关国际机构寻求援助;与总部保持密切联系,随时报告事态发展情况;不参与与本企业无关的纷争;积极与客观公正的新闻媒体进行沟通;依据我国和所在国法律维护权益。

4.企业运行恢复

企业运行恢复指在危机事件响应结束后恢复企业正常运行的过程。在这个过程中,企业需要评估危机事件造成的损失,认定和追究责任,并及时总结经验教训,进行相关方面的改进,如技术装备上的升级、组织管理方面的变革等。但是,企业运行恢复是一个宽泛概念,并不一定在工程所在国进行。在成本效益分析的基础上,如果有必要,企业可撤回人员、投资,终止业务。

四、海外工承包工程危机管理必须坚持的两个原则

海外工程承包企业在其业务开展过程中面临着各种复杂的风险,极有可能陷入各种危机,必须遵循预防为主、系统应对的原则,尽最大可能避免或减少可能导致的损失。

1.预防为主的原则

海外工程承包危机管理需要遵循预防为主的原则,实现关口前移,即更为重视危机管理的风险减缓和准备阶段。危机事件一旦发生,必定会程度不一地给组织造成损失。损失的严重程度决定于组织的脆弱性和危机事件的强度。组织的脆弱性可以通过一些管理措施予以降低。危机事件的强度在不同时期也不同,通常都是一个逐步演进加强的过程。因而,通过降低组织的脆弱性并在危机事件尚处于萌芽状态时予以消除,就可以避免或最大限度地减少危机事件造成的组织损失。

具体来讲,通过风险识别、评估,及时发现并消除企业运行中存在的各种风险隐患,可以从源头上避免风险向现实的危机转化。同时,这也是一个发现并改善组织自身管理、制度、技术等方面缺陷的过程,也正是这些不足,增强了组织对危机的脆弱性。此外,由于在更为陌生、复杂的环境中,企业组织不太可能事先识别并消除所有风险隐患。因而,尽最大可能将组织的脆弱性降到最低程度是极为必要的。

2.系统应对的原则

危机管理具有系统性特征。首先,我们必须调动和利用国内外各种资源,综合性地对海外工程承包过程中可能出现的各种危机进行有效的应对。其次,更为主要的是,要注意海外承包工程危机应对的四个阶段所具有的系统性特征。

上述四个阶段的划分在便于人们从理论上对危机管理进行认识。在现实中,危机发展、演变过程并

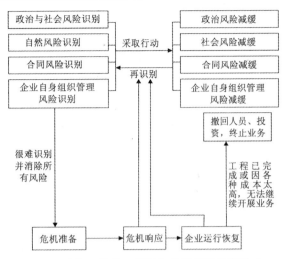

图1 海外工程承包危机管理示意图

不会表现出明显的线性特征。任何组织的危机管理都必须强调系统性,海外工程承包业务因其面临的各种风险因素较国内企业更为复杂,其危机管理工作尤须注重系统开展。

如图1所示,在海外工程承包危机管理中,各阶段之间并无确定的先后关系。首先在风险减缓阶段,识别与采取行动消除风险这两个步骤之间必须存在反馈关系,即在风险识别的基础上,采取行动消除风险;之后再进行风险识别,以确保风险减缓的效果。

在危机响应与风险减缓之间同样存在着反馈关系。危机中蕴藏着大量的风险因素,在响应的同时必须加强风险识别,如此才能尽可能较为迅速、有效地控制危机升级。

最后,在企业运行恢复阶段,危机响应结束。这时,企业面临两种最终选择,其一,如果企业有继续留在工程所在国或地区开展业务的必要,则在总结经验教训的基础上,继续进行风险减缓,并做好危机准备工作;其二,如果没有必要(各种成本太高或工程已完成)继续开展业务,则撤回人员与投资。

随着我国海外工程投资的快速增长及我国海外工程承包业务量的迅速增加,我国海外工程承包企业面临的各种风险也越来越多,遭遇各种危机事件的可能性也越来越大。为此,我国驻外企业必须重视增强自身的风险、危机应对能力,保护企业人员生命安全及企业合法权益,有效地维护我国的海外经济利益。

特别关注

2010年国际建材 价格走势 分析

罗 亮

(对外经济贸易大学国际经贸学院，北京 100024)

由美国次贷危机引发的全球金融危机，不仅对国际金融市场造成了毁灭性的打击，而且对各国实体经济也产生了巨大的负面影响。据IMF估计，2009年世界经济的增速将减缓为2.2%，其中发达经济体为-0.3%，新兴经济体为5.0%。展望2010年，各国及各行业都将继续在后危机时代全力抗击各自的衰退，而与建筑业息息相关的建材价格仍然要在受到重创后徘徊不前。

图1及表1显示了从2008年7月到2009年8月的国际建筑材料工业品出厂价格指数。从图1可以看出，从金融危机爆发开始，国际建材市场价格出现了暴跌，建材价格指数从2008年7月的109.74降到了2009年8月的98.7，减少了10.06%。可见，金融危机对建材行业产生了巨大的不利影响，导致建材价格一路走低。出现这样的情况，我们可以从影响价格的供给和需求两方面来进行分析。

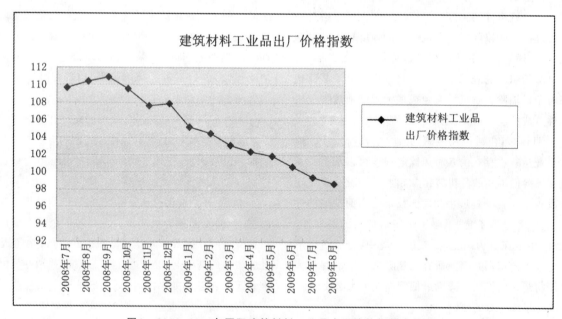

图1 2008~2009年国际建筑材料工业品出厂价格指数走势图

国际建筑材料工业品出厂价格指数数据　　　　表1

日期	2008年7月	2008年8月	2008年9月	2008年10月	2008年11月	2008年12月	2009年1月	2009年2月	2009年3月	2009年4月	2009年5月	2009年6月	2009年7月	2009年8月
价格指数	109.74	110.4	110.86	109.57	107.64	107.86	105.22	104.5	103.12	102.35	101.9	100.7	99.5	98.7

资料来源：锐思金融研究数据库。

一、对建材供应的影响

1.原材料价格上涨导致生产成本增加

建材的原材料包括金属材料、专用泥土、煤炭、电力等。全球金融危机爆发后,美元迅速贬值,石油价格一路从35美元/桶左右的价位回升到了70~80美元/桶的水平,这使得国内外的原材料生产商的运输成本大大增加。从全球范围来看,除去运输成本的增加,金融危机后各国银行也纷纷缩紧银根,造成企业融资困难,流动资金出现短缺,使生产商不得不提高原材料价格,从而导致处于下游的建筑材料企业生产成本明显上涨。

2.建材企业现金流断裂,风险加大

金融危机爆发后,国际工程承包项目建设进度纷纷放缓甚至停止。国际工程的减缓对我国建材的出口造成了很大的影响,尤其是玻璃纤维等主要面向国际市场的产品最为严重。奥巴马政府上台后,在所谓实现经济再平衡的借口下,以美国为首的西方发达国家贸易保护主义卷土重来,各国先后制定了130多项贸易保护主义的措施,不仅大幅度减少了进口,还发起了多个针对我国的反倾销案。从轮胎、螺纹钢,到铜版纸、输油管,美国和欧盟均开始对中国的出口商品加征了高额的反补贴关税、反倾销税,许多产品的税率均高达90%以上。与此同时,欧美等国为了减少贸易逆差增加出口,不断实行本币贬值,这更加剧了我国建材出口的下滑。更重要的是,由于国际工程量减少,大量应收账款的收回更加遥遥无期,我国建材企业的现金流断裂风险明显加大。2009年11月28日,迪拜政府宣布,由其掌控的迪拜世界集团将推迟支付所欠债务至少6个月,对世界金融市场造成了极大的影响。根据统计,全世界1/5以上的起重机在迪拜运转,共有25万建筑工人在迪拜工作。而迪拜债务危机导致被迫停工而取消的项目就有400多个,涉及款项超过3 000亿美元,仅我国浙商被套资金就达10亿美元左右。

3.汇率风险加大

受金融危机影响,2009年美元已经贬值20%以上。而受迪拜危机影响,欧元下滑势头将更加明显,全球经济面临严峻的二次探底的危险。世界各主要货币汇率的起伏不定,加大了我国建材企业进出口和海外投资的风险。首先,由于汇率的剧烈波动,使企业成本核算产生不确定性,预期收益难以预测,影响管理者的经营决策。其次,由于会计报表只能使用一种货币记账,汇率的不稳定性会强烈影响以账面反映的企业经营能力,一旦账面价值受损,将直接反映建材企业经营能力的降低,从而导致建材价格的下滑。最后,在这种情况下,建材企业出于对汇率风险的担忧,将大幅减少向国外工程建设商先行提供原材料的垫付资金,故而也将导致建材价格的降低。

4.企业融资难度加大

自金融危机爆发以来,各国商业银行大多缩紧银根,对企业贷款审核十分严格。宁愿不赚取利息收入,也不轻易发放贷款。而风险投资机构在没有一定收益保证的情况下,对企业的融资更是异常谨慎。这样,建材企业,尤其是中小企业就无法筹得足够的资金进行能够降低成本、提高技术含量的新产品的研发,对新型建材产品的推出带来了诸多不利影响。

二、对建材需求的影响

1.对房地产业的影响

金融危机的爆发,受影响最深的莫过于全球房地产行业(2009年中国房地产行业呈现的走势具有相当的特殊性,不具有普遍意义)。这次危机不仅使迪拜市场的房价比2008年跌去了一半,而且欧美等国的房地产市场也受到了严重影响,爱尔兰、意大利、葡萄牙和德国西部地区均出现了明显下降。在成交量方面,爱尔兰萎缩30%,西班牙减少15%,葡萄牙减少14%,德国萎缩了9%。出现这样的情况一方面由于消费者对经济形势的悲观预期,减少了房地产投资,持观望态度所致。另一方面,也由于危机造成银行相关资产减值,对房地产信贷的意愿不足,因此减少了房地产企业的资金来源，从而导致企业通过降价促销来增加销售量。

2.对家装业和建筑业的影响

同建材行业一样，作为建材市场下游产业的建筑业与家装业，也受到了金融危机的牵连。如前所述，受到经济不景气的影响，一方面由于担心不能收回资金，建筑企业不敢贸然增加需要自己投资或者垫资的工程；另一方面，许多建筑项目也由于缺乏资金干脆直接停止，导致建筑业建筑工程量骤减。在俄罗斯，Mirax集团和Stroimontash公司冻结了处于开工筹备阶段的所有新项目，而罗马尼亚建筑业则有32%的建筑公司受到金融危机和经济下滑的严重影响，已经有部分建筑企业停工。

低迷的房地产市场让国际家装业一蹶不振，导致新建房屋装修量减少，造成对门窗、陶瓷、玻璃等建筑材料需求的下降。而由于经济形势低迷，消费者一方面不愿掏钱对房屋再次装修，一方面也在等待材料价格的下降，期望能以更低的价格购入材料。

三、走势预测

从以上分析可以看出，在建材供给方面，金融危机造成了建材企业成本提高、销售量下滑、流动资金短缺，导致一部分企业减产甚至停产，使产品供给量减少，或者转而生产一些价格低、销量大、资金回收期短、技术含量低的产品。这样，除了原材料价格增加会抬高建材价格外，其他供给方面的因素都会压低价格。而在建材的需求方面，几个主要下游产业都直接受到金融危机的损害，导致需求减少，价格下降。因此，金融危机对供给和需求两方都造成了十分不利的影响，这必然对建材业造成损害，这也是造成自金融危机以来建材价格持续降低的原因。

综上所述，国际建材价格的走势与全球经济的复苏直接相关。在全球金融危机走势尚不明朗，全球经济复苏尚需时日的背景下，可以预料的是，国际建材价格的走势还将在低位徘徊相当一段时间，毕竟没有经济的复苏，就没有建筑业的繁荣，更没有建材价格的重回升势。

参考文献

[1]刘园.国际金融风险管理[M].北京：对外经济贸易大学出版社，2008.

[2]中国建材联合信息会.当前建材工业经济运行形势及全年情况预测[J].建筑装饰材料世界，2009(1).

[3]李国庆.金融危机对我国建材业的影响与对策[J].建材发展导向，2009(1).

[4]陈琳，程波.金融危机下建筑设计企业的"危"、"机"应对[J].建筑设计管理，2009(9).

[5]周佳，梁冬玲.国际金融危机下的中国房地产业思考[J].经济技术协作信息，2009(26).

[6]朱晓东，谢铮.金融危机下的中国房地产市场[J].山西建筑，2009(28).

综合开发研究院(中国·深圳)2010年会在京举行

综合开发研究院(中国·深圳)2010年年会在北京举行，本次会议的主题是：**中国城市化发展、挑战与提升**。

与会专家认为：随着我国工业化的不断发展，城市化发展也在加速。城市化造成人口快速向城市转移，大量人口的涌入，给城市的就业、社会稳定、城市环境等带来很大的压力，也因此出现一些亟待解决的经济与社会问题。如何从"量"与"质"两方面来平衡与提升城市化水平？如何使城市经济、城市功能与社会协调发展是当前我国社会发展面临的一个重大课题。

与会专家还就城市化与农民市民化、城市化与低碳城市发展等问题进行了广泛深入的研讨。

项怀诚、樊纲、王一鸣、周天勇、张晓山等著名专家学者出席会议并讲了话。

(王 佐)

"金砖四国":崛起与挑战

林跃勤

(中国社会科学院经济所,北京 100732)

一、"金砖四国"的崛起进程与特点

1."金砖国家"赶超态势

自20世纪90年代以来的多数时期,"金砖四国"总体上保持了比世界平均经济增长率和美国经济增长率更快的增长速度,其中,中国和印度维持着稳定的较高增长率(图1)。

这些国家的经济总量在近年与美国的差距逐步缩小(图2)。

同时,"金砖四国"的人均GDP也呈现出较快的增长势头,四国人均GDP与美国等发达国家的差距不断缩小(图3、图4)。

随着经济与社会快速发展,"金砖四国"人类发展指数上升较快,与美国差距缩小(图5)。

2."金砖四国"赶超发展特点

(1)四大赶超经济体的超大规模性、群体性和国际影响性是空前的。

"金砖四国"的崛起既不同于历史上的任何单一大国的崛起,也有别于东亚四小龙、四小虎等小经济体的崛起,四国均具有疆域、人口和资源等方面的超大规模性、非同寻常的国际影响力及崛起的群体性。

(2)四国快速增长的动力主要依托于要素投入增加和比较优势的发挥,粗放性特点突出。

第一,近10多年四国的快速增长主要建立在廉价禀赋要素大量投入上,如中国主要依托廉价资源和廉价劳动力的投入。

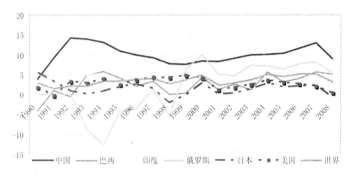

资料来源:IMF WEO Basedata,Oct.2009。

图1 1990~2008年"金砖四国"经济增长率与美国、日本及世界平均比较(%,美元可比价)

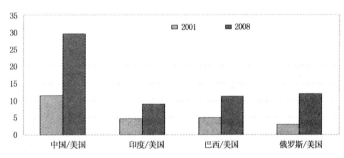

资料来源:世界银行数据库。

图2 "金砖四国"经济总量与美国经济总量比较(%,美元现价)

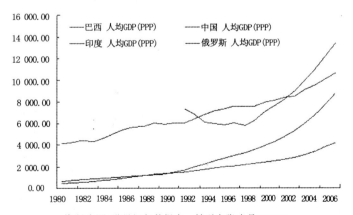

资料来源:世界银行数据库。转引自张晓晶(2008)。

图3 "金砖四国"人均GDP变化趋势(PPP,%)

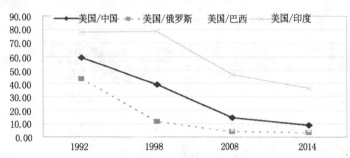

图4 "金砖四国"人均GDP对美国变化趋势(倍数)
资料来源:WEO Basedata,Oct.2009。

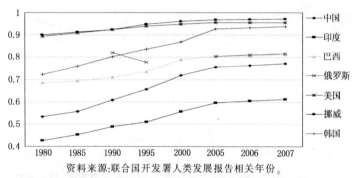

图5 1980年以来"金砖四国"人类发展指数与国际比较
资料来源:联合国开发署人类发展报告相关年份。

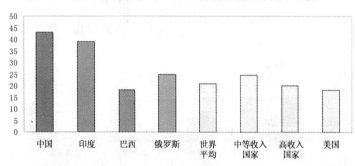

资料来源:世界银行数据库。*世界、中等国家及美国和发达国家为2003年数据。
图6 2007年"金砖四国"投资率国际比较*(%)

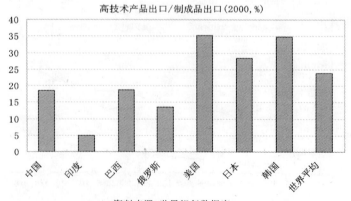

资料来源:世界银行数据库。
图7 "金砖四国"高新产品出口占比国际比较(2000,%)

印度同样也是依赖廉价劳动力的大量投入。而俄罗斯和巴西则主要依靠丰富的矿产资源扩大出口,并利用国际市场行情的上涨。"金砖四国"(巴西除外)的投资率偏高,其中2007年中国和印度投资率达到世界平均水平的2倍(图6)。

第二,科技进步贡献率低。科技进步对增长的贡献度一般在30%以下,比发达国家70%的同一指标落后很多,从这些国家快速增长的出口中高新产品出口占比偏低略见一斑,这与这些国家偏重依托禀赋资源发挥而轻视科技创新作用密不可分(图7、图8)。

第三,产出能耗偏高。四国产出能耗比显著高于发达国家甚至国际平均水平(巴西除外)(表1)。

第四,经济结构失衡。四国经济中服务业比重平均在50%左右,均明显低于发达国家平均水平(表2),表明"金砖四国"经济形态尚属于初级阶段;四国增长中对外部市场需求过高。2007年,中国、俄罗斯贸易依存度分别接近70%和55%,巴西和印度贸易依存度达到40%左右。近年,外部需求对中俄经济增长的贡献度提高到20%以上,使经济受外部波动和冲击的影响加大。如2008年美国次贷危机通过贸易等渠道对四国经济增长造成了明显的影响。

(3)四国国家竞争力偏弱。

近年,"金砖四国"经济增长速度处于世界前列,但国际竞争力并未出现同步增长,排名偏低(表3)。

(4)四国赶超进程不平衡。

从赶超势头看,中国和印度的赶超速度较快、较平稳;俄罗斯和巴西增长率略低,俄罗斯起伏较大,巴西则处于稳定较低速的水平。从经济总体规模看,中国经济规模最大,其赶超最大经济体的时间在缩短,俄罗斯、巴西与印度相距不

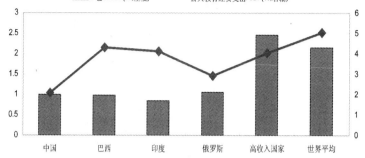

资料来源：世界银行数据库。

图8 "金砖四国"研发投入及公共教育投资/GDP国际比较（2000,%）

2002年"金砖四国"单位产出能耗水平国际比　　表1

国　家	能源消费总量 （万吨标煤）	单位GDP消耗能源 （万吨标煤/亿美元）
中　国	113923	12.03
印　度	42267	10.2
巴　西	17042	2.16
俄罗斯	82984	29.35
美　国	298696	3.42
日　本	65966	1.67
世　界	1086462	3.67

资料来源：世界银行《世界发展报告2002》，World Bank Database, http://devdata.worldbank.org/data-query/SMResult.asp。

2004年金砖国家服务业经济占比国际比较(%)　　表2

	第一产业	第二产业	第三产业
中　国	13.1	46.2	40.7
印　度	19.6	27.3	53.2
巴　西	10.4	40.0	49.6
俄罗斯	5.1	35.5	59.4
世界平均	3.5	28.0	68.5
高收入国家平均	1.8	26.2	72.2
美　国	1.2	22.3	76.5

资料来源：世界银行数据库。

金砖四国2005、2007年世界竞争力排名　　表3

	2005	2007
中　国	48	54
印　度	45	43
巴　西	57	66
俄罗斯	59	58

资料来源：世界经济论坛。

远。从人均水平看，俄罗斯水平最高、增长较快；巴西水平次之，但增长较慢；中国现有人均水平居中，但增长较快；印度人均水平最低、增长较慢。

二、"金砖四国"崛起面临诸多挑战

1.发展鸿沟巨大和赶超难度大

（1）四国与最发达大国之间的发展鸿沟巨大，赶超难度大。

2008年"金砖四国"经济总量只有世界的15%，而人均GDP只有世界平均水平的约1/3，是发达国家平均水平的不足1/10，中国经济总量依然只达到美国的约1/3弱，人均水平只有美国的1/15，按世界银行标准，中国还有1.2亿人、印度还有3亿多人生活在比例的贫困线以下。俄罗斯和巴西也还存在较大比例的贫困人群。"金砖四国"要全面建成近30亿人口的现代化富裕社会，赶超难度很大。按照罗斯托和波特等的经济发展阶段论，后发国家经济在起飞阶段均会高速增长，但进入成熟阶段后，增长率会下降；要保持数十年的高增长，"赶超世界有史以来最富有、最强大的国家"困难非同寻常。"在今后30年的时间里，美国在军事力量、经济力量、政治制度的优势和我们的价值体系诸方面，都是任何其他国家望尘莫及的"（科林·鲍威尔，2004）。①

（2）高增长对资源消耗的巨大需求与资源供给有限之间的矛盾加剧。

在现有增长模式下，四国要实现经济大幅度提升，对各种资源的需求和自身保障之间存在的缺口在加大。世界观察研究所2006年1月报告指出，中印对能源、粮食和原材料需求的

---

①（美）克莱德·普雷斯托维茨.崛起的4大国——30亿人的市场经济新机遇.王振西主译.北京：新华出版社，2008：1.

特别关注

2009年金砖四国经济自由度国际比较　　　　表4

	总指数	排位	企业自由	贸易自由	财政自由	政府规模	货币自由	投资自由	金融自由	产权	远离腐败	劳动自由
俄罗斯	50.8	146	54.0	60.8	78.9	70.6	65.5	30	40	25	23	60.0
中　国	53.2	132	51.6	71.4	70.6	88.9	72.9	30	30	20	35	61.8
印　度	54.4	123	54.4	51	73.8	73.8	69.3	30	40	35	35	62.3
巴　西	56.7	105	54.4	71.6	65.8	50.3	77.2	50	50	50	35	62.7
日　本	72.8	19	85.8	82	67.5	61.1	93.6	60	50	70	75	82.5
美　国	80.7	6	91.9	86.8	67.5	59.6	84	80	80	90	72	95.1
香　港	90.0	1	92.7	95	93.4	93.1	86.2	90	90	90	83	86.6
世界平均水平			64.3	73.2	74.9	65	74	48.8	49.1	44	40.3	61.3

资料来源：The Heritage Foundation,2009INDEX of Economic Freedom

快速增长已经产生全球波浪效应,2000年以来世界原油需求增长的60%以上来自中印。中国过去30年赖以高增长的农村廉价劳动力无限供给及人口红利即将消失（农村劳动力转移增长拐点可能在2012年出现,人口老龄化加剧）,此外,土地供给、水资源瓶颈也非常突出。消除大国崛起即是增长速度与规模赶超的片面观念,不能将GDP总量作为大国崛起的唯一标志。大国崛起至少包含经济发展水平高、居民生活水平富裕、制度自我更新力强以及国际影响力大等多项内容。因为,当今仅有硬实力扩张已不足以证明大国的真正崛起,即强国地位的获得。即便是美国目前也致力于提升自身的"巧实力"——更高层次的软实力。因此,我们应该在追求经济实力扩张的同时,加快体制机制创新与精神文化建设,着力提升软实力,构建与国际先进文明融合的国家。

2.着力培育大国综合竞争优势,避免落入后发陷阱

与小国相比,大国具有规模优势,如资源丰富、劳动力充足、市场需求容量足、经济体弹性大、区域梯次转移纵深性强、稳定性高等;与先发大国比,后发大国具有后发优势,成长潜力大。但要实现持续稳健快速增长,还需要善于将比较优势、后发优势和规模优势提升、转化至有效的综合竞争优势,避免追随与依附式发展、落入后发优势陷阱（表4）。

3.既要有效抵御外部冲击,又要善于降低对外张力

后发大国崛起必然会受制于外部供给和需求的约束,降低自身增长自主性、稳定性;同时,超大经济体的崛起又可能对外部世界造成巨大震荡,引发外部反弹。因此,既要积极利用全球化红利,借力外部资源和市场,又要协调内外均衡,避免外部对崛起过程的冲击,也要调节自身张力,控制和减缓对外部的盲目冲击,为稳定持续崛起创造良好的外部环境。

4.注意追求大国权利与承担大国责任的平衡

从历史上看,崛起中的大国既有成功的战略,也有失败的战略。如果不能找到在新的国际环境下有效地保护和增进自身战略利益的方法,中国很难成为一个真正的大国,一个持续发展的大国。中国应以大国包容心态,面对国际上对中国大国回归的忧虑和诘难,以平和心态加以说服,以合作化解矛盾,而不是以狭隘的民族主义心态以势压人。我们既要追求大国在国际经济事务中与经济实力和人口规模等相应的国际管理权利和领导地位,也要承担大国应该在维持世界和平、经济秩序、环保、减贫等方面的义务和责任,树立负责任的大国形象。

5.处理好与新兴大国的竞合关系和共同崛起

研究和借鉴其他大国崛起的经验和教训,有利于我们少走弯路和加速崛起;同时,加强崛起大国间的协作,在竞争中求同存异,对于增强新兴国家对外联系的多元性和对外关系的平衡性,减少对发达经济体的依赖性,对于减缓来自发达经济体的冲击,提升自身国际经济话语权和推进国际经济秩序创新至关重要。由于"金砖"国家单个力量有限,难以与既有发达大国抗衡,尚无法独立改变现有世界经济秩序。因此,强化协作,不仅是四国共同抵御全球性金融危机、推进国际金融货币管理机制改革的要求,也是后危机时期四国借力崛起的必然选择。

总之,"金砖四国"的崛起刚刚开始,高盛描绘的四国未来远景还充满变数。四国能否成功崛起,尚取决于四国如何厉行改革创新,有效应对各种挑战。

谨防泡沫风险 维持持续增长

林跃勤

(中国社会科学院经济研究所，北京 100732)

一般认为,适度的泡沫是经济增长的润滑剂,经济增长、特别是高速增长往往伴随着一定的经济泡沫,但当这种泡沫积聚和失控达到一定临界点时,泡沫就会破灭,会对稳定持续增长产生破坏性作用。通过大规模刺激手段,2009年中国率先走出金融危机困局,重新步入高增长通道。与此同时,流动性过多、资产价格上升过快、政府债务增长过急、通货膨胀预期加剧等又开始成为后危机时期中国经济稳定持续增长面临的新挑战。密切监测经济增长中的泡沫积累状况,及时适度调整政策,是未来预防泡沫风险、保持经济持续稳健增长的重要保证。

一、中国经济中的泡沫现象透视

经济中的泡沫(Bubble),是指某种价格水平相对于经济基础条件决定的理论价格(一般均衡稳定状态价格)的非平稳性向上偏移与背离,本质上泡沫是指虚拟资本过度增长与相关交易持续膨胀,日益脱离实物资本增长和实业部门成长的经济失衡现象,主要表现为金融证券、地产价格飞涨、大宗商品价格上涨、投机交易活跃等。但经济泡沫本身是经济增长,特别是经济快速增长过程中难免的现象,也是一种润滑剂,适度的泡沫可以通过未来的增长来消化。但当泡沫膨胀过度和失控,失去实体经济增长和信息支撑时,临界点的突破将使经济泡沫引发泡沫经济,并不可避免地使过度虚假繁荣被重新估价,导致信心缺失和萧条,从而对经济增长产生巨大冲击和破坏。

1.流动性过剩突出

2008年年底,中国政府出台4万亿财政投资刺激经济增长计划,激发了各地方政府的投资热潮。据对2008年年底的不完全统计,30个省份宣布的投资计划总额约30万亿元,但地方政府实际上并没有真实的财力支撑投资计划,多数只能借助项目融资平台等来实现,到2009年前三个季度,地方政府融资平台余额超过了5万亿元,地方政府投融资平台的总负债已经超过了全口径的财政收入。中央财政债务也迅速扩大,估计2010年将达到1万亿元。银行为落实支持国家扩大内需的信贷计划而大举放松信贷闸门,2009年年底金融机构各项贷款余额比年初增加9.6万亿元,同比多增4.7万亿元,为2008年新增人民币贷款规模的两倍。到2009年12月末,全国广义货币(M2)余额达到60.6万亿元,比上年末增长27.7%,增幅同比加快9.9个百分点,M2/GDP比例超过180%;狭义货币(M1)22.0万亿元,增长32.4%,加快23.3个百分点;2010年1月份第1周,银行贷款增长达6 000亿元,占全年信贷增长目标7.5万亿的8%。惠誉国际信誉评级有限公司2009年12月18日警告说,中国各家银行正在制造"越来越大的隐蔽信贷风险",通过财务手段将债务从资产负债表中抹去,以符合政府的资金要求。在大量交易中,银行将贷款出售给金融机构,或是把它们重新打包为理财产品。允许银行将信贷风险转移给第三方,使得银行能够免受糟糕的放贷决定带来的影响。这种状况具有与次贷危机类似的特征。2010年1月中旬世界经济论坛公布的《全球风险报告》指出,尽管中国似乎顺利渡过了金融危机,但它主要是依靠极高的信贷增长来实现这一点的,中国正走上一条非常不均衡的经济增长道路,这可能让它重蹈危机之前西方资产价格泡沫和不平衡增长的覆辙。刚刚出炉的2010年全球经济自由度排名中,中国大陆在179个经济体中排名第140位,比上一年度下降8位,原因之一是,2009年中国银行大举放贷,资产泡沫风险加深。2010年2月2日惠誉国际信誉评级有限公司给中国两家中型银行——招商银行和中信银行——的评级从C/D降为D级,理由是这两家银行的资本状况明显恶化,资产负债表内外的信贷风险上升。惠誉同时警告说,中国银行2009年的信贷增长为32%,而且2010年可能还将增长20%,必定涉及信贷的分配不当,信贷的迅速增长使已经相对较低的资本比率更低,与亚洲其他国家的银行相比,中国的银行泡沫风险最大。

2.房地产价格上升过快

2009年中国土地与房地产逆市而上。中国指数研究院发布2009年中国土地出让金年终盘点报告指出,2009年中国土地出让金总金额达1.5万亿元,其中,70个大中城市接近1.1万亿元,同比增长140%,2009年房地产开发投资额达3.6万亿元,占固定资产投资的比重接近20%,占增量固定资产投资的30%多,居民个人房贷增长1 600%。2009年上海、北京等一线城市的新房价格同比增长超过70%。房地产业对经济增长的贡献作用越来越大(接近7%)。美联物业2009年12月发布的关于租售比、投资比例、房价收入比、房价与GDP涨幅的对比数据表明,房价暴涨使楼市泡沫程度空前加剧。中国房价收入比、租售比均比国际平均水平高出若干倍,相对于收入,中国成为世界上房价最贵的国家。中国社科院2009年发布的《经济蓝皮书》指出,中国85%的家庭无能力买房,同时,全国空置房超过2亿m^2。国内外一些权威机构和学者预测,房价涨势放缓可能使仍然要靠政策扶持的中国经济复苏"前功尽弃";而房价持续飞涨,可能会迅速耗尽中国经济的增长潜力,引发崩溃性事件。房地产泡沫可能在2010~2012年被戳破。中国经济增长与房价相互绑架、深度套牢。

3.股市超乎预期爆发性上升

上证指数从年初的1 800多点起步,一度上涨至3 478点,涨幅接近一倍,大大超过日美欧股市。在1 581只可交易的股票中,累计涨幅达到200%的股票超过500家,涨幅超过100%的多达1 281家,全年上证股票交易额同比增长95%,成交额从2008年占世界第7位上升为全球第3位。上证综合成分股目前的市盈率达到34倍,是2008年10月低点的3倍。但股市繁荣主要得益于2008年年底中国政府出台的大规模经济刺激政策,特别是取消银行融资规模限制,以及政府对于外国投资中国国内股市限制松动后,引发的个人投资者的资金流入、信贷规模急剧膨胀的其中部分资金(约占20%~30%)流入股市。

一般认为内地股市房、市被高估了50%~100%。

4.产能过剩日益严重

2009年9月,国务院38号文曾点名钢铁、水泥、平板玻璃、煤化工、多晶硅和风电设备等六大行业为产能过剩行业,并指出电解铝、造船、大豆压榨等三大行业产能过剩矛盾也十分突出。为应对危机各国均采取了刺激投资和生产措施,其中中国的力度最大,并率先走出危机阴影,预计2009年依然可以保持8.5%左右的高增长(世界银行,2009年),但同时,部分行业产能过剩日益明显。2009年11月26日中国欧盟商会发布的《中国产能过剩研究》报告指出六个产能过剩最为严重的行业2009年产能利用率预计:铝业为67%、风力发电业为70%、炼钢业为72%、水泥业为78%、化工业为80%、炼油业为85%,同时还有庞大的在建和拟建产能,如甲醇开工率已从上年的53.6%下滑到42%,但新增项目仍有25个,产能达860万t。大豆压榨业开工率仅为48%,铁合金行业的开工率仅仅是40%左右,焦炭、电石、汽车、铜冶炼产能过剩的问题比较突出。

5.物价快速走高及通胀预期上升

2009年7月份以来,CPI出现环比上升趋势。10月份进入正增长通道,11月同比涨幅为0.6%,环比上涨了0.3%,而12月份上升1.9%,环比上升1.3%,出现加速上扬(图1)。受翘尾因素影响,2010年的全年物价不排除突破预定的3%的指标。根据央行对50个城市城镇居民的调查,目前通胀预期有所抬头。比如央行2009年第4季度对全国城镇储户的问卷调查显示,未来物价预期指数为73.4%,比上季度提高6.6个百分点,持续走高。从长期看,大量货币发行对物价的影响不可忽视。在目前整个经济面没有完全走上真正的繁荣条件下,通胀预期会产生投机需求明显上升和导致资产泡沫化,对整个经济产生破坏作用。产能过剩还会与贸易摩擦相互推高,形成恶性循环。如钢铁产能过剩导致钢铁出口市场竞争激烈,一些钢企不惜压低出口报价,这恰恰给外国实行贸易保护政策提供了口实,并使国内产能过剩矛盾更加突出。统计表明,2009年,中国已遭受贸易救济调查110起,共涉及120亿美元,比往年翻倍。中国欧盟商会认为,中国工业产能扩大了不良贷款的风险,还加剧了贸易关系的紧张。针对上述产能过剩行业的

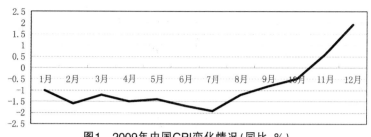

图1 2009年中国CPI变化情况(同比,%)
(资料来源:中国国家统计局)

贸易救济措施可能会大规模出现在2010年下半年。

美国《福布斯》在2009年12月28日出版的题为《七大近在眼前的金融泡沫》的文章中,认为中国的增长出现了日本和美国崩盘前的特征,并将中国的楼市和股市列为2010年全球金融泡沫第二位(排在美国国债之前),预警中国2010年可能出现资产"大泡沫"。

二、经济泡沫形成原因分析

从目前中国经济中的泡沫现象来看,其形成原因很多,主要有以下一些。

1.经济刺激力度过大

宏观政策过于宽松,巨大的流动性成为炒作的资金来源。泡沫经济往往发生在经济发展速度比较快,国家对银根放得比较松的时期,宏观经济繁荣、流动性宽松给泡沫经济提供了炒作的资金来源、商品经济具有周期性增长特点,每当经过一轮经济萧条之后,政府为启动经济增长,常降低利息,放松银根,刺激投资和消费需求。一些手中获有资金的企业和个人首先想到的是把这些资金投到有保值增值潜力的资源上,这就是泡沫经济成长的社会基础。保增长目标下经济刺激政策的密集出台制造出巨大的流动性,中国的货币政策是问题的关键所在。大量银行贷款被国有企业转投到房地产的开发投资上,国有企业频频拿下"地王",使2009年全国楼面地价排名前10的住宅用地平均楼面地价比疯狂的2007年还提高了60%以上。杭州、上海土地出让金超过千亿元,北京接近千亿元。

2.投资渠道单一,投机过旺

中国目前金融投资理财渠道尚比较单一,投资深度也不够,因此,百姓手中的"闲钱"能够寻找的出口并不多,对股市和楼市的追捧成为必然。同时,人们的投机本性难移。如许多寻求最高回报的投资者均未能预见到互联网商业存在的问题,也未能预见到成千上万套未付首付的高价住宅的抵押人可能最终将失去赎回权。大规模的现金加上投资者强烈渴望高回报,泡沫的出现可能在所难免。随着经济发展、居民收入水平上升和富裕阶层增多,加上投资理财门路少,不动产成为居民特别是中高收入阶层的主要投资手段,而供求矛盾的加剧导致房市升温、房价增长。

3.国际大宗商品价格走高和热钱流入加速

新兴市场经济回暖使得国际市场的重要资源价格快速上升。仅2010年1月6日一天,天津港62%含铁量的铁矿石价格就上涨2.9%,超过125美元/t,过去四周内上涨25%,与2009年3月27日的最低点相比已经上涨超过50%。2009年年底国际原油价格同比增长一倍多。国外认为,是中国需求推高了铁矿石、石油等的价格。而国际大宗商品价格的大幅度上涨又成为中国输入通涨的重要因素。

国际投机资金看好人民币升值空间而大举进入中国,一些热钱伪装成贸易计算资金等方式突破限制进入中国。2009年第三季度中国国际收支平衡表上,就出现了160多亿美元的"热钱"流入。据测算,目前每月进入中国的热钱超过100亿美元。央行为防止人民币升值而不断买入美元卖出人民币,导致市场流动性过剩及资产价格暴涨和泡沫出现。

4.对泡沫的发现和预防难度大

寻找泡沫膨胀迹象与预防泡沫破灭十分困难。世界银行及国际货币基金组织等最近指出,中国内地、中国香港、新加坡和越南房地产与股票市场重新涌现出的数百亿美元投资资金,是东亚资产价格又一轮过度大涨的开始,也是经济复苏速度最快的亚太地区狂热症的表现。问题在于,针对通过对促进经济泡沫成长的各种投机活动进行监督和控制,进而掌控泡沫经济的形成和发展,迄今还没有有效的监控和预防手段。因为这些投机活动发生在投机当事人之间,是两两交易活动,没有一个中介机构能去监控它。银行只是收付中介而且还具有分散性,只能根据客户指令付款,对付款内容或投机活动无力监督和约束。政府不可能置身于企业之间的每个交易活动之中,而且,政府还常常容易被投机交易所形成的经济繁荣假象一时迷惑,觉察不到背后隐藏的投机活动。此外,政府顾忌反通胀政策会伤害经济复苏和快速增长势头,而对积极经济政策的调整顾虑重重。遏制泡沫操作实施起来很难,监管往往低效。而社会对泡沫经济的形成和发展过程的软约束是历次泡沫经济产生、发展和破灭的基本原因。

三、结论与建议

虽然国内外一些学者和机构关于中国经济存在泡沫化风险的结论未必符合现实,但也不能视为空穴来风。很多数据已经真实表明,如果继续维持当前的货币政策和其他一揽子经济刺激政策不变,的确有可能出现资产泡沫和经济过热风险,尤其是刺激性政策的滞后效应难以及时发现。进入2010年,中国经济又走到一个十字路口。重新步入高增长通道的中国经济需要警惕高增长背后潜藏的各种泡沫性因素,及时采取预警和治理措施。亚洲开发银行2010年1月15日也指出,为了应对资产价格泡沫,以及通货膨胀和经济过热的潜在威胁,中国有必要对政策加以调整。

1.正视经济增长中的潜在风险

各方面的数据显示,中国经济在走向繁荣的同时,基建投资无度、债务过高、流动性过剩、资产价格上涨过快等形成的泡沫风险正逐渐推高。如果房地产泡沫在未来持续酝酿并最终破灭,势必将给国内企业、普通民众、商业银行以及整个宏观经济造成沉重的打击。如果不能未雨绸缪,让泡沫放大和风险蔓延,到时需要付出的调整代价将会更高。迪拜、希腊等新兴经济体借债式发展出现的泡沫风险,对中国的警示意义不可小视。

2.适度调整经济发展战略方针

我们必须适应未来中国经济增长逐渐进入中低速增长期的变化趋势,重新思考和设计我们的经济发展战略,避免陷入无休止的大干快上的"经济增长狂热症"(科尔奈,2005年)状态。经过30年的持续高增长后,随着中国经济规模的扩张和内外约束条件的增大,继续指望下一个30年的高增长是不切实际的。不断加码GDP,使资源环境和管理秩序面临难以承受之重,各种安全质量事故频发,增长代价高昂。中国必须适应未来中低速增长时代的到来。应对这个速度的调整主要不是以继续扩大的高投资来维持高速度,而是以推进结构调整和增长方式转变来提高增长的稳健度、质量与效益。在目前情况下,既要维持良好的向上经济趋势,又要抑制过热的苗头,对一些政策进行梳理,进行填平补齐,对过度刺激措施适度收缩、淡出和回调,对尚不到位的则要强化。

3.大力推进增长方式转变和结构调整

应该将政策调整目标从强调高增长转到结构优化和增长效率方面来,从狂飙突进式的高增长转向稳健持续协调增长方面来,从追求经济增长单一目标更多地转向注重居民福利、教育、医疗、就业等社会发展方面来。要通过政策调整,建立起不是单纯通过投资产能扩张来实现GDP增长,不是通过挤入技术环保门槛低的低端行业和产品来做大GDP,而是鼓励通过技术创新、产品创新、节能降耗、增加就业和劳动者收入等方式来实现价值增长,通过现代服务业加速发展来优化产业结构的渠道。

4.引导投资需求和抑制过度投机

鉴于企业和居民投资渠道单一、投资深度低、投资引导机制欠缺,导致资金过度流入股市和房地产业,需要推进金融投资体制改革、投资理财方式创新,合理引导和分流企业和居民的投资诉求,避免投资过度集聚和淤堵。中央已经意识到经济中出现的泡沫风险,并开始出台了一些旨在针对房地产投机、信贷发放过度等抑制泡沫膨胀的宏观调控政策。政府还需要深化财税体制改革、收入分配体制改革、价格与劳动改革、利率改革和金融体制改革等,对诸如房地产投资投机活动建立有差别的阶梯式税费政策,使企业与居民投资需求流向多元化、层次化、深度化、透明化、合理化和可预期化,减少恐慌性、非理性投资冲动,是预防和抑制泡沫膨胀的重要方面。此外,为提高政策执行力,必须严格约束地方政府扩张和滥用"土地财政"的冲动,消除其曲解和有选择性地执行中央政策的陋习。

总之,目前中国经济向好大背景下出现了一些过度繁荣问题,折射出了粗放增长和结构失衡的深层问题。这是我们面临的新的严峻挑战。需要着眼长远,以大胆识和大智慧,并通过思维、战略、体制、政策等多方位的转型与创新来求解,达到无危机的持续增长目标。

关于利用外汇储备支持海外资源开发的政策建议

任海平

（中国中钢集团公司，北京 100080）

摘 要：20世纪90年代以来，随着我国进入工业化经济高速增长阶段，许多能源和矿产资源的消费急剧增长。虽然我国资源总量丰富、品种齐全，但经济可用性好的储量并不多；虽然我国越来越多的企业"走出去"参与国际上的资源开发，但由于资金短缺等一系列困难，实际掌握的资源并不多，我国经济发展的资源供需矛盾日益尖锐。而目前我国的外汇储备已居世界首位，充足的外汇储备急需寻找合适的使用渠道。充分利用外汇储备，支持我国企业"走出去"进行海外资源开发是一项事关国家经济社会长远发展的战略选择，其不仅能发挥外汇储备的基本作用与功能，还能对我国的资源保障战略和国民经济的发展起到极大的促进作用。

一、目前我国资源战略保障面临的严峻形势

20世纪90年代以来，我国进入了工业化经济高速增长阶段，许多能源和矿产资源的消费增速接近或超过了国民经济的发展速度，资源的供需矛盾日益尖锐。而未来几十年，随着我国工业化进程的加快，我国成为世界主要资源消费大国的速度将越来越快。与我国未来几十年主要资源的巨大需求相比，我国目前探明的主要资源储量显得严重不足，进口和对外依存不断增大的趋势越来越明显。

我国资源虽然总量丰富、品种齐全，但已勘察资源中经济可用性差和经济意义不明确的储量所占比重高达三分之二，可采和预可采储量比例很低，主要资源储量占世界的比例并不高。由于人口众多，我国人均矿产资源量更是显得极低，如石油储量的人均占有量只有世界人均值的11%，天然气不足5%，主要金属人均储量不足世界人均值的1/4，铝土矿11%、铜矿17%、铁矿35%，铬等储量更是极低。

石油天然气

我国石油天然气储量占世界的比例很低，如石油占1.8%，天然气占0.7%，而目前我国能源消费量则占到全球总量的1/6。2009年石油进口2.037 9亿t，比上年增长13.9%，对外依存度已达到52%，液化天然气进口也在不断上升；石油剩余储量的保证程度不足15年，天然气剩余储量的保证程度不足30年；石油剩余可采储量仅占世界总量的1.3%，天然气只占1.5%。

铜铝铅锌

我国铜铝铅锌等主要有色金属的生产、消费量均居世界首位。2008年我国精炼铜产量374万t，占当年全球产量的20.3%，消费量占全球比例的28.8%；原铝产量1 360万t，占当年全球产量的33.9%，消费量占全球比例的33.1%；精铝产量321万t，占当年全球

产量的 36.7%，消费量占全球比例的 36.8%；锌产量 391 万 t，占当年全球产量的 33.5%，消费量占全球比例的 34.9%。

而占有色金属产量 94% 的铜、铝、铅、锌等大宗矿产的储量却严重不足，如铜矿和铝土矿分别只占全球的 2.2%、3.5%，但消费量则均居世界第一，自给率只有约 30%~70%，其中铜的对外依存度达 70%，50% 的铝原料依赖进口。

铁铬锰镍

目前世界铁矿石储量为 1 600 亿 t，铁金属储量为 770 亿 t。虽然我国铁矿石储量达到 220 亿 t，占全球铁矿石总储量的 13.8%，位居世界第三，但我国铁金属资源量仅占全球的 9.4%。由于我国铁矿资源中贫矿占到总储量的 80% 之多，可以直接用于钢铁冶炼的铁矿石占总储量的比例相对较小，因此，我国目前是全球最大的铁矿石进口和消费国。2009 年我国进口铁矿石 6.3 亿 t，同比增长 41.6%，是历史上进口增加量和同比增幅最高的一年，进口量已经占世界铁矿石贸易量的 75%，消费量则占到全球总量的 1/3。对外依存度从 2002 年的 42.1% 提高到 2009 年的 53.3%。2010 年一季度我国累积进口 15 503 万 t 铁矿石，同比增长 18%。

我国铬矿资源贫乏，总保有储量 1 121.8 万 t，占全球的 0.1%，其中贫矿储量占到 46.3%，主要分布在西藏、新疆等地，开采条件困难。2003~2007 年，我国铬矿进口量快速增长，年度同比增幅均超过 20%。2008 年度我国铬矿进口量虽然受到金融危机影响，但是仍达到 684.0 万 t，同比增长 12.4%。2009 年我国进口铬矿 675.57 万 t，占全球总贸易量的 70.8%。目前我国是全球铬矿的最主要消费国和最大进口国，铬矿基本依赖进口，对外依存度高达 97%。

我国锰矿石储量占世界的比例约为 18%，是世界上主要的锰矿石进口国，2009 年进口 961.8 万 t，同比增加 10.9%，再创历史新高。自 2002 年起，我国就成为世界上最大的锰矿进口国，对锰矿进口的依赖程度越来越大，目前对外依存度达 65%。

我国镍矿储量少，已探明储量只有 110 万 t，仅占全球储量的 1.77%。在金川镍矿发现前，我国的镍基本上都依赖进口。2009 年，我国累计进口镍矿 1 642 万 t，同比增加 33%，对外依存度高达 75%。另外，我国铀资源的对外依存度也在 66% 以上。

根据国家发改委的预测，到 2020 年，我国重要金属和非金属矿产资源可供储量的保障程度，除稀土等外，其余均大幅度下降，其中铁矿石为 35%、铜为 27.4%、铝土矿为 27.1%、铅为 33.7%、锌为 38.2%。

尽管这些年我国企业"走出去"的步伐越来越快，但我国有股权的海外资源仍然是微乎其微。从 2005 年起，我国钢铁工业已连续几年在进口铁矿石谈判中处于被动地位，损失巨大，各大型钢铁集团均在承受着高价格的铁矿石压力。主要原因也就是因为我们手中缺乏资源，也就无法掌控全球资源配置的话语权和谈判中的主动权。

总的看，伴随着我国经济的快速增长，经济规模和总量的不断扩大，资源短缺的形势日益严峻，矿产资源的供需矛盾将越来越突出，对国外原料的依赖程度将越来越大，并将成为影响我国经济安全与经济发展速度以及国防建设的重要因素之一。

二、目前我国外汇储备利用中存在的主要问题

目前，我国外汇储备已近 2.4 万亿美元，相当于我国国内生产总值的 50%。这些外汇储备主要投资于海外高信用等级的政府债券、国际金融组织债券、政府机构债券和公司债券等金融资产，其中，美元计价资产大约在 65%~70%，即约 1.3 万亿~1.5 万亿美元，而这其中大部分是美国国债。

我国外汇使用存在的主要问题，一是绝大部分是美元。储备币种的单一性给外汇储备带来了巨大的风险。美元的波动将直接造成我国外汇储备的损失。二是资产结构单一。外汇储备的很大部分都是由外债转化而来的，而这部分外债主要是美国国库券，单一的资产结构使外汇储备面临很大的收益风险。

所以，充足的外汇储备急需寻找一个合适的使用渠道。

三、近年来我国企业海外资源开发的形势及遇到的主要问题

近年来,我国企业充分利用"两种资源、两个市场",积极"走出去",取得了明显成效。我国企业"走出去"主要可分为三类:一是参与国际上的资源开发,为国内的经济发展提供资源保障,如矿产资源的开发和能源领域的开发;二是开拓国际市场,在国际市场上提高自身产品份额,提高品牌价值;三是到当地进行直接投资,绕过贸易壁垒。

2000年以来,随着我国经济的快速发展,我国能源矿产资源的供求形势日益严峻。为了提高企业竞争力,保障资源和能源的供给,越来越多的能矿资源企业开始"走出去"进行海外投资,能矿资源领域成为了我国对外直接投资的重点领域,而通过兼并收购国外企业提高资源保障能力则成为很多企业的选择。

从行业分布看,我国对外直接投资流向采矿业的不断增加,主要分布在石油和天然气开采业、黑色金属、有色金属矿采选业。从企业并购境外资源的做法看,主要有三种:一是自主经营,自己进行勘探和开采;二是收购已有能矿资源的企业股份,进行开发,取得开采权;三是通过资本市场收购一些国外矿产资源企业的股份,但是并没有掌握控制权。总的看,并购方式主要体现为少数股权收购。尽管个别案例中方企业取得控股权,但大多数企业只是购并部分股权。原因一方面是财力难以支持更多股权的收购,另一方面是国内许多企业还尚不具备整合的经验和能力。因此,获取部分权益成为大多数企业跨国并购的选择。

石油、天然气和矿产资源都属于不可再生资源,伴随近年来的连续开采,其潜力逐渐下降,有些油气田已濒临枯竭,新矿产的勘探和开发难度不断加大,石油价格大幅上升,矿产品价格也节节攀升,致使并购成本一路上升。

但从我国的经济发展阶段看,未来我国企业"走出去"扩大对外投资、进行资源开发仍将是一个长期趋势,跨国并购也仍将是企业对外直接投资的重要组成部分。

从近些年我国企业跨国并购的实践看,也暴露出很多问题,而其中主要的是资金问题。由于海外资源开发一般投资巨大,需要企业具备相当的资金实力。在当前全球金融危机的形势下,我国海外资源开发企业在以银行间接融资为主的传统金融结构下,普遍面临资本金不足、融资渠道单一、外汇不足等金融支持力度不够问题,从而难以完成理想的海外资源开发任务。

目前我国企业进行海外并购,资金主要来自自有资金、国内银行贷款、国际银团贷款,少数企业通过到国际市场发行债券融资。国外并购常用的方式,包括定向发股、换股合并、股票支付等方式,这些方式国内企业都无法利用。单一的支付和融资手段加重了企业的债务负担,成为国内企业跨国并购的重大障碍。而且,企业完成跨国并购交易后,还有大量的后续资金需要投入。巨额资金的拨付容易抽空企业自有的流动现金,形成高负债率。由于债务负担加重,企业再融资成本加大,再加上还本付息,使企业面临很大的现金流压力。对企业来说,"现金流就是生命"。生命线一旦出点问题,不但并购成果前功尽弃,而且会将企业拖入破产的泥潭。所以,融资渠道单一,使从事并购交易的企业面临沉重的财务压力。加之资源开发多为长期投资、长期回报,短期难以见效,这样多数企业很难支撑下去。对于我国这些走出国门的企业来说,面临全新的市场环境,资信的建立也需要时间,所以从当地获得资金的难度更是非常大,资金的障碍已成为关系到"走出去"资源企业能否在海外持续发展的一个关键问题。在这样的情况下,企业在海外开发资源的实力和空间就大大受限,搞一个项目还行,搞两个就困难了,搞小的项目还行,搞大的就很困难了。

四、建立与实施国家资源战略迫在眉睫

资源是支撑我国经济强劲复苏和健康发展的基础性因素,然而日益庞大的资源需求、极为脆弱的资

源供应以及发展滞后的资源安全政策保障体系对我国资源安全造成了严重威胁。从我国资源的现实保有储量与消费增长趋势看，建立与实施国家的资源战略迫在眉睫。这不仅是解决当前我国经济发展资源"瓶颈"问题的需要，也是一个关乎国家安全及长远发展的重大战略问题。我们急需从国家安全及发展战略的高度来确立对资源战略的认识和决心，加快增强在国际贸易谈判方面的主动性和战略制衡作用，以确保我国经济的可持续发展和国家战略安全。

资源安全不是单纯的资源问题，也不是单纯的经济问题，而是涉及对外战略、国家安全、战略经济利益以及分配格局等多层次的战略性问题。资源战略的构建也必须是综合的，即应该涵盖产业与投资、市场与供求、供应多元化、节能与能源替代、环境与可持续发展、国际投资与贸易、资源外交、资源战略储备等广泛内容。因此，为加强资源战略决策和统筹协调、维护国家资源安全、设立高层次的议事协调机构、负责研究拟订国家资源发展战略、审议资源安全和资源发展中的重大问题，需要一个战略统筹的宏观管理体系以及系统性的资源安全政策框架。

然而从现实情况看，我国资源战略管理缺失，其主要问题是低级别的、分散的资源管理，缺乏集中的、统一的、协调的、高级别的资源管理机构，资源勘探、资源技术、资源基础设施、资源安全等缺乏集中统一的协调和管理，特别是缺少长远战略和规划管理。尽管我国并非完全缺失相关的资源安全政策和措施，比如，我国已经提出了"充分利用国内外两种资源和两个市场"、"走出去战略"，以及中长期发展规划纲要草案等，但从具体操作层面看，这些政策仅是纲要性的指导原则和行动方针，不仅政策内容和重点比较模糊，而且大多缺乏政策目标的量化指标。特别是政策工具即具体策略、措施、手段和途径的缺失，使得上述资源安全政策总体上不能成为一项综合性和完整性的框架体系，这也是资源安全保障战略不能有效实施的关键所在。

因此，从国家资源安全和经济可持续发展的长远需要来看，国家将分散在各政府部门的资源管理职能集中起来，组建国家综合性资源管理机构，作出资源战略决策，促进强有力的资源市场体系和框架的形成，将使资源管理的指挥系统更权威，指挥权更加高度统一。

中国的资源战略，还需要放到世界秩序重建和中国崛起这两个宏大的历史事件中去观察。我国海外资源战略面临着国际资源战略合作、地缘政治资源利益、国际金融秩序、全球产业链、资源勘探开发等方面的诸多风险。金融危机中我们已经意识到资源供应与价格稳定是我国资源政策构建的核心内容，我国资源供应系统要从主要依靠本国资源供应系统，逐步转变为充分利用国内外资源，向全球的能源和资源供应系统迈进，并围绕这一战略建构展开资源外交，积极开展多元化国际资源合作，多元发展，协同保障，进而获取更多的资源主权。

当前，我国资源极为匮乏，经济社会又处在工业化与城镇化的加速阶段，对资源的需求不断增加。因此，为保障我国资源供给安全，必须放眼全球，充分利用国内国际两种资源积极实施"走出去"战略，即通过购买油田、矿山股份，签订产量分成协议，投资开发油田、矿山及风险勘探等多种方式，以控制和拥有更多的油气、矿产产量份额与油气、矿产资源。

在实施"走出去"战略中，首先应直接瞄准最有利的油气、矿产资源投资地，通过产权交易获取已为他人所拥有的资源富集地产权及资源开发和控制权。其次，在进入与退出产权市场的同时，需注意调整与优化自身的资产分布领域以达到风险规避与投资收益的最大化。最后，政府应进一步完善相关政策法规，在资金筹措与税收方面，支持与鼓励国内有条件的企业开发境外油气、矿产资源。

对矿产资源的战略研究要抓住重点，保证关键矿种，争取重要矿种的保障供应。特别要重点考虑对国民经济贡献率达70%的最重要的4个关键矿种：煤、铁、石油、天然气。同时考虑对国民经济贡献率达

20%的铅、铜、铝等重要矿种。

总之，我们应在认真研究、汲取发达国家制定和实施资源战略经验的基础上，结合自身的国情和特点，从全球资源战略角度全方位地打造资源战略，以确保国家长治久安和国民经济持续、快速、健康、稳定地发展。

五、中央企业已成为实施国家资源战略的重要主体

近几年，一批中央企业充分分析国际市场风险，按照国际市场规则，积极实施"走出去"战略，开拓海外市场，加大海外投资力度，积极开发海外资源，为缓解我国油气、重要矿产资源短缺作出了积极贡献。

从对2004~2009年的5 000万美元以上的海外并购交易的统计可知，81%是由国有企业进行的，45%是为获取能矿资源，2004~2006年，石油和天然气为投资热点，2007~2009年，投资重点转向了金属及采矿业。

中石油、中石化海外投资业务进入国家增加到20多个，签订了多个境外油气资源合同。中海油完成了尼日利亚油气田项目的收购。五矿与智利国家铜业公司联合开发智利铜资源，获得智利对我国未来15年内约85万t电解铜的供应。有色矿业集团已在赞比亚、蒙古、缅甸等国拥有铜、锌、镍、钴等金属储量700万t。南方电网主导并全面启动了大湄公河次区域电力发展总体规划工作，加快了在越南、老挝、缅甸开发电力资源、投资建设电站的进度。中钢集团以国内紧缺的铁、铬、锰、镍、铀等品种为主进行全球项目运作并取得了巨大的进展，获得了包括铁矿、铬矿、锰矿、镍矿等金属矿产资源的探矿权和采矿权，并涉及铀矿等新能源矿产领域，目前已在澳大利亚、南非、津巴布韦、东南亚等国家和地区积累了丰富的矿产资源。

总的看，中央企业在获取海外资源中一直走在前列，基础好，经验多，实力也较强，已成为"走出去"的主力军。

六、关于充分利用外汇储备并运用中央企业平台实施国家资源战略的有关具体建议

考虑到目前我国的高外汇储备以及美元贬值的大趋势，考虑到全球资源短缺及价格上升的大趋势，考虑到我国经济社会发展遇到的资源瓶颈问题及企业"走出去"进行海外资源开发遇到的资金问题，充分利用外汇储备，支持我国企业"走出去"进行海外资源开发尤为紧迫。如果能够更加合理地对外汇储备加以利用与管理，不仅能发挥外汇储备的基本作用与功能，还能对我国的资源保障战略和国民经济的发展起到极大的促进作用。

从国际经验看，利用丰厚的外汇储备换取稀缺性、战略性资源的投资和储备，由国家直接掌握和控制一定数量关系到国计民生和国家安全的战略资源，是许多国家特别是大国的一贯通行做法，这也应当成为我国用好外汇储备的一个重要途径。我们可学习日本及其他国家(如新加坡、韩国等)的经验，通过增加海外投资降低外汇储备增长的压力，合理有效地使用稀缺的外汇资本，更好地利用外汇储备来支持我国企业"走出去"投资海外资源项目，增大外汇储备的投资功能，长期稳定地保值增值，确保国家的资源安全。

能矿资源作为不可再生资源，其稀缺性和资金密集性极为突出，具有高价值特征。当前，国内产能不足问题日益突出，资源储量和产品不断升值。考虑到世界资源需求的迅猛增长，世界各地区"遗产性"和战略性的资源资产争夺激烈，未来资源将越来越稀缺，价值更高，而且稳定。

同时，今后我国资源的缺口也日益增大，增强资源供应安全日益迫切。国家动用部分外汇储备，获得更多、更有价值的海外资源和资产，无疑将增强我国的后备资源和持续提高资源产量的实力，增强资源供应安全的机动保证能力。

目前我国许多资源类企业都在积极贯彻国家关于充分利用国内外两种资源的战略方针，加快实施

"走出去"战略,其海外投资和跨国竞争所需资金规模不断加大。由于资源领域的投资大、风险高、回收期长,单纯依靠企业的力量很难达到国家资源战略目的,因此国家急需加大各方面的政策支持,特别是金融支持力度,以利用我国庞大的外汇储备,通过多种方式,提供资金支持,大大增强这些企业的融资能力和对外竞争实力。

总之,利用外汇储备,支持海外资源领域投资,将使我国今后的外汇储备从绿纸变成遍布全球的油气田资产、国外资源企业的股权、重大资源基础设施等有形资产,以及相关勘探开发先进技术、知识产权和强大的研发力量,从而将大大增强我国外汇储备的投资功能,充分发挥安全、稳定和长期投资的增值效益,最终提高我国的资源供应安全和对国际资源的控制力。

利用我国目前的外汇储备优势,支持海外资源项目投资是一个具有长远意义的战略选择。这种投资需要严格遵守安全、流动、赢利的使用原则。在从事战略性、长期性和基础性的资源项目投资过程中,需要更加强调投资的安全性和保值增值要求,支持能够形成稳定价值和长期赢利的重大项目投资。同时,也需要利用外汇储备的特点,通过灵活的商业性运作,突出投资的间接性和策略。为了更加有效地利用外汇储备,提高利用效益,结合目前我国外汇储备的利用情况和投资的情况,可充分利用中央企业这个平台,充分给予外汇支持,用于资源类新项目的勘探和并购,已有项目的进一步投入,以尽快见效,确保国家资源战略的实施。在此,提出以下具体建议:

1.中央企业建立资源勘探开发专项基金,政府给予用汇支持。由从事资源开发的有实力、有经验的中央企业联合金融机构或其他战略投资者等共同建立海外资源开发基金,国家在用汇上给予政策支持。基金将以境外矿产资源为投资对象,通过对企业提供股权性融资安排,支持其境外资源开发项目,或直接对境外优势矿业公司进行投资收购。同时,基金多元化投资主体与完全市场化的运作可淡化投资企业海外并购的政治色彩,达到有效建立重要矿产资源战略储备的战略目的。基金的设立还可以由财政部发行特别国债购买外汇来设立。

2.财政部代发国债筹资,注入中央企业支持海外资源勘探开发。在专项基金成立之前,为又好又快地利用好外汇储备,可以通过财政部代发特别国债筹集一定数量的人民币,再从外汇管理局购买相应的外汇储备,以所得外汇作为资本金直接注入一些从事资源开发的有实力、有经验的中央企业或其在海外设立的从事资源开发的专业公司,或由这些企业投资入股境外矿产资源项目,增加项目的资本金,以支持企业抓住当前全球资源能源类资产价格处于相对低位的历史机遇,到海外开展资源能源类投资,鼓励其对海外能源、资源及相关企业的并购,加速项目开发。

3.商业银行提供外汇贷款,政府提供财政贴息支持中央企业对海外资源的勘探开发。可扩大银行外汇头寸,用以向中央企业提供更多外汇贷款,同时财政部门给予贷款贴息补助,以支持中央企业在海外的资源勘探与收购活动,更快更好地获取海外资源。

4.中央企业在票据市场发行美元计价的公司债,所得外汇用于海外资源勘探开发。支持中央企业直接在公司债市场定向发行美元公司债(或中期票据)等债券,由银行、金融机构、大企业使用美元(来源于外汇储备)购买。此种方式市场化程度高,国外政治阻力小,融资成本低,投资主体承担的风险也相对较低。

5.外储管理部门或主权基金投入外汇,支持中央企业海外资源勘探开发。可由国家外汇管理局、中国投资有限公司或社保基金等直接向中央企业投入外汇,用于海外资源勘探开发,双方签订投资协议或入股协议。这有助于外汇储备使用多元化,也有利于提高我国外汇储备的收益率,增强外汇储备保值增值的能力。

6.政策支持人民币私募基金购买外汇,支持中央企业海外资源勘探开发。允许有一定规模、管理规范、融资条件较好的人民币私募基金购买外汇,专门用于支持中央企业海外资源勘探开发。

特别关注

钢材期货——中国钢材企业应对铁矿石金融化的关键对策

胡毓鑫

(对外经济贸易大学国际经贸学院,北京 100029)

摘要:近日,国际三大矿石供应商事实上已经启动了新的定价机制,以季度定价代替过去每年一度的长协定价。季度定价机制的启动,将使得铁矿石完全具备黄金、石油等大宗商品所具备的金融属性,未来对于铁矿石的炒作将成为常态,铁矿石的贸易和价格运行生态将发生翻天覆地的变化。在新的铁矿石市场运行生态下,全球经济如何应对、如何规避铁矿石价格随时波动的风险,以及各国的钢铁企业如何求得生存和赢利成为各国钢材企业面临的重要课题。鉴于铁矿石定价的主要基准是钢材期货,因此研究钢材期货在我国的运用对我国钢材企业意义重大。

关键词:铁矿石金融化,钢材期货,套期保值

一、合理运用钢材期货的必要性

(一)即将到来的铁矿石金融化全新局面

财经国家周刊早已陈述了一个观点:铁矿石已经不再是铁矿石。3月30日和4月1日,巴西淡水河谷和必和必拓分别称已与客户达成短期合约,现货市场价格成为主要参照标准。这表明铁矿石巨头正在力求用"现货定价"取代"年度合约",而这给中国企业带来了严峻考验。

现今铁矿石巨头所力推的指数定价,均是以中国到岸价为主,不过从年度定价到季度定价,定价基准日趋短期化乃大势所趋。而现货定价的体系一旦确立,就可能有金融机构以到岸价为基础做套期或者开发其他衍生品。场外定价将逐渐过渡到现货或期货方式的场内定价。

对此,一类有影响的看法认为:一旦铁矿石确立现货价格,企业会提出更高的金融要求,即利用铁矿石衍生品市场进行相应的风险对冲。铁矿石"金融化"将难以避免。在新的定价秩序之下,铁矿石交易将越来越有可能由金融衍生工具来发现价格、对冲风险。而这使得钢材期货的运用有其必然性。

(二)钢材期货的价格发现功能

我国钢材价格全面放开较早,价格的波动始终比较剧烈,市场风险也较为明显。特别是2009

年上半年以来，钢材价格因下游房地产市场萎靡，以及投资需求下滑，一度单边下行，创下跌幅之最。此外，钢材生产企业除了大规模限产之外，还降价销售回笼资金，并在年底计提了海量的存货减值准备。究其原因，还是对市场风险的估计不足，归根到底还是缺乏远期价格发现机制所致。而这正是钢材期货推出的意义所在。

二、钢材期货在我国运用的运行状况及作用

（一）钢材期货在我国的运行状况

我国是世界上最大的钢材生产国与消费国，年产量近3亿t，超过全球消耗总量的1/3。因此，钢材是关系到国计民生与国际定价权的重要品种。鉴于近年来钢材价格的剧烈波动，伴随着各项准备条件的成熟，钢材期货自2009年3月底恢复上市以来，发展势头稳健，市场影响力迅速扩大，市场功能初步得到有效发挥。同时，钢材"期现股"三市的联动现象表现出期货市场、现货市场和证券市场钢材相关企业股票价格极强的联动性，大大增进了商品市场和金融市场价格信号的一致性，体现了我国期货市场正在走向成熟。

首先给人印象深刻的是其迅速扩大的市场影响力，截至2009年12月31日，螺纹钢期货成交量925 302手，持仓量930 334手，与上市首日比较，其成交量和持仓量分别增长了近2.6倍和20倍。短短不到一年，市场活跃程度如此之高在所有上市的期货品种中非常少见。

其次是钢材期货的交割平稳完成，实现预期目标，2009年8月底，螺纹钢期货合约顺利完成首笔期转现交割，行业反应积极，认为在现行交割制度下，螺纹钢期货市场和现货经营实现了尝试性的对接，为钢材期货的首次交割做好了充分准备。总体上参与交割的买卖双方结构均衡、合理，钢材期货的功能发挥得到了初步体现。

再次是投资者结构逐步改善，市场功能初现，钢材期货的参与者不断增多，投资者结构不断完善。由上市初期的一些生产商和大量贸易商为主体，发展到现在越来越多的中小终端需求企业也参与进来，同时还有大量投机资金和套利资金参与其中。

（二）钢材期货市场存在的作用

前面提到在我国应对铁矿石金融化的关键就是钢材期货，那么具体到底它是如何来应对这一难题，下面我们做一下具体分析。

1.可以将钢材期货作为未来铁矿石定价的基准

对未来现货价格的预期。通过期货价格来给原材料价格定价早有先例，最为典型的莫过于每年的铜加工费(TC/RC)谈判。备注尽管在定义上有所不同，但事实上铜加工费谈判也就等于是铜精矿价格谈判，而且这种定价方式的最大好处是未来铜精矿价格不是固定的，而是随着市场变化而变，且通过期货市场的套期保值功能，交易双方能最大化地回避价格波动风险。

对比国内两个行业，我国铜精矿的进口依存度超过70%，高于铁矿石，而且铜矿石也是一个资源高度垄断行业，前五大铜矿供应商占据了60%以上的市场份额，但下游冶炼企业却很分散，这一点也和铁矿石情况非常类似。铜加工费(TC/RC)谈判已经持续了三十多年，通常情况下一般能在3个月内结束，谈判双方对这种方式都能接受，长时间运行的结果证明了这是一种行之有效的方法。所以说，参考铜精矿谈判的方式，通过钢材期货来给铁矿石定价是一种完全可行的方式。

LME市场已经有上百年历史，其有色金属价格已经被全球所接受，所以，未来通过钢材期货来给铁矿石定价必须要寻找一个权威的钢材期货价格。纵观全球钢材期货市场运行情况，如果未来政府相关部门和企业能够如推动TD-CDMA成为3G标准一样来推动螺纹钢期货成为铁矿石谈判定价的基准，那么上海将成为事实上的全球钢铁"定价中心"。这将大大改善我国在铁矿石价格谈判中的地位。

2.钢材期货的价格发现机制可以有效抑制铁

石商的暴利。

笔者以前总有一个疑问，中国是全球最大的钢铁生产和消费大国，并作为铁矿石的最大消费国，为什么定价权却不在我们这里，明明买卖双方都处于垄断地位的时候定价应该是博弈状况，而我国却总处于劣势，尽管影响原因是多方面，例如中国企业的分散，汇率尚未完全开放等等，但前面提到的国内钢材市场价格形成机制的欠缺是其中一个重要因素，由于缺乏近期、远期价格发现机制，无法评估钢材价格波动风险。因此，钢材生产、贸易和消费企业不仅缺乏权威的价格信号来指导生产和经营，还往往容易对市场趋势形成误判，最终被铁矿石商集体所忽悠，成为牺牲品。

而开展钢材期货交易后，一方面有助于形成钢材现货与期货有机结合的市场体系，规范和完善钢材流通市场；另一方面有利于逐步优化钢材价格形成机制，指导钢铁上下游企业合理安排生产和经营。最终，钢铁生产、贸易和消费企业获得了低成本、高效率的风险控制手段，对于铁矿石商的忽悠也具备了相应的免疫能力。

具体来说，钢材期货市场的价格发现和套期保值的功能将使得市场机制更加透明。在期货市场中集中了大量的市场供求信息，不同的人，从不同的地点，对各种信息的不同理解，通过公开竞价形式产生对远期价格的不同看法。期货交易过程实际上就是综合反映供求双方对未来某个时间供求关系变化和价格走势的预期。这种价格信息具有连续性、公开性和预期性的特点。

三、健全钢材期货市场的对策

（一）钢材期货市场运行存在的不足

1.法律法规不完善

我国期货市场正处于起步阶段，市场本身还是很不成熟的，市场管理也相当落后，并继承了许多行政管理模式。各交易所为招徕客户，往往放松或完全忽略了对投机性期货交易的管理和控制。在这种情况下，也就很容易出现过度投机，导致价格不稳。

2.品牌作用消失

我国线、棒生产企业众多，高质量的产品有一定的品牌效应，市场价格可高出其它产品50~100元/吨。但在期货市场上，期货交易者不是产品使用者，关注的只是产品价格波动，炒作的是盈利空间，容易忽视产品品牌。若现货市场将期货价格作为指导，则容易导致品牌作用失效。

3.经营风险巨大

期货市场风险比较大，这有目共睹。它不创造价值，是零和市场，一方的盈利来自于另一方的亏损。由于只收取10%以下的交易保证金即可获得交易权利，根据杠杆原理，将经营利润放大的同时也将经营风险放大，一旦交易失误，不仅保证金全部输光，还要偿还交易所债务，很多交易者为此倾家荡产。

4.套期保值效果并不如理想中的那样明显

与其它产品不同的是，建材市场季节性波动非常明显，企业能够预期到的价格下滑，投机者同样能够预见。企业开出的远期合约如果价格不能达到投机者的心理预期，则成交必然有限，若按照投机者预期报价，则套期保值效能必然削减。并且在不成熟的市场经济下，企业产权制度不健全，导致许多企业、公司参与期货交易只是为了投机"赚"大钱，而不是以保值为目的。客户的风险意识差，则是他们参与投机，炒买炒卖期货商品的另一个因素，他们把期货交易看成一种"赌博"，亏了是国家的，盈了则归自己。这些都助长了期货市场的投机风气。

5.容易产生经济泡沫

在现货市场中，建材交易价格是由生产成本、供求关系两个方面因素共同决定的，根据季节、地区、环境、政策等因素的变化而变化。期货市场上的贸易者对各类信息敏感度极高，心态上谨小慎微、杯弓蛇影，容易将各方面影响因素(虚构的或真实的)放大，从而反映到期货市场价格上来，期货价格影响现货价格，有可能使现货市场价格背离市场环境。而在房市价格虚高的基础上，钢材期货市场上同样会随着房价的虚高而容易产生泡沫。

(二)完善钢材期货市场的对策

针对存在的问题,我们可以进一步完善我国的钢材期货市场。

1.借鉴外国先进的管理经验

我国钢材期货市场刚建立,因此最重要的是防范过度投机。

国外期货市场对投机的管理主要是:(1)规定投机限额,即每个客户只能将其资产的一定百分比用做投机交易。此百分比还可据市场情况,由交易所调节。(2)限制垄断,若交易者的持仓量足够大以至于可影响期货价格,他必须向市场管理者申报其交易部位。(3)提高交易保证金比率也可以抑制投机过度。实践证明,这些措施对抑制过度投机是有效的。

2.主导厂商灵活应用自身优势

期货市场虽一定程度上能削弱主导知名厂商的地位,但实际上他们可以利用自身的雄厚资金实力修正期货市场定价,首先要防范好他们的投机行为,在此基础上利用他们的引导优势引导期货市场价格能很好的为企业套期保值提供场所,并能将全国的钢材买方团结起来,在合理价格的基础上,形成买方势力,从而在与外国铁矿石巨头的谈判中增加主动权。这就避免了以前因为我国企业分散,价格制定体系混乱,从而在谈判中受人所迫的不利局势。

3.规范期货操作,降低经营风险

建议期货交易所制订合理的交易规则,防范现货价格偏离区域市场环境,减少期货指数对各区域现货市场价格的不利影响,尽量避免引起全国范围的价格联动。还有我国金融工具要避免的最大风险就是要杜绝关联交易。及时公开通报,杜绝关联交易,避免期货指数被恶意炒作。

四、结语

任何市场都有其发展、成长的过程。国外期货市场发展史也颇多曲折,而在我国市场化的进程之中,钢材期货市场也同样需要一个逐渐成熟的过程,我们应该吸取第一次推出钢材期货市场时所出现的"昙花一现",坚决贯彻实施公平公正公开的原则,不能随意修改"游戏规则",而使得期货市场价格发现、套期保值的作用成为一纸空话。

铁矿石新定价机制所显现出的金融化趋势,中国企业应谨防类"金融化陷阱",但同时也决不能回避。一旦指数定价实施,决定价格的因素将会更为复杂,包括运价、汇率、供货规律等都会被当作推高价格的手柄。因此,中国应当尽快进行金融衍生品创新,熟悉并运用衍生工具进行风险化解,从而在新机制下的话语权竞争中不再被动,而钢材期货市场就是谈判中重要的筹码。提供一个大家都看得到、也都能接受的透明化钢材市场价格,并按铁矿石占钢价成本的比例,进一步反推至铁矿石谈判中去,从而在铁矿石的谈判中占据主动。

参考文献

[1]党剑.钢材期货与企业套期保值实务,冶金工业出版社,2009年4月.

[2]陈克新.钢材期货利于市场健康发展,中国金属通报,2009年第9期.

[3]朱娅琼.推出钢材期货改善宏观调控,中国投资,2008年5月.

[4]孙凡,刘冰清.开启铁矿石谈判的钥匙钢材期货,中国证券报,2009年6月.

[5]陈波.钢材期货将终结铁矿石商暴利,上海证券报,2009年2月.

[6]游达明,林小春,唐承超.钢材市场价格风险及其避险工具开发,企业技术开发,2006年2月.

[7]路红艳.我国应加快推出钢材期货,中国钢铁业,2008年第2期.

[8]首创期货钢材研究组.钢材期货推升企业避险能力,2009年3月.

[9]程荷斯.浅议我国钢材期货市场对行业发展的影响,北方经贸,2009年第9期.

[10]常清,王军.试论以钢材期货价格作为铁矿石的基准价,价格理论与实践,2009年第8期.

特别关注

中国建筑业60年演变与持续发展

韩 孟

(中国社会科学院经济研究所,北京 100836)

一、中国建筑业60年

(一)我国建筑业总体变化

1.1949年,我国建筑业营造企业规模小,从业人员不到20万。随着国民经济的恢复和持续不断大规模的经济建设,建筑业规模日益增大。

1952年至2008年,建筑业总产值由57亿元增长到6万亿元以上,增长了1 000倍。建筑业从业人数由1952年的99.5万人增加到2008年的4 000万人,增长了数十倍。2008年建筑业实现增加值17 071亿元,占全国GDP的5.68%。实现利润1 756亿元,上缴税金2 058亿元。我国建筑企业海外承包业务已发展到180多个国家和地区,累计签订合同额4 341亿美元,完成营业额2 630亿美元。

2.在工业化、现代化进程中,在各行各业,形成了农业轻工业重化工业各具特色的各类建筑业。机械工业建筑、煤炭工业建筑、电力工业建筑、核工业建筑、轻工业建筑、纺织工业建筑、水运工程建筑、邮电通信建筑、林业建筑、商业仓储建筑、旅游建筑、园林建筑、住宅建筑等专业建筑具有完整的特色建筑体系。机械工业建筑是为适应机械工业的需要而发展的专业性建筑,具有专业品种多、工艺复杂、涵盖面宽、体系完整等特征,为中国工业体系建设和国防建设做出了贡献。煤炭工业建筑系采掘业采矿建设专业化行业代表,其特点在于地面建筑工程与地下施工作业的整合系统性,在于建筑工程所面对的自然因素与社会因素的交错复杂性,在于专业门类的多元化与作业工种的立体交叉性,其为煤炭采掘与利用做出了贡献。重化工业建筑以外的轻纺工业建筑伴随着国际、国内市场需求与国家轻纺工业供给而发展,而住宅建筑则面对城市化与居民生活,并在城镇化进程中形成城镇乡村的特色建筑业。

3.国家公布建筑业更新的统计数字,2009年12月至2010年1月,国家统计局发布第二次全国经济普查报告,在所划分的行业领域中,建筑业从业人员3 907.7万人,占比14.3%;25.3万个单位,占比2.9%。

被划分在我国第二产业领域中的建筑业,其主要数据集中于如下五方面。(1)企业单位数和从业人员:2008年末,全国共有建筑业法人企业单位22.7万个,从业人员3 901.1万人;建筑业有证照的个体经营户26.4万户,从业人员199.9万人。建筑业企业法人单位中,国有企业及国有独资公司0.9万个,占3.8%;集体企业1.0万个,占4.5%;私营企业15.3万个,占67.6%;港、澳、台商投资企业0.1万个,占0.4%;外商投资企业0.1万个,占0.4%;其余类型企业5.3万个,占23.4%。建筑业企业法人单位从业人员中,国有企业及国有独资公司占12.7%,集体企业占6.7%,私营企业占37.0%,其他有限责任公司占34.6%,其余类型企业占9.1%。建筑业企业法人单位中,房屋和土木工程建筑业占41.0%;建筑安装业占19.3%;建筑装饰业占29.2%;其他建筑业占10.4%。建筑业企业法人单位从业人员中,房屋和土木工程建筑业占83.0%；建筑安装业占8.3%；建筑装饰业占4.8%；其他建筑业占3.9%。(2)建筑业总产值：2008年，建筑业企业法人单位的建筑业总产值68 841.7亿元。其中，资质内企业完成[6]62 785.3亿元，资质外企业完成6 056.4亿元。在建筑业企业法人单位的建筑业总产值中，房屋和土木工程建筑业占83.7%；建筑安装业占9.2%；建筑装饰业占4.6%；其他建筑业占2.4%。(3)房屋建筑面积及竣工价值：2008年，总承包和专业承包建筑业企业[7]完成房屋建筑施工面积530 518.6万 m²，房屋建筑竣工面积223 591.6万 m²，竣工价值21 722.5亿元，其中住宅建筑竣工面积133 880.7万 m²，竣工价值12 520.8亿元。(4)资产负债和所有者权益：2008年末，总承包和专业承包建筑业企业的资产合计为51 711.9亿元，负债合计为34 035.0亿元，企业所有者权益合计为17 676.9亿元，资产负债率为65.8%。(5)工程结算收入和利润总额：2008年，我国总承包和专业承包建筑业企业法人单位工程结算收入59 717.9亿元，其中，房屋和土木工程建筑业占86.3%，建筑安装业占8.5%，建筑装饰业占3.6%，其他建筑业占1.6%；利润总额2 201.8亿元，其中，房屋和土木工程建筑业占81.6%，建筑安装业占12.3%，建筑装饰业占3.9%，其他建筑业占2.2%。

4.我国建筑业的业绩指标，是国民经济和社会发展指标体系中的重要项目，它反映投资与消费、需求与供给，它反映经济运行发展变化的轨迹。如"人均建筑面积"和"城镇实有住宅建筑面积"。以"人均建筑面积"为例：以1980年和2008年数字做比较，1980年，我国人均建筑面积不足7m²；2008年，我国人均建筑面积达到28m²。1980年，我国有1.9亿城镇人口；2008年末，我国城镇人口数6.07亿。将人均建筑面积与人口规模相乘，即显示30年兴建住房数。

再以"城镇实有住宅建筑面积"为例：以1990年和2008年数字做比较，1990年，我国城镇实有住宅建筑面积总量20亿 m²；2000年，我国城镇实有住宅建筑面积总量44亿 m²；2007年末，我国城镇实有住宅建筑面积总量119亿 m²。20年间，我国城镇实有住宅面积总量是20年前的6倍。

(二)从不同时期的统计资料的基本数据看建筑业的发展态势

1949~2009年60年，历史阶段可划分为前后两个，即1949-1978年29年，和1978~2009年31年。

从不同时期的统计资料分开考察两个历史时期的建筑业变化：

1.从全社会建筑业总产值及增长速度，看第一个历史阶段发展态势(图1)。

2.从企业单位数从业人员数和总产值，看第二个历史阶段建筑业变化趋势(图2)。

在第二个历史阶段中，我国房地产经济运行自1992年至2009年为高速高位持续增长期。

(三)我国建筑业在经济周期波动中发展

建筑业的运行轨迹，反映着若干年代的国民经济发展轨迹及其特征。

20世纪50年代，建筑业大发展。其间我国第一个五年计划时期(1953~1957年)和第二个五年计划时期(1958~1960年)，国家工业体系建设，核心工程即156项建设项目的确立与完成，大规模经济建设的展开，均为建筑业发展提供了天翻地覆的服务供给

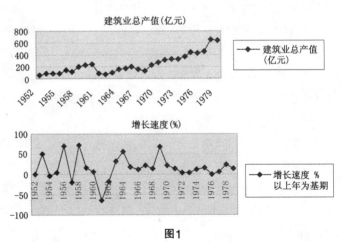

图1

注：1.以上统计图数据来源于中国建筑业统计资料(1952~1985)；建筑业总产值包括的范围，1.各种经济形式的建筑施工企业和城乡个体专业户完成的总产值。2.各建筑单位自营施工队伍完成的总产值。3.勘察设计与建设有关的工程地质勘探产值。4.农田水利及开垦荒地产值。均按当年价格计算。

机遇与巨大的运作空间。

20世纪60年代，建筑业进入峰谷起落的调整状态。在国民经济调整时期（1961~1965年）和第三个五年计划时期（1966~1970年），从大跃进到调整、巩固、充实、提高，再从解决吃穿用到以备战为中心的重大战略转变，在加强农业的同时开展三线建设重点配置基础工业与国防工业，这期间的建筑业服务于国民经济调整与战略转变，建筑业增长速度由大起大落的低谷再到峰值后的波幅震荡幅度逐步相对减缓。

20世纪70年代，建筑业增长速度相对稳定。第四个五年计划时期（1971~1975年）和第五个五年计划时期（1976~1980年），从依靠高投资追求高速度、高指标，到以军事工业带动整个国家的工业化，再到经济战略调整，重视发展社队企业、地方五小工业、对外贸易、环境保护和农村普及教育等，这期间的建筑业发展处于调整状态。

20世纪80年代，建筑业增长速度相对稳定。第六个五年计划时期（1981~1985年）和第七个五年计划时期（1986~1990年），从二十年宏伟目标与调整、改革、整顿、提高，到对内搞活对外开放，再到经济过热与治理整顿。

20世纪90年代，建筑业处于战略转变与快速发展状态。第八个五年计划时期（1991~1995年）和第九个五年计划时期（1996~2000年），从市场经济体制目标确立与实施，到经济波动与宏观调控；从控制高通胀、扭转投资需求过热、国民经济软着陆，到经济结构性问题凸显与经济增长速度减缓，这使得建筑业发展有了一个得天独厚的发展机遇，其标志性的时点是1992年，从那时起建筑业尤其是以其为载体的房地产业从此成为增加值居高不下的行业。

21世纪，建筑业在这初始的十年中有着持续的发展机遇与作业空间。第十个五年计划时期（2001~2005年）和第十一个五年计划时期（2006~2010年）

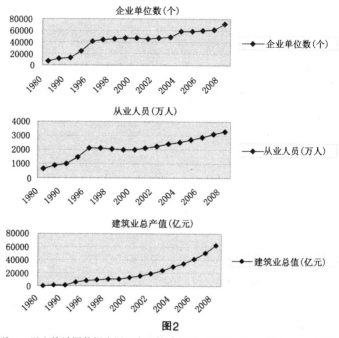

图2

注：1. 以上统计图数据来源于中国统计年鉴（2009年卷）；其中，1980年至1992年数据为全民和集体所有制建筑业企业数据；1993年至1995年数据为各种经济成分的建制镇以上建筑业企业数据；1996年至2001年数据为资质等级（旧资质）四级及四级以上建筑业企业数据；2002年及以后数据为所有具有资质等级的施工总承包、专业承包建筑业企业（不含劳务分包建筑业企业）数据。2. 从业人员数1993年至1997年为年平均人数。

从以经济结构战略性调整为主线突出科教兴国、人才强国和可持续发展，到科学发展观确立与转变发展方式，以及新型工业升级和大规模城镇化推进与国际化接轨，这些为建筑业提供了持续发展的升级平台。

从60年整体上看，我国建筑业与经济增长及其波动相一致。其态势特征为：从1949年算起，经过三年的恢复时期，自1953年开始规模化的工业建设、现代经济建设，截止2009年底，经济增长率经历了十个波动周期。若干周期中，其中峰值处于高位的年份为1958年、1964年、1970年、1984年、1997年和2007年；其中从谷至峰，值处于陡升的年份区段为1957年至1958年、1961年至1964年、1967年至1970年、1976年至1978年、1981年至1984年、1990年至1992年；其中处于高位平滑区间的年份区段为1999年至2007年；其中从峰值陡降的年份区段为1958年至1961年、1965年至1967年、1970年至

1972年、1975年至1976年、1978年至1981年、1984年至1986年、1988年至1989年。经济增长率时间序列态势的波动特征,在高度、深度、幅度、长度诸方面体现了经济社会的时代印记,同时也体现了建筑业发展变迁的宏观背景。

(四)建筑业在国民经济中的贡献、就业贡献、上下游行业链贡献

从辅助性行业服务功能到支柱产业、主导产业作用发挥,使建筑业潜在能力得以充分释放。这尤其体现于从1992~2009年这一时间段,建筑业的产品服务持续供给,其投资需求联系生产与消费,行业关联度居高,联动上下游行业诸多产品服务的供给需求链,推进城市化与促进城镇发展,繁荣房地产市场,繁荣社会消费品市场和投资品市场,促进就业,形成行业增加值,为国内生产总值的增长作出贡献。

同时,建筑业为地方政府财政收入作出贡献,并为土地财政的持续提供衔接型的建筑服务。

同时,建筑业为虚拟经济(符号经济),为金融服务业的发展提供了巨大量级的物质载体。

在国际市场,建筑业开拓海外市场,承揽海外建筑承包,为国家对外开放做出了积极贡献。

建筑业在自身的发展中,在参与国际、国内两个市场竞争中,在科技创新与管理创新和节能减排环保等诸方面做出了积极贡献。

二、各类问题与有待改进的方面

(一)全球环境与生态平衡问题以及人类整体绿色需求的提出,使原有模式出现了增长极限问题

1.全球需求包括经济需求与生态需求。在经济全球化与全球环境问题的背景下,能源矿产资源以及水资源等自然资源消耗越来越大,资源短缺成为持续性问题;同时生态失衡环境污染问题日益严重且难以逆转。生产方式与生活方式的既有模式已经发挥到了极至,增长方式的调整与发展方式的转变已经到了不能不提到日程上来的时刻。在全球工业化、城市化的进程中,建筑业在原有模式运作中提供了服务,从建筑规划到建筑施工全过程参与了消耗型污染型模式的经济运作;当前的建筑业在现行模式与绿色模式转换中正面对更新自身的内在要求与服务社会的市场需求。

2.在21世纪的前20年重要机遇期并面对更高水平的小康社会发展目标,我国在重要领域迫切需要解决若干重大问题,包括资源约束、行业发展、人口健康、环境生态以及公共安全等;尤其是资源禀赋方面,维系人类基本生存的水和耕地、森林、能源矿产资源的消耗与持续利用问题长期困扰经济社会。随着工业化、城市化的大规模推进,建筑物的构筑空间问题日益凸显,城市的空间资源明显短缺,城市的生态环境日趋紧张与恶化。这使经济社会发展目标,一方面受到来自人类自身生产力规模的推进,并同时受到自然条件配合与给予,但在增长的极限附近受到极大的自然约束与行动制约。因此,技术创新与管理创新的绿色需求日益紧迫,包括建筑业在内的各行各业亟待开发并尽快形成绿色发展的支撑力与增长级。

(二)建筑业的供给瓶颈之一在于土地资源及其立体空间资源

外延型的土地资源,是现阶段建筑业大规模高产出持续性经济运行的供给瓶颈。陆地面积中,土地资源配置的结构中,自然生态环境用地、农业种植养殖用地不可或缺,分配给人类构筑城市的土地资源有限。但是,在全球范围内,森林、草原、河流、湖泊、耕地均在逐渐缩减,所圈之地变现成为资产,工业化城市化用地日益扩张。

内涵型的立体空间资源,也不足以支撑人类超大尺度高标准高规格的最终消费,更难以支持更大规模更高要求的虚拟经济消费,即以投资需求和投机需求为目的的房地产运作与金融资本活动。但是,在全球范围内,承载着虚拟经济资本运作的规模正在不断膨胀。

(三)面对最终消费需求与投资投机需求的两类有效供给失衡

1.消费层面中,中低收入群体的有效需求长期得不到满足。

在城市化大规模扩张的同时,在居民人均住房数值不断增长的同时，中低收入群体的有效需求却难以得到有效供给，且长期得不到满足。这在经济发达国家与发展中国家都成为普遍存在的一种现象。

2.投资投机需求层面中，有效供给不断增长，资源消耗持续扩张。

建筑业的能源矿产资源消耗是经年累月规模浩大的，并且直接间接带动着上下游若干行业的资源消耗。建筑业的施工作业不断侵蚀自然生态、破坏环境，且侵蚀规模不断扩大，破坏深度持续增强。

(四)自然资源生态环境禀赋衰减趋于严重

同时，经济理性在市场层面坚持不懈，各类经济体将自然资源生态环境变现为资本。资本运作和经济增长，难于与自然资源生态环境禀赋的正常保持相协调。建筑业在这一宏观背景下终将难逃厄运。这是建筑业必须面对的严重挑战。

三、展望

(一)建筑业在今后若干年对于国民经济和社会发展的贡献预期展望

今后若干年，我国的经济增长势头仍将饱满。即便是在结构调整产业升级的转型约束下，各类需求仍将旺盛。因此，建筑业在国际国内两个市场两种资源跌宕起伏的大环境中，仍然保有国内市场商机。

仅就住宅需求而言，我国每年有几百万接受高等教育的大学生、研究生毕业，进入工作岗位并成家立业，同时有数以千万计的农村劳动力进入城市，他们需要居住，他们需要住房；同时，新农村建设与城乡对流的生态养老在广阔天地中需要构建功能型住房；同时，每年有大量的企业事业单位需要调整更新或扩展所属的经营活动用房，国家机关地方政府用房亦需要更新换代，资本市场的投资机制与投机机制亦形成大规模的购置房产需求。因此，建筑业的市场需求是多维度、多层面且规模化的，而相应建筑业有效供给尚待扩充或补足。

建筑业，在今后若干年中的年度国民经济运行中有着巨大的社会经济需求，并能够提供足够的建筑服务。建筑业在国家中长期经济规划与实施中，在经济结构调整与各行各业产业升级中，将继续承担重要的行业任务。建筑业在今后10年、20年、30年、40年的国民经济运行中，将承载全国及地方的城市化或城镇化的实体推进，并在陆地与海洋的发展统筹中发挥建筑业的构筑服务功能。

(二)建筑业在今后若干年对于绿色经济的贡献预期展望

在经济增长方式转型与发展方式转变的时代，建筑业将在绿色经济与绿色发展中得到新型需求并提供新型供给。大中小各类城市与各行各业的建筑物的规划需要绿色调整与绿色施工，建筑业面对低碳经济、循环经济、污染治理等节约环保的需求与供给，将全方位多层面地提供全球性、国家级、地方层次的市场服务。建筑业的市场前景是广阔的，其绿色发展是可持续的。

在今后若干年，中国建筑业对于经济全球化的促进与全球环境问题的缓解，将起到积极的推进作用，在城市化的国际化推进中将贡献绿色规划和行动。

(课题组：安东建、常健、程福祜、高梁、韩璐、贾利、康桂珍、孔祥林、李志宁、罗解难、牛津、宋质斌、万金华、王文光、王佐、晓砚、旭辉、张宝印、郑东亮)

参考文献

[1]国家统计局《中国统计年鉴》《中国建筑业统计资料》等数据信息.
[2]住房和城乡建设部《中国建筑年鉴》等数据信息.
[3]国家发展和改革委员会发布信息.
[4]人力资源和社会保障部发布信息.
[5]财政部和国家税务总局发布信息.
[6]中国人民银行发布信息.
[7]国家环境保护总局发布信息.
[8]商务部发布信息.
[9]海关总署发布信息.
[10]中国社会科学院《中国十个五年计划研究报告》等专题信息.
[11]新华网信息.
[12]中国经济信息网信息.

中国建筑承包市场的体制变革

常 健

(国家发改委宏观经济研究院，北京 100836)

改革开放以来,中国建筑承包市场从无到有,经历了飞速发展的黄金时代。1987年在鲁布革施工管理体制的冲击下,我国首次提出:逐步建立以智力密集型工程总承包公司为龙头,以专业施工队伍为依托,全民与集体,总包与分包,前方与后方分工协作、互为补充的建筑企业组织结构,为建筑承包市场体系打下坚实的基础。20世纪90年代初,又进一步提出:建立规范、合理的综合总包、专业承包、劳务分包的工程建设总分包管理体系,推动一批大型骨干企业的改革与发展,使其成为资金密集、管理密集、技术密集,具备设计、施工一体化,投资、建设一体化,国内、国际一体化的龙头企业,成为带动建筑业生产水平迅速提高和开拓国际承包市场的主导力量。

一、建筑总承包管理模式

1.项目施工总承包模式:由集团公司总承包部组建"项目总承包部",代表集团公司对工程实施项目施工总承包管理,并负总包责任。所有分包单位都必须与"项目总承包部"签订分包合同,服从总包的统一协调、指挥、管理、监督。集团公司总承包部对"项目总承包部"下达各项经济技术指标。

2.管理总承包模式:对于政治性强的工程或以集团企业子公司直接参与投标的工程,由集团公司总承包部组建"项目管理部"代表集团公司对工程实施管理总承包,担负对业主承诺的合同义务,不承担工程成本盈亏指标,仅收取业主支付总包的管理费用。

3.项目部总承包模式:针对有些工程,集团公司总承包部组建"项目经理部",直接带施工能力强的劳务队从事施工总承包管理。通过不断实践施工总承包管理,不断改革,我国大型建筑企业的总承包管理水平不断提高。

4.国内外常用的总承包管理模式:近几年,国内外常用的主要有八种总承包管理模式:平行承发包模式,项目总承包模式,施工总承包模式,施工联合体模式,施工合作体模式,CM模式,NC模式,BOT/PFI模式。我国开展总承包管理较晚,受投资体制的制约,国家没有形成实施工程总承包的建筑市场,业主仍然是自己成立基建班子,分别面对设计、施工,因此,多数企业实施的是施工总承包管理,少量工程采用了工程总承包管理和施工联合体模式及BOT模式。而其他模式,如CM及NC模式国内采用很少。工程总承包模式是今后的发展方向,其设计、施工一体化的特点,在我国加入WTO之后将成为主流总承包管理模式。如上海建工集团,采用设计施工一体化的工程总承包管理模式,建设中华第一高楼——金茂大厦获得成功;北京城建集团联合上海建工、香港建设集团采用联合体总承包管理模式建设国家大剧院工程。CM模式适用于工期要求紧的"边设计,边招标,边施工"的特大型项目。NC模式是业主完成初步设计之后转化式的设计、施工一体化工程总承包管理模式。BOT模式的特点是建设-经营-移交,是投资带总承包管理模式。

二、我国建筑企业总承包管理方面存在的问题

1.对总承包管理的认识有误区。人们对总承包管理的概念认识不清,误解较多,主要是计划体制下各行各业各系统都有自己的基建队伍,在行业垄断、

部门分隔的情况下,实施总承包阻力较大。有人认为:实施总承包管理是施工费用再加上管理费,是一种加大了管理费用的"扒皮式"总承包,总承包管理型公司是"皮包公司"。

2.现有人员素质不高,复合型人才缺乏。土建专业技术、管理型人才多,但掌握新技术、懂英语、直接与国际交流的管理型复合人才少。在工程总承包管理实践中,土建部分一般不超过25%的份额。对于新设备、新材料、新技术的引进,深化设计、外贸代理、融资合作等方面人才更缺。

3.企业组织结构布局不合理。我国建筑企业的组织结构,计划体制下受原苏联产业组织结构的影响,形成了企业分割、部门分割、地区分割的三重分割局面,很难形成专业化协作关系下的经济规模。大公司不大不强,小公司不小不专,具有一级总承包资质的企业过多,导致在总承包管理这一平台上过度竞争,管理水平较低。

4.非市场因素干预多,没有形成二级分包市场。国际大承包商一般不具有自己的施工队伍,总承包之后可能将大部分工程的不同专业分包给专业分包商。而我国规定:具有总承包能力的企业在取得总承包任务之后,至少结构工程要独立完成,不能分包。这种规定是对我国大型建筑企业开展施工总承包管理,尽快占领国际市场的制约。另外,国内大型建筑公司,分包项目往往仅限于集团下属的二级公司,内部进行行政干预、保护,也是制约总承包市场的一个不利因素。

5.业主行为的影响。在我国目前体制下,业主类型较多,由于业主的建设目的不同,对《建筑法》、《招标投标法》的运用理解有所不同。有些业主为避开有关法规的限制,把大工程肢解,进行分块、分段招标,这种情况很不利于开展工程总承包管理。

6.重视项目法施工,忽视高层次总承包管理。项目法施工的实践,在降低成本、提高工程质量、缩短建设工期方面取得了重大的进展。但是,实践证明,大企业进行的大型工程的总承包管理,与单体的项目经理部的管理方式完全是两回事。由于一些大型企业对总承包管理模式学习、实践不够,忽视总承包管理研究,对国际承包商的惯例不了解,对WTO知识不了解,对总包与分包的责权管理不清楚,导致企业在竞争中失败,然后,只能去做外国承包商的二包,甚至三包。

7.对国际总承包管理模式、惯例及法规研究不够。20世纪90年代初期我国引入FIDIC条款,以及欧洲采用的建筑师负责制,使我国建筑企业对国际承包商管理的通用做法有了了解。并在国内一些大型重点工程已经应用,例如:国家大剧院工程,上海金茂大厦工程,首都国际机场工程,北京东方广场工程,广州新白云国际机场工程等,收到了较好的效果。但是,面对加入WTO的机遇与挑战,我们对CM模式、NC模式、BOT模式、PFI模式了解很少,应用更少,对我国大企业面对国外承包商的竞争非常不利。

三、加强建筑企业总承包管理的方法及改进

1.组建特大管理型建筑企业集团。国有大型集团企业如中建总公司、上海建工、北京城建集团等,应进一步改革企业的组织体系,精简母公司,剥离以土建分包或专业分包为主的二级施工公司,使母公司成为技术密集、资金密集、人才密集、管理密集的特大型总承包管理型企业集团,加强调控和监管功能,重点做总包管理。二级企业要形成独立产权和资质的进行专业化施工的中小型民营化或民营参股工程公司。国家对这些大企业给予特殊政策,采用横向或纵向联合方式,尽快形成大而强的企业集团,重点突出,轻装上阵,在国内外与国际承包商抗衡。分包企业从二级市场择优选择,不背包袱。

2.调整企业组织结构,减少总承包企业数量。抬高总承包施工资质的标准,减少具有总承包资质的企业数量,防止在同一平台的企业过度竞争。明确不同资质、等级的企业,只能承担与资质、规模相一致的工程。小马不允许拉大车,大马拉小车也要制止。

3.理顺总承包管理机制,明确总分包责任。实施工程总承包管理,首先要理顺总承包管理机制:集团公司是总包决策中心,总承包部门是总包经营中心,项目承包部是生产管理中心,分包单位重点抓好项

目经理部管理。以合同为依据,明确总包、分包的责、权、利。确立总包对业主负总责,分包对总包负责的意识。对分包单位实行统一指挥、协调、计划、管理、监督。

4.严格质量责任及总工期控制。依据总包合同,按ISO 9000标准文件资料管理程序要求,总包要建立各级质量责任制及岗位责任制,建立《工作标准》、《管理标准》、《技术标准》,树立总包单位总工程师对技术、质量管理的权威与责任;总包要做好总体施工组织设计、总体质量目标设计,按照ISO 9000标准要求,严格审批各分包单位的技术方案、质量设计方案、重点设备材料供应方案等;总包要制定总体施工进度控制计划,做好阶段性工期控制,各分包单位要按照总包的统一要求,制订相应的分包工程工期控制计划。

5.重视工程索赔管理。按国际合同条款规定,索赔事宜应在事发后的28d内提出,分包要及时提供索赔文件,总包要对索赔文件进行审批,确定之后,总包向业主呈报。总包要重视与业主之间的索赔与反索赔,也要重视总包与分包之间的反索赔与索赔工作。搞好索赔工作,是确保总、分包经济利益,确保质量、总工期控制的重要环节。

6.学习国外经验,培养复合型人才。研究美国、日本等国在总承包管理方面的经验,结合中国建筑业的特色,强练内功,努力实践。中华第一高楼——上海金茂大厦,是上海建工集团以设计、施工一体化实施工程总承包完成的,取得了成功。另外,从三个层次做好建筑业复合人才的培养:政府管理人员重点培养建筑公共管理人才;企业管理人员重点培养建筑工商管理人才;项目管理人员重点培养建筑项目管理人才。

7.规范业主行为。我国已颁布《建筑法》及实施项目法人负责制、施工总承包管理等法规,但目前管理力度不够,建筑行业应加快制定业主行业规范的制度研究,防止业主将工程切块、分块或分段招标。另外,逐步根治目前业主压价承包、垫资承包、索要回扣、拖欠工程款四种难于克服的病症,创造更多的机会实施工程总承包管理。

8.在WTO条件下,政府要采取一定的保护政策。我国已成为WTO成员,在世贸组织协议的范围内,我国要有限地、逐渐地开放建筑市场。国家可采用境外企业进入中国市场许可证制度或者对重点建筑企业进行补贴或保护,以避免境外企业垄断我国的总承包市场。要正确对待WTO和经济全球化。许多实行全面开放、通盘与西方快速接轨的国家,往往会落入西方国家的圈套。我们决不能让西方大承包商将我国建筑业垄断,置中国企业于总承包体系的底层,充当二包甚至三包的角色。

9.强化公司总部的服务控制职能。强化总部的控制职能是发挥整体优势的必然要求,在市场经济条件下,企业内部必须实行高度的集权和严格的计划管理,才能将有限的生产要素资源科学地组织起来,形成强大的竞争力。必须适度调整内部的权力分配结构,应将经营决策权、资金控制权、生产要素调配权、项目成本控制权、人事管理权、物资采购权、对外合同签订权、内部任务分配权和分承包方选择权、利益分配权九个方面的权力由总部实施集中控制。为了有效地实施总部的控制职能,公司还应将经营、技术等专业人才进行分类管理,做到人员的集约化管理和使用。同时调整各专业的系统管理方式,把服务工作做到位,制订投标报价程序、施工准备程序、分承包方评审程序等,工程开工前做好全部的前期工作,施工中及时解决技术和管理上的难题,从而,在服务中控制,在控制中服务。

10.不断派生专业公司,提高专业施工力量和保障能力。在目前社会市场发育还不很健全的情况下,加强内部专业施工力量是确保项目管理正常发展的一项重要内容,专业公司既可以确保内部市场,又可以开拓外部市场,同时也是调整经营战略的着眼点。按照工程建设过程的工序界定要求设立专业公司,重点强化技术含量大、有技术优势的专业公司,用先进的技术装备专业施工队伍,改进专业公司的施工生产组织管理方式,使专业施工保障在前向、后向上延伸。对一些专业难度大、技术要求高而又有市场前景的专业化施工领域,密切与有实力的公司的合作,形成较高的生产水平和较稳的竞争能力,以众多的专业施工力量作为项目管理的支撑和保障,有力地促进"大总部小项目模式"的有效运行。

从供需视角解读2010年中国房价走势

徐 枫

(中国社科院财贸所博士后,北京 100732)

摘 要:2009年是中国房地产业价量齐升的一年,针对房地产价格上涨过快的状态,国家为保证经济结构的合理性,出台了一系列调控措施,抑制房价高涨。本文从房地产供需角度对房市进行了解读,得出结论为,基于通胀和地王效应的市场预期,2010年在政策调控的主题下,房价将出现滞涨,但维持高位运行。并指出高房价将导致内需不足等诸多危害,并提出了针对现在房地产业发展的适当性建议。

关键词:供需视角,房价,走势

2009年中国房价回顾

回顾2009年中国房价,其走势可谓一路高歌,狂飙上行。如脱缰的野马,令所有国人心惊胆战。众所周知,中国经济受国际金融危机的大环境影响,2009年初期,各产业发展态势均处于下行通道。与金融产业依存最为紧密的房地产行业持续走低,消费不振,市场处于低迷状态,观望情绪浓厚。但富有戏剧性的是:自3月份开始,全国大中城市房价环比开始上涨。至二季度,以一线城市(北京,上海,深圳等)为房价的领跑者,全国房地产价格持续攀高,出现"量价齐升"的上升态势,国家统计局数据显示:2009年前三季度,全国商品房销售面积同比增长42.9%。其中,商品住宅销售面积增长44.5%。至年底,房市更是出现量价"井喷"的市场表现。2009年1~12月,房地产开发企业完成投资及增速情况如下:全国总计比2008年同期增长16.1%(其中北京为22.5%),从成交量上看,2009年1~12月商品房销售面积和销售额增长情况如下:全国总计销售额增速75.5%,销售面积增速42.1%(其中:北京分别为76.9%与96.6%,明显高于全国增速)。在房价出现飚升的一线城市,以北京市为例,2009年是北京十年来房价涨幅最高的一年。商品房均价全年涨幅达到了73.5%,二手房均价全年涨幅达到58.4%[①]。

在宏观产业政策等诸多不确定因素前提下,分析2009年房价高位运行的原因,预测2010年房地产的价格走势,不能不提到房地产市场的供需问题。用经济学的基本原理来解释,影响房价的根本因素是供需,供给与需求关系是影响成交量和市价的基本因素。首先,从供给角度分析,房地产市场的楼市

---

① 数据来源于国家统计局网站

产品供给决定于双重因素：一是土地供给；二是货币供给。二者又直接受制于国家宏观的产业政策和财政体制的调控影响：

一、从供给角度解读中国房价

1. 流动性过剩的背景下，土地供给的市场化直接提升了资本品的供给成本

流动性过剩的大背景集中表现为产业资本极为充裕，信贷资本、民间资本以及国际炒家资本大量汇集并注入房地产市场，争相逐利。其一，信贷资本流动性过剩根源于全球经济危机中，宏观政策的应对之道：国家采取了宽松的信贷政策。金融危机中4万亿救市的政策正是基于此种背景。当然，国家4万亿的投资政策意旨以巨额信贷拉动经济，保证经济的复苏，政策层面为活跃市场、促进住房消费和投资，实现保增长、扩内需、惠民生的目标，以投资拉动经济的宏观政策导向下，房地产成为特殊时期国民经济的支柱产业；其二，掌握大量民间资本的中小企业主，面临着出口市场的萎缩和国内内需市场的乏力状态，企业的逐利性决定了其大量民间资本流入资金回报率高的房地产业，将其作为经济复苏期的主业，进行资本运作，成为房地产市场上的国内炒家；其三，国际游资的注入，助增了国内地产开发商的实力，由于实体经济市场处于低迷态势，资本市场成为国际炒家进行资本运营的首选场所。

以宽松的流动性作支撑，在此大背景下，土地供给的市场化属性必然推升地价。目前，国内大城市以挂牌拍卖的形式出让地块，土地"招拍挂"这种拍卖举措的结果就是价高者得，出让土地时炒作地王，催生了"地王"现象的产生。2009年的中国房市，是"地王"纷争、"新地王"频频出现的一年。从2009年5月北京广渠门外10号地拍出"地王"以来，土地市场中角逐"地王"的号角在全国重点城市中愈吹愈响，各地"地王"层出不穷，土地出让市场一片繁荣。直至2010年1月21日中海地产以59.7亿的土地竞标价仍在造就北京新地王。土地供给成本的上升，必然加快了楼市产品价格的快速上涨，房地产市场出现资产泡沫，最终造成房地产市场的非理性繁荣。有关专家得出结论：房地产泡沫问题的实质是金融问题，"天价地"现象的形成，表面看是土地问题，实质上是信贷问题的深刻反映，土地只是泡沫问题的一个门径和工具。

2. 宽松的货币政策环境下，货币供给的充裕性通过通胀传导促使房市价格上升

极为宽松的货币政策是政府为应对国际金融危机投放的一剂"猛药"：面对经济危机，各国都在缩减进口市场，保证国内就业、保护国内企业，以此为基调的贸易保护盛行，致使我国出口市场锐减。在以扩内需、保增长为根本救市目标的宏观政策取向中，为保证GDP的增长目标，唯一的方法就是促进内需，因此，举国体制进行宏观调控以扩大内需。本轮经济复苏过程中，房地产业对经济拉动作是快速而显著的，以北京为例，2009年，北京商品房及二手房的成交总金额高达7 100多亿元，占北京全年GDP（国内生产总值）收入11 346亿元的60%[②]。

宏观经济调控的大背景下，中国经济的特征突出表现为流动性过剩的状态。仅2009年信贷资金接近10亿元规模，货币供应狂潮中，由于房地产投资品属性强，因此，整个的信贷会大量进入楼市，导致房地产市场的货币供给极其充裕。2010年，中央的货币政策已确定是继续走适度宽松的路线，预计今年的信贷增长将保持10万亿左右。与此相对应的针对房地产的信贷优惠政策（降低一套房贷首付，利率7折优惠）直接降低了货币供给的利息成本，购买楼市产品所需的资本利息成本的下降，有力地刺激了房地产市场消费者和投机者现实和潜在的消费与投机需求。需要引起关注的是：低成本的货币供给狂潮也增强了人们对未来几年经济的通胀预期。有观点认为，通胀快速发展的二三年期间，整个房地产市场将是非常好的扛通胀手段，房地产通胀的表现形式正

---

② 数据来源于北京市统计局网站

是房价的持续上升。

3.当期利益的助推下,产业政策和现行的财政体制助推房价持续走高

政策性助力表现为持续宽松的货币政策与优惠的产业政策,二者是房价持续上涨的关键动力。从供给角度分析政策性的供给因素,可得出如下结论:政策的供给最终体现的市场结果是增加了货币的供给,经济中的货币流动性过于充裕,导致通货膨胀,通胀所带来的直接影响就是使实物持有者受益,货币持有者受损。受通胀的影响,房市的消费者认为人民币的实际价值将会下降,房地产具有保值的意义,使货币财富更具安全感。资金避险需求的增长,涌入房市自然提升了供给品的价格,最直接的表现为资本品价格的快速上扬。

现行财政体制也是高房价的助推者,地方政府为了当期利益助推土地价格上涨。我国财政体制改革后,分税制使地方政府的事权、财权并不统一,中央与地方分权治理的结果表现为地方政府事权大,财权小。为保持地方经济的增长,保证财政收入的增加,地方政府高价卖地的热情高涨。出卖土地的收入,可以产生最直接的高额收入效益,补充地方财政,直接推高GDP的增长。加上地方官员在追求任期内GDP最大化的动机驱使下,地方政府更愿意取得一次性的土地出让金收入。从另一层面理解,以战略性的视角评价房地产业,其产业带动的衍生产业高达100多个,房地产业的产业链对地方经济的增长促进作用极其重要。从稳定财政收入,振兴与地产相关产业的观点出发,地方政府有持续推高房价的直接动力。

二、从需求角度解读中国房价

一般意义而言,提到房地产市场的需求,业界达成共识的有两大类:"自住和改善型需求"和"投资与投机需求"。从这两类需求的视角解读中国的房价,可以得出如下的结论:

1.自住和改善型需求将稳步上升,但受高房价的抑制,需求增速将呈缓慢上行

真实需求属于刚性需求,包括居民自住和改善性的置业需求。随着大城市的经济发展,人口的膨胀伴随着城市的扩容,这部分需求将稳定上扬。当然,潜在的需求转化成现实的购买力,取决于多种因素,最直接的因素表现为:一是居民的收入水平;二是信贷政策是否宽松。从2009年的货币政策来看,为刺激经济的快速恢复,国家直接针对房地产市场宽松的货币政策和优惠的财政政策,造成了流动性过剩的同时,也大量释放了压抑的刚性需求。改善型需求被认为是今后支持市场成交量,保持市场活跃的主要力量。当然,这部分需求是否大量入市,取决于两种因素:一是房市的价格;二是政策的支持力度。在当前高房价运行的市场中,政策的优惠效应正在逐步减弱,收入水平不足以支撑和满足需求,因此,需求增速将呈缓慢上行的态势。在短期内,自住和改善型需求无法加速房价上行的动力。

2.投资与投机需求将随政策的波动而波动,出现周期性的放大与收缩

投资与投机需求主要指以房地产作为盈利目的的购买者,国内表现为炒房团,国际上表现为热钱流入,二者都有推高房价的意愿。同时,房产中介公司也是影响房价一股不容忽视的力量。中介公司为了生计,需要保持市场的热度。而且,房地产市场的信息属于不对称状态,当房价高位运行时,人们对房价的判断趋于非理性,把思考权交给权威机构和专业机构,中介公司正是重要的专业机构角色,对人们的房地产消费预期起到误导作用。2009年12月份的"井喷"行情除了政策预期的因素,正是这一佐证的最好说明:一是源于政策的不确定性,二是源于房地产中介公司的经纪人传递了持续上涨的预期。售楼员自己与自己配合,与同事配合,与销售经理配合。简言之,就是制造一种价量均十分紧迫的迹象,促使客户快速成交。2009年是中国楼市火爆的一年,也是投机盛行的一年。从2009年政策的着力点而言,主要针对"投机需求"进行有力度的调控,如提高二套房贷的首付和信贷利率等。市场经济环境下,任何投资或投机行为都会有风险,既然入市,就可能面对风险。因此,这部分需求将随政策的波动而波动,出现

2009年与2010年房地产政策导向比较

表1

政策种类	政策导向		调控目标	
	2009年	2010年	2009年	2010年
货币政策	保持适度宽松货币政策的连续性和稳定性	不改变适度宽松的货币政策主基调，同时加大差异化的信贷政策	保证GDP的增长	同时抑制投资投机性购房	由于经济复苏根基并不稳固，国家依然希望房地产业在扩大内需中发挥重要作用
财政政策	二手房转让营业税免征时限从2年恢复到5年	二手房营业税征免时限调整，转让营业税免征时限从2年恢复到5年	稳定住房大宗消费，活跃房地产市场，鼓励购房消费	表明中央对房地产市场采取"有保有压"的政策。终止营业税优惠政策表明政府抑制投机性需求的态度
土地政策	降低商品住房等项目资本金比例，保障住房和普通商品住房项目最低资本金比例为20%；其他房地产开发项目最低资本金比例为30%；同时将住房保障法纳入立法规划	规范土地出让收入分期缴纳期限，原则上不超过一年；首次缴付比例不低于全部土地出让价款的50%。未来在加快推地速度、打击囤地，加大闲置土地处置力度等方面陆续将有细节出台。	宽松的土地政策，鼓励房地产开发。保证房地产业在扩大内需中发挥重要的作用。	针对开发商资本市场融资及土地信贷方面将进一步收紧，标志着宽松的土地政策已经终止，有利于土地市场的降温。控制房地产信贷风险，抑制地价上涨。

资料来源：根据政府网站文件整理

周期性的放大与收缩。当政策收紧时，会迅速回笼资金，撤离房市。北京成交量最大的链家地产置业经纪人总结北京地区2009年的房地产市场时得出结论：在置业人群中，仍以自住需求为主，占总成交量的90%，仅10%的业主属于投机性需求，由此得出结论：支撑市场的就是刚性需求，刚性需求具有稳定性、连续性和成长性。目前的货币政策对投资与投机需求没有任何的倾向性，这部分需求不足以支撑高房价的高位运转。

三、2010年政策取向与房价未来走势

2010年，国家调控的主旋律就是房价的走势。未来房价走势由三大类核心因素(基本面、政策面、流动性)共同发挥作用：

1.基本面因素。主流观点认为，2010年房价调整的主旋律属于"打击式"调整，抑制房价的快速上涨。未来的政策重点是，在保持政策连续性和稳定性的同时，加快保障性住房建设，关注关系民生的保障性住房用地需求分析，通过科学规划、合理有序配置土地资源，确保保障性住房用地的供应。同时，加强市场监管，稳定市场预期，遏制部分城市房价过快上涨的势头。

2.政策面因素。房地产市场与股票市场一样，其价格走势对政策的预期极为敏感。2009年底的"井喷"行情正是政策到期的"末班车效应"真实写照。受取消房贷优惠政策的预期影响，房地产市场价量迅速攀升，市场上出现非理性的恐慌性消费。比较2009年政策层面（见表1），2010年政策层面将增加住房有效供给，加快推进保障性安居工程建设，经过时间的推移，政策层面的清晰化，将稳定市场预期[3]。因政策效应等原因，地产市场的投资与投机资金将产生分流的压力，最有可能的是撤离前期上涨较快的一线城市。

3.流动性因素。2010年货币政策仍是宽松的基调，信贷资金规模将保持在10万亿左右。在现有经济与政策逻辑下，违规资金将集中撤离房市，但通胀显性化的压力将持续增加。房价将在市场认可的合理消费价值区和投资价值区运行，但近期再创新高还需要市场预期之外的刺激性因素。

综上所述：展望2010年的房地产走势，前三季度房价将趋于平稳，维持在高位运转，并有一定议价

---

[3] 2009年12月，国家出台了"增加普通商品住房的有效供给；继续支持居民自住和改善型住房消费，抑制投资投机性购房；加强市场监管；继续大规模推进保障性安居工程建设"四条具体措施(简称"国四条")

空间。急涨、急跌的态势，将不复存在。第四季度可能会面临季节性的信贷收缩，有所回调；

从基本面看，由于政策的时滞性，市场需要周期逐渐消化政策面，市场消费将趋于理性化，但由于通胀预期的特定背景，使得大量资金进入房地产市场避险，促使资本的价格长期处于上涨状态。但经过政策的集中调整之后，由于政策性约束抑制了投机需求，2009年游资主导的投机行情受流动性驱动力限制的因素在减弱，经济复苏与增长的趋势得到确定之后，改善型驱动力将主导行情。现阶段市场处于从流动性驱动向此驱动过渡阶段，房价从投资驱动向真实需求驱动过渡，需求与供给将处于动态平衡期。这意味着2010年的房地产市场行情可能在较长的时间处于高价位调整，但成交看淡。在没有新刺激因素的前提下，房地产作为投资品的价值空间也在收敛。2009年房地产主流导向是对处于复苏时期的中国经济起到战略作用。但是，由于民生问题的原因，各项调控政策对房地产一直保持着"降温"的态度，目前随着经济的新一轮复苏，房地产业面临着调整周期，价值型投资需要市场重新进行定位。同时，由于经济仍存在变局，实体经济仍处于低迷状态，通胀隐患的宏观经济形势下，房地产业仍是炒家之间运作资本追逐利益的市场。高端需求者和热钱的持续进入（国企资本和民间资本、保险资金等），各路资本汇集到房地产业中，市场可能出现滞涨但不会明显走弱。

从企业层面上，带动房价飚升的重要因素就是地王效应，最终助推房价在高水平徘徊。尤其在一线城市表现最为突出。不但影响当期房价，而且通过消费预期影响长期房价。角逐地王根本目的推动房价上涨，从根本上增加了资本品的供给成本。由于地产企业融资渠道的多样化，确保了资金链的充裕和重金争夺"地王"的实力。竞得的"地王"导致自身楼面价格成本较高，不可能出现大幅降价的情况。受地缘效应影响，其周边楼盘价格也随之上涨。

从区域结构层面上，房价的差距仍会在城市与区域间明显地存在。2010年房价走势将与城市资源优势紧密相连，房价将出现结构性的上涨与回调。经济发展良好的一线城市提前消化了大量需求，涨幅趋缓；二线城市与中小城市的增速会加快；中小城市由于前期涨幅不高，房价可能出现快速上扬，如果有热钱资本进入，将进入超速上扬态势，如海南地产业的兴起，但不具有可持续性。最终有良好市场表现的仍是经济相对发达，有经济支撑和稳定购买需求的大中城市。2009年房价上涨中表现平平的中小城市，由于补涨的要求和投机资金的转移，2010年房价可能会有较好的市场表现。

结语：高房价的危害及应对之策

正常的经济成长应建立在国民经济体系良性的自我循环基础之上，消费是经济循环的起点与归宿，经济社会中良好的消费结构是实现经济循环与和谐社会的重要保证（白万纲，2010）。高房价的负面作用日益明显，给社会和民生带来诸多隐患：首先，国企近于疯狂的拿地抢地行为，造成土地开发利用的严重畸形。同时，高房价挤压消费，抑制了居民的其他消费，使消费重心向楼市产品偏坠，扩大内需直接受高房价的制约影响。而居民消费支出的不足，直接导致了现在及未来的内需不足，产能过剩现象的持续存在。从更深层次来理解，内需不足最终将制约实体经济相关各产业的发展，导致国民经济的增长长期被动地依赖出口，畸形的消费结构最终将影响经济增长的质量和速度；其次，从近期来看，过量放贷给银行带来累积的金融风险。从远期来看，高房价引发的产业资本过度向房地产业集中，制约了我国产业结构调整和自主创新。为确保经济健康发展和社会稳定，应对高价楼市做必要的限制。

从政府的政策层面上，应进行事权归位，对民生负责。具体而言，解决关系基本民生的保障性住房问题应归属政府承担；其他改善型需求应推给市场去实现。同时，对投机型需求应严格控制，应将信贷政策和财政政策充分结合起来，使投资型需求的业主持有物业的成本上升，最终起到抑制房市投机的市场效果。

特别关注

建设领域欠薪问题原因及对策探讨

孙瑜香,陈 云,张丽宾

(人力资源和社会保障部劳动科学研究所,北京 100029)

一、清欠风暴难治欠薪现象

2010年2月5日,国务院办公厅发出明电《关于切实解决企业拖欠农民工工资问题的紧急通知》,指出最近在一些地区接连发生因企业特别是建设领域企业拖欠农民工工资引发的群体性事件,严重影响社会稳定。《通知》要求各地区、各有关部门和单位加大工作力度,切实解决企业拖欠农民工工资问题。人力资源和社会保障部信访部门的数据显示2009年12月至2010年2月,工资拖欠案件数量均比全年各月有较大程度的上升,而且集体上访讨薪的案件也比往年有了较明显的增长。最近发布的《2009年度人力资源和社会保障事业发展统计公报》显示,2009年通过劳动保障监察执法,责令用人单位为593.1万名劳动者补发工资等待遇89.2亿元。事实上,在劳动保障检查执法之外,还有大量的工资拖欠想象存在。恰巧在国办发出通知前后,笔者也接到几位在中铁5局、中铁6局"底下"承包工程的朋友来电,反映其被拖欠民工工资的情况。媒体上也相继出现农民工为讨薪而上演"跳楼秀"、"爬脚手架秀"、自残自杀的报道。种种迹象表明,有关农民工欠薪与讨薪的问题,再次"春风吹又生",成为社会关注和政府工作的焦点。

自从2003年温家宝总理为熊德明讨薪时指出"欠农民的钱一定要还"之后,国务院决定从2004年起,用3年时间基本解决建设领域拖欠工程款和农民工工资问题。由于建筑业是工资拖欠现象最集中的行业,为规范建设领域农民工工资支付行为,预防和解决建筑业企业拖欠或克扣农民工工资问题,2004年9月原劳动和社会保障部制定了《建设领域农民工工资支付管理暂行办法》;2006年3月27日国务院发布了《国务院关于解决农民工问题的若干意见》,表示我国将建立农民工工资支付监控系统制度和国内工资保证金制度,从根本上解决拖欠、克扣农民工工资问题。全国也各地纷纷开展了整治和清理拖欠民工工资的行动。如北京市有关部门出台严厉举措,凡是严重拖欠民工工资的企业被一票否决,驱出北京建筑市场;上海、深圳、杭州等地陆续出台了欠薪保障条例,从制度上减少欠薪现象的发生。值得肯定的是,经过最近几年的清欠风暴,取得了显著的成效，大部分历史欠款得到了清偿；而在中央的高度重视和地方的工资保障金等制度制约下，农民工干活拿不到工资现象也得到一定程度的遏制。但"年年清欠年年欠"的问题依然存在，在国际金融危机影响下，更有加剧之势。欠薪问题不是小事，为什么在政府部门出台诸多办法，并不时集中搞讨薪风暴的情况下，农民工被侵权的问题及暴力过激讨薪现象时有发生？

二、欠薪问题久治不止的原因分析

建设领域农民工工资拖欠问题久治不绝，有着复杂的经济社会原因，从实质上说农民工工资拖欠问题中形成多方权利和权力关系不平衡，有关主体在利益博弈中处于不对等的地位。大致看，主要表现在以下方面

（一）从欠薪主体角度看，"层层分包"的工程建设管理模式和普遍采用的"包工头式用工"方式造成主体责任不明确、放大欠薪风险

首先，建设领域的工资拖欠现象，追根溯源，其主要原因在于一些建设项目由于各种原因出现资金困难或亏损，承包人缺乏支付能力，不能及时足额支付工程款和民工工资。一些项目本来就属于盲目上马，工程发包方因出现融资困难而缺乏支付能力。鉴于当前建设市场中发包方与承包方之间不对等地位的实际，部分工程由施工方垫资建设，施工方为转移风险只好拖欠农民工工资；有的是工程发包方已付足工程款，但承包单位违法转包、分包，无法及时足额给付工资。调查发现，在工程建设经费预算和支付中，工程款和民工工资通常混杂在一起。虽然从劳动关系上说，用工单位（劳务公司）具有按约及时足额支付农民工工资的责任，但由于多重主体之间存在的各种复杂利益关系，导致建筑企业作为用工主体，通过层层转包和劳务分包，将原本应承担的按月支付薪酬、签订劳动合同等法定责任，最终"转嫁"到一些不规范的劳务公司或者包工头身上。

其次，在工程款项支出的程序和操作过程中存在时间滞后问题；虽然《劳动法》规定"工资应当以货币形式按月支付给劳动者本人。不得克扣或者无故拖欠劳动者的工资。"而《建设领域农民工工资支付管理暂行办法》也提出，"企业应将工资直接发放给农民工本人，严禁发放给包工头或其他不具备用工主体资格组织和个人。"但就目前而言，现实中农民工的工资存在很多种延期支付形式，比如"每月领取部分工资，其余部分年底领取"、"先发生活费最后结算工资"都是十分常见的工资结算方式。在今年的信访案例中还能发现有的建筑工地以"饭票"作为工资发放。农民工工资支付时间具有很大的随意性，支付行为不规范，企业往往根据经营状况、企业财务结构来确定发放工资，且常常把农民工工资放在企业资金运用的最末端。有的是用工单位故意拖欠，把延付的工资作为周转金或投资其他方面攫取利润。这就进而"架空"《劳动法》中工资支付的种种规定，并在年底引发欠薪。

再次，层层分包的项目管理方式中存在的吃拿卡要等违纪违法现象，有的是项目部经理、包工头甚至携款"蒸发"，通过潜逃等方式达到占有农民工工资的目的。

于建设领域"层层分包"的工程建设管理模式和普遍采用的"包工头式用工"方式，用工单位主体关系复杂，形成了建设工程的投资开发方、承建方、分包施工方、劳务公司、包工头等多重主体。层层分包的工程建设管理方式和项目劳动用工方式，使得资金链条拉长，大大增加了出现拖欠工资的风险，既有管理上的风险、也有道德上的风险。同时，它也大大增加了农民工讨薪的难度：一是责任主体模糊，为工资讨要中的推诿扯皮提供了条件，在大量案例中出现了找不到债主的现象；二是责任追溯链条拉长，无形中增加农民工讨薪的各种成本，也增大了行政司法介入的难度和成本，降低了讨薪的成功机会。

（二）从讨薪的直接主体——民工方面来看，劳动力市场供需不平衡和维权能力缺乏是主因

首先在建设的劳动力市场中，也同样存在用工

单位和民工之间的不对等，民工在劳动力市场中还是的弱势地位。总体而言，目前劳动力的供求关系仍然处于一种供大于求的状态，难以进行真正平等的协商，在工资谈判中处于被动方，工资数量和发放方式等，一般都是"老板说了算"。

二是受农民工的权利意识和传统社会关系观念影响，农民工对自我在劳动力市场中的权益认知并不自觉。农民工仍然习惯以传统的熟人社会的关系处理方式来认知他们和用工单位的权利义务关系。他们只注重最终目标"把工资要到手就行"，农民工并不喜欢随意换地方或者招惹老板，即便不能按月拿到工资，只要每月有基本的生活费，暂时够花，一般都会选择忍耐，等到要返乡的时候才"找老板要钱"。可以说，欠薪的问题在整个务工期间一直潜伏着，但他们对这个过程中可能出现的风险和权益损失并无明确意识，通常只有到了两节期间(返乡的高峰期)才会凸显出来，农民工在这个时候才会主动采取讨薪行动。

三是即便农民工在工资权益受损时，能进行权益维护的途径和手段有限，农民工的讨薪要薪渠道不畅。概括而言，目前农民工的讨薪方式，主要有这么几种：一是通过农民工与用工单位的直接双方谈判；二是通过正常程序寻求公共权力救济的途径，主要包括采用行政救济和司法救济；三是请第三方民间力量介入，讨要被用工单位拖欠的工资；四是通过非正常方式进行讨薪，也就是所谓的"恶意讨薪"。但现实表明，这些方式仍然难以满足其"需要"，在讨薪效果上并不理想。前段时间，在网络上曾有一个帖子《悬赏征集讨薪良方》引起网民热议，帖子说明了"讨薪良方"的标准：新颖独特，不违法不犯罪，尽量做到文明讨薪，不搞跳楼，不去上访。征集讨薪良方的帖子，在一定程度上反映出的是当前农民工在权益受到侵害时，所面临的权益维护和救济困境。

(三)公共部门缺乏对农民工诉求的敏感性响应机制，难以提供有效救济

政府和司法部门在农民工欠薪——讨薪的关系中，扮演的是一种多重角色。

一方面，由于盲目上马和政绩工程等一些因素影响，大量公共部门在其自身的工程建设中，出现不能按时支付承包方资金现象，扮演着实际欠薪者的角色。作为社会公共权力代表和执行者的政府和司法等部门本身成为直接利益攸关方，因此在行政和司法行动中的自愿性和有效性就必然大打折扣。更严重的是，在这种关系结构中，作为承包方的建筑企业甚至成为实际的主导者，并进一步影响有关政策的制定。

另一方面，政府和司法部门作为公共利益代表和公共权力执行机构，必须在维护整个经济社会秩序和平衡各种社会主体利益关系中履行自身职责，制定和实施相关制度和政策。目前，在农民工讨薪方面，公共部门提供的救济途径主要有两种，一是行政救济，即通过行政手段进行讨薪的救济模式；二是司法救济，即采取劳动仲裁和法律诉讼手段进行讨薪的救济模式。从实践看，二者都各有利弊。

行政救济方式最大的特点是见效快，这从总理为熊德明讨薪和近几年每年年末的清欠运动所取得的成果就可以看出。但行政救济往往具有短期性、局部性，偏重事后救助，而忽视事前预防和日常监控，对欠薪企业的惩罚力度也不够。比如作为行政救济常规手段的劳动监察，由于案多人少，对劳动侵权多是不告不理；对于拖欠和克扣工资的企业，所采取的也不过是责令限期支付和逾期罚金，根据国务院2004年11月1日颁布的《劳动监察条例》第二十六条第一款规定"克扣或无故拖欠劳动者工资报酬的，由劳动保障行政部门分别责令限期支付劳动者工资报酬，逾期不支付责令用人单位按照应付金额50%以上1倍以下的标准计算，向劳动者加付赔偿金"，相对来说企业的违法成本并不高。目前，部分地方政府所采取利用政府应急周转金解决欠薪问题，由政府先替欠薪者埋单，再借用政府的行政力量向企业追讨，虽然从动机上说毫无疑问是好的，而且事实上也起到了保护弱势群体，维护社会和谐稳定的作用。但也存在明显的缺陷，其一，突出表现在一些企业可能借此进行风险转移，将企业本应当责任的个体经济风险转移成由政府负责的社会风险，将本应由市场解决的矛盾引入到公共行政，将"冤有头、债有主"的市场机制转化成"有困难、找政府"的行政机制，这势必对政府职能产生影响，扩大行政风险和成本。其二，这一模式存在一定的程序和道义上的问题。比如由财政垫付农民工工资，有没有经过预算？有没有经过人大批准？万一收不回来的话，是不是变成全体纳税人为欠薪者埋单了吗？结果正义的获得是否就可以牺牲程序正义？这些问题都值得思考。

相比而言，通过劳动仲裁和法院诉讼的方式讨薪在程序上的合法性毋庸置疑。对于司法救济来说，其中最强有力的手段是支付令。《劳动合同法》规定，用人单位拖欠或者未足额支付劳动报酬的，劳动者可以依法向当地人民法院申请支付令，人民法院应当依法发出支付令。由于申请支付令不必经过法院的审理程序，这一规定赋予了劳动者追索劳动报酬的捷径，一定程度上降低了劳动争议处理中由于仲裁前置和法院审理过程复杂带来的时间成本。但是现实中支付令程序有一个致命的弱点就是，只要债务人一提出书面异议，无论异议是否真实合理，支付令这一督促程序都要终结。但不提出异议的债务人又有几个呢？面对不讲信用的债务人，支付令程序最可能的结果是浪费当事人的时间。报纸上就报道过20名搓澡工讨薪走支付令程序耗时一月无果的事情，如此高昂的成本显然是农民工个人所无法承担的。在讨薪行为的成本分担机制上，并没有做出合理的安排。事实上讨薪的成本基本上完全由讨薪者承担，而真正的罪魁祸首——欠薪者却逃避了对讨薪成本的支付。

可以说，在一种集体意识作用与行政官僚体制作用下，在当前所谓正常和合法的行政与司法程序中，缺乏对农民工诉求的敏感性响应机制。其主要原因，在于当前行政和司法体制对个体权益的保护仍然缺乏一种自觉意识和能力，在行政和司法实践中，实际上对劳动者的工资侵害的法律惩处严重不足，其关注更多的是因欠薪而引起的社会问题，例如《广东省工资支付条例》第五十一条规定"对采取逃匿方式拖欠工资，致使劳动者难以追偿其工资而引发严重影响公共秩序案件的用人单位法定代表人或经营者，由公安机关处理，构成犯罪的依法追究刑事责任"。从这条规定可以看出，其立法的打击重点，是因欠薪引发严重影响公共秩序的行为，而不是直接针对拖欠工资行为的。只有当个体利益受损造成"影响大"的社会事件，对社会整体造成冲击时，才能刺激行政和司法部门的神经，引起他们的关注和重视，做出反应。这也就是为什么"恶意讨薪"被众多民工所效仿的内在原因。"把事情搞大"，事实上将"欠薪–讨薪"的双方契约关系，改变为一种第三方力量介入的权力结构关系中来。一种原本纯粹的市场性经济行为，也就演变成一种性质更为复杂的社会性行为。性质的改变也就改变了事件处理的原则基础和方式。

三、治理建筑领域欠薪问题的政策思路

拖欠和克扣农民工工资的事实不仅侵害了农民工的合法权益，也不利于社会安全与稳定；暴力讨薪事件的增多与性质的恶化说明农民工已越来越不能忍受拖欠、拒付工资行为，甚至已到达了不计后果的地步。这不仅直接威胁社会安全与稳定，造成生命财产的损失，而且可能引发人们对政府的不满和对法制的不信任。解决这一问题，绝不只是农民工个人或农民工群体的事，需要从多方着手，多方配合，形成合力。

从用工企业主体方面，一是可以通过行业规范和行为准则建设，加强建设领域投资管理、资质审核、建立用工单位的信用评价体系，将农民工工资支付情况作为考核企业的重要指标。二是进一步明确权责关系，强化用人单位的法律责任，阻断责任传导链条，防止出现责任推诿，要明确各方主体在农民工工资支付中的责任，在资金预算、管理和拨付中，将工程建设资金和农民工工资明确划分。三

特别关注

是用人单位要严格按照《劳动法》、《劳动合同法》、《工资支付暂行规定》和《最低工资规定》等相关法律法规对工资支付的要求,自觉承担作为用人单位的义务和责任,按时足额发放工人工资,并且定期如实向当地劳动和社会保障部门及建设行政主管部门报送本单位工资支付情况,从源头杜绝工资拖欠和克扣行为。

从农民工主体而言,关键是要提高其维护自我权益的自觉意识和能力。首先要学习法律知识,增强法律意识。可以通过公共就业服务和培训机构开展面向全民的职业培训,将劳动法规知识的教育纳入到农民工的职业培训体系,培育其权利意识和法治意识。使其在平时工作中多关心切身利益,多掌握有利证据,在受到权益侵害的时候不要一味忍耐,也不可采取过激手段,要做到通过各种合法渠道维权。其次,要充分尊重农民工作为劳动者自我权益维护主体的基本权利,完善保障工会维权行动的法律法规,保护宪法规定的公民"结社自由"的权利,加强农民工的组织化程度,首先是要重视工会在维护农民工权益中的作用,其次要重视其他社会组织在维护农民工权益中所发挥的独特作用,并将其纳入制度化管理体制中来,建立起广泛的社会支持网络,让其通过"合法的组织"去寻求权利救济途径,避免将农民工推入个体无助的绝望境地,引发极端行为。

从公共部门角度来说,关键是要扮演好维护公平正义和社会公共秩序的角色,避免将自我利益搅和到基于市场原则的劳资关系中去,做好用工单位和农民工利益和权力平衡的裁判员和协调人。

就当前实际而言,首要的是通过制定《工资条例》等途径,将《劳动法》和《劳动合同法》等有关法律的规定进一步明确和具体化。一是要进一步明确工资作为劳动者个人私有产权的性质及其不受非法侵害的法律规定。二是要对各类用工企业的支付方式做出强制性规定。在法规制定和执法中明确,不论是否造成对公共秩序破坏,都应对拖欠工资行为给予处罚,并根据拖欠金额数量、拖欠时间、拖欠人数等裁量法责。

其次,要建立工资支付的全程监管制度。一是通过用工企业资格审查、信用评估和缴纳工资保障金等建立风险预防制度。建设部门要切实解决政府投资项目拖欠工程款问题。所有建设单位都要按照合同约定及时拨付工程款项,建设资金不落实的,有关部门不得发放施工许可证,不得批准开工报告。同时,要建立全覆盖的工资保障金制度。如上海市2007年10月开始已经全面实施欠薪保障金制度,把欠薪保障的范围从中小企业扩展到所有企业,不论企业属性、规模大小,都是一个标准(根据当年的最低工资标准),并将该项资金以"企业欠薪保障金"的形式全部纳入"社会统筹",用做发不起工资的企业垫付拖欠的工资。此外,针对发生过拖欠工资的用人单位,也可以强制在开户银行按期预存工资保证金,实行专户管理。二是建立工资支付的监控制度,将间接性的运动式清欠风暴,转化成持续性的日常化管理。人力资源和社会保障部门及建设行政主管部门应当要求当地所用用人单位定期如实向报送本单位工资支付情况;劳动保障监察部门要主动开展工作,严格监控和规范用人单位工资支付行为,确保农民工工资按时足额发放给本人,做到工资发放月清月结或按劳动合同约定执行,对辖区内的企业尤其是建筑业、餐饮等农民工集中的、欠薪多发的行业工资发放情况开展定期检查和不定期抽查或专项调查,把问题解决在平时。三是要加大事后救济和惩处力度。各地方、各单位都要继续加大工资清欠力度,并确保不发生新的拖欠。在确定劳动关系并确认法人逃逸、企业破产确实无力支付等情况下,可以通过欠薪保障金或工资保证金给予垫付。同时加大对拖欠农民工工资用人单位的处罚力度,通过加大违法成本减少企业违法用工的侥幸心理,降低违法偏好。企业违反国家工资支付规定拖欠或克扣农民工工资的,记入信用档案,并通报有关部门;对恶意拖欠、情节严重的,可依法责令停业整顿、降低或取消资质,直至吊销营业执照,并对有关人员依法予以制裁。

国际工程承包项目融资策略及风险分析
——以非洲能源项目为例

李砚琪，彭 翱

(对外经济贸易大学国际经贸学院，北京 100029)

一、引言

虽然受到国际金融危机的冲击，我国对外承包工程业务在 2009 年仍然保持了良好的发展态势。首先，由于部分国家的建设资金出现短缺，项目规模压缩，我国企业在工程成本方面的竞争力突显；其次，我国承包工程企业的主要市场为亚非发展中国家，这些地区处于经济快速增长时期，交通、电力等配套基础设施亟待建设；特别是不少国家出台了以公共设施建设为主的经济刺激计划，也带动了项目承包市场的需求。①

然而，笔者认为以上两个积极因素皆不具有可持续性，而汇兑损失扩大、融资困难加剧、市场风险增加等负面因素影响也日益显现。并且随着市场竞争的日益激烈，单纯的承包工程效益越来越有限，带资承包以及通过投资获得工程建设项目已经成为承揽国际项目的主要模式。因此，探索如何更加有效地拓展融资渠道、增强融资能力、控制财务风险，对于我国企业进军国际承包工程高端市场具有重要的现实意义。本文专就乍得—喀麦隆石油开采及管道建设项目融资策略和风险进行分析，希望能够为企业开展对外工程承包和投资提供参考和借鉴。

二、案例分析

(一)项目背景

乍得是非洲撒哈拉沙漠南部的内陆国家，虽面积广大，但仅有 800 万人口，经济发展相对落后。2000 年 6 月 6 日，世界银行批准了乍得–喀麦隆石油管道工程。此项目虽然有助于当地的经济发展，但同时也存在着潜在的环境和社会风险。2000 年 10 月，乍喀石油管道工程正式动工，2003 年 10 月，乍得实现石油出口，该地区预估石油储量为 91.7 千万桶，全部生产将在 2032 年结束，乍得由此成为非洲重要的石油出口国。

(二)融资结构分析

国际工程承包融资模式可分为公司融资和项目融资：公司贷款融资方式包括银行贷款和出口信贷两种模式；项目融资方式主要有 BOT/PPP、ABS、融资租赁等模式。②

此项目涉及的融资模式既有公司融资又有项目融资，融资渠道也比较多样化，有政府出资、项目参与人自筹资金、世界银行、商业银行和出口信贷机构以及项目债券的发行等。项目预计总资金需 37 亿美元，其中：15 亿美元用于油田开采，22 亿美元用于石

---

① 数据来源：中国对外承包商会网站 http://www.chinca.org。
② 刘荣才.工程项目融资结构分析与设计[J].项目管理技术，2009(S1).

案例分析

油管道和海底设施的建设。针对油田系统运用的是公司融资,同时针对石油管道系统运用项目融资方式。

油田系统方面,由 Exxon、Petronas、Chevron 组成的财团提供 15 亿美元入股。

石油管道系统方面,分为股权融资和债权融资两种,共需资金 22 亿美元。为了进行项目融资而设立的特别目的公司 COTCO/TOTCO 由财团、乍得政府和喀麦隆政府共同出资成立,其中乍得政府和喀麦隆政府资金都分别由国际复兴与开发银行及欧洲银行提供,股权融资比例为 36.44%。项目所需的其余资金则通过项目债券的发行、商业银行和出口信贷机构以及 IFC 等金融机构向项目提供的贷款获得,债权融资比例为 63.56%(图1)。

(三)项目预期收益的敏感性分析

由于石油管道系统采用项目融资方式,即政府和项目公司以未来石油出口的预期收益作为抵

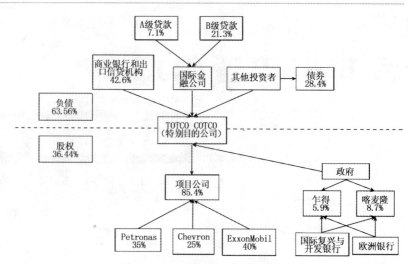

图1 石油管道系统项目融资结构图

注:世界银行下属国际金融公司(IFC)提供1亿美元的A级贷款——COTCO:8580万美元,TOTCO:1420万美元;B级贷款3亿美元。

押向多边金融机构取得贷款以及进行项目债券的发行,所以预期收益的敏感性分析关乎项目承包商在债券市场的融资能力和项目运营期财务风险的管理。

油田已探明和可能的石油储量共为 91.7 千万桶,根据 1999 年美元汇率以及 15.25 美元/桶的布莱特石油价格,预计项目的净现值为 131.3 千万美元,回报率为 19%(表1)。

敏感性分析(净现值:百万美元;内部回报率:%) 表1

	12.00美元/桶		15.25美元/桶		18.5美元/桶	
	净现值	内部回报率	净现值	内部回报率	净现值	内部回报率
595百万桶						
乍得	108	42	205	60	330	75
喀麦隆	92	34	104	35	101	35
私人赞助商	-917	<0	-344	<0	235	13
917百万桶						
乍得	271	56	463	70	822	84
喀麦隆	148	39	144	39	141	39
私人赞助商	-98	9	706	18	1361	25
1038百万桶						
乍得	337	60	603	75	1170	90
喀麦隆	162	41	158	40	156	40
私人赞助商	198	12	1045	21	1614	27

资料来源:www.worldbank.org/afr/ccproj/pro_document.htm。

项目敏感性分析表明：石油价格和储量的变动比资本成本更容易影响到项目的未来收益。

◆ 若项目资本成本上升20%,则净现值减少到103.8千万美元,回报率为17%。

◆ 若原油价格下降20%,则净现值为40.4千万美元,回报率为13%。

◆ 若石油储量下降20%(到70.1千万桶),则项目净现值减少到54.9千万美元,回报率为14%。

经过预期收益敏感性分析,世界银行认为该项目具有经济性,以此为基础,项目公司和两国政府获得了世界银行提供的股本投资贷款。

(四)风险分析

此项目涉及的国家风险和环境风险较大。

1.国家风险

国家风险是指在国际经济活动中发生的、至少在一定程度上是由国家政府控制,而非私人企业或个人控制下的事件造成的一种损失。具体指那些由于战争、国际关系变幻、政权更迭、政策变化而导致项目的资产和利益受到损害的风险。

在此项目融资过程中,出现了以下问题：

(1)2008年乍得国内持续的内战造成政局不稳定,给此项目的实施带来一定困难;

(2)统治者的专制独裁为项目的实施经营带来不可预测的风险;

(3)政府官员腐败、收受贿赂、滥用权利、谋取私利带来严重的政治风险;

(4)在不发达国家,大量石油收益的流入可能导致经济扭曲和浪费。

因此,项目公司是否可以争取到世界银行和多边金融机构的介入,对于增加投资者的信心有着举足轻重的作用,这使该项目被没收或国有化的风险大大降低。世界银行制定的风险管理计划可控制项目收益分配,减少了腐败现象以及经济扭曲的负面影响。

2.环境风险

项目的环境风险是指项目投资者可能因为严格的环境保护立法而迫使项目减低生产效率,增加生产成本,或者增加新的资本投入来改善项目的生产环境,甚至导致项目无法生产下去的风险。

本项目中,石油的开采经营过程会对环境造成各方面的影响,例如2009年初乍得便发生石油管道泄漏事故,污染了周边生态环境,影响了居民生产生活,而为了解决以上问题,必然导致生产成本的增加,或者是新资本的投入,以致收入下降,因此,承包商对于环境风险的控制显得尤为重要。

(五)项目评价与启示

项目2004年实际运营以来,取得了良好的业绩,加之国际油价远远高于当时的预期,乍得-喀麦隆石油管道项目经济效益显著。此项目的启示有以下几点。

1.项目融资方式的应用

项目融资与其他承包商的融资方式的根本区别在于无追索权或有限追索权。尤其特许经营项目融资BOT(建设-运营-移交)作为项目融资的一种主要方式,是指由本国或外国公司成立项目公司作为项目的投资者和经营者安排融资、承担风险、开发建设项目,并在规定的期限内经营项目、获取商业利润,最后,根据协议将该项目无偿移交给有关政府机构。这种方式之所以为许多国家和部门所接受,在于通过它获得前期基础设施建设的投资能缓解政府资金短缺的压力;从另一角度而言,工程承包商也可借此获得实施、经营BOT项目的机遇,并且能拓宽融资渠道,减轻债务负担,并把融资风险控制在一定范围内。

本案例中,仅凭乍得和喀麦隆政府进行单纯的工程承包来完成石油开采的前期输油管道建设存在巨大的资金短缺困难,但以油田建成后石油出口收益为抵押进行的项目融资使承包商和政府取得了双赢的局面。

承包商能否采用项目融资方式为其所欲承包的项目提供资金支持,主要取决于承包商是否有足够的技术水平以及对项目的可行性是否做出正确的研究和判断,尤其是要进行项目预期收益的敏感性分析,确认项目本身有足够的价值,可以充当贷款的担保物。

2. 世界银行与当地政府的参与

工程项目的性质决定了其投资利润率的水平，本案例中东道国政府在各方面的参与和支持是项目融资成功的关键性因素之一。

世界银行下属的国际金融公司可提供多种货币贷款，期限一般为 8~12 年。本案例中世界银行的参与降低了政治风险，即项目建成后被政府没收经营权、合同作废等风险，并且引进环境和社会标准、监督政府项目收益的运用，增强了投资者的信心，进而提升了项目公司（承包商）的融资能力。我国工程承包企业在中东、非洲的一些政治环境不稳定的国家开展工程项目承包时，可以考虑通过世界银行进行多种形式的融资。

3. 非洲工程承包市场的机遇与挑战

非洲资源型国家较多，虽然它们或是拥有雄厚的石油资金储备，或是以金属、油气资源作为支付手段，可以保证工程建设所需的资金，支撑了中国工程企业的营业收入，然而单纯的工程承包利润空间在日益缩小。带资承包以及通过投资获得工程建设项目越来越成为承揽国际项目的主要模式，因此要积极探索工程与投资相结合，与非洲展开能源开发项目合作，不仅可以推动对外工程承包业务向高端发展，还可以促进承包企业享有能源投资所带来的长期收益。

然而据报告测算，今后十年，非洲每年需要930亿美元进行基础设施建设，这一数字约占非洲GDP总额的15%，相当于中国过去十年中的基础设施投资总额。① 基础设施需求大的国家，对投资者的吸引力通常较小。一方面，政治和法律体系中的诸多漏洞降低了资金的使用效率，项目承包企业面临一定的政治风险和环境风险。另一方面，一些资源型国家经济发展速度很不稳定，一些工程款项的支付若以当地货币结算，还面临很大的汇率风险。

三、结语

金融危机使我国国际工程承包企业面临着机遇与挑战并存的局面。建筑市场的全球化进程加快，承包商在投资和经营方面参与程度提高，国际工程承包已逐步从技术、价格竞争发展成为承包商之间融资、运营和管理等综合能力的竞争，只有多元化融资渠道，合理利用各种项目融资方式，进一步增强融资能力，提高风险管理水平，才能抓住机遇，进军国际工程承包高端业务市场。

参考文献

[1] 刘园. 国际金融风险管理[M]. 北京：对外经济贸易大学出版社, 2008.

---

① 数据来源：中国国际工程咨询协会网站 http://www.caiec.org/2009/main.asp

KH变电站工程项目的质量控制

顾慰慈

(华北电力大学,北京 102206)

摘 要:KH变电站工程项目是一座500kVA的变电站,由B工程公司设计、施工总承包,该工程项目的质量控制包括设计阶段和施工阶段,设计阶段的控制又包括工程选址、初步设计、施工图设计三个阶段的质量控制;施工阶段的质量控制则包括施工准备、施工过程和竣工阶段的质量控制。由于该工程采取了严格的全面质量控制,保证了工程项目的质量,因此该工程投入运行后效果良好。

关键词:变电站,质量,质量控制

KH变电站是一座500kV的变电站,位于G市郊区约10km处,工程建设规模为1×750MVA+3×167MVA安装主变压器两组,占地约12hm^2,500kV进出线4回路,该工程为设计、施工承包工程。

一、KH变电站工程设计阶段的质量控制

KH变电站工程的设计分为三个阶段:
(1)工程选址阶段;
(2)初步设计阶段;
(3)施工图设计阶段。

(一)工程选址阶段的质量控制

1.站址选择的基本原则

KH变电站在站址选择时的基本原则是:
(1)站址靠近供电区域负荷中心,以提高供电电压质量,减少输电线路投资和电能损耗。
(2)节约用地,不占或少占耕地及经济效益高的土地。
(3)便于进出线的引入,并根据发展规划预留扩建位置。
(4)交通运输方便,便于变电站的管理和主要设备的安装、检修时车辆的安全通行。
(5)周围环境无明显污染。
(6)具有适宜的地质、地形和地貌条件,如避开断层、滑坡、塌陷、溶洞等地段,避开重要的文物和矿藏资源地点。
(7)考虑防洪要求,保证变电站的正常运行而不被洪水淹没。
(8)具有生产和生活用水的可靠水源。
(9)充分利用地形,尽量减少挖填土方量。

2.变电站站址选择的程序

KH变电站在站址选择时按下列程序进行:
(1)确定电压等级和接入系统方案,进行负荷预测。
(2)在行政区域图上画出负荷密度分布图,确定负荷中心。
(3)在负荷中心区域进行站址初选。
(4)将初选结果标于地形图上,然后进行实地踏勘。
(5)将选出的几个站址进行比较、筛选,确定初选方案。
(6)将初选站址方案标于地形图上,收集与该

站址有关的气象、地质、环境等资料。

(7)编写选址报告,选址报告的内容包括:

①站址所在地点。

②占地面积。

③站址所在地点的气象情况,包括风速、风向、日照、积雪、覆冰、冻土层等内容。

④站内基本模式和电气布置。

⑤进出线走廊情况和相关证明文件。

⑥影响环保的内容及解决办法。

⑦提出选址报告。

(二)工程总平面布置的质量控制

(1)站内建筑物、构筑物的布置应紧凑合理,充分利用地形和当地的生活、卫生和交通、消防等设施。

(2)尽量利用原有自然地形,减少土石方量,并考虑到今后扩建的可能。

(3)站内主要建筑物、构筑物的长轴平行自然等高线布置,与地形高差较大时,则采用台阶式错层布置。

(4)站内的辅助生产及附属建筑尽量集中布置在站前。

(5)主控制楼、通信楼、屋内配电装置、微波塔等建筑物、构筑物以及主变压器、高压电抗器、电容器装置等大型设备均应布置在土质均匀、地基坚实可靠的地段。

(6)主控制楼布置在配电装置一侧,并便于运行人员巡视检查、观察屋外设备。

(7)主控制室应有较好的朝向,炎热地区宜面向夏季盛行风向,并避免西晒。

(8)各级电压的屋外配电装置结合地形和所对应的出线方向进行平面组合,以减少线路交叉跨越。

(9)变电站的供水建筑物(主要有深进泵房、生活消防蓄水池、生活消防水池)按工艺流程集中布置在站前。

(10)污水泵房、雨水泵房等排水设施布置在站区场地边缘地带的最低处。

(11)变电站与外部公路相连的道路路面宽度为5.0m,站内设有环形道路,路面宽度为3.0m。

(三)设计过程的质量控制

设计过程的质量控制着重在设计输入、设计接口、中间检查、成品校审与会签等方面的质量控制。

1.设计输入的质量控制

设计输入是对设计的要求,主要包括工程设计所依据的法规、规范、标准、规程、规定、参数、技术条件和各种资料和数据。

设计输入可分为一般性输入和专门性输入两类。

(1)一般性输入

一般性输入主要包括:

①法规:国家和有关部门颁布的有关基本建设的法规;

②规范:国家和有关部门颁布的各专业技术的设计规范;

③标准:包括国际标准、国家标准、行业标准;

④公共惯例和社会要求。

(2)专门性输入

专门性输入是指与工程设计有关的特性要求,主要包括:

①工程设计合同;

②项目建议书和可行性研究报告;

③前阶段设计审查意见;

④业主对工程设计的要求;

⑤制造厂家提供的设计技术资料;

⑥各专业间提供的资料;

⑦外委设计的接口;

⑧外部协作配合协议;

⑨工程勘测报告;

⑩有关工程的环境资料;

⑪有关工程的负荷资料;

⑫地震、防空资料。

(3)对设计输入的质量控制

①确保设计输入的准确性、完整性和及时性;

②所有设计输入均应形成书面文件;

③所有设计输入文件均应符合文件管理程序规定;

④设计输入文件应符合审批程序;

⑤对已生效的设计输入进行修改、变更时,要说明修改、变更的原因、修改、变更的时间,完成与原设计输入相同的审批程序并形成正式文件。

2.设计接口的质量控制

设计接口也称设计界面，分为内部接口和外部接口，内部接口是设计单位部门之间和各专业之间的设计责任与分界，外部接口是设计单位与外部单位(也包括不同的外部单位之间)之间的设计与责任分界。

(1)内部接口质量控制

①设计单位内部各部门之间、专业间的设计分工界限和责任应在有关程序文件中作出规定；

②内部接口的联系方式和负责人应明确；

③各部门和各专业间相互提供的资料必须是经过审批程序的书面文件,做符合文件管理规定,以保证资料的可靠性和可追溯性；

④对已提出的资料需要变更时，应履行同样的审查和确认手续,形成书面文件,各方可修改、变更；

⑤设计资料的传递提供应以书面文件为准，否则传递资料不能作为设计依据。

(2)外部接口质量控制

①设计单位与外部接口单位之间的协作分工界限与责任在有关的设计接口文件中应作出规定；

②明确与接口单位联系的方式和接口负责人，包括工作的职责和权限,并形成有效的书面文件,发送给对方作为工作联系的依据；

③设计资料版本的有效性及传递、更改、回收、作废等,应建立相应的执行管理程序；

④参加有关设计联络会议，对各有关外部协作单位之间的设计接口问题进行研究和协调管理。

3.设计中间检查

设计中间检查分为综合性中间检查和专业性中间检查两种，由项目总工程师组织，有关设计人员参加。

(1)综合性中间检查

①检查时间：通常在初设方案比较完成后的施工图设计阶段各进行一次设计中间检查，以便发现问题并及时进行纠正。

②检查内容：主要检查工程技术组织措施中的设计原则、技术要求等在设计中是否得到贯彻执行。

(2)专业性中间检查

专业性中间检查由各专业主任工程师组织,有关设计售货员参加检查的内容主要包括：

①设计原则、设计目标、质量控制措施和技术要求的执行情况；

②专业设计方案讨论的结论和进一步优化设计的措施和意见；

③设计中存在的问题；

④检查特殊设计要求；

⑤进行卷册验收。

4.成品校审与会签

在每个设计阶段，设计文件和图纸都应按质量管理程序文件规定进行逐级校审和会签。

(1)成品校审的质量

①所有设计文件(包括设计计算书)、图纸均应按成品校审程序文件规定由各级校审责任人校审签字认可；

②各级校审人员对设计成品校审后提出的意见应及时反馈给设计人员进行修改；

③经修改后的设计文件、图纸由有关校审责任人核查后签字认可；

④按有关规定对设计成品进行质量评定，分析各项质量指标。

(2)成品会签的质量控制

①各专业设计图纸均应进行会签，并加盖会签图标；

②会签的重点是设计图纸是否符合本专业提供的设计资料要求，设计上是否相互衔接协调，以及是否符合有关专业标准、规范的要求；

③会签发现的问题应及时反馈给设计人员修改,经修改后的图纸由会签人员校核后签字认可；

④未经会签的图纸不得印制、分发。

二、设备的质量控制

(一)设备选型的质量控制

设备选型是否正确直接关系到工程项目今后的正常使用和效益，所以在工程设计中应予以重点控制。设备选型的质量控制分别在工程的初步设计阶段和施工图设计阶段进行。

(1)初步设计阶段

在初步设计审查后,应根据合同规定和业主要求编制设备规范书,以作为设备订货的质量控制文件。

设备规范书的内容包括:
①设备名称;
②设备的功能;
③设备技术参数和性能;
④有关的法规、标准、规范;
⑤环境要求;
⑥供货范围;
⑦设备试验标准;
⑧配套设备的接口要求;
⑨设备的包装、储运要求;
⑩设备的质量保证和技术文件要求。

(2)施工图设计阶段

在施工图设计阶段,施工图设计文件中就有设备和主要材料清册,其中包括下列内容:
①设备、材料的规格;
②设备、材料的型号;
③设备、材料的数量;
④与制造厂家进行接口配合要求;
⑤对制造厂家的建议。

KH变电站750MVA主变压器选择三相自耦有载调压变压器,其主要技术参数为:

(1)额定电压:513/242±9×1.33%/37kV;
(2)额定容量:750MVA/750MVA/240MVA;
(3)阻抗电压:11.66%/40.11%/23.33%;
(4)二次接线。

所有一次设备除主变压器、电容式电压互感器、35kV电抗器外,其他设备,如断路器、电流互感器用SF6型,避雷器用氧化锌型。

该工程主要设备包括主变压器、500kV断路器、隔离开关、接地开关、电流互感器、电容式电压互感器械、线路保护、母线保护、载波机及220kV主要加路断路器及35kV总断路器、并联电抗器等,均采用招标形式采购。

(二)设备的质量监造

对主要设备进行质量监造,其中主变压器的监造内容包括:

(1)检查变压器本体及其附件是否符合有关产品标准、合同技术条款的规定;

(2)审查设备的出厂检验证书、试验报告、设计任务书、工艺记录、有关的图纸资料,必要时进行直接见证;

(3)审查原材料(电磁线、硅钢片、绝缘油、绝缘纸板、非导磁钢板等)及主要零部件[分接开关、套管、散热器、潜油泵、密封垫和气件继电器、油流继电器、压力释放阀、套管电流互感器、测温元件、油位计、油枕隔膜(胶囊)等]的出厂检验单和变压器制造厂家的验收报告;

(4)检查变压器油箱的压力及真空情况;

(5)检查铁芯情况,重点是叠片平整度、油道设置情况、片间是否存在短路现象,对地及对夹件绝缘、半成品励磁试验等;

(6)检查线圈情况,重点是检查线圈绕制平整紧实情况,S弯制作工艺、线圈垫块和撑条是否倒角,并且复测线圈内外直径及轴向尺寸;

(7)监督器的装配是否符合工艺规定及图纸要求;

(8)监督变压器抽真空及真空注油工艺是否符合规定要求,并检查变压器整体密封渗漏情况;

(9)检查所有试验项目(局部放电试验、温长试验、雷电冲击和操作波试验、变压器空载、负载特性试验等)是否符合相应试验标准要求,并且在试验过程中监视养分仪表读数及被试变压器有无异常;

(10)检查所有预装配过的变压器零部件是否已作出明显的装配标记,装箱时应检查实物与装箱单是否相符;

(11)根据实际情况决定运输中应采取的相应安全措施;

(12)对监造过程中发现的异常情况应立即向制造厂家有关部门反映,并求得圆满解决,同时将有关情况写入监造备忘录。

(三)设备到货的质量控制

1.设备到货前接货人员应根据设备计划和收到的接货清单落实卸货仓位、场地,并确定卸货方案。

2.设备到达现场后接货、售货员首先要查验。
(1)设备送货单。

(2)设备包装：
①包装是否符合合同要求；
②包装有无破损；
③有无雨淋、受潮情况。

如发现包装有严重破损或雨淋受潮情况，应立即通知设备计划人员，并会同运输部门、业主代表、监理人员共同签证，做好设备箱件残损记录和拍照存查。

3.对起重、卸车人员进行卸货交底。
4.做好卸货监护工作。
5.对于需要室外存放且不能淋雨的设备箱件，应用防雨篷布遮盖。

(四)开箱检验

设备到货后的开箱检验应由业主组织卖方或其代理人、监理单位代表和施工单位(安装方)代表参加，共同进行查验、认可。对于重要设备或必须结合设备技术性能进行查验的设备，还必须有相关专业的技术人员参与开箱检验。

设备开箱检验的内容包括：

1.主变压器：
(1)变压器的外观情况；
(2)运输中受到冲击碰撞的记录；
(3)气体保护的气压记录或真空记录；
(4)放残油试验。

2.充油或充气运输的其他设备：
对充油开关、充油电缆和充气保护的机电设备、部件，应检查油压气压记录数据。

3.设备包装箱内所附的资料或质量证明文件(包括图纸、说明书、产品合格证、各种试验检验报告等)，均须连同设备一起清点、登记，并在资料上标明设备批号、系统号、箱件号。

4.对查验时必须拆开内包装的设备或部件，查验完成后应重新包装好。

三、KH变电站工程施工质量控制

(一)编制施工组织设计

1.编制施工组织总设计
施工组织总设计的内容包括：

(1)工程概况；
(2)工程规模、主要工程量材料及加工品需要量、各种机具需要量；
(3)施工综合进度表；
(4)施工总平面图；
(5)力能供应系统布置图(包括供水、供电等系统)；
(6)主要施工方案及重大技术措施；
(7)施工组织机构的设置；
(8)劳动力需求量计划；
(9)物资供应计划；
(10)教育培训计划；
(11)生产临时设施和生活临建设施安排计划；
(12)主要技术经济指标分析。

2.编制专业工程施工组织设计
专业工程施工组织设计的内容包括：
(1)工程概况；
(2)平面布置；
(3)主要施工方案、施工方法和技术措施；
(4)施工技术及物资供应计划；
(5)综合进度计划。

3.编制项目施工作业指导书
施工项目作业指导书的内容包括：
(1)概况；
(2)编制依据；
(3)工程量；
(4)作业人员的资质及要求；
(5)作业所需的机具、工具、仪器、仪表的规格及要求；
(6)作业前应做的准备工作及应具备的条件；
(7)作业的程序、方法和要求；
(8)见证点及停工待检点的设置和控制；
(9)作业活动的分工和责任；
(10)作业结果的检查、验收和要求的质量标准；
(11)技术记录要求(附表或图)；
(12)签证表。

(二)组织设计交底

设计交底由设计组织、设计单位、施工单位、监

理单位、运行单位参加,由设计单位进行交底,交底的内容主要包括:

(1)项目的自然条件和环境。

包括地形、地貌、水文、气象、工程地质、水文地质、社会经济情况等。

(2)设计的依据。

(3)设计意图。

①设计思路;

②设计方案评选情况;

③工程等级;

④工程平面布置及组成、结构型式的选择、设备及其型式的选择;

⑤基础处理方案;

⑥设备安装及调试要求;

⑦施工进度及工期安排。

(4)专业设计特点及相互配合的要求。

(5)重大设计技术方案,重要部位和特殊部位的施工要求,以及施工中应采取的安全技术措施和质量保证措施。

(6)施工中应注意的事项。

(7)主要质量标准和工艺要求。

(三)施工过程的质量控制

KH变电站在施工过程重点进行了施工测量、地基处理、钢材及焊接质量、混凝土浇筑、钢结构施工和防腐工程的施工质量控制。

1.进行施工测量监督

(1)核查变电站区平面控制网、高程控制网的测量记录。

(2)核查主控楼、主变压器基础、综合楼、室内配电装置室、进出线和母线架构等的主轴线和高程的控制测量。

(3)抽查进出线、母线架的垂直度、设备支架及母线架构的顶部标高。

(4)检查主变压器基础、主控楼、进出线及母线架构的沉降观测记录。

2.地基处理的监督检查

(1)审查工程地质报告及地基处理方案;

(2)核查地基处理施工单位人员的资格;

(3)抽查主变压器基础、主控楼、综合楼、进出线架构、母线架构等的地基处理的施工质量;

(4)检查地基验槽记录;

(5)审查地基处理测试报告。

3.钢筋材质及焊接质量的监督检查

(1)抽查钢筋材质跟踪管理情况;

(2)抽查钢筋材质跟踪管理台账;

(3)抽查焊条、焊剂的出厂证件,并对其保管、烘干处理情况进行抽查;

(4)审查焊前试验报告通信、焊工资格证件;

(5)抽查主控楼框架接头的钢筋焊接质量。

4.混凝土浇筑施工质量的监督检查

(1)审查水泥、砂、石料的试验报告;

(2)抽查现场搅拌的混凝土的配合比及坍落度;

(3)抽查混凝土试件制作、养护条件及试验报告;

(4)审查混凝土冬期施工措施并抽查其实施情况。

5.砌体工程的质量监督检查

(1)审查原材料的试验报告;

(2)抽查砌体砂浆的饱满度、砌筑接槎质量和抗震连接情况;

(3)审查砂浆试验报告;

(4)审查现场砂浆的强度。

6.防水、防腐工程质量监督检查

(1)核查防水、防腐材料的出厂证件。

(2)审查防水、防腐材料的试验报告。

(3)审查新型防水、防腐材料试验报告及其鉴定文件。

(4)抽查主控楼、室内配电装置室及综合楼的屋面防水质量。

(5)抽查蓄电池室和室外钢结构防腐处理施工工艺及施工质量。

7.钢结构工程施工质量监督检查

(1)审查钢材试验报告;

(2)核查焊条、焊剂出厂证件,并抽查其保管、烘干和使用情况;

(3)核查高强度螺栓出厂证件,并抽查其保管情况;

(4)抽查高强度螺栓节点连接质量。

8.站区其他工程施工质量监督检查

(1)审查站区内回填土的施工试验报告,并对回填土现场施工质量进行抽查。

(2)检查站区主要管沟是否通畅。

(3)抽查站内接地网埋设质量。

(4)审查站内接地电阻的测试记录。

(5)构支架二次灌浆的质量控制。

1)审查砂、石的化验报告;

2)抽查构支架二次灌浆的砂、石级配;

3)将二次灌浆的混凝土试块送至有资质的单位进行见证试验,并审查其试验报告。

9.主变压器安装的质量控制

(1)审查变压器的安装方案。

(2)核查安装人员的资格。

(3)进行变压器安装前检查。

1)检查附件(套管、储油柜、冷却器等)有无短缺和损伤,密封是否良好;

2)取油样进行检验,确定是否合格;

3)检查变压器本体的密封情况,有无渗漏、变形或锈蚀;

4)检查高压电容器套管是否垂直放置。

(4)变压器安装就位。

(5)进行器身检查。

1)绕组检查:检查围异是否完好、绕组绝缘有无破损、油道有无堵塞;

2)铁芯检查:检查铁芯有无锈蚀、污垢和短路,测量各部分的绝缘情况;

3)引线和支架检查:检查引线有无破损、支架安装是否牢固、有无裂纹、接头焊接是否良好、绝缘螺栓有无损坏;

4)分接开关检查:检查触头接触是否良好、弹簧压力是否合适、绝缘件等附件是否齐全、转动是否灵活、位置指示是否正确;

5)磁屏蔽装置检查:检查有无松动脱落;

6)检查相间隔板绑扎是否牢固、绝缘是否完好。

(6)附件安装。

1)套管安装前应试验合格,引线外包绝缘良好;

2)油泵、风扇、油流继电器在安装前均应进行检查,并进行绝缘和通电试验;

3)储油柜隔膜应进行试漏;

4)气体继电器在安装前应进行特性和流速试验,安装时应保持水平位置;

5)电流互感器安装前应进行特性试验。

6)测温装置在安装前应进行校验。

(7)变压器注油:注油前应确定所注入的油与变压器本身所用油的牌号一致,并经过压力式滤油机或真空净化法处理和试验合格,然后采用真空注油法注油。

(8)变压器干燥:变压器干燥采用热油循环干燥法,循环时间不少于48h,且循环后的油应达到下列标准:

1)击穿电压不小于60kV/2.5mm;

2)微水量不大于100PPM(体积比);

3)含气量不大于1%;

4)$\tan\delta$ 不大于 0.5%(90℃)。

(9)试验。

变压器安装完成后应进行绕组直流电阻测量、变压比和极性检查、绕组的绝缘电阻测定及耐压试验、相位检查、绝缘油试验,试验合格方可通电投运。

(10)变压器投运前静置时间应不少于72h。

四、变电站的系统调试考核和工程验收

(一)系统调试考核

KH变电站系统调试中的主要考核项目包括:

1.主变压器的零升试验:考核工程的安装质量。

2.变压器的空载投切试验:考核主变压器耐受冲击合闸的能力和SF6断路器投切空载变压器的性能,测量投切过程中的电压电流的暂态数据,校核继电保护。

3.断路器投切空载线路试验:考核断路器合切空载长线性能,同时测录线路的电磁暂态特性。

4.隔离刀闸投切空母线试验:考核隔离刀闸切容性小电流的能力及对运行设备产生的影响。

5.变电站人工接地试验:考核新安装的500kV设备在通过元件调试和空载投切试验后,一、二次设

备整体动作性能是否协调，尤其是能否在故障情况下迅速判断故障性质，切除故障，恢复正常。

（二）工程验收

KH变电工程的验收工作分为三个阶段进行，即竣工预验、竣工初验和正式竣工验收。

工程项目竣工后，施工单位组织内部预验收，对工程项目的完成情况、质量状况、现场情况进行全面检查，确认符合竣工验收要求后，提出竣工验收申请报告，并提交竣工资料。竣工资料包括：

(1)工程基本情况；
(2)工程项目开工报告；
(3)设计交底和图纸审查记录；
(4)水准点位置、定位测量、沉降和位移观测记录；
(5)材料、设备、构件的质量证明文件；
(6)设计变更通知单；
(7)试验、检验报告；
(8)工程质量缺陷处理记录；
(9)隐蔽工程验收记录；
(10)质量检验、评定资料；
(11)施工大事记；
(12)施工技术记录；
(13)重要技术档案；
(14)有关的工程照片；
(15)各类联系信函和资料；
(16)工程竣工图纸；
(17)工程项目竣工报告。

在施工单位预验合格的基础上，监理单位在审查施工单位提交的竣工验收申请报告并认可后，组织初验小组，对工程项目各项工作进行全面检查，对竣工资料和文件进行审查，对初验中发现的问题，列出清单，明确责任，限期整改，并在整改完成后及时进行验证。

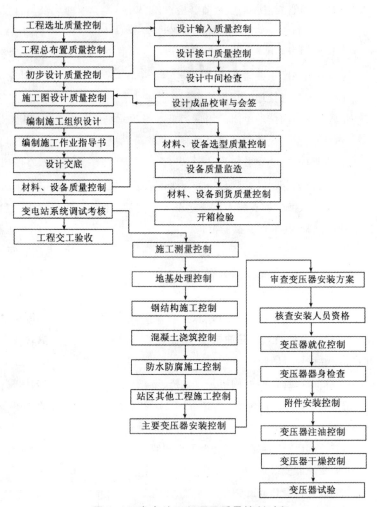

图1　KH变电站工程项目质量控制过程

在竣工初验通过后，编写竣工验收申请报告，提交建设单位。

工程项目的正式竣工和验收由建设单位组织，有关单位参加。首先是听取施工单位和监理单位的报告，并组织全体人员现场检查，了解工程现状，发现存在问题，对工程项目进行全面鉴定和评价。通过竣工验收小组的检查鉴定，确认工程项目质量符合竣工验收条件和标准规范的规定，以及施工合同的要求后，办理竣工验收签证手续。

KH变电站工程项目质量控制的主要过程如图1所示。

KH变电站工程由于在工程的设计施工中严格进行了质量控制，所以工程自投产后运行一直正常，并取得了良好效益。

Momentive南通有机硅项目污水处理开车

韩江涛

(中国天辰工程有限公司环境工程部，天津 300400)

摘 要：本文通过介绍和分析EPC项目污水处理开车全过程，总结了污水处理装置单元开车的特点和一些必要工作内容。

关键词：污水处理，开车调试，活性污泥法

一、概述

Momentive(迈图)南通有机硅项目位于江苏省南通经济技术开发区港口三区江海路南、农场中心河北、通达路东。项目实施是为了满足中国市场对优质的有机硅系列产品的需求。项目开始设计阶段项目业主为通用电气和东芝的合资企业，在项目执行后期变更为Momentive(迈图)高新材料。项目装置包括了工艺装置以及污水处理等公用工程单元。

由于目前国家的环保政策越来越趋于严格，对于工厂的废水排放制定了严格的排放标准。同时对于工厂的各项环保设施要求达到"三同时"，即指新建项目的污染治理设施必须与主体工程同时设计、同时施工、同时投产的制度。本项目我们公司作为EPC总承包商负责对污水处理单元（WWTP)开车调试。

二、污水处理单元(WWTP)介绍

本工程废水主要污染物为甲苯、二甲苯、异丙醇及丙酮等。废水处理装置的设计规模为380m³/d(最大450m³/d)。

1.WWTP设计进水水质

pH:3~4

COD_G:238~11 419mg/L

BOD_5:184~6 329mg/L

SS:550mg/L

氨氮:55mg/L

磷酸盐:18mg/L

二甲苯:25mg/L

甲苯:25mg/L

油(石油类):117mg/L

含盐量(主要成分$CaCl_2$):≤15 000mg/L

说明:还有一些未检测含量的有机硅油。

2.WWTP设计出水水质

根据迈图要求，WWTP出水不但要考虑到环评报告中要求的南通开发区污水厂的接管标准，主要污染物也要满足迈图的内控指标。具体如下：

pH:6~9

COD_G:250mg/L

BOD_5:150mg/L

SS:200mg/L

氨氮:18mg/L

磷酸盐:2.5mg/L

二甲苯:0.5mg/L

甲苯:0.25mg/L

油(石油类):20mg/L

3. WWTP工艺流程

本工程采用中和—均质—活性污泥法好氧生化—沉淀—混凝/絮凝化学除磷的处理流程,以确保达标排放。

工艺简图如图1所示。

流程简述如下:

生产废水首先汇入废水处理装置的pH调节池,投加NaOH调节pH值至6~9,再进入高浓度废水池,并由鼓风机鼓入空气,进一步混合、中和,再由污水泵提升进入均质池。较清洁的生产污水先进入低浓度废水池,再进入均质池和高浓度废水混合。均质后的废水进入曝气池,采用活性污泥法进行好氧生化处理,污水中大部分有机物在曝气池内得到吸附、生物氧化降解。曝气池出水流入沉淀池进行泥水分离,沉淀下来的污泥部分作为剩余污泥排到污泥浓缩池,其余回流到曝气池,上清液和难生物降解的物质再经过絮凝沉淀、砂滤、活性炭过滤然后经过加氯消毒,达到排放标准后排入污水管网。污泥经过污泥浓缩池、污泥脱水机进行浓缩脱水,脱水后的泥饼外运处理。

4. WWTP操作方式

WWTP单元采用就地控制和控制室PLC远程控制,以节约人力物力。

5. 流程特点

污水处理单元针对难处理的甲苯和二甲苯、磷酸盐以及特有的有机硅油、高浓度废水中COD_{Cr}/BOD_5大范围波动,结合迈图日本和上海的工厂部分经验以及分析南通工厂将来可能的运行模式,采用高浓度污水调节贮存、均质池混合稀释预曝气、好氧生化吸附、降解作用和化学沉淀的处理工艺使污水得到有效处理。同时又采用砂滤/活性炭过滤作为处理工艺的保障措施解决活性污泥法运行波动和进水水质超范围波动所造成处理效果下降的影响,确保达标排放。

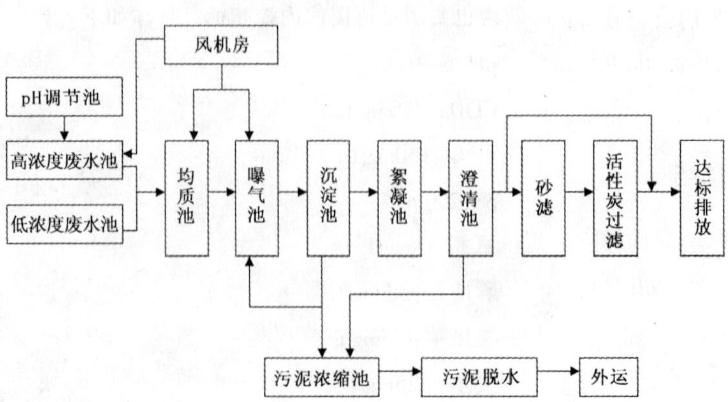

三、开车调试目标

污水处理的运行是一个长期不断驯化调整的过程,因此对于污水处理调试需要达到使WWTP正常运行,曝气池运行平稳,系统能够连续运行,各项处理设施能够满足要求,能够为后续污水继续驯化打下一个良好的基础。结合迈图工厂开始生产阶段产生不了太多的污水的实际情况,针对以上特点,制定了污水处理单元开车调试的目标。

1. 调试进水指标

(1)高浓度废水水质

水量:0.5m³/h

COD_{Cr}:19 000mg/L

BOD_5:12 500mg/L

二甲苯:300mg/L

甲苯:300mg/L

异丙醇:4 000mg/L

丙酮:1 500mg/L

(2)均质池混合后水质

水量:5m³/h

COD_{Cr}:1 900mg/L

BOD_5:1 250mg/L

二甲苯:30mg/L

甲苯:30mg/L

异丙醇:400mg/L

丙酮:150mg/L

2. 曝气池PT-5505A-U的运行指标

MLSS维持在4 000mg/L左右水平

3. 调试出水指标

处理能力:5m³/h

pH:6~9

图1

COD$_G$≤350mg/L
BOD$_5$≤200mg/L

4.调试期间对处理设施的要求

(1)清水联动测试

清水联动调试需要测试全部处理设施。

(2)调试期间使用的主设施

WWTP在废水调试阶段只使用一个系列的构筑物,详细如下:pH调节池/高浓度废水池/低浓度废水池/均质池/曝气池/沉淀池/絮凝池/澄清池/出水池/污泥浓缩池/带式污泥脱水装置。

5.开车调试目标

针对开车调试的一些指标,开车调试需要达到以下目标:

(1)进水特征污染物浓度达到预期水平;

(2)曝气池运行平稳,出水不产生污泥膨胀和上浮现象;

(3)出水必须满足出水指标要求;

(4)各设备运行正常;

(5)迈图熟悉和初步掌握WWTP的操作。

四、开车方案

根据和迈图所确定的开车目标,我们委托南通开发区污水厂协助我们作开车调试工作,同时迈图需要监管开车的过程。经过讨论确定开车方案如下。

1.开车前的准备工作

开车前根据WWTP调试运行期间的要求需要做好以下准备工作:

(1)公用工程的水、电、气已经能够供给WWTP正常使用。

(2)开车所需要的辅助设备:

潜污泵一台;

排水软管若干;

对讲机四台;

活动梯子一个。

(3)接种污泥120m³。

(4)药剂:开车调试前期由于没有实际废水使用,因此需要药剂来调配符合开车要求的废水,同时

还需要一些药剂满足好氧细菌的生化处理、污泥调理等要求。所需药剂分为三类:一是混凝沉淀药剂PAM;二是调试废水所需药剂如甲苯、二甲苯、异丙醇、丙酮、CaCl$_2$等;三是营养源如尿素、磷酸以及葡萄糖。

(5)WWTP的池子、管道等与调试关系密切的构筑物必须不出现严重渗漏的情况。

(6)WWTP所有机械设备已经完成单机试车。

(7)电气设备、仪表控制设备(包括PLC控制软件)已经测试完好,并能满足使用要求。

2.开车过程中的日常工作

(1)池子内杂物日常清理以及WWTP界区内日常清洁维护。

(2)设备在调试期间出现问题的检修、管道堵塞的清理维护。

(3)电气、仪表的故障维修。

(4)药剂的日常配置与投加。

3.开车调试步骤

根据WWTP的工艺特点,确定调试方案如下。

(1)清水联动测试

单机调试成功后即可开始清水联动测试。测试期为3d。测试期间,污水处理站内所有构筑物、管道、阀门、机电设备、仪器仪表、控制设备都必须进行无负荷的联合调试和有负荷的(清水)联合调试运行,直至达到设计要求,部分设施还应达到培菌调试过程中的特殊要求。

(2)生化工段培菌

1)静态调试阶段

根据好氧生化处理的特点,采用同步培菌法。将曝气池内原有的污水排空约120m³,在满足BOD约400mg/L的条件下,按BOD:N:P等于100:5:1的比例加入营养源,视现场情况,可加入适量生活污水。加入接种污泥约120m³至满。启动曝气设备,检测溶解氧,控制溶解氧浓度2mg/L。每班检测COD1次,镜检2~4次,综合分析水质的符合性以及菌种的适应性,及时调整培养基性质。第三天后开始每班检测1次污泥三项。

静态调试阶段控制指标：

计划时间15d；

污泥浓度达到2 500mg/L；

上述控制指标先到者优先。

2)动态调试阶段

根据静态调试的数据结果，以每天10%~20%池容的水量向曝气池中加入人工调制的污水，控制溶解氧浓度2mg/L，每班检测进出水COD各1次，镜检2~4次，污泥三项1次，根据监测结果，调整每天/每班的进水性质和水量。污水从曝气池溢出到沉淀池后，立即启动回流污泥。

根据监测的污泥浓度，适当排泥，控制污泥生长点，调节调试进程。

根据污泥生长状况，调整进水的成分，逐渐增加特征污染物的浓度，当特征污染物的浓度达到非驯化上限后，采用递进法对活性污泥对特征污染物的适应性进行强化驯化，直至达到调试要求。

动态调试阶段控制指标：

计划时间105d；

污泥浓度达到4 000mg/L。

(3)化学沉淀工段

在实验室用五联搅拌机对沉淀池的上清液做混凝沉淀试验，找到最佳投药比例，根据水量按比例投加絮凝剂和混凝剂，对终沉池的出水连续监测，达到排放标准的，排放到出水池；不能达标的，按照超标项目，在实验室做砂滤和活性炭试验，选择经过砂滤和活性炭吸附后达标的排放。

(4)污泥处理工段

生化过程的剩余污泥进入污泥浓缩池。在实验室作污泥调质试验，根据试验结果，对浓缩污泥进行加药调质，启动污泥脱水机进行脱水。

(5)稳定控制阶段

综合评估调试阶段所有数据以及生产污水水质和水量，重新制订工艺运行方案，调整所有设备工况，稳定运行15~30d，进入验收和总结阶段。

4.调试进度计划

(1)整个调试过程预计历时123d。

(2)COD调试计划

从图2可以看出，COD计划从800mg/L逐步开始，结合进度逐步调整到1 900mg/L。需要说明的是，污水的COD和BOD_5浓度是由污水中污染物质贡献的，因此其实际数据需要根据调试过程实测数据来动态调整。

(3)特征污染物调试计划

从图3~图5中可以看出，异丙醇计划在85d左右驯化到目标水平；丙酮计划在70d左右驯化到目标水平；甲苯计划在80d，二甲苯计划在84d驯化到目标水平，同时要维持近一个月的处理效果，才能确保驯化调试成功。这充分体现了工业污水处理单元

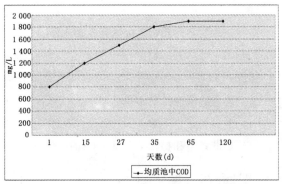

图2

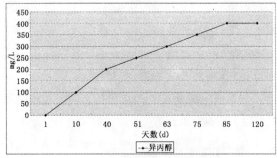

图3

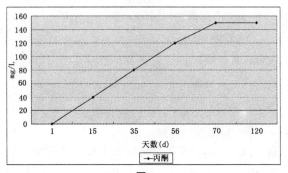

图4

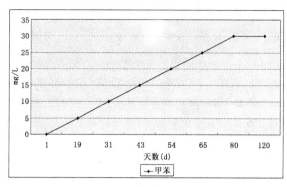

图5

中活性污泥法调试的重要特点。众所周知,活性污泥对于普通的生活污水体现了良好的适应性,驯化比较容易,相应的驯化周期相对较短;而对于工业废水,由于其污水中的污染物五花八门、难处理,好氧细菌需要长时间的强制驯化才能逐步适应,达到污水处理的效果。在这里我们对于特征污染物的驯化计划采取了审慎推进和稳步进行的主导驯化思路,以便在调试执行过程中能够应对调试波动以及污水波动造成的影响。

五、开车期间的分析化验

开车过程中对于曝气池以及各个处理设施中各种指标的检测,对于调试过程的控制有着重要的作用。调试人员需要根据化验分析结果动态地调整整个调试进展过程。

1.WWTP各处理设施中分析化验项目见表1。

2.分析化验的要求如下:

(1)要有专人负责污水样品的化验工作。

(2)参加分析化验的人员,要严格按照正确的分析方法和操作步骤进行操作,做好原始记录。并按照全面质量管理的要求做好标准试剂配制等各项工作。

(3)当出现异常数据时,分析化验人员要及时查找原因,并说明情况,以便找到问题原因,必要时应重新做水样分析。

六、调试期间过程文件

调试期间过程文件包括以下内容:

(1)化验数据的记录和整理;

(2)每天的值班巡检记录;

(3)出现异常问题的分析结论和报告;

(4)方案调整报告;

(5)调试期间周会和月会记录。

七、调试期间职责分工

由于污水调试是一项综合的工程,天辰公司(TCC)作为EPC总承包商对于调试的成功负有全部

表1

序号	位号	分析项目	周期
1	废水池	COD_{Cr}	1次/d
		BOD_5	
		SS	
		pH	
		Cl^-	根据实际情况
		氨氮	
		总磷	
		其他	
2	均质池	COD_{Cr}	1次/d
		BOD_5	
		SS	
		pH	
		Cl^-	根据实际情况
		氨氮	
		总磷	
		其他	
3	曝气池	MLSS	2次/d
		SV_{30}	
		SVI	
4	沉淀池	COD_{Cr}	1次/d
		BOD_5	
		SS	
		pH	
		Cl^-	根据实际情况
		氨氮	
		总磷	
5	出水池	COD_{Cr}	2次/d
		BOD_5	
		SS	
		pH	
		Cl^-	
6	污泥浓缩池	污泥含水率	根据需要
7	污泥脱水	污泥含水率	根据需要

责任,因此天辰、迈图和南通开发区污水厂三方协作就显得异常重要。在调试过程中主要涉及:开车准备、药剂准备、化验分析、日常操作巡查、数据记录、方案调整这几个方面。

根据三方的分工,迈图主要负责分析化验和药剂准备工作;开发区污水厂负责日常操作巡查和数据记录工作;天辰负责开车准备、协调三方工作和推进调试进程。对于数据分析和方案调整,迈图可以参与,天辰和开发区污水厂负责确定,天辰有最后的决定权;双方还要带领业主熟悉日常操作过程。

八、开车调试过程

1.调试第一阶段

整个污水处理单元(WWTP)的调试驯化工作从2008年5月份开始后,经过一段时间的驯化,到7月1日前,WWTP调试的进水水质(均质池中)达到了:异丙醇400mg/L,丙酮150mg/L,甲苯10mg/L,二甲苯10mg/L;出水水质平均达到了COD_{Cr} 60~70mg/L左右的水平;MLSS也平稳运行在2 500~3 300mg/L的水平,并且已保持此水质调试稳定运行了至少半个月的时间。BOD_5在此阶段迈图并未检测。出水水质远远优于考核目标出水水质COD_{Cr} 350mg/L。详细的数据变化见图6中图示变化。

(1)6月份各项水质指标变化见图7、图8。

(2)数据分析。

从图7、图8中可看出,异丙醇和丙酮从6月1日起就已经分别驯化稳定到了400mg/L和150mg/L。甲苯和二甲苯也同步驯化到了10mg/L,并且稳定运行了半个多月时间。特征污染物的调试已经初步达到了预期目标。

从图9可看出,曝气池的污泥浓度MLSS稳定运行在2 500~3 300mg/L的水平,曝气池在这个过程中没有发生过污泥膨胀或上浮现象。之所以没有进一步的提高,是由于污水中的碳源等营养物没有达到一定的水平,如需要提高到调试指标中的MLSS 4 000mg/L,只增加回流污泥量和投加过量营养物质造成好氧细菌大量繁殖即可实现,而这样显

然没有任何意义。根据调试的实际运行来看MLSS在2 500mg/L就可以实现WWTP平稳运行,说明了污水中的污染物实际维持污泥浓度的水平状况。

从图9看,在此阶段出水的COD_{Cr}在33~84mg/L之间浮动,出水水质非常好。因此,在此时污水处理调试已经基本取得了成功,调试过程很顺利,进水污染物和出水COD_{Cr}均达到了预期的水平。下一阶段进水只需要在维持曝气池平稳运行的基础上,继续

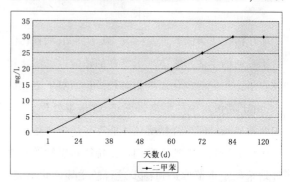

图6

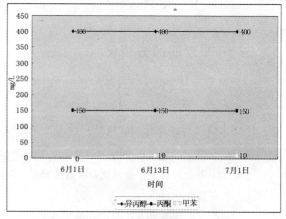

图7

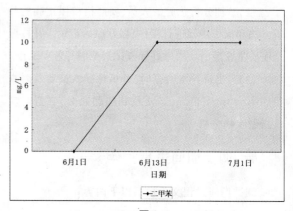

图8

提高甲苯、二甲苯的进水浓度即可完成最终调试。

2. 调试第二阶段——方案调整

正当驯化的目标转向甲苯、二甲苯时,基于此前成功的调试,迈图提出了变更原有调试方确认。从7月2日开始,保持异丙醇400mg/L、丙酮150mg/L、甲苯10mg/L、二甲苯10mg/L不变,调试方案按照迈图的要求进行,尽可能地提高污水中CL⁻的含量,其调试效果由迈图来负责。在此过程中迈图逐渐开始熟悉和接管WWTP的调试工作。经过迈图、天辰和南通开发区污水厂三方的共同努力,到8月24日为止,调试一直在平稳地运行,CL⁻也提高到了3 000mg/L以上,出水也在控制范围内。具体水质如下:

进水水质:COD_{Cr} 1 000~1 600mg/L,BOD_5 300~700mg/L,异丙醇400mg/L,丙酮150mg/L,甲苯10mg/L,二甲苯10mg/L,Cl^- 3 600~3 700mg/L。

出水水质:COD_{Cr} 150mg/L左右,BOD_5 5mg/L左右。

曝气池中MLSS也稳定在3 000~3 500mg/L范围内。详细的数据变化见图10~图18中所示。

(1)7月24日~8月24日各项水质指标变化图。

(2)数据分析:

从图11、图12中可看出,异丙醇400mg/L、丙酮150mg/L、甲苯10mg/L、二甲苯10mg/L均按照计划保持平稳不变。

从图13中可看出,进水Cl⁻浓度从1 700mg/L一直稳步驯化到3 600~3 700mg/L,并且一直是保持驯化水平的上升趋势。

从图14可看出,进水COD_{Cr}保持在1 000~1 600mg/L之间,平均在1 250mg/L左右。相对于目标

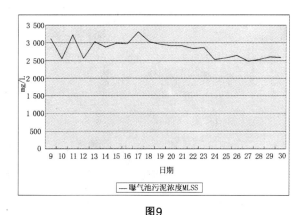

图9

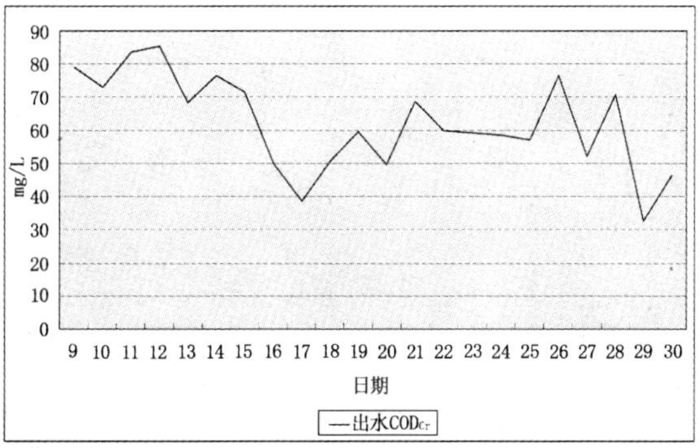

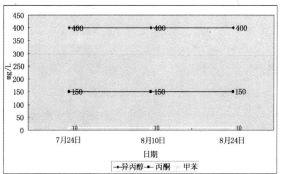

图10

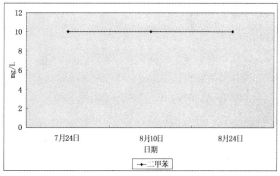

图11

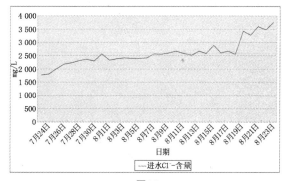

图12

图13

值1 900mg/L有相当大的差距。

从图15可看出，出水COD_{Cr}在54~180mg/L的范围内波动，相对应于第一阶段的调试，出水COD_{Cr}有所增加，这是由于随着含盐量的增加对活性污泥中好氧细菌的生化反应有抑制作用，造成出水COD_{Cr}指标上升，但是还是低于出水控制指标350mg/L。

从图16可看出，进水BOD_5在600mg/L左右，这和目标值1 250mg/L也有相当大的差距。主要是甲苯、二甲苯的浓度没有提高，对COD_{Cr}和BOD_5有影响；污水为调制的废水，除了特征污染物以外没有其他污染物，对其也有影响；另外，1 900mg/L和1 250mg/L只是理论指标值，从调试的实测值来看，达不到理论的要求，调试应以实际值为准。

从图17可看出，出水BOD_5在2.3~8.5mg/L左右范围，平均在5mg/L左右。这远低于200mg/L的出水指标要求。

从图18可看出，曝气池污泥浓度MLSS在这段时间内稳定运行在3 000~3 500mg/L范围内。相比较第一阶段有所提高，其是由于含盐量的提高，而对好氧细菌产生了抑制作用，为了保证出水水质达标，需要提高MLSS的浓度，以便保持曝气池在一个稳定的运行状态，并且污泥在这段时间内未发生膨胀或大量死亡，造成活性污泥变色和上浮现象。

从各项水质变化图上看，WWTP处于平稳运行阶段，各项出水指标均优于考核指标。氯离子已经调

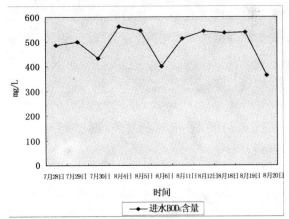

图16

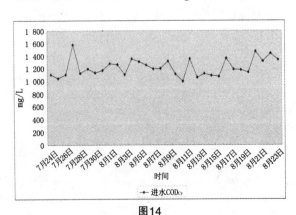

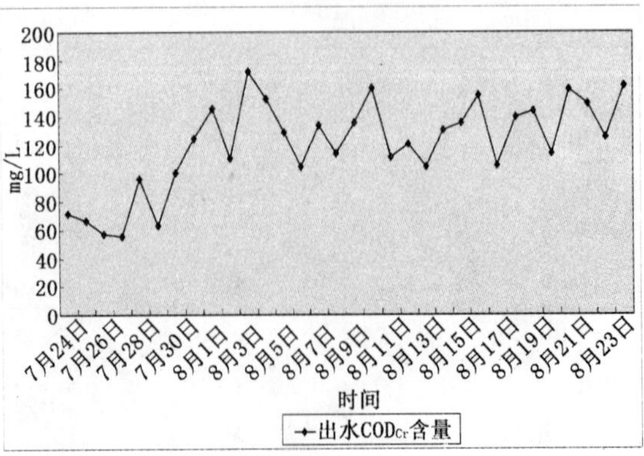

图14

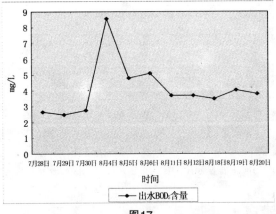

图17

图15

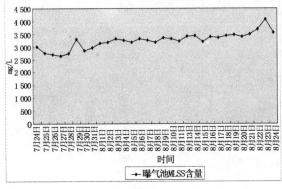

图18

试到了比较高的水平；进水 COD_{Cr}、BOD_5 由于进水水质的限制达不到所预期的水平是由其废水污染物含量所决定的，但 COD_{Cr} 处理效率达到 90% 左右，BOD_5 处理效率超过了 96%。曝气池 MLSS 浓度已经稳定在 3 000mg/L 以上。整个调试获得了成功。

3.结论

从污水处理运行三个多月的情况来看，污水处理单元(WWTP)的调试获得了成功。从曝气池的运行水平、进水特征污染物的浓度以及后期所增加的氯离子调试的情况来看，整个 WWTP 已经达到了迈图对于调试的期待指标，出水也远优于迈图的内控指标，同时迈图在此过程中逐渐掌握了污水处理单元的运行操作。迈图从后期开始已经慢慢开始接管 WWTP 的运行工作，此后迈图需要在此基础上，开始配合其正式生产污水的排放来继续稳定地运行维护，体现了污水处理连续操作、稳定运行、逐步驯化适应的特点。现在迈图已经在独立操作整个 WWTP 的运行工作。

九、污水处理单元(WWTP)操作手册

1.运行管理

(1)为了使本工艺及设备合理、有效、可靠地运转，运行管理人员对本工艺流程、处理设施、设备的规格、性能、技术参数等都必须掌握。

(2)操作人员应按时对工艺流程、各池、各种设施每两小时进行一次巡视，如进出水流是否通畅、曝气是否均匀、活性污泥颜色、沉淀池是否有污泥上浮或翻泥现象及各种机电设备的运转部位有无异常的噪声、温升、振动、漏电等现象。

同时还应观察各种仪表是否工作正常、稳定。

(3)操作人员应及时准确地填写运行记录，要求记录字迹清晰、内容完整，不得随意涂改、遗漏或编造。技术人员应定期检查原始记录的准确性与真实性，做好收集、整理、汇总和分析工作。

(4)为使设备的运转部位处于良好的润滑状态，延长设备的使用寿命，操作人员应根据不同机电设备要求(详细见设备说明书)，定时检查、添加或更换润滑油或润滑脂，不符合要求的，应添加或更换。

2.安全操作

1)应按各种机械设备的运行要求，做好启动前的全面检查和准备工作。主要内容包括：

(1)盘动联轴器是否灵活，间隙是否均匀，有无受阻和异常响声。

(2)检查设备所需油质、油量是否符合要求。

(3)各种仪表是否正常。

(4)供、配电设备、电机是否完好，电器设备绝缘性是否合格，周围环境是否正常。

(5)其他各项条件是否具备。待一切正常后，方可开机运行。

2)操作电器开关时，应遵守安全用电操作规程。防止设备损坏和人身伤亡事故的发生。

3)维修设备过程中，应挂维修标牌，提醒人们注意，防止其他人员合闸误操作。

4) 操作人员工作时应按各岗位工作性质不同，穿戴劳动保护用品。

3.维护保养

(1)维修和管理人员应按照所有机电设备的类型、规格、构造不同制订其维修的大、中、小周期。严格执行检查验收制度，将维修和验收记录存放在设备维修档案中。

(2)由于设备运行过程中的振动，会使某些连接部位的螺栓松动，不经常紧固，将有损设备，影响正常运行。

(3)定期作闸阀的启闭试验，可以检查闸板是否完好。各类管道闸阀丝杆须经常加润滑油。

(4)填料用久后被磨损，会造成漏水和进气，影响泵的效率。应按要求更换填料，调整好填料的松紧度。油封要求油量适中，油质洁净，密封垫完好。

(5)各种工艺管线涂饰不同色彩的油漆或涂料，以便于区分和管理。

(6)为防止管道、明渠由于沉积物过多被堵塞，要求定期清理。

4.工艺运行管理

(1)pH 调节池(PT-5501-U)

案例分析

生产车间产生的高浓度的生产废水经泵先打到中和池 PT-5501-U,中和池设有在线 pH 仪检测进水的 pH 值,当进水 pH 值小于 7 时,应开启搅拌器 AG-5501-U,同时打开 P-5521A、B-U 向池内投加 NaOH 溶液。调节 pH 值后的废水溢流到高浓度废水池(PT-5502-U)储存。

(2)高浓度废水池(PT-5502-U)

经过 PT-5501-U 调节 pH 值到 7~8 后的高浓度的生产废水储存在 PT-5502-U 中。设置预曝气充氧搅拌使污水充分均质。

PT-5502-U 内的废水通过两台计量泵 P-5502A、B-U 打入 PT-5504A、B-U。池内设有液位计,运行过程中 PT-5502-U 内的液位不应超过其设定的最高液位,也不应低于其设定的最低液位。

(3)低浓度废水池(PT-5503-U)

低浓度的生产废水以及其他清洁下水经泵打入 PT-5503-U 储存。

PT-5503-U 内的废水通过两台离心泵 P-5503A、B-U 打入 PT-5504A、B-U。池内设有液位计,运行过程中 PT-5503-U 内的液位不应超过其设定的最高液位,也不应低于其设定的最低液位。

(4)均质池(PT-5504-U)

根据 PT-5505B-U 进水水质的要求,按比例投加 PT-5502-U 和 PT-5503-U 内储存的废水,并设置预曝气充氧搅拌使污水充分均质。

正常运行时,A、B 两池轮换运行。池内设有液位计,运行过程中 PT-5503-U 内的液位不应超过其设定的最高液位,也不应低于其设定的最低液位。如池子准备长时间停用,则应投加清水使曝气器处于液面以下,以防止太阳暴晒老化。

根据实际情况决定是否投加 NaOH 溶液,确保池内污水的 pH 值为 7~8。

均质后的废水通过两台离心泵 P-5504A、B-U 打到 PT-5505B-U 内控制调节阀 FCV-5510 的开启度,控制水量在 5m³/h。

(5)曝气池(PT-5505-U)

控制污泥负荷量、污泥龄、污泥浓度在最佳范围内,并根据实际情况加以调整,微生物有规律、平衡地生长,活性污泥就有良好的沉淀性能,并可达到稳定的净化效果。控制曝气池出水的溶解氧在 2mg/L。进水量控制在 5m³/h 左右。曝气池正常运行时,活性污泥成絮状结构,棕黄色,无异臭,吸附沉降性能良好,沉降时有明显的泥水分界面。曝气池运行中,当池面出现大量的白色气泡时,说明池内混合液污泥浓度太低,此时,应设法增加污泥浓度。但是,当池面出现大量的棕黄色气泡或其他颜色时,应降低污泥浓度,减少曝气量,使之逐步缓解。

清洗各探头时按清洗规程进行,并做好安全防护工作。捞浮渣时,应穿上救生衣或备好救生圈,做好安全防护工作。应及时清除池走道上的积水或冰雪,保证运行人员在巡视和工作时的安全。

根据具体情况及时投加营养液。投加量根据进水水质按 BOD:N:P 为 100:5:1 的比例计算投加量。

曝气池污泥浓度应每天进行检测,并控制在 3~4g/L。当发现污泥浓度增高时,可减小回流污泥量或加大剩余污泥的排放量。当发现污泥浓度降低,此时应分析导致污泥浓度下降的原因,并针对原因采取相应的对策。例如:如果是进水水质变化导致污泥的死亡从而导致污泥浓度的下降,此时应控制进水水质;如果是因为回流量不足而导致的,此时就应加大回流污泥量。

(6)鼓风机房

为了控制曝气池中溶解氧的量,可根据风机类型及性能调节风量。停用的风机应将进出气阀门关闭,防止由于管道的风压,造成风机叶轮反向转动,损坏设备。非生产人员严禁进入鼓风机房。鼓风机由中心控制室人员控制运行,其他人员不得随意开动关闭。维护保养之前,一定要通知中心控制室,确认电源已切断,方可进行操作。

有不正常情况及时报告。

运转前准备:

A.彻底清除鼓风机内、外的粉尘等杂物。

B.将进、出口管道的闸阀全部打开。

C.检查润滑油的油位是否在油标两线中间。

D.检查冷却水是否正常。

E.检查各连接部位是否紧固。

F.检查主动转子部位有无异常现象。

开车:

A.打开风机冷却水。

B.在无负荷状态下点动风机,核实旋转方向。

C.无负荷运行半小时,无异常现象时逐渐加载至额定压力进入负载运转,并注意观察是否有异常现象。如有异常情况应立即停机,查明原因,清除故障后,再重新启动。

停车:

A.正常停车:停车前先卸压减载后再切断电源。最后关闭冷却水。

B.紧急停车:紧急停车即迅速按下停车按钮,使鼓风机带负荷停车,然后再卸压力,按正常停车步骤做其他收尾工作。

(7)沉淀池(PT-5506A/B-U)

沉淀池主要是完成泥水分离并回流活性污泥,沉淀池在运行中,操作人员必须经常巡视刮泥机是否正常工作,浮渣刮板是否完好以及回流污泥泵运转是否正常等。清捞浮渣和清除堰口的污物时,应穿上救生衣或备好救生圈,做好安全防护工作。刮泥机待修或长期停机时,应将池内污泥放空。

对二沉池浮渣及池底污泥的排放进行控制。

按照工艺运行情况控制回流污泥量和剩余污泥的排放量,剩余污泥排放至污泥浓缩池(PT-5513-U)。

沉淀池异常情况及对策:

A.大块的污泥上浮。引起大块的污泥上浮有两种原因:1.反硝化污泥,此时应加大回流比,减少泥龄还可适当降低曝气池的DO的水平。2.腐化污泥,此时应消除死角区的积泥。

B.小颗粒污泥上浮。导致此现象的原因一般有进水的水质突变、污泥因缺乏营养或充氧过度造成老化、进水氨氮过高、池温过高等。解决的办法为弄清原因,分别对待。

C.分散污泥。主要原因是负荷过高,因此解决的办法是减低负荷率。

(8)絮凝反应池(PT-5507-U、PT-5508-U)

沉淀池PT-5506-U的出水依次自流进入絮凝反应池(PT-5507-U、PT-5508-U)。根据PT-5506-U的出水水质决定是否投加絮凝剂,絮凝剂选用及其投加量的大小应通过多组试验确定。

(9)澄清池(PT-5509-U)

絮凝反应池内的出水自流进入澄清池PT-5509-U,沉淀下来的污泥通过两台污泥泵(P-5509A、B-U)打到污泥浓缩池。

沉淀池在运行中,操作人员必须经常巡视刮泥机是否正常工作。

清捞浮渣和清除堰口的污物时,应穿上救生衣或备好救生圈,做好安全防护工作。

(10)出水池(PT-5510-U)

沉淀池PT-5509-U的出水自流进入出水池PT-5510-U,操作人员应定时开启出水泵P-5510A、B-U把水排出。

池内设有液位计,运行过程中PT-5510-U内的液位不应超过其设定的最高液位,也不应低于其设定的最低液位。

如果PT-5510-U的出水不能达到排放标准,此时操作人员应考虑调整阀门使出水经过砂滤、活性炭过滤进一步处理。

(11)污泥浓缩池(PT-5513-U)

重力浓缩池连续运行时效果较好。运行初期或污泥量少时,可以间歇运行。

(12)脱水车房

非工作人员不得随意进出脱水车房,不得触摸旋转和运动部件。

严格控制脱水车运行,减少絮凝剂的用量。絮凝剂选用有机高分子絮凝剂,其投加量的大小应通过多组试验确定。在运行中,根据情况调整絮凝剂的投加量,以取得最佳的脱水效果。认真填写交接班记录,对设备上发生的意外变化及本班次所采取的措施,尤其要详细记录。

脱水车启动操作程序：

A.打开配电柜内总电源；

B.开启空压机，气压设定为0.4MPa；

C.检查控制储水桶内的水位；

D.开启絮凝剂配制装置的搅拌器,配制絮凝剂；

E.开启浓缩机；

F.开启脱水车主机,控制滤带的转速；

G.开启增压水泵,水压不得低于0.2MPa；

H.开启污泥流量计阀门；

I.开启污泥给料泵和加药泵。

脱水车停车操作程序：

A.停止污泥给料泵和加药泵；

B.待脱水机滤带运行一周,并冲洗干净后停止脱水机主机和浓缩机的运行；

C.停空压机,打开放水阀排空空压机内的冷凝水；

D.关闭絮凝剂配制装置的搅拌器；

E.断开配电柜内总电源。

(13)集水池PT-5514-U

集水池PT-5514-U主要负责收集鼓风机的冷却水和脱水车间产生的下水，以及污水处理设施区域内产生的废水。

集水池PT-5514-U内的水通过泵P-5514A、B-U打到PT-5504A、B-U作为稀释水。正常运行情况下，要保证集水池PT-5514-U的液位不能超过其设定的最高液位，每个月清理一次池内的积泥。

十、交工资料

污水处理单元开车调试的交工资料包括：

(1)工程设计图纸；

(2)设备操作说明书；

(3)开车调试过程文件；

(4)污水处理移交考核报告；

(5)污水处理单元操作手册。

十一、开车调试体会

通过此次Momentive南通有机硅污水处理开车调整的全过程参与，可以看出成功的污水处理开车调试有以下几个步骤：

1.确定开车调试目标；

2.做好开车准备；

3.确定开车调试方案；

4.明确开车职责分工；

5.开车期间化验数据分析、整理和记录；

6.开车期间组织周会和月会制度；

7.开车合格后移交业主接管运行工作；

8.编制污水处理单元操作手册；

9.开车完成后提交交工资料。

同时，此次开车也体现了污水处理开车成功所需要的几个因素：完善的前期准备、明确的调试目标、合理的调试计划方案、积极的配合工作、及时根据方案的调整和调试期的日常操作管理。以上因素的共同作用使整个开车调试过程顺利完成。

以上是我在此次开车调试过程中的一些体会，希望能为以后类似的EPC工程提供一些借鉴。随着公司业务领域的逐渐深入，开车日益成为公司能否实现真正交钥匙工程、工程用户能否真正满意这一双赢局面重要工作内容之一。作为工程公司的一名工程师，不仅要掌握好设计，还要学会管理和参与开车工作。迈图有机硅项目使我真正得到了一次难得的实践锻炼。

参考文献

[1]G·乔巴诺格劳斯，F·L·伯顿，H·D·斯滕西主编.废水工程处理及回用[Z].梅特卡夫和埃迪公司,2003.

[2]郑国华著.污水处理厂设备安装与调试技术[M].北京:中国建筑工业出版社,2007.

[3]曾科,卜秋平,陆少鸣主编.污水处理厂设计与运行[M].北京:化学工业出版社,2001.

[4]室外排水设计规范(GB 50014—2006)[S].

[5]城市污水处理厂运行、维护及其安全技术规程(CJJ 60—1994)[S].

南水北调西四环暗涵穿越岳各庄桥施工技术措施

高 强[1], 张 健[2]

(1.北京正远监理咨询有限公司,北京 100077;2.北京城建五维市政工程有限公司,北京 100143)

摘 要:暗挖隧洞过城市主干道桥梁,由于主干路桥梁交通流量较大,施工过程中不能影响道路交通。这就要求施工过程中必须采取足够的施工技术措施,保证施工的绝对安全。本文就是关于南水北调中线京石段应急供水工程(北京段)西四环暗涵过岳各庄北桥段的施工技术措施。

关键词:西四环暗涵,技术措施,探测,注浆,监测

1 概述

1.1 工程概况

南水北调中线京石段应急供水工程(北京段)西四环暗涵设计流量 30m³/s,加大流量 35m³/s,本标段起点桩号 K1+400.000,终点桩号 K3+250.000,全长 1 850m。采用浅埋暗挖法施工,为 2-D4.0m 分离式双洞。工程地处冲积平原上,地势平坦,地面建筑物较多。暗涵在桩号 K2+025~K2+120 范围内穿越岳各庄北桥。岳各庄北桥为西四环主路上的沉箱基础桥,桥上交通流量较大。

1.2 工程地质

暗涵穿过的土层主要为砂卵砾石,稍密,一般粒径 4~12cm,最大粒径 20cm,亚圆形为主,磨圆度较好,微风化,卵石含量 40%~50%,漂石含量 2%,充填物以中粗砂为主,含量约 30%~35%。分选中等,级配良好,水平层理明显。

近年地下水最高水位为 41.98~44.051m(1997年),但近两年地下潜水位较深,本工程施工基本不受影响。

1.3 管线情况

经过详细的现场调查和资料查阅,在地面下 1.5m 范围内,有多条雨水、污水管线及电话线。在暗涵顶 1.5m 处有高压燃气管线,暗涵施工可能对其产生影响。

1.4 桥基础与暗涵关系

暗涵底部低于立交桥墩柱沉井基础约 4m,暗涵位于桥基础破裂面范围的上方。平面距离暗涵距离沉井基础仅 1874mm。详见图1、图2。

2 暗涵穿越桥区施工技术措施

2.1 超前探测

主要采用超前小导管配合洛阳铲进行探测,小导管每榀进行一次。洛阳铲探测长度为 3m,每

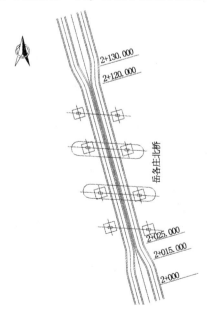

图1 岳各庄北桥沉井基础及暗涵平面图

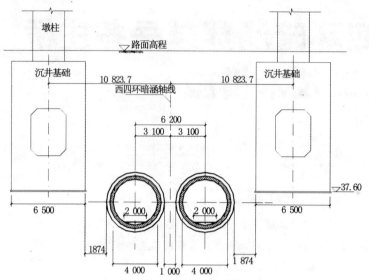

图2 岳各庄北桥沉井基础及暗涵横断面图
（适用桩号K2+025~K2+120）

开挖一榀探测长度增加0.5m。为保证探测的可靠性，辅助地质雷达探测方法。地质雷达探测每10m进行一次。

2.2 格栅加密并打设锁脚锚管

过桥区基础段的格栅间距由标准段的50cm缩小到38cm，并在拱脚处打设锁脚锚管。锁脚锚管为$\phi42mm$钢管，长度为2 500mm，并注水泥浆液。

2.3 超前注浆措施

2.3.1 超前开挖小导管注浆

开挖过程中为了避免出坍方现象，拱顶采取超前小导管注浆。拱顶超前注浆小导管为$\phi25mm$钢管，长度1 700mm，间距30cm，仰角10°~15°，端头花管1 200mm，孔眼6~8mm，每排四孔，交叉排列，孔间距100~200mm，每开挖一步注浆一次，注浆时封闭掌子面。

2.3.2 土体加固预注浆

由于桥基础为沉箱基础，基础所处砂卵石地层在开挖过程中受到扰动可能使桥基产生不均匀沉降，并可能影响桥区原有管线的安全，尤其是暗涵顶1.5m处高压燃气管线的安全。所以我们在施工过程中对暗涵周围2m范围内土体进行超前土体加固注浆。加固范围见图3。

拱顶、拱底土体加固预注浆导管为$\phi25mm$钢管，长度2 250mm，间距30cm，与洞轴线方向成45°夹角打入，端头花管1 750mm，孔眼6~8mm，每排四孔，交叉排列，孔间距100~200mm，每开挖两步注浆一次。

桥基础侧土体加固预注浆导管为$\phi25mm$钢管，长度2 250mm，间距30cm，与洞轴线方向成45°夹角打入，端头花管1 750mm，孔眼6~8mm，每排四孔，交叉排列，孔间距100~200mm，每开挖两步注浆一次。

暗涵间土体加固预注浆导管为$\phi25mm$钢管，长度1 700mm，间距30cm，与洞轴线方向成45°夹角打入，端头花管1 200mm，孔眼6~8mm，每排四孔，交叉排列，孔间距100~200mm，每开挖两步注浆一次，注浆时封闭掌子面。

穿越桥区段超前注浆横断面图详见图4。

2.3.3 掌子面注浆

注浆导管为$\phi25mm$钢管，注浆导管外露20cm，伸入土体100cm。掌子面采用30cm厚M10水泥砂浆进行封闭。掌子面每1m注浆一次。

2.3.4 所注浆液

由于暗涵穿越地层为砂卵砾石，所以根据试验确定所注浆液为水泥-水玻璃双液浆，具体配比根据地质情况现场试验确定。并在水泥浆中加少量膨润土，以增

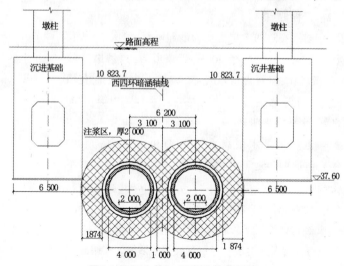

图3 桥区土体加固预注浆范围图

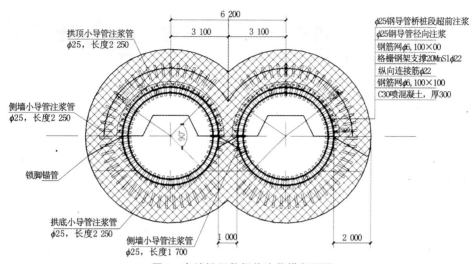

图4 穿越桥区段超前注浆横断面图

强可灌性。

2.3.5 注浆结束控制标准

注浆压力不超过0.35MPa。每一个注浆段的结束标准主要有两条，一是看入量，二是看注浆压力，二者兼顾。为此，要根据地层的孔隙率，估算每一个孔注浆量，作为施工时的参考标准，注浆过程中如果达到或接近预计值，并且压力也有所升高，即可以结束该段注浆。如果进浆量虽没有达到预计值，检查压力已接近上限，可能因为该段已被上一段注浆时串浆或地层有变化注不进，也可以结束该段的注浆。一个孔的每一段都注好了，就可以结束该孔的注浆。

2.4 背后回填注浆

一衬施工完成后，进行背后回填注浆，注浆导管为$\phi 25mm$钢管，长度70cm，外露20cm，浆液为0.5:1水泥浆液。注浆跟随开挖工作面，并距开挖面5m处进行，且初支混凝土强度达到设计强度的70%以上。灌浆压力为0.2~0.3MPa，在规定的压力下，注浆孔停止吸浆延续灌注5min即可结束。桥区段一衬回填注浆管布置见图5。

2.5 监控量测

聘请有资质的专业公司在桥区暗涵开挖过程中除对暗挖施工的常规项目进行监测外，还要对桥墩进行专门监测。监控数据实行日报制，以监测结果指导施工，做到万无一失。

3 结语

由于岳各庄北桥为四环主路桥，所遇交通流量

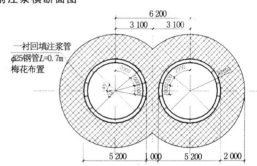

图5 桥区段一衬回填注浆管布置图

大，且基础为箱形基础，所处地层为砂卵石，桥区管线较多(有高压燃气管线)。这就要求暗涵穿越桥区施工过程中必须采取有效措施来保证施工安全。通过详细论证和计算，我们采取了以上技术措施，在施工当中严格贯彻执行，并用监控量测数据指导施工。

完成穿越桥区施工后，桥体未发生不均匀沉降，地面沉降在规范允许范围内，隧洞变形也在规范规定范围内。由此可见以上施工技术措施制定合理，并以实践验证了其可行性，为今后类似工程的施工提供了借鉴和参考。®

参考文献

[1] 南水北调中线干线工程建设管理局.南水北调中线干线工程京石段应急供水工程(北京段)西四环暗涵浅埋暗挖施工技术导则(试行)[Z].2005.

[2] 水利水电工程施工手册编委会.水利水电工程施工手册[N].北京:中国电力出版社,2005.

浅谈高层建筑梁柱节点中施工的技术措施

朱建奇

(江苏华建建设股份有限公司，江苏 扬州 225002)

1 引 言

梁柱节点是高层建筑框架中比较特殊的部位，其受力状态较复杂。作为柱的一部分它既起到向下传递内力的作用，同时又是梁的支座，接受本层梁传递过来的弯矩和剪力，有时还有扭矩。在实际施工中，常会遇到以下3个问题：一是框架结构顶层端节点的钢筋采用何种形式搭接，特别是当伸入梁内的柱外侧纵向钢筋截面面积大于柱外侧全部纵向钢筋截面面积的65%时，梁柱钢筋如何搭接；二是梁柱混凝土强度相差大于一个等级时，节点区混凝土的施工问题；三是梁柱节点处的防裂问题。梁柱节点处的施工是高层建筑框架施工中的一个重点，本文结合施工现场实际，叙述施工中应注意的问题。

2 框架结构顶层端节点的钢筋搭接方法选择

框架结构顶层端节点钢筋的搭接方法，主要有梁内搭接和柱顶搭接两种。

2.1 梁柱钢筋的梁内搭接

若施工现场竖向构件与水平构件分开浇筑，混凝土的施工缝设置在梁底截面，梁柱钢筋的搭接可在梁高度范围内进行。搭接接头区段沿节点外侧及梁顶布置，搭接长度不小于 $1.5L_{aE}$，且伸入梁内的柱外侧纵向钢筋截面不小于柱全部纵向钢筋截面面积的65%。梁宽以外的柱外侧纵筋，宜沿节点顶部伸至柱内边向下弯折 $8d$ 后截断。当柱有两层配筋时，位于柱顶第二层的钢筋可不向下弯折而在柱边切断。当柱顶有现浇板且厚度不小于80mm，混凝土强度等级不低于C20时，梁宽以外的柱外侧钢筋可伸入板内锚固。梁上部纵向钢筋要沿节点上边及外侧延伸弯折，至梁底处截断(见图1)。

2.2 梁柱钢筋的柱顶搭接

采用柱顶搭接时，搭接区段基本上为直线段，由于接头面积百分率为100%，且位于高应力区，钢筋下伸的搭接长度取 $1.7L_{aE}$，柱筋伸至柱顶后向节点内弯折后切断，水平段投影长度不小于 $12d$(见图2)。

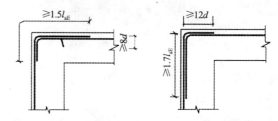

图1 梁柱钢筋的梁内搭接　　图2 梁柱钢筋的柱顶搭接

2.3 框架结构顶层端节点钢筋搭接法的选择

在实际施工中，梁内搭接法较常用；但当一些柱宽与屋面梁的宽度相差较大时，若采用梁内搭接法，伸入梁内的柱外侧纵向钢筋截面面积会小于柱外侧全部纵向钢筋截面面积的65%，此时即可考虑采用柱顶搭接法。但柱顶搭接法又不适合于梁宽大于柱宽的扁梁框架结构，因该情况下扁梁的部分钢筋有时无法在柱内搭接。当采用柱顶搭接时，若竖向构件与水平构件分开浇筑，则混凝土的施工缝要设置在柱上部梁底截面下处，可能造成施工缝靠近柱的中部，相当于柱分两次浇筑，对柱以后受力不利，因此采用柱顶搭接时，竖向构件与水平构件要同时浇筑。

3 梁柱节点处混凝土的浇筑

3.1 结构设计和施工中现实存在的问题

高层建筑混凝土结构的柱混凝土设计强度高于梁板设计强度的情况十分常见，且随着建筑物高度增大，两者的设计强度差距越来越大。该区段主要存在于高层建筑的下部。为满足柱的轴压比，要求同时控制柱的截面不过大，柱须采用较高等级的混凝土；然而对以受弯为主的梁板而言，过高的混凝土强度等级是不需要和不适宜的，一方面对梁板的抗弯承载力的贡献不明显，另一方面对构件承受混凝土收缩应力、温度应力等也不利。《高层建筑混凝土结构技术规程》

(JGJ3-2002)对梁柱节点区混凝土的设计及施工均未作出明确的规定,但梁柱节点区混凝土的浇筑在实际施工中也是一个常见问题。一般设计要求:当梁柱混凝土的强度等级相差5MPa时,梁柱节点区的混凝土可按低等级施工;当梁柱混凝土强度相差10MPa及以上时,梁柱节点区的混凝土按高等级施工。

3.2 梁柱节点处混凝土施工的技术措施

梁柱节点区与梁板分开浇筑时,若现场没有较严密的组织措施,接槎处易形成冷缝。为保证梁柱节点处混凝土的施工质量,设计者应该充分考虑现实施工中可能遇到的困难,尽量使程序简化;施工单位也要充分领会设计意图,科学合理地组织施工。

(1)结构设计方面。对高层建筑混凝土结构的竖向构件和水平构件的混凝土强度等级,要进行合理取值。一是整个工程的竖向构件混凝土强度等级种类不应过多,且与竖向构件截面的变化要错层同步;二是水平构件的混凝土强度等级取值要符合规范要求,同时要与竖向构件相匹配,使实际施工简单化,尽量减少梁柱节点区单独浇筑混凝土。

(2)在现场施工方面。为做好梁柱两个不同等级混凝土在同一浇筑面的接槎,在组织流水段浇筑时,要根据浇筑面的宽度和浇筑速度,分别算出梁板混凝土和梁柱节点区混凝土的体积,妥善安排两种等级混凝土的用车量并计算各自的浇筑时间,以确保两种混凝土接槎在2h内完成。另外,还要确保低等级混凝土不能流入高等级混凝土中。一般可分2个班组进行施工,一个班组随输送泵浇筑梁板,一个班组用塔吊浇筑柱(梁柱节点区),要在梁板混凝土接近柱边前,先浇筑柱(梁柱节点区)混凝土。为避免梁板混凝土因流动太快而造成低等级混凝土流入梁柱节点区,可在柱外侧30cm位置处采取用快易收口网进行隔离(见图3)。

3.3 梁柱节点处的防裂措施

一定厚度的混凝土保护层,对钢筋的粘结锚固

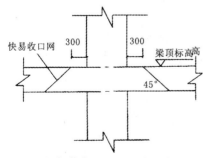

图3 梁柱节点处混凝土的浇筑措施

作用是有益的,而且混凝土的碱性环境可使包裹在里面的钢筋表面形成钝化膜而不易锈蚀,是结构耐久性的必备条件;但过厚的保护层容易引起梁柱节点处的混凝土裂缝。在施工时,一般可通过增加构造钢筋,来提高梁柱节点处的抗裂性。

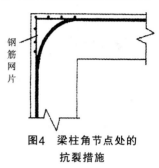

图4 梁柱角节点处的抗裂措施

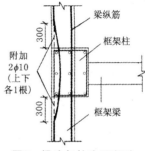

图5 梁边与柱边平齐时梁侧的防裂措施

(1)框架角节点处的防裂措施。高层框架结构的顶层角节点处,由于钢筋实际加工的原因,一般会出现角节点外侧钢筋保护层过厚的情况,此时应加设钢筋网片,以提高角节点处的抗裂性(见图4)。

(2)梁边与柱边平齐时梁侧的防裂措施。框架柱与梁相交时,柱的纵筋必须包梁的纵筋,即梁的纵筋要在柱纵筋的内侧。特别是当梁边与柱边平齐时,为保证柱的纵筋位置,梁的上下层外侧纵筋到柱位时要沿水平方向稍加弯折,放在柱筋内侧,这时要在弯折处加设附加2ϕ10的钢筋(见图5)。

4 梁柱节点的模板施工

高层建筑框架梁柱节点的模板支设也是施工中的一个重点。梁柱节点模板若在现场散支散拼,易出现尺寸偏差大、拼缝不严、表面平整度差等问题,故宜采用场外预先制作定型模板的方法。例如可根据柱的四个角用方木和18mm厚胶合板,制成4片M形的定型模板,亦可根据柱和梁截面的宽度用方木和18mm厚胶合板,制成4片U形定型模板。在梁柱节点处,采用定型模板既可保证节点区的施工质量,又可提高模板的周转次数并节省人工。

参考文献

[1] GB50010-2002.混凝土结构设计规范.
[2] GB50204-2002.混凝土工程施工质量验收规范.
[3] 徐有邻,周氏.混凝土结构设计规范理解与应用.北京:中国建筑工业出版社,2002.

A国LNG水工工程项目风险分析

马金才[1]，刘 晖[2]，杨俊杰[3]

(1.中交第四航务工程局有限公司，广州 510231；2.天津大学管理学院，天津 300072；
3.中建精诚工程咨询有限公司，北京 100835)

一、工程概况

1. A国LNG项目位于刚果河的南岸，紧接Kwanda Base，与安哥拉索约镇相连

工程所在地索约可通过在罗安达搭乘飞机前往，航程约为1h。目前到安哥拉的国际航线主要有三条：南非—罗安达、埃塞俄比亚—罗安达以及北京—罗安达。当地施工物资和生活物资相当匮乏，整个国家处于一个战后重建的状态。索约当地极其缺少施工大型设备，各种施工所需机械、材料均需进口，因此考虑主体材料、机械及施工辅助材料由国内或国外采购后海运至索约，利用紧挨着的Kwanda Base的码头卸货(码头前沿和航道水深-7.5m)，通过陆上运输至现场。施工地材主要从首都或其他周围省份运输过来，价格相当贵。如，水泥：$310/t(罗安达材料费)+$160/t(运费)=$470/t；碎石：$250/m³；砂：$220/m³；钢筋和型钢(索约当地没有)等结构用料都是从中国进口的。

目前，LNG项目施工现场后方场地平整完成，水工项目码头建设区疏浚施工基本完成，护岸结构为雷诺石笼(Reno Mattress)；岸上已有几家施工单位在进行施工，如搅拌站建设、营区建设等。施工用水、生活用水和生活用电、陆上办公用电由总承包商Bechtel提供，水陆施工用电自备柴油发电机。陆上混凝土预制构件生产区、钢管桩堆存区、其他材料堆存区和办公区的面积约为13 826m²，目前已确认的施工用地安排在施工现场附近，其余13 000m²在场外。

除少量当地劳工及船员外，其他项目部人员及分包商工人均由总承包安排统一的生活、食宿区。当地物产匮乏，生活用品也主要依靠进口，价格为国内同类产品的7倍左右，生活物资基本上从国内采购。

气象水文情况：索约当地风浪情况较好，施工平均水位为+1.0m，高水位为+1.4m，低水位为+0.5m，潮差0.7~1.0m。安哥拉的气候季节主要分为雨季和旱季，每年的10月份到次年的4月份为雨季；5月到9月为旱季，工程所在地的气温介于20~32℃之间。

2. 工程规模及结构形式

本工程主要为水工工程部分的三个码头、附属设施和专业设施工程。水工结构施工内容主要分为：

(1) LNG装船码头——由一个位于突堤码头末端的泊位组成，码头长度为380m，码头前沿水深为-14.0m，工作平台面高程为+9.0m，靠船墩、系缆墩为+5.5m。码头由一个工作平台、4个靠船墩及6个系缆墩组成，上部结构采用现浇墩台，下部为φ1 000钢管桩，厚度为22+18mm和20+18mm两种组合形式。码头与岸之间的引桥长度为172m，桥面总宽为12.425m，引桥结构排架间距为18m，上部结构采用现浇墩台和预应力混凝土空心箱梁，下部为φ1 000钢管桩，壁厚为20+18mm，靠岸两跨桩基础采用φ1 200灌注桩。

(2) 冷凝LPG装船码头——由一个位于突堤码头末端的泊位组成，码头长度为306m，码头前沿水深为-14.0m，工作平台面高程为+7.0m，靠船墩、系缆墩为+5.5m。码头由1个工作平台、4个靠船墩及6个系缆墩组成，上部结构采用现浇墩台，下部为φ1 000钢管桩，厚度为22+18mm和20+18mm两种组合形式。码头与岸之间的引桥长度为174m，桥面总宽为12.425m，引桥结构排架间距为18m，上部结构采用现浇墩台和预应力混凝土空心箱梁，下部为φ1 000钢管桩，靠岸两跨桩基础采用φ1 200灌注桩。

(3) 加压丁烷装船码头——由一个位于突堤码头末端的泊位组成，码头长度为135m，码头前沿水深为-7.5m，工作平台面高程为+6.0m，靠船墩、系缆墩为+4.0m。码头由1个工作平台、2个靠船墩及4个系缆墩组成，上部结构采用现浇墩台，下部为φ1 000钢管桩。码头与岸之间的引桥长度为129m，桥面总宽为

9.55m，引桥结构排架间距为18m，上部结构采用现浇墩台及预应力混凝土空心箱梁，下部为φ1 000钢管桩，靠岸两跨桩基础采用φ1 200灌注桩。

(4)水上火炬台——包括火炬海事平台和62m的钢结构管道引桥，钢结构管道引桥中间为人行通道，顶部为管道架设基础。火炬台平台和引桥基础采用6根厚度为20mm、φ1 000钢管桩和6根φ1 200灌注桩，灌注桩基础应用在靠岸的3跨。上部结构采用现浇墩台，平台尺寸为6m×6m，高度为2m。钢结构管道引桥宽4.0m，高2.5m；人行通道宽1m，两侧设高1.2m的护栏，引桥排架间距为20m。

(5)专业设施工程——相关联的设备将为装载平台的船舶提供导航和周围海事环境的信息，为船舶的停靠、装卸载提供导航辅助。专业设施工程主要包括：消防监控系统设施、电气、监测系统设施、水文环境监控系统设施、靠船辅助系统设施和船岸对接专业设施工程。

(6)岸上雷达塔及雷达系统设备安装工程——主要工作为一座高80m的雷达塔，钢材用量约200多t，具体结构形式和总体钢材用量目前为估计量，待施工图设计阶段才会明确，以及雷达专业设备的采购和安装。

3.工程相关信息

工程名称：非洲A国LNG项目水工工程
建设单位：A国LNG有限公司
总包单位：美国Bechtel公司
工程总工期：25个月
工程造价：121 811 520美元
质量要求：主要按照美国标准
水工项目EPC分包商：中国某国际集团公司

二、主要工程量(表1)

三、施工组织模式一览表(表2)

四、风险的分析与对策

本工程是一个综合性强的庞大项目，必须整合好资源、精心组织、完善考察、方可实施。通过对招投标文件、业务过程资料、技术规格书、现场考察情况进行综合分析得知，本项目存在的风险和对策情况如下。

1.管理风险

(1)本项目前期投标过程为兄弟公司跟进的项目，我方在合同谈判时才开始接手，不能充分了解过程中的一些细节，由于其存在自身情况与我公司不同，相应策划方案在预制场和现浇混凝土供应上存在较大的差异，这给工程决策带来一定的难度风险。现在项目部正在积极收集相关资料，详细分析现有交底资料，对当地和现场进行考察，并积极与局、中港和Bechtel进行沟通，尽量了解、消化、化解某些风险因素。

(2)合同风险，本工程为EPC管理模式，常称交钥匙工程(Turnkey)。固定总价使承包商对工程实施过程中不可遇见的变化进行的索赔机会降低，承包商的风险增加。故施工前必须深入地考察调研当地人文、资源，收集有关勘察资料，并且在价格上充分考虑到各类别的风险因素，工程实施过程中与兄弟设计院的沟通、交流和协调工作也显得尤为重要。同时，充分分析与理解合同条款的意图，做好不利因素的规避工作。

本工程分为ONSHORE和OFFSHORE两部合同，OFFSHORE在合同签订后即可按其所发生工程量给予付款，但ONSHORE部分必须公司在A国当地注册后方可以付款，如公司不能及时在当地完成注册的话，此部分将会有较长时间的垫资情况出现，造成资金压力。应派专人负责对公司能否及时在当地注册进行跟进和督促。

(3)本工程的节点罚款条例是非常严厉的，几乎单个节点都存在把罚款总额2 400美元（总价的20%）罚掉的可能，特别是第一个沉桩完成节点。在工程实施过程中必须根据EPC项目优势，加强与设计的沟通与配合，尽量争取部分前期设计所占时间，直接获得工期减少，特别是提前出桩长图纸，提早进行钢管桩的采购时间。保证投入足够、适用的船机设备和物资材料资源，其中为保证沉桩节点需要配置2条打桩船。

(4)根据国际工程管理经验，类似工程做好QS、HSE、QA/QC对口管理工作相当重要。项目根据实际情况准备外聘3名具相当经验的业务经理来完成相关工作。并积极参考四航局已参与实施的项目经验。如，南海石化(由美国Bechtel、中国SEI和英国Foster

案例分析

主要工程量 表1

序号	项目名称	单位	工程量	备注
1	静载试桩	根	4	每个码头一根,加一根灌注桩
2	施打φ1 000mm钢管桩直桩	根	70	36~46m(根)
3	施打φ1 000mm钢管桩斜桩	根	345	36~46m(根)
4	制作及运输φ1 000mm钢管桩	t	8 882	材质(Q345B&=20mm),制作API5L 460t为试验用桩
5	钢管桩防腐涂层	m²	34 454.6	
6	牺牲阳极块保护	块	1 245	3块(根),100kg(块)
7	桩头、桩尖加强钢箍	t	158.9	Q345B或者ASTM618
8	现浇结构C40混凝土	m³	10 949	3个码头混凝土总量为16 376m³
9	现浇桩芯C40微膨胀混凝土	m³	948	
10	C40面层	m³	217	
11	C35灌注桩混凝土	m³	1 561	
12	预制C45混凝土	m³	2 701	
13	钢筋制安	t	1 754.3	ASTM A615 Grade60,420MPa
14	箱梁钢绞线制安(7φ5mm)	t	66.8	强度为1 860MPa
15	登船梯	座	3	专业设计采购
16	铁爬梯	座	28	ASTM A36钢材,防腐
17	栏杆	m	1 901	按0.04t(m),Q235B/Q345B
18	SCN1 600橡胶护舷购置安装	套	8	E1.5两鼓一板
19	1 250kN快速解缆钩(双钩)	套	8	
20	1 250kN快速解缆钩(三钩)	套	12	
21	钻孔(φ120cm内)	m	1 008	孔深30m,II类土
22	钢护筒	t	86.7	σ=10mm Q235
23	板式橡胶支座300mm×600mm	个	240.0	
24	SCN900橡胶护舷购置安装	套	2	E1.0两鼓一板标准型
25	600kN快速解缆钩(双钩)	套	2	
26	600kN快速解缆钩(三钩)	套	4	
27	安装C45混凝土箱梁	件	112.0	64.5t(件)
28	管廊支架钢结构重量	t	538	
29	钢栈桥钢结构重量	t	319.5	
30	火炬台钢结构重量	t	50	估算量
31	码头输油臂安装	座	3	甲供材料,配合安装
32	码头电气设施购置安装	座	3	包括电缆、电气控制设施
33	码头监测设施工程	座	3	专业设施,国际采购安装
34	码头消防及监控系统设施	座	3	专业设施,国际采购安装
35	码头水文环境监测设施	座	3	专业设施,国际采购安装
36	靠船辅助导航设施	座	3	专业设施,国际采购安装
37	码头船岸对接设施	座	3	专业设施,国际采购安装

Wheeler三家公司参与)的项目经验。

2.工程实施风险

(1)自然条件风险

当地属热带草原气候,年平均气温22℃,气候较热、日照强烈,没有四季之分,无台风影响,风浪情况俱佳,主要不利的自然条件是雨期,当地11月至来年4月份为雨期,期间几乎天天有雨,会对施工进度造成较大影响,主要的对策是合理安排工序,尽量争取将

施工组织模式一览表

表2

序号	项目名称	施工内容	组织模式	我方责任	分包方责任	备注
1	钢卷板采购	钢卷板采购	产品采购	技术要求	提供符合质量进度要求的钢卷板	钢卷板、钢管桩制作、涂覆、运输最好由钢管桩厂家一家全部负责
2	钢管桩制作	钢管桩制作	专业分包采购	技术要求、对口管理	技术、专业人员、设备等,并包验收	
3	钢管桩防腐涂层	钢管桩防腐涂层施工,现场破损修复	国内/国外专业分包	技术要求、对口管理	材料、专业技术人员	
4	钢管桩运输	钢管桩出运	专业分包采购	对口管理	运输船机	
5	预制场及出运码头建设					
5.1	预制场及出运码头建设	预制场的土建(包括轨道梁基础、轨道安装、底模制作等)	国内劳务	技术、材料、施工管理	劳务用工、小型机具	预制场建设拟定由预制构件劳务队完成
5.2	钢管桩制作及运输	钢管桩的制作	产品采购	技术管理、运输	材料、机械	
5.3	钢桩施打	钢管桩施打	自行组织	技术管理、机械	劳务配合	
6	预制构件生产	预制构件的钢筋、预留后张管道及预埋件安装、模板安装、混凝土浇筑、协助灌浆封锚	国内劳务分包	技术管理、材料、主要模板	劳务用工、协助材料、施工员	
7	钻孔灌注桩	平台搭设、钻孔清渣、钢筋绑扎、导管浇筑混凝土、拆除平台、泥浆处理	国内专业分包	技术管理、结构材料、起重机、平台材料搭设及拆除	技术、钻机、小型机械设备、辅助材料、机使工人	
8	钢管桩割桩、接桩、夹桩、试桩平台	钢管桩割、接桩平台加工及安装,钢管桩割、接桩,管桩偏位校正	国内劳务分包	技术管理、材料、船机配合、辅材	熟练的专业焊工、辅助材料	
9	桩基静载试桩钢管桩PDA动态检测	水上静载试桩(4根)检测沉桩PDA动测(总桩数20%)	自行组织(国内专业检测分包)	提供平台、船机配合	技术管理、专业检测人员、试验梁、千斤顶、仪器设备等	拟选四航科研院
10	码头上部现浇混凝土结构施工	范围包括:钢管桩芯、引桥横梁、通道面层、工作平台、靠船及系船墩定;工作内容包括:现浇构件底模、钢抱及支架安装、钢筋制安、侧模安装、混凝土浇筑及养护	国内劳务分包	技术管理、材料、主要模板、船机	劳务工人、辅助材料、现场施工管理	辅材提供形式暂定
11	预应梁安装劳务配合	预应梁支座砂浆找平和安装、绑扣等安装配合工作	自行组织(国内/国外劳务配合)	技术管理、船机	劳务工人	
12	钢结构制作	管廊钢支架、钢栈桥、火炬台管廊、通道支架、操作平台、雷达塔及其他杂项钢结构制作	国内/国外专业采购	技术管理	材料、机械、劳务技工、辅助材料	拟与第二批钢管桩一起运输调遣
13	钢结构拼装及现场安装	管廊钢支架、钢栈桥、火炬台管廊、通道支架、操作平台钢结构拼装及现场安装	国内劳务分包	技术管理、机械配合、辅材	劳务技工、辅助材料	
14	潜水作业工程	水下钢管桩割除、牺牲阳极保护块安装	国内专业劳务分包	技术管理、材料、机械配合	专业潜水员、专业设备	
15	雷达塔钢结构安装	现场安装	国内/国外专业分包	技术管理、塔式起重机	钢结构加工件、专业技工、辅助材料、专用小型机械	
16	码头一般附属设施预埋铁件及设施安装	码头附属包括零星铁件、橡胶护舷、系船钩、爬梯等安装	国内劳务分包	技术管理、材料、船机	熟练焊工、辅助材料	拟交给割桩、接桩等钢结构施工队伍一起完成

续表

序号	项目名称	施工内容	组织模式	我方责任	分包方责任	备注
17	码头消防及监控设施	消防及监控设施专业采购及安装,以及后期服务(调试、保修等)	国内/国外专业分包	对口管理、船机	技术方案、材料及设备、专业施工人员、后期调试及服务	
18	码头专业电气设施工程	码头专业电气设施专业采购及安装,以及后期服务(调试、保修等)	国内/国外专业分包	对口管理、船机	技术设计、材料及设备、软硬件配套产品、专业施工人员、调试、操作指导及售后服务	
19	码头监测系统设施	码头监测系统设施专业采购及安装,以及后期服务(调试、保修等)	国内/国际专业分包	对口管理、船机	技术设计、材料及设备、软硬件配套产品、专业施工人员、调试、操作指导及售后服务	
20	码头水上环境监测设施	码头水上环境监测设施专业采购及安装,以及后期服务(调试、保修等)	国内/国际专业分包	对口管理、船机	技术设计、材料及设备、软硬件配套产品、专业施工人员、调试、操作指导及售后服务	
21	码头专业导航系统设施	码头专业导航系统设施专业采购及安装,以及后期服务(调试、保修等)	国内/国际专业分包	对口管理、船机	技术设计、材料及设备、软硬件配套产品、专业施工人员、调试、操作指导及售后服务	
22	码头船与岸对接设施	码头船与岸对接设施专业采购及安装,以及后期服务(调试、保修等)	国内/国际专业分包	对口管理、船机	技术设计、材料及设备、软硬件配套产品、专业施工人员、调试、操作指导及售后服务	
23	陆上雷达塔上雷达设备安装	雷达塔专业采购及安装,以及后期服务(调试、保修等)	国内/国外专业分包	技术管理、船机	技术设计、材料及设备、软硬件配套产品、专业施工人员、调试、操作指导及售后服务	
24	试验室建设及委托外检	试验室建设及委托外检工作	自行组织/委托外检	技术管理	试验仪器服务、委托外检服务	

受雨期影响大的工序安排在非雨期施工,例如沉桩的时间安排的5~11月,在雨期施工期间尽早掌握天气规律,做好现场施工安排,提高雨期施工效率。

(2)政治风险

2002年4月4日,A国政府与AN盟签署停火协议。A国结束长达27年的内战,实现全面和平,开始进入战后恢复与重建时期。目前该国政局基本稳定,经济逐步恢复,但由于当地战后不久,民生机制刚刚建立,政治上存在一定的风险因素。为此,如何确保人身安全,保护设备、材料等完备无损地工作,必须积极配合总承包Bechtel做好安全保卫维稳工作,同时各区域都进行封闭式的严格管理,减少外界侵入的机会,并且购买保险以防不测。

(3)技术风险

本工程的技术风险主要有:①本工程主要技术标准为美国标准,相关技术要求较高,目前本公司以及兄弟公司的此类经验和资料甚少。②现场地质条件下沉桩能否顺利高效地进行,目前所掌握的水工钻孔资料极少,目前设计正补充钻探,另钢管桩桩长过多的富余会增加施工的成本。③灌注桩所处的护岸形式和地质资料均不详细,能否顺利进行,也存在一定的潜在风险性。工程技术人员必须熟悉相关技术规格书和标准规范。在沉桩施工时必须吸取兄弟公司在A国其他项目中的经验教训,认真分析地质钻探资料,采取重锤(D125)轻打工艺可以提高普遍存在的硬黏土层通过率。

(4)调遣及清关风险

由于当地基本没有各类型专业、大型的施工设备,故大部分设备都需要由国内调遣入场,中国到索约水路距离近8 830nmile,横跨大半个地球的远距离调遣,需时近一个半月,风险大。发货前须到安哥拉商务部办理PIP,并经指定的法国船级社验货和中国海关检查。调遣半潜驳的船期需提前三个月预定,货运公司的船期均需提前一个月安排。所在地索约可办理清关,但装卸码头能力较小,故进场前,须将所有调遣的设备、机械详列清单,做好调遣过程的安排,特别是钢管桩和大型钢结构的调遣和清关工作,避免出现设备无法进入现场的情况。

(5)采购风险

①物资采购风险：

根据现场调查的情况发现，该国较为落后，当地缺乏各种工程物资，各种材料基本靠进口，同时建筑地材也相当匮乏，特别是工程需用的碎石、砂价格奇高。故作为物资采购工作，应基本立足国内采购，包括生活物资、钢筋、钢材等各种结构材料，无法从国内采购的耗材如氧气、乙炔等才从当地采购。

②专业设施产品和服务采购风险：

码头专业设施包括：消防及监控设施、码头监测系统设施、码头水上环境监测设施、码头专业导航系统设施、码头船与岸对接设施、陆上雷达塔的雷达设备安装。码头专业设施专业性强，所涉及工程造价大，还包括操作调试、技术指导及长期的售后服务，对码头施工后期的成败特别关键。专业设施能否成功合理地完成国际采购，也是整个施工任务后期的主要风险。此项工作在开展过程中应充分理解设计意图、技术规格书和相关标准的要求，做好相关专业设计的询价和分包采购工作。

(6)运输风险

安国与中国相距近万公里，运输的全过程中的不可预见的风险因素发生的几率也是比较高的一个方面，有时是始料不到且不可控制的。运输的风险及其发生的费用主要来自设备、周转材料、临时设施、办公设施和试验设备，根据最初测算，包括海运、陆运，加上储存、损耗、检验、保管、出仓、倒运等多个过程环节。

材料物资损耗，从目前实际消耗来看，钢筋可能接近5%，水泥超过10%，地材超过10%，实际发生的费用很可能要超出预计的数据。因此，承包商要投入一定的场地、人力、财力和制定各项细节化的规章制度，以控制该项风险的扩大，保障设备、材料和物资按时需按质到位，是成功实现项目的基本保障条件之一。

(7)分包风险

技术分包、专业分包、材料分包和劳务分包等20多项，管理和控制应该说都有一定的潜在风险。特别是劳务分包方面，其风险更大些，目前国内外有一句流行语，即"成也劳务、败也劳务"，把劳务分包看成一项对工程成败起着举足轻重作用的因素，何况

该项工程是在规模大、周期长、专业性强、技术含量高的情况下实施。从整体管理角度讲，必须有专人负责管理所有的分包项目，力争做到分包项目的进度、质量、合同等管理到位、实施到位、责权利到位。

(8)组织风险

本工程施工远离中国，但是主要以国内力量进行，当地只解决普通劳务，故要做好国内施工队伍的精心组织、当地人员的参与等工作。因此，必须选择国内有实力的施工单位作为分包商，明确分包模式、项目责任划分、管理协调等。

在签证办理上总承包方不会出具邀请函等相关协助，进场人员签证须通过中方在A国其他工地上的名额进行协调，以保证人员能够顺利进场和获得工作签证，签证等相关手续的办理可请本单位的公司协助，拟在罗安达设立驻点中转站。

(9)安全风险

本工程工程庞大、工期紧张，主要的安全风险表现在水上作业、重件起吊安装等问题上，必须对其各个环节加以监控管理。为降低施工安全风险，应选择能力强的安全管理人员担任相关职务，并且选择性能好的新设备投入施工，施工方案中明确安全要求，制定预警手段、应急措施，同时储备足够的安全物资。施工前期根据实际情况制定具体可行的HSE管理体系，制定预防危害的应急反应措施，并在施工过程中严格遵守，做好现场安全监督检查，及时消除各种安全隐患。

(10)动态风险

这是一项超大型的EPC工程项目，动态风险的因素比较多，包括人力资源、HSE、材料、设备、价格、货币、物流、分包工程及其当地政府政策、政局、施工环境等，都应处于动态控制之下，来不得半点含糊。对上述已掌控风险或在项目实施过程中潜在的、隐式的或将要发生的各类风险，一律需要采取组织的、合同的、经济的手段进行动态跟踪、监控、预警、防范和处理。这是大型或特大型工程实践证明了的化解风险行之有效的可操作的一种方式。如，在项目现场出示广告牌并根据项目进展来演示风险的责任人、采取的风险措施及其防范处理等各种情况，使项目团队全员参与，把风险降低到最小程度，获得效益的最大化。

案例分析

川气东送地面工程
项目管理应用实践

范承武

(中石化川气东送建设工程指挥部施工管理部，四川 达州 635000)

摘　要：介绍了项目管理知识体系在中国石化股份有限公司川气东送建设工程项目中的应用情况。包括应用的思路、过程、成果和效果。旨在为其他企业或项目引入先进的管理模式，为提升项目水平提供借鉴。

关键词：工程建设，项目管理，川气东送，项目管理信息系统

一、引　言

川气东送是国家"十一五"重大工程，与三峡工程、南水北调、西气东输、青藏铁路有同等重要的地位。工程建成后，对保障国家能源安全，缓解国家能源供需矛盾，促进区域经济发展有重大意义。该工程投资大、范围广、时间紧、质量要求高、利益相关方多、管控难，是特别复杂的项目群。这迫切需要规范项目管理模式来协调项目群中的各个元素，确保项目成功；而且在这种大型项目中引入先进管理模式，也更能实现管理出效益的目标。

为了搭建统一的沟通平台，树立统一的管理规范，提高执行力，确保项目高效实施，川气东送建设工程指挥部(以下简称川指)在地面八大工程中引入了项目管理知识体系，该体系应用后达到了预期目的，取得了良好的成效。下面将回顾项目管理的川气东送中的应用情况和效果，供项目管理者参考。

二、项目管理知识体系的应用

1. 应用思路

为确保应用效果，川指和项目管理专业培训咨询机构一起设计了以培训营造氛围、以模板梳理流程、以信息系统固化行为的"渐进三步曲"实施思路。

引入新管理体系，让骨干人员了解该体系的架构、内容和价值，认识到其引入的必要性和重要性。营造项目管理氛围，从而将这些骨干人员变成项目管理知识体系的倡导者、推动者，尽可能消除大家对新事物的抵制。同时，培训统一术语，搭建沟通平台，否则大家很可能听不懂专业术语（比如 WBS、RAM、CPM 等），造成沟通阻滞。

机关新管理思想的应用必须找到合适的切入点。考虑到项目管理就其本质而言是过程管理，而项目管理工具和技术是梳理管理流程、统一管理规范、实现有效过程管理的关键因素，因此把项目管理文档模板作为引入项目管理知识体系的第一个切入点。文档模板是项目管理理念、工具和技术的集中表现，形式直观、方便使用，能为项目管理团队提供作业指南。

同时，项目管理知识体系最重要的理念是通过科学计划和高效监控确保项目顺利进行。川气东送项目群投资大、任务多、地理范围广、实时沟通困难，因此直观判断项目进展，掌控项目绩效比较难。为了能及时收集、处理和分析项目信息，了解项目进展、提高监控能力和预见性，为科学决策提供依据，把建设项目管理信息系统作为引入项目管理知识体系的第二个切入点。项目信息汗牛充栋。为了实现在主监控、辅决策的同时，防止决策者因过多细节而应接不暇，使领导在短时间内聚焦最有效的信息，川气东送把项目管理信息系统的信息搜集、处理和发布功能分开，建设了RPM和WEB两个系统。其中RPM系统是信息搜集、丰储和综合处理平台；WEB系统是发布平台，即将RPM中的有效信息及时、动态地发布出来，满足高层决策者的信息需求。

2.应用过程

（1）组织项目管理培训

根据"渐进三步曲"实施思路，首先组织了项目管理培训。参与川气东送建设的212位管理骨干克服了工作忙、压力大的困难，放弃了宝贵的休息时间，通过集中培训、分组研讨、课后自学等形式，掌握了项目管理知识体系的理念、工具和技术，并且其中的161位人员还获得了国际项目管理专业人士（PMP）资质证书。

（2）定制项目管理模板

根据项目管理的知识体系，结合川气东送特点，编制了《川气东送地面工程项目管理文档模板》（讨论稿），随后多次组织项目部相关人员，通过集中办公、头脑风暴、横向思维等形式，不断进行合理性、适用性和操作性审查，并持续改进该模板。同时也邀请来自中石化总部的领导、设计院和监理公司的专家等对其进行评审，不断优化和完善，于2007年初形成《川气东送地面工程项目管理文档模板》，正式提供给项目部使用。

（3）建设项目管理信息系统

RPM是目前市场上与项目管理九大知识领域结合最紧密的项目管理软件。开发初期，经过细致的调研和规划，制定RPM系统总体设计方案非常重要。首先与川指高层领导、各职能部门负责人及各个项目部负责人进行深入而充分的沟通，界定相关人员的信息需求。之后，又详细了解各个项目部信息采集和输入人员对信息系统的使用要求，总体设计方案确定后，一方面进行RPM软件的二次开发，另一方面与各个项目部结合，协助制定工作分解结构（WBS）、搜集工作包的计划信息、明确工作包进度的估算方法等。虽然项目部很配合各项工作的开展，但RPM软件的开发和基础信息的搜集依然很艰难，比如工作包的进度估算。不同工作包的进度统计方法并不一致，甚至很多时候，工作包的进展情况根本无法量化，只能根据主观感觉来判断，而不加规范的主观判断势必造成进度信息的偏差，而一旦进度信息有了偏差，无论信息系统的功能如何强大，得出的结论也毫无意义。为了解决这个难题，在向设计院、监理公司、咨询公司的专家学者广泛征求意见，并与地面工程八大项目部的管理骨干激烈研讨后，最终综合采取加权里程碑法、固定任务公式法、基于里程碑的完成百分比估算法、等价单元法、投入水平隔离方法解决了这一难题，大大提高了进度信息采集者的估算效率和精确度。

经过近9个月艰苦卓绝的努力，RPM系统上线运行，进入测试。在广泛征求使用意见的基础上，又对系统进行了完善和优化。经过一个多月的使用，目

案例分析

图1 WEB系统页面示例

前RPM信息系统运行正常,并得到了各个项目部的认可。

三、开发的项目管理信息系统

1.WEB系统功能

WEB系统功能合理、简单适用,包括近期动态、图片新闻、项目报表、项目状态、管理制度等的动态添加、查询和浏览(图1)。同时还建立了严格的信息保密机制,确保了项目信息的安全。

2.RPM系统功能

(1)计划功能。在分析WBS、设置工作包之间的依赖关系、录入工作包对应的工期、资源、投资、质量要求后,RPM系统会自动计算项目总工期、关键路径,并综合展示工作包的所有计划信息(图2、图3)。当某个工作包的工期或逻辑关系改变时,只需改变相应工作包的信息,系统就能自动计算新的工期,并找出新的关键路径。

(2)监控功能。录入项目的进展信息后,系统会自动计算出目前的进度、费用等绩效情况,并通过甘特图、柱状图、挣值技术图表、平衡记分卡、气泡图等形式直观地展示项目的综合绩效,并对项目的未来走势作出预测。

比如,高层领导可以从图4所示的气泡图中一目了然地了解项目群的整体绩效情况。气泡颜色表明项目的健康程度,其中蓝色表明项目执行得特别好;绿色表明项目绩效正常;橙色表明项目绩效有一些问题;而红色则表明项目绩效很差。判断项目健康程度的指标可根据项目要求自行设定,比如可按照不同权重的综合进度、成本、HSE、质量等方面的绩效。

当发现某个项目的健康状况有问题时,可通过双击气泡了解导致项目绩效不佳的原因,比如是进度滞后,或是费用超支,抑或是出了质量缺陷等,从而让高层领导聚焦于问题的关键领域。同时,也可以用如图5所示的挣值图表来分析项目的进度和绩效。

(3)跟踪功能。项目风险无处不在,变更不可避免。因此,在信息系统中特别开发了变更和风险管理与跟踪功能。其中变更管理跟踪功能(图6)主要包括:①变更审批:变更发起人可通过RPM系统正式

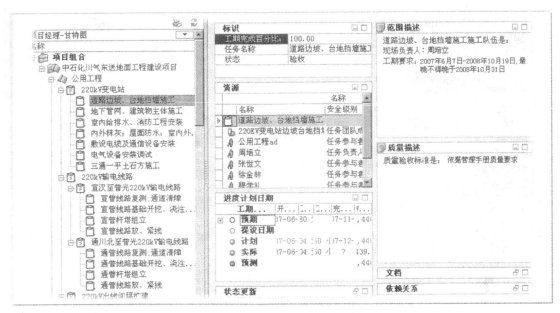

图2 基于WBS的综合项目计划

书面提交变更申请,各审核方作出批准或否决的书面批复;②变更记录:记录每一项变更的申请人、变更前的情况、变更原因、变更审批人、变更执行的负责人和变更闭合的标准,并能汇总、整体显示项目中的相关变更;③变更跟踪:提示变更执行的负责人跟踪变更的执行情况,只有当变更按照批准的要求执行完毕后,变更审批人才闭合该变更,否则只要变更申请人登陆 RPM 系统,就会收到关注该变更的提示。

(4)文档管理功能。信息系统实现了文档管理的版本控制功能,为川气东送地面八大工程建立了统一的文档库,便于储存、检索和查阅;并详细界定了不同项目利益的相关方的文档管理权限,确保在共享项目知识的基础上,做好保密工作。

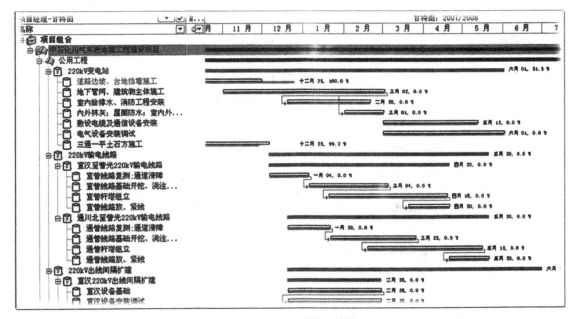

图3 基于WBS的进度计划

案例分析

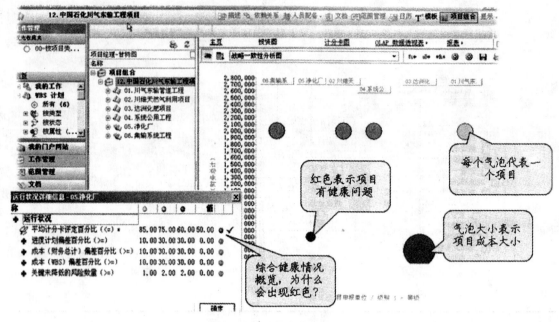

图4 项目群整体绩效气泡图

(5) 报表系统。报表是全方位了解项目状态的重要手段。信息系统提供了强大、稳定、可靠的报表功能。只要每个任务的负责人现场采集实时进度信息，OHSE检查情况、资源投入情况等基础信息并输入到系统中，系统就能自动汇总、分析成千上万条任务的信息，智能化地生成所需的报表。项目经理或有相关管理权限的成员随时可以调用截至目前的所有历史报表，极大地提高沟通效率，并杜绝报表格式不统一、多重上报、历史报表检索不方便等问题。

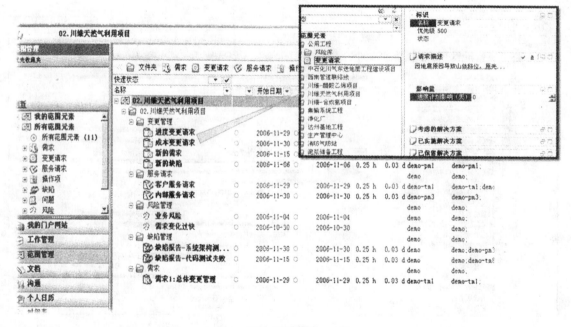

图5 挣值图表

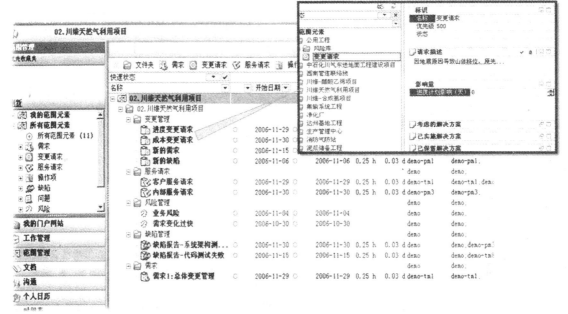

图6 变更管理跟踪功能

四、项目管理知识体系应用的效果

1.项目管理培训的效果

项目管理知识体系就其本质而言是关于思维方式的学科。通过培训，受训人员都经历了一场思维方法的洗礼，这在平时工作中已充分体现出来。大家都会用专业术语交流工作，用项目管理理念来分析问题，如在处理复杂问题时会用到细分的概念，在处理利益相关方之间的关系时会注意到各自的有效平衡。

在项目实施中，新睿智业咨询团队与项目相关人员的交流，是理论与实践的碰撞，是发现问题与解决问题的互动，这其实是项目管理知识体系学习和运用的最好方式。

2.项目管理模板应用的效果

项目管理模板的制定过程本质上是项目管理流程的梳理和优化过程。《川气东送地面工程项目管理模板》涵盖了项目启动、计划、执行、控制、收尾等五大过程组，不仅揭示了不同项目阶段应当提交的可交付成果，而且详细规定了可交付成果的格式和内容，这对项目团队的工作起到了很好的指导作用。比如，在项目计划阶段，有一个很重要的文件是范围说明，这说明在计划阶段，应当首先明确项目范围、确定项目边界；而范围说明书中有"假设及制约条件"这一项，这就要求在编制范围说明书时，必须重新假设制约条件及其可能产生的风险。

当项目成员能自觉使用《川气东送地面工程项目管理模板》，并依照其中的要求行动时，科学的管理模式也随之固化下来，随着固化的深入，科学的思维方式就成了行为习惯，项目成功就成为必然。

3.项目管理信息系统应用的效果

项目管理信息系统搭建起了统一的沟通平台，动态展示了项目群综合绩效，为管控项目群和科学决策提供了依据。

(1)高效计划，有序变更。信息系统的使用提高了项目成员对计划重要性的认识，尤其是信息系统强大的汇总和自动计算功能提高了计划的效率，并通过关键路径来提示工作的优先顺序，使项目成员了解了事情的轻重缓急。同时该系统提供的网上流转提高了变更审批速度，使批准的变更能及时地通知到各相关人员，并能完整地记录和存档。

(2)实施动态监控，跟踪问题解决。项目的监控

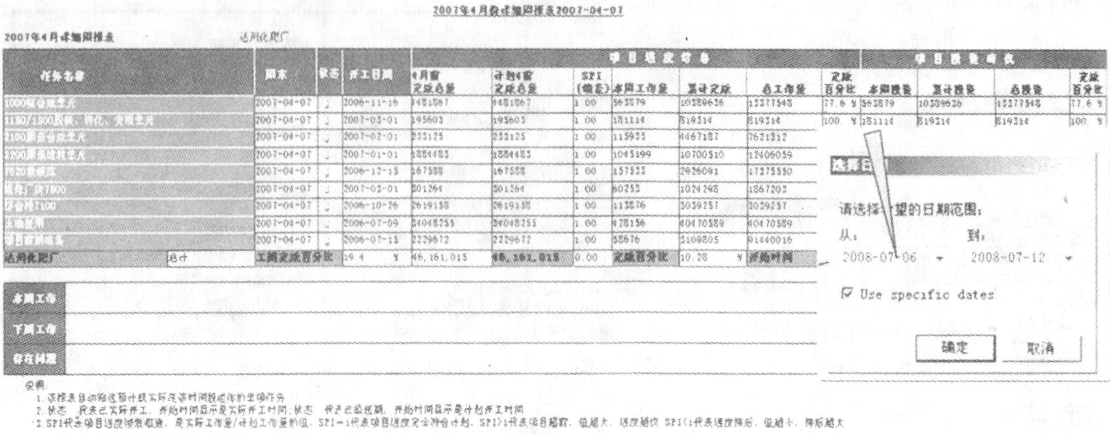

案例分析

图7　周报和月报

主要关注执行与计划的偏差,信息系统直观、综合展示项目绩效,用气泡图展示了风险预警信号,提高了风险防范能力,并能及时发现项目中的问题,及时采取纠正措施,确保项目按计划进行。同时信息系统指定了变更、风险或质量缺陷的负责人,并通过实时沟通机制持续提醒该负责人注意直到问题解决,把问题解决落到了实处。

(3)解决报表的"编撰、上报、查阅"三难问题。首先,RPM系统强大的汇总分析功能,图文并茂的报告形式,既提高了数据的准确性,节约了编制报表的时间,又丰富了报表的内容和形式,为决策者提供了更为全面和详尽的绩效报告;其次,项目部直接将报表发布到WEB系统中,减少了重复地向不同的利益相关方发送电子邮件及收讫确认的麻烦,提高了沟通的效率;最后,利益相关方可随时登陆WEB系统查阅关心的种类报表,并通过检索系统搜索任一时间段的报表,大大降低了查阅报表的沟通成本。

总之,RPM的报表功能把人员从繁琐的信息记录、整理和发送中解放出来,提高了满意度和生产率,也让高层方便、快捷地查询到相关信息,满足了不现利益相关方的信息需求。

(4)统一管理项目交付件,建立项目知识库。组织过程资产是企业智能最集中的表现。"铁打的营盘、流水的兵",项目的临时性、团队成员的变动性以及川气特殊的历史意义,使得组织过程资产的积累显得尤为重要。该系统的应用解决了以往"文档满天飞,永远少一份"的难题,便于储存、检索和查阅,并完整记录了整个项目群的进展过程,规避了人员变动带来的隐性知识流失问题,为今后中石化其他类似的项目提供借鉴,提高了后续工作的效率和效益。

五、结　语

任何新事物的诞生都不是一蹴而就的,科学的理论和实际的工作,先进的理念和原有经验之间的双向作用,总会导致一些碰撞。而事物就是在冲突的产生和冲突的解决中不断向前发展的。经过近一年多的努力,川气东送引入项目管理知识体系的"渐进三步曲"已实施完毕,通过了项目验收,在引入先进的管理模式和推动工程建设信息化发展方面迈出了关键的一步。

参考文献

[1]项目管理协会.项目管理知识体系指南[M].卢有杰,王勇译.第3版.北京:电子工业出版社,2005.

[2]匀赫,王有.工程管理集成系统在工程公司项目管理中的应用[J].项目管理技术,2008(9):59-61.

案 例 分 析

项目风险管理在中国移动 TD-SCDMA 一期建设项目中的应用

蔡雪梅

(爱立信(中国)通信有限公司广州分公司,广东 广州 510098)

摘 要:项目风险管理是 PMI 项目管理知识领域中重要的组成部分,与项目范围管理、时间管理、成本管理、质量管理等相辅相成,是关系到成败的关键。中国移动 TD-SCDMA 一期建设项目具有技术新、时间紧、资金有限、厂家众多的特点,这给项目带来了很多不确定、难控制的风险因素。爱立信项目管理组运用项目风险管理的理念,通过建立风险控制委员会,进行风险识别和风险分析,制订风险应对计划,并监督控制风险的状态与实施,最终成功地完成了这有着跨时代意义的项目,并在中国移动 TD-SCDMA 一期建设项目服务厂商评估中荣获项目管理第一名的重大荣誉。

关键词:项目风险管理,TD-SCDMA,中国移动

一、引 言

项目风险管理贯穿了项目的整个生命周期,涵盖了项目范围管理、时间管理、成本管理和质量管理等多个领域,要成功完成项目,项目组必须在项目的全过程中贯彻实施风险管理。本文主要阐述爱立信 TD-SCDMA 一期建设项目组织如何运用项目风险管理的理念,成功完成了中国移动第一个 3G 商用项目的。

二、中国移动 TD-SCDMA 一期建设项目背景

2008 年 4 月 1 日,中国移动面向北京、上海、天津、沈阳、广州、深圳、厦门和秦皇岛 8 个奥运城市,正式启动 TD-SCDMA 社会化业务测试和试商用。爱立信作为唯一的外资厂商,得到的市场份额并不多,负责广深高速公路和铁路沿线的 TD-SCDMA 网络建设,称之为中国移动 TD-SCDMA 一期建设项目,项目组面临的困难很多,风险也很大。首先在技术上,TD-SCDMA 第一次 3G 标准在中国也是全世界进行网络建设,完全是新技术,相关产品与设备也是第一次正式商用,其性能能否达到集团公司的要求?其次在项目管理上,这是第一个 TD-SCDMA 项目,没有太多的经验和历史信息借鉴,工期又很紧,资金也很有限,涉及客户接口的部门和需合作的厂家远远超过了常规项目,沟通量非常之大。在这样的前提下,怎样才能成功地完成这个项目,为后续的 3G 市场商机奠定基础,是项目组面临的重大挑战。

三、项目风险管理在中国移动TD-SCDMA一期建设项目中的应用

爱立信内部有着成熟的项目管理方法与流程,TD-SCDMA项目组运用项目风险管理的理念,首先建立风险控制委员会,进行风险识别和风险分析,制订风险应对计划,同时在项目进行中严格监督控制风险的状态与应对计划的实施,将负面风险降至最低。

1.风险控制委员会的建立

常规项目一般由项目经理、销售代表和相关产品负责人组成风险控制委员会。鉴于TD-SCDMA一期项目的特殊性,该项目风险控制委员会的成员由下列人员组成,并明确了职责分工:爱立信南区VP,产品部总负责人——负责涉及TD-SCDMA新产品技术方案的决策和向南区管理层以及北京产品总部的沟通接口;爱立信南区项目管理部总负责人——负责涉及项目管理的决策和向南区管理层的沟通接口;项目经理和各子项目经理——负责项目成本、时间、范畴等风险识别、分析和应对计划,负责定期召开风险控制会议或紧急会议,对项目所有相关风险进行分析和更新,负责风险应对计划的实施与及时反馈;项目技术组组长,协助项目经理进行风险识别和分析,并实施风险应对计划;设备订货组组长,负责设备订货方面的风险识别、分析和应对计划;市场部销售总监,负责涉及商务方面的决策和向南区管理层的沟通接口;TD-SCDMA设备销售代表,负责组织设备商务方面的风险识别、分析和应对计划;TD-SCDMA服务销售代表,负责组织服务商务方面的风险识别、分析和应对计划;TD-SCDMA研发项目经理,负责输入研发过程中曾经历的风险,并对项目实施可能带来的影响进行分析;TD-SCDMA维护经理,负责组织维护方面的风险识别分析和应对计划。

2.风险识别与风险分析

(1)将项目中可能面临的风险按类别分成以下四种:①技术类风险,例如:某技术指标达不到验收标准;②项目管理类风险,例如:项目成本可能超出预算;③商务类风险,例如:设备不能如期到货导致合同罚款;④其他风险,例如:客户基站选址可能拖延工期。

(2)利用下面的矩阵定性分析风险对项目的影响。如表1所示。

通过比较风险值,可以得到风险优先次序清单,对于风险值大于15的风险需进一步分析,包括风险定量分析。

(3)定量分析风险对项目的影响。在风险定量分析中,由于TD-SCDMA技术新、项目工期紧,项目组采用决策树分析和专家意见相结合的方法量化项目风险,决定可能需要的成本,找出现实的风险预算。

3.风险应对计划

项目风险管理中主要有四种风险应对战略:①规避:通过变更项目计划,从而消除风险。②转移:设法将某风险的结果连同对风险进行应对的权利转移给第三方。转移风险只是将管理风险转移给另一方,它不能消除风险。③减轻:设法将负面风险的概率和影响降低到一种可以承受的限度。④接受:以不改变项目计划的方式去应对某一风险,积极地接受行动,包括制订一个应急计划,以备风险发生之用。

TD-SCDMA一期项目组面对众多的风险,以上四种方法都有用到,但用得最多的是减轻和积极接受的战略。

风险值矩阵	表1
概 率	影 响
1.非常低	1.非常小
2.低	2.小
3.很可能	3.中
4.高	4.大
5.非常高	5.非常大

风险应对计划

表2

序号	风险描述	风险类别	概率(1~5)	影响(1~5)	风险值	影响成本(CNY)	风险预算(CNY)	风险应对
1	第一次做TD项目，项目组工程师们在TD方面的经验很少	项目管理类	5	5	25	#	#	·提前培训两周 ·请研发工程师现场OJT
2	产品性能可能达不到客户的要求	技术类	4	5	20	#	#	·组织产品工程师，不断优化技术方案 ·与客户保持沟通，了解技术标准的更新
3	硬件设备可能不能按时到货，将导致罚款	商务类	4	5	20	总合同金额的5%	#	·订货部门提前做好计划并跟踪订单 ·与管理层和相关部门做好沟通，知会设备迟到的后果 ·与客户保持沟通，及时知会阶段性到货计划和实际情况
4	…	…	…	…	…	…	…	…

下面简单列出几个风险的应对计划。如表2所示。

4.风险监督与控制

风险监督与控制是一个项目管理过程，它跟踪已识别的风险，监测残余风险和识别新的风险。保证风险计划的执行，并评价这些计划对减低风险的有效性。风险控制委员会的成员要及时更新职责内的风险状态与应对计划。而项目经理是风险监督和控制的主要责任人，在日常工作中要密切关注每一个风险的触发条件，并在风险发生前后采取相应的应对措施。

TD-SCDMA一期项目中，项目经理在每周的项目会议上都要与风险控制委员会回顾风险应对计划，讨论其有效性和纠正措施，识别分析新的风险等，及时通过风险控制委员会与管理层沟通，有效帮助管理层及时调整决策，及时调整项目目标，从而使该项目得以顺利实施。

四、结 语

近年来，项目风险管理在项目管理中越来越引起人们的重视，因为项目风险管理关系到项目的成败。爱立信TD-SCDMA一期建设项目组正是始终坚持在项目的全过程中贯彻实施风险管理，组织人员制订风险管理计划，研究和收集有关项目风险的数据信息，确定风险应对计划，并严格按照计划实施风险监控，成功地化解了许多危机。爱立信项目管理的成功与成熟度在众多厂家中脱颖而出，给中国移动客户乃至各厂家竞争对手留下了深刻印象，并在中国移动TD-SCDMA一期建设项目服务厂商评估中荣获项目管理第一名的重大荣誉，为爱立信在中国移动3G市场的竞争实力奠定了基础。

参考文献

[1] 沈建明.项目风险管理[M].北京:机械工业出版社,2004.

[2] 王卓甫.工程项目风险管理[M].北京:电子工业出版社,2003.

[3] 方德英,李敏强.IT项目风险管理理念体系构建[J].合肥工业大学学报(自然科学版),2003(zl):907-911.

[4] 王卓甫.工程项目风险管理——理论、方法与应用[M].北京:中国水利水电出版社,2003.

[5] 何寿奎,李红铺,刘涵.基于组织协同的大型建设项目群风险识别与管理[J].项目管理技术,2009(2):15-19.

案例分析

曹妃甸原油码头及配套工程项目管理实践

刘 硕

(中国石油化工集团公司,北京 100029)

摘　要：探讨了曹妃甸原油码头及配套工程的项目管理经验,包括项目部职责梳理、团队成员角色明确、项目管理流程制订、沟通规划、召开有效的会议、地方关系协调、快速跟进和冬期施工等,旨在为后续工程建设的项目工作提供借鉴。

关键词：曹妃甸原油码头,工程项目管理,有效沟通,地方关系协调

一、引　言

曹妃甸原油码头及配套工程是一项集深水原油码头、大型油库和长距离输油管道为一体的综合性原油接卸、储运系统工程,包括曹妃甸原油码头工程、油库和站场工程、曹津原油管道工程三部分,地跨京、津、冀三个地区,是中国石化支持北京 2008 年奥运会的配套工程之一,也是国家"十一五"重点项目——曹妃甸工业区开发建设的重要组成部分和标志性工程。该工程全面投产后,中国石化在华北地区拥有了自主管理的大型原油上岸口岸,源源不断的进口原油将通过输油管网输送到华北地区各大炼化企业,这对缓解该地区进口原油大型深水码头接卸能力不足的矛盾,满足京、津、冀地区炼化企业的原油需求,降低生产成本,提高企业竞争力,保证首都及环渤海地区的成品油供应,扩大中国石化在华北市场上的主动权,提高中国石化的经济效益和保障国家能源安全具有重要意义。

2006 年 11 月 24 日国家发展和改革委员会正式核准项目。受集团公司委托,中国石化管道储运公司组建了华北管网工程建设项目部(以下简称项目部),具体负责包括该项目在内的华北地区原油接卸、储运管网系统的建设任务。

在两年多的建设时间里,华北管网项目部组织设计、监理、施工等力量,克服了风大潮急、冬季时间长、有效作业天数短、海上施工风险大等困难,在 2008 年 10 月 21 日全面建成投产,并创造了多项全国"第一"和"之最",质量等级评定为优良。作为该工程的项目经理,笔者将结合管理实践,着重介绍曹妃甸原油码头及配套工程的项目管理体会,供后续建设工程项目借鉴。

二、梳理部门职责,明晰成员角色

管理的价值在于整合多人的努力达成目标。曹妃甸原油码头及配套工程涉及面广,专业技术复杂,工程施工量和施工难度大,参建方和参建人员多,沟通协调难,项目管理工作尤为复杂。在这样的情况下,如何分解项目目标和管理压力,凝聚和发挥项目部每一位成员的管理作用就显得特别重要。要做到这一点,就必须让项目成员理解他们在项目管理中扮演的角色、承担的职责以及需要完成的工作。

为此,笔者带领核心团队花费了大量时间进行项目部的部门设置和人员配备工作,力争做到"全覆盖、不遗漏、不交叉",形成领导管理一致、责权对等

均衡、运行便捷高效的工作格局。

三、定制项目管理流程、模板,规范行为、提高效率

在明晰角色职责和工作内容后,下一步要解决的是如何让项目成员高效地完成这些事情。项目组织了多次研讨会,并在专业项目管理咨询机构——杭州新睿智业有限公司的协助下,制订了全生命周期的项目管理流程和文档模板,不仅提示了项目部成员应遵循的工程程序和方法,而且详细规定了各项目分部、设计单位、监理公司、施工单位应提交的阶段可交付成果及这些可交付成果的格式和内容,这对项目管理工作起到了很好的指导作用。

比如,项目部定制了标准的《项目变更审批单》,代替以前工程中用的《联系单》。《项目变更审批单》包括的内容有:变更内容,变更部分对应的基准计划要求,变更理由,变更引起的工作内容,变更对项目进度、投资、质量和技术性能的影响,让团队成员或各相关主体在更高层思考问题,同时也有利于减少不必要的变更。

当项目成员都能自觉遵循工作流程,使用相应的模板,并依照其中的要求行动时,科学的管理模式也随之固化下来。项目管理流程、模板的定制和应用规范了项目成员的行为,极大地提高了工作效率。比如以前项目中遇到的问题,项目成员经常要打电话向领导询问应当怎么办,而现在依照定制的管理流程,他们就知道应当从哪几个方面进行考虑,经过哪几个步骤来解决,大大提高了项目管理的效率和项目成员的信心。

四、分析利益相关方需求,实施有效沟通,促进地方关系协调

项目部处于建设工程管理的枢纽位置,沟通异常复杂:对上要及时汇报工程的建设状况;对下要协调设计单位、监理单位、施工单位、检测单位之间的接口管理;对内要确保项目成员之间的信息共享;对外要做好地方关系协调。

为了确保沟通的效果,项目部不仅在项目规划阶段制定了项目的整体沟通计划,而且要求项目成员每周填写项目部统一定制的《沟通计划表》,明确本周要沟通的重点对象、内容,并在每周的周六检查沟通计划表中沟通事项的完成情况。这一举措大大降低了以往项目中的报表忘交、文件忘发、信息忘转的情况。

项目部要求会议组织者至少在会议前两天将会议通知发给各与会人员,会议通知中必须包括会议的目的、议程参会人员在会议中要发言的内容和时间要求等。这样一方面可以让组织者更周到地考虑会议的必要性、目的、必须参会人员和适宜的组织方式;另一方面,也让与会者事先就要讲的问题进行思考和准备,从而可以在会议上发表较为系统和成熟的观点,促进问题的解决。

事先分析利益相关方需求,制订沟通计划,还帮助项目部较好地处理了地方关系协调工作。曹妃甸原油码头及其配套工程所在的京津冀地区,人口稠密、经济发达,地方的协调工作难度很大。一些村民在征地范围内采取突击种树、建蔬菜大棚、打假灌溉机井等手段,提出无理要求,阻挠施工;一些部门从自身经济利益出发,对管道建设持消极态度,甚至克扣土地赔付款,鼓励村民阻止工程施工。项目部与武警水电部队华北管网项目部人员共同分析征地的利益相关方,分析他们的需求和心理预期,对于关键的利益相关方,还仔细分析了他们的关注重点,从而寻找到了解决办法。比如,充分依靠当地政府说服村民,强调修建管道的重要性和必要性,争取他们的大力支持;充分调动各参建单位的积极性,鼓励他们采取多种形式,广泛参与协调工作,从而确保了工程进度。

五、精细规划,在风险可控的情况下通过快速跟进和冬期施工确保工期

曹妃甸原油码头及其配套工程是北京奥运会配套工程之一,工期要求特别紧。为了实现看起来不切实际的工期要求,项目部一方面邀请专家对土

建施工、储罐安装和线路施工的关键工序进行论证,在综合考虑可能出现的风险及应对措施的情况下,实施快速跟进,并行开展多个分项工程,大大加快了项目进度。

另一方面,项目部与施工、监理单位仔细研究,采取多种措施,克服施工现场气温低、风速大等困难,顺利实现了在冬期安全施工,稳步推进了工程建设。比如土建施工现场对建筑物整体封闭、蒸汽锅炉加热,使小环境温度保持在+5℃;提高一级半强度等级,并加防冻剂,用毛毡和塑料布包裹;管墩基础在暖棚中预制,外部施工环境允许时直接就位等。为保证焊接质量,施工现场还采取了延长焊前预热时间、焊后保温、支设防风棚等措施。

快速跟进和冬期施工虽然是加快工程建设的重要方式,但却同时孕育着极大的风险,一处考虑不周到,就会造成返工,甚至造成重大质量或安全问题。因此,项目部非常重视具体实施前的方案规划,邀请经验丰富的专家、管理人员和具体实施人员,多次召开会议来分析和探讨可能出现的问题以及潜在的应对措施,从而将问题排除在发生之前,确保了工程的按时完工。

六、结 语

曹妃甸原油码头及其配套工程现已全面建成投产,并移交运营单位。有形产品移交运营单位或客户并不意味着项目结束,项目部还应该进行项目行政收尾,即整理项目文档,总结经验教训,梳理项目中形成的新知识,并将这些经验和知识形成文档提交给项目部所在的公司,更新组织过程资料,这在项目导向型组织中尤为重要。

项目导向型组织的利润和竞争力来自于一个个项目的成功实施。总结经验教训,共享组织知识能有效地避免同样的问题在不同的项目中重复出现,提高后续项目的可预见性和管理效率,提高整个组织的竞争优势。

(上接第189页)

得到了推广应用。在2009年度的用友NC财务信息化实施过程中,项目实施人员在总结北京住总集团公司工程总承包部建账经验的基础上,为了减少同一科目下多辅助核算造成的不便和减少核算上的交叉差错率,经过反复研讨论证,确定将单项建造合同即工程项目及项下的单体工程即栋号档案通过分级设置的方式,统一设置在"项目档案"下,即单项建造合同下挂明细栋号。使建安施工企业按单项建造合同完全独立核算的财务核算模式得到了又一次升级,并在集团所属的建安企业得到了普遍应用。根据"会计主体和持续经营"的会计假设,将集团各建安企业负责工程项目施工生产的项目经理部作为基层经营实体和会计主体来建立独立的核算账套,在统一的会计科目下全部下挂"项目核算"辅助项,同时在往来科目下挂"客商"辅助核算,实现了多个单项建造合同在一个账套下完全独立核算的财务核算管理目标。

充分利用财务软件的辅助核算功能,在一个账套下实现多工程项目完全独立核算,解决了几个方面的问题:一是在满足按单项建造合同完全独立核算管理要求下账套可持续运行使用,符合《企业会计准则》关于"会计主体和持续经营"的会计假设;二是大大减少了按工程项目建账产生的账套数量,从而大大地减少了财务人员的工作量,便于对账套的维护和管理,还可节省账套存储空间;三是项目经理部所属各工程项目的资产负债情况和收入及成本费用情况分别在同一张报表中并列示,在分别全面反映各工程资产负债和经营收支数据的同时,实现了各工程项目间的数据直接对比,方便数据信息使用和分析,使项目部和公司的经营管理人员在关注工程项目各项成本收支的同时,同样关注各工程项目的债权债务和资金状况,可大大促进项目经营管理的细化和延伸,降低工程项目经营的财务风险和经营风险。

多种消防系统在大跨度、高空间建筑中的应用

王建全，贾继业

(中国新兴建设开发总公司，北京 100039)

摘　要：本文详细介绍了一座大型现代化的汽车博物馆工程中，针对其大跨度、高空间及使用功能多样的特点，消防系统设施的全面、复杂及特殊性；并从质量、安全、工期、经济性等方面综合分析了其应用效果。

关键词：消防，大跨度，高空间，应用

一、工程概况

1.工程简介

北京国际汽车博览中心之汽车博物馆，是一座大型现代化的汽车博物馆。这个类似"眼睛"的标志性建筑是由国际上知名的德国设计公司 HENN 和北京院联合设计的，它于 2006 年 4 月奠基开工，2007 年 12 月主体结构全面封顶，其总高度为 49.3m，总建筑面积为 50 458.9m²，其 4 300m² 的"双曲面屋顶"铺装了上万块不同规格的铝镁锰金属板，形成具有后现代风格的外墙，外观十分壮观。其地上五层为环形建筑，中间为中空的部分。人在大厅中央可以看见透明屋顶上空的蓝天白云，整个馆厅显得通透、宽广。在中空地带有三座 S 形的钢桥连接着二、三、四、五层展厅，人们走在钢桥上可以从各个角度参观到展品的每一面，馆内的旋转汽车展台和各种高雅设施皆可尽收眼底。

2.消防系统简介

本工程将目前世界上最先进的消防设备应用在汽车博物馆消防系统中，它们分别是消火栓系统、自动喷洒灭火系统、火灾自动报警系统、漏电报警系统、无管网气体灭火系统、空气采样烟雾探测系统和大空间自动消防炮灭火系统，其中后四个系统都是近几年才发展起来的新技术，都在同类型工程中得到了成功的应用，取得了明显的实用效果。这些系统的智能化和兼容性在发展中不断完善，都能与普通消防控制系统联动，达到降低成本、增加美观以及便于管理和维护的要求。同时也能满足本工程高质量、高标准的要求。

二、主要新型消防系统的应用

1.漏电报警系统

(1)产品概述及特点

随着社会的发展，电力电子设备和用电负荷大幅增加，由供电线路或用电设备绝缘损坏引发的接地电气火灾事故随之剧增。漏电达到一定程度表现为短路或过热（几百毫安的漏电弧产生的局部高温可达 2 000℃以上），足以引燃周围的可燃物而引起火灾，并会迅速蔓延到建筑物的各个角落，严重危害人民的生命和财产安全。

电气漏电报警监控系统能通过对电气线路漏电（剩余电流）的监测，准确监控电气线路的故障和异常状态，能有效地预防常见的因漏电导致接地电弧所引起的建筑物电气火灾事故，对节约能源、保护人身安全具有极其重要的意义。一个完整的电气漏电监控系统应包括电气火灾监控设备、剩余电流探测器、剩余电流互感器等装置。

(2)工作原理

表面上看建筑中电气漏电监控系统与火灾自动报警系统在设计上有些类似，但在功能上是有区别的：火灾报警系统是对火灾初期的烟、温等火灾参数的探测，通过消防报警和联动控制系统把火灾消灭在初期阶段；电气漏电监控是通过对电气线路漏电（剩余电流）的监测探测电气火灾，发出报警信号，切断电气线路，防止电气火灾的发生。

电气漏电监控设备设于监控中心，通过一路或多路通信线路与剩余电流探测器相连，具有漏电报警显示、参数设置、历史记录、打印、主备电切换等功能，满足《电气火灾监控系统 第2部分：剩余电流式电气火灾监控探测器》(GB 14287.2—2005)的要求。当发生电气火灾事故时，值班人员能及时处理，通知电工或专业技术人员排除隐患。

剩余电流电气火灾监控探测器一般装于总电源及各主要支路的输出口，通过剩余电流互感器检测电气线路的剩余电流，具有剩余电流监测、报警显示、自检、通信等功能。在重点保护范围内，一般每个配电箱安装一只或多只漏电探测器，可装入配电箱的侧面或附近，也可直接安装在配电箱内。探测器报警值应考虑被监控线路固有的剩余电流，报警设定值不宜小于被保护电气线路和设备正常运行时的泄漏电流最大值的2倍，但不应大于1 000mA。

剩余电流互感器与剩余电流电气火灾监控探测器配套使用，使用时可将被监测线路（单相或三相）从互感器穿过，互感器可根据回路额定电流和线径配套选用。

(3)性能特点

设计合理：报警时不直接切断供电线路，从而便于查找故障点，既保证了供电安全又保证了供电的不间断性；同时也提供了控制信号输出，供需要切断电源的用户选用。

功能完备：可通过探测电气线路剩余电流和温度等参数进行火警判断，具有预警、报警、脱扣等多重保护和配置、编程、联动、屏蔽、查询、联网、测试、打印、故障检测、历史记录等功能，可显示各探测器当前检测值以及系统图、平面图、剩余电流趋势图、疏散路线等，显示直观，方便使用。

使用灵活：剩余电流电气火灾探测器既可以独立使用，也可以接入电气火灾监控设备，还可以通过两总线直接接入LDHS系列火灾报警控制器，可现场设置地址和报警参数，满足不同用户、不同消防工程的需要。

工作可靠：采用压敏电阻、TVS瞬变抑制器、自恢复保险丝、双绕组扼流线圈、滤波电容等保护电路，输入输出接口全隔离，全面提高系统的抗电磁干扰能力；软件采用模块化设计，设有软件陷阱，具有容错能力，并采取数字滤波、动态补偿等措施，提高抗干扰性能，保持探测器灵敏度恒定，保证不误报警、不误动作，工作可靠、性能稳定。

专利技术：发明基于消防报警联动总线的电气火灾探测器、基于消防报警联动总线的电气火灾监控装置和用于电气火灾监控设备的联动控制装置，保证系统运行稳定，便于实现消防报警系统对电气火灾监控系统的集成。

(4)应用于本工程的优点

因本建筑属于人员密集场所，又属于高尖端科技场所，其公共设施及电子设备众多，因此电气火灾发生几率较高，所以在本建筑中设置电气漏电监控系统是必要的。而且该产品的特点决定了其在本工程的适用性。

此监控装置采用1.5mm冷轧钢板制作，内外喷塑处理，外观小巧，安装简便美观，不影响装修感观，满足长城杯对外观的要求。

探测装置安装于配电箱内，稳定隐蔽，线路抗干扰能力强，通信距离长，不受大空间条件的限制。

系统智能化程度高，集漏电、短路、过载、过压和欠压等电气故障保护的监测、分析、报警及控制于一身,其技术处于世界领先水平。设置预先报警,可避免断路器过早跳闸,在经过对现场漏电电流处理后,可使系统在不断电的情况下,解决其问题,从而保证供电的连续性,非常适合展览场所等公共建筑的需要。

人机对话简单明了,采用Windows2000、XP系统,功能强大,工作稳定可靠,主、备电自动切换,保证系统正常运行。

2.无管网气体灭火系统

(1)产品概述及特点

本工程地下一层机房采用(FM200)无管网气体灭火系统作保护,该系统是以"洁净气体"七氟丙烷为灭火剂的灭火系统,具有无色、无味、不导电、无二次污染、毒性低、灭火快速、高效等特点。特别是针对一些电气和电子设备、通信设施及其他高价值财产的防火保护。

本系统组件主要有七氟丙烷贮瓶、启动瓶、配管、阀类部件、箱体、喷嘴、控制盘等。

(2)工作原理

防护区内探测器提供火灾报警二级信号,气体系统经一段延时时间后,电磁阀动作释放驱动气体,驱动气体通过驱动管打开容器阀释放灭火剂,实施灭火。

(3)性能特点

作为单元独立系统,它占地面积小,外观漂亮大方。

不用专设钢瓶间,节省空间。

便于施工及维护,同时不会影响防护区的使用功能。

采用二级预警信号联动,防止人员疏散不及时或误喷等情况的发生。

具有自动、手动、机械应急手动等启动方式。

(4)应用于本工程的优点

工作准确、可靠,喷射时间短,灭火迅速,施工周期短,安装简便,工程投资

少,占用防护区使用面积少,维护方便。

3.空气采样烟雾探测系统

(1)产品概述及特点

FMST极早期空气采样烟雾探测器是一种空气采样式火灾预警系统。它采用独特的激光前向散射技术和当代最先进的人工神经网络技术,能准确可靠地探测出潜在火患。与其他消防系统相比有许多优点:灵敏度极高(比传统的高约1 000倍)、误报率极低、真正的人工智能技术等(图1)。

一般火灾的产生可分为四个阶段:①预燃阶段;②可见烟雾燃烧阶段;③火焰燃烧阶段;④剧烈燃烧阶段。传统探测器一般都在火灾发展到后三个阶段时才发出报警,而这三个阶段的时间都相对较短,约几秒钟到几分钟,所以即使发现火警也往往为时已晚。而早期火灾预警系统却能在火灾的预燃阶段(提前30~120min)发出报警,从而赢得宝贵的救火时间(图2)。

(2)工作原理

空气采样式烟雾探测系统是通过PVC管网上的

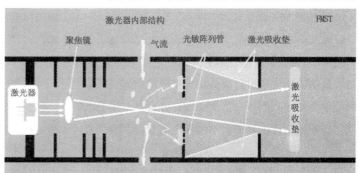

图1 空气采样工作原理图

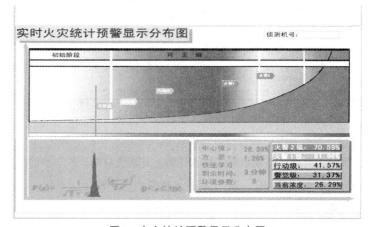

图2 火灾统计预警显示分布图

采气孔进行主动空气采样的,能在 0.005%~20%obs/m 烟雾浓度范围内捕捉微小烟雾,并设置 4 级报警系统,避免误报。该系统可以在火灾发生的最初(隐燃)阶段发现火源并报警,有效地避免火势的蔓延。

(3)性能特点

①极高的灵敏度

烟粒子直径在 10μm 以下,该系统的灵敏度为 0.005%~20%obs/m(传统探测器一般为 5%obs/m),比传统的高近 1 000 倍。不但可以在火灾发生早期发现常规火情,甚至可以发现由于线路过载造成的电缆绝缘皮软化、焖烧、自燃所产生的微小烟雾。它能够有效地探测到包括:天然物质燃烧烟尘(如烟草、报纸、书籍等)、合成物质过热、焖烧、燃烧所散发的物质(如塑料过热散发的卤化物、松香、树脂等);探测到的燃烧粒子直径小到 0.01μm,大到 20μm。

每台 FMST 主机可以保护 2 000m²,并具有可以保护 500m² 的小型机型,非常适合博物馆等大空间使用。

②独特的采样方式

激光器所发出的激光经过聚焦后在侦测室的正中央聚焦,当烟粒子经过取样管网传送回侦测室时,相对比例的烟粒子通过聚焦点时所形成的光线经前向散射会被接收器读取,此读数通过计算机运算后就能反映出烟雾浓度的大小及相应的比例。在普通的 PVC 管上打个孔即可;还可用软管直接从被保护的设备里直接取样,因此,安装形式灵活多样、调试简单、保护范围更广。

③"零"误报率

灵敏度和误报率是一对矛盾,灵敏度越高,误报率也会越高。但早期火灾预警系统却能彻底解决这一矛盾,达到零误报的目的,这主要基于它采用了以下的技术:环境自动学习功能,可以对环境进行学习,然后,根据所积累的信息自动设置灵敏度,以达到在任何环境中都能精确探测的目的;自动比较功能可以设置警报的延时输出,经过一段时间的比较,系统确信烟雾的稳定变化后再发出警报,从而避免由于环境的异常变化造成的误报;采用滤网装置,将非烟雾的灰尘等污染物在进气口就滤除掉。

可调式分级报警功能:针对不同用户的环境要求实施不同的报警级别,以达到准确预报的目的而又避免误报。与传统探测器先人工设定灵敏度的方式恰恰相反,它是先人工设定自己可以接受的误报率,然后由机器根据实际环境自动设定灵敏度,因此误报率会极低。

④简单的管路安装方式

与传统探测器的布线不同,早期报警设备采用 PVC 管网布置,这样做的优点在于:安装极其简便,避免了繁琐的连线、安装调试工作。

安装形式多样,可以采用不同的布设方式,例如:架设在顶棚的下方、地板的下方、回风口处等,以适应不同环境的要求。本工程就是安装在屋顶的拱形钢桁架上。

采样管路的配置就如传统而典型的探测器一样,配置在顶板下方。而采样孔的开孔位置,一般也是依照典型探测器的保护范围来设计。此种采样方式一般适应有重要的物品且不宜启动灭火装置的场合,如:档案馆、图书馆、计算机房、博物馆、生产车间、票据室、大型商场、易燃品原料及成品仓库(图3)。

⑤超强的网络功能

FMST 空气采样式感烟火灾探测器由 PC Link 和主机联网组成,并且可与点型感烟、感温探测器、手动报警开关等兼容成为一个完整的消防自动报警系统。此外,早期火灾智能预警系统各主机间可用

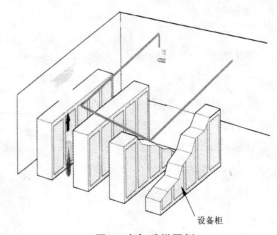

图3 空气采样图例

RS485 接口通过 PC LINK 电缆等组成一个网络系统,实现集中式网络化管理。

⑥用户接口

FMST 空气采样式感烟火灾探测器提供用户 RS 232PC 接口、联动接口,具有故障输出、火警输出、远程复位功能。RS485 网络/PC 机构成远程监控。

⑦智能化的电源系统

可配接 UPS 电源,主电断电后可继续工作 4h 以上。

⑧特设的黑匣子功能

能记录通断电等各种操作、火灾时间和烟雾浓度、PVC 管网破裂或堵塞、通信故障等历史记录,可以随时读取、打印,为火灾事故责任的判定提供有力的原始证据,数据全部汉化。

⑨无源的探测和传输方式

由于采用 PVC 管直接从被保护区域或被保护对象采取空气样本,探头与主机之间没有电源线和信号传输线。所以,可以在防暴场所和强电磁干扰场所大显身手,让传统系统望尘莫及。

⑩维护、保养方便

只需定期对抽取样本的 PVC 管道作气压式清洁,根据环境要求,不定期地清洁或更换过滤网。

FMST 空气采样式感烟火灾探测器人工智能信号处理。

FMST 空气采样式感烟火灾探测器采用了人工智能技术(AI)。我们知道火灾探测是一个非结构性的问题,而解决这个问题的最有效方法是人工智能技术。该系统采用简单自动学习原理,能适应环境的变化,自动识别误报与火灾,能根据污染程度和不同的日期、时段自动调整灵敏度,防止误报。它的容错能力又提高了系统的可靠性,基本杜绝了漏报。它的并行处理功能提高了系统的探测速度,而且网络不需要固定的算法。

可以经过计算或查表方式得出烟雾到达某一区域的概率,根据事先预制的环境参数(即误报率),主机自动将报警阈值(四级)调整到合适位置,随着环境背景中烟雾的变化,统计值也在发生变化,主机将根据新的统计规律再次作调整。这种调节 24h 不间断,同时诊断烟雾上升或下降曲线的斜率及相应的延时等对是否为真正火灾烟作出准确的判断,将误报率降到最低。

(4)应用于本工程的优点

对于汽车博物馆这种高大开放空间,FMST 空气采样式烟雾探测系统是理想的探测系统,它能够提供极早期报警,为人员的疏散及火灾处置提供充足的时间,从而有效地避免由于恐慌所导致的人员伤亡,并保护高价值的财产不受损失。

宣传品、展品、货物等会阻挡烟气,导致普通探测手段误报或无法达到报警范围,而空气采样式烟雾探测系统则能捕捉微小烟雾。

管路安装在屋顶拱形钢桁架上,建筑物内的人们就无法察觉到烟雾探测系统的存在,不会损害建筑的美观。

维护便捷、安全、费用偏低,只需定期对抽取样本的 PVC 管道作气压式清洁,无须像传统探测器那样要求在高空进行设备维护,不仅费用高,风险也大。

4.大空间自动消防炮灭火系统

(1)产品概述及特点

SSDZ 型微型大空间自动扫描消防炮灭火装置是电气控制的喷射灭火设备,可喷射充实水柱进行灭火。其是一个主要针对现代大空间建筑的消防需要,采用高新科学技术而研发生产的系统化消防产品,产品把红外传感、计算机、机械传动、远程通信等技术集于一身。该系统由微型自动扫描灭火装置(图4)、电磁阀、水流指示、管道、消防泵组、末端试水装置及控制设备和火灾报警装置等组成,在火灾自动

图4 微型自动扫描灭火装置SSDZ5-LA411器

报警并进行着火点空间定位后,系统自动控制自动消防炮进行定点扑救。只对着火区域进行灭火,对无火区域基本没有影响或影响甚小,从而使火灾及扑救灭火过程造成的损失减少到最低程度。

(2)工作原理

本装置属于全天候自动监测保护范围内的火灾监控装置,一旦发生火灾,装置立即启动,对火源进行全方位的扫描(也可人员手动寻址),确定火源方位后,中央控制器发出指令,发出火警信号,同时启动水泵、打开阀门,灭火装置对准火源进行射水灭火,火源扑灭后,中央控制器再发出指令停止射水。若有新的火源,灭火装置将重复上述过程,待全部火源扑灭后重新回到监控状态。本装置的射水形式为柱形射水,射程远,保护范围广,灭火能力非常强。非常适合展览厅、体育馆、仓库等大空间场所应用。

(3)性能特点

具有自动定位火灾部位的功能。

具有控制俯仰角和水平回转角动作的功能。

具有火灾探测功能;重量轻,外型尺寸紧凑,维修简便。

具有可视功能,可以查看现场情况。

具有自动控制、远程手动控制和现场手动控制灭火功能。

自动灭火方式:双波段探测器或光截面探测器或紫外探测器将火灾信息传送到信息处理主机,信息处理主机处理后发出火警信号,同时自动启动相应的 SSDZ 型微型自动扫描灭火装置进行空间自动定位并锁定火源点,自动启动消防泵,自动开启电磁阀进行喷射灭火。前端水流指示器反馈信号在控制室操作台上进行显示。同时前端水流指示器反馈信号在消防控制室操作台上显示。

远程手动灭火方式:消防控制室接收到火警信号后,值班人员在消防控制室通过切换现场彩色图像进一步确认,通过集中控制盘控制相应的 SSDZ 型微型自动扫描灭火装置对准火源点,启动消防泵,开启电磁阀实施灭火。

现场手动灭火方式:现场人员发现火源点,通过现场控制盘控制相应的 SSDZ 型微型自动扫描灭火装置对准火源点,启动消防泵,开启电磁阀实施灭火。

具有联动功能。在较大规模的系统中,为了实时监视各灭火装置的工作状态(特别是射水状态),而在消防中心或值班室设置专用控制系统或火灾报警控制装置。其中火灾报警控制装置在我国已经应用得非常普及。本工程应用的 SSDZ 型自动扫描消防水炮系统与火灾报警控制器采用的无源信号通过模块进行联动监控,就可以达到实时自动监视的目的。

(4)应用于本工程的优点

本系统主要应用在本工程地上中空的部分,因该区域今后将作为旋转站台和人员参观的流动场所,可能在投入使用后还将悬挂大屏幕显示装置。在这样可燃物不是很集中,且被水作用后损失很大的场所,考虑到在大空间灭火的有效性和可行性,大面积安装喷洒喷头会造成:一是结构上不合理,二是作用效果受高度影响大,所以大空间自动消防炮灭火系统替代多层管网水喷淋系统,使灭火效果大大提高,同时保证了建筑物的整体美观性。

由于系统具有较强的自检能力,维护性能优越,其维护费用较低,灭火装置供水、供电电路简单,且能在灭火后自动关闭,节约水资源,最大限度地降低火灾现场的水灾危害,具有较高的性能价格比。

三、施工体会

因本项目属于重要标志性公共建筑,因此决定了本工程的消防专业系统具有工作准确、可靠,喷射时间短,灭火迅速,维护方便等特点,在施工过程中我公司按照设计要求及消防验收规范严格进行施工。在管道加工过程中严格把关;根据图纸切割管材;严格执行一步到位,为此减少对时间和原材料等多方面的浪费,提高工作效率,这是节省成本的最佳方式。

经过设计单位、施工单位及现场相关单位的共同努力,赋予了汽车博物馆一系列完善、适用的消防保护系统,同时优良的产品、高质量的施工保证了系统的美观,为工程能作为北京标志性形象工程打下了坚实的基础。

装饰工程职业健康安全管理案例分析

张能训

(中建三局装饰有限公司,武汉 450043)

引言

装饰工程的职业健康安全管理是一项系统工作,要实现项目职业健康安全管理目标,作为施工方必须制定详细职业健康安全管理方案,本文以中建三局装饰有限公司(以下简称我司)承接的上海环球金融中心部分内外装饰工程项目(以下简称环球项目)为例,介绍了我司(由本人负责具体实施)如何运用职业健康管理体系实现项目的安全目标,本文主要包括以下内容:

一、项目介绍

二、项目职业健康安全管理的策划、实施

三、总结改进

一、项目介绍

(一)项目基本情况

上海环球金融中心是由日本森大厦株式会社投资兴建,中国建筑和上海建工的联合体总承包,该工程地处上海陆家嘴金融贸易区核心地段,地上101层,地下3层,总建筑面积381 600m²,建筑高度492m,由赖思里·罗伯逊联合股份公司(美)和华东建筑设计研究院(中)联合设计。我公司施工的范围为1~5层外墙装饰、商店、停车场、观光区、24~27层/31~35层办公室部分以及其附近的公共区域的建筑装饰工作内容。

(二)项目职业健康安全管理特点

(1)交叉作业多:钢结构、土建、安装、幕墙施工同步进行。

(2)施工面广:从地下到101层都有我司的施工作业面。

(3)工期紧,特别是装修作为收尾阶段,工期压力较大。

二、项目职业健康安全管理的策划、实施

(一)全面识别项目危险源

通过询问和交流;现场观察或检测;查阅有关记录;获取外部信息;工作任务分析等多种方法从人的不安全行为、物的不安全状态、制度上的不合理和环境的缺陷等几个方面全面评价项目存在的危险。危险源识别范围包括项目区域内的活动、服务,并考虑三种状态(正常状态、异常状态、紧急状态);三种时态(过去时、现在时、将来时)、七种危害类型(机械能、电能、热能、化学能、放射能、生物因素、人机工程因素)和十种伤害(物体打击、车辆伤害、机械伤害、

触电、灼烫、火灾、爆炸、高处坠落、坍塌、中毒和窒息、其他伤害)识别出300多项危险源。

(二)准确评价风险

1.依据作业条件危险性评价方法对所有识别的危险源进行风险评价。

作业条件危险性评价方法：

$$D = L \times E \times C$$

式中 D——风险性分值

L——事故或危害性事件发生的可能性

E——暴露于危险环境的频率

C——后果严重度

2.风险评价标准

事故或危害性事件发生的可能性分数值(L) 表1

分数值	事故或危害性事件发生的可能性
10	完全可能，可被预料到
6	相当可能
3	不经常，较不可能
1	极不可能

暴露于危险环境频率的分数值(E) 表2

分数值	暴露于危险环境的频率
10	连续暴露于潜在危险环境
6	每日一次或数次在工作时间内暴露
3	每周一次或偶然地暴露
2	每月暴露一次
1	每年一次或数次出现在潜在危险环境

表3 可能后果的分数值(C)

分数值	可能后果
100	灾难性的：可能导致有人死亡
40	非常严重：可能导致有人严重失能
15	严重：可能导致暂时性重伤或轻残
3	一般：轻微可恢复的伤害
1	引人注意：不利安全健康

3.风险等级划分及控制要求

风险等级(D) 表4

风险等级	分数值(D)	控制要求
重大的	大于200分	显著风险，需立即整改或编写作业程序予以控制
一般的	100~200分	可能风险，需要引起注意或重视的
可允许	小于100分	稍有风险，可容许，可接受

4.按照上述方法、标准共评价出八大类重大风险，见表5。

(三)制订控制目标和管理方案

1.项目部根据公司职业健康安全方针，针对项目识别出的危险源(尤其是评价出的重大风险)，考虑职业健康安全法律法规的要求、可选技术方案、相关方的要求等，制定了项目职业健康安全目标：减少施工项目中人员的伤害，重伤和死亡人数为零；轻伤事故频率控制在3‰以下；职业病发生率控制在5‰以下。并报主管部门审批。

2.为实现环境和职业健康安全目标指标，项目部根据目标、指标制定环境和职业健康安全管理方案(包含时间表、措施、责任人三要素)。

(四)适时监控、及时整改

1.成立以项目经理为责任人的管理机构

下设安全总监1人，各标段施工安全员6人

2.安全交底、安全教育

所有进场人员接受安全教育，各施工段作业人员接受管理方案的交底并参加总包组织的火灾、伤害等应急演练。

3.职业健康安全日常监测检查

(1)项目经理部安全员每天负责对项目职业健康安全运行情况(包括现场临时用电检查、消防安全检查、施工机具安全使用、劳保用品使用情况等)和管理方案的执行情况进行检查，检查采取随机抽样、现场观察、实地检测相结合的方式，并填写《职业健康安全日常检查表》。对现场管理人员的违章指挥和操作人员的违章作业行为要进行纠正，对施工中存在的不安全行为和隐患，项目安全员下达整改通知单或停工令。责任人应及时消除安全隐患，分析原因并制定相应整改防范措施，安全员应跟踪验证并将结果记录在《整改通知单》中。

(2)专业工长每天负责对班组的职业健康安全运行情况(包括现场临时用电检查、消防安全检查、施工机具安全使用、劳保用品使用情况等)进行检查，检查采取随机抽样、现场观察、实地检测相结合的方式。对现场操作人员的违章作业行为要进行纠正，对施工中存在的不安全行为和隐患，下达整改通知单。责任人应及时消除安全隐患，分析原因并制定相应整改防范措施，工长应跟踪验证并将结果记录

项目重大风险清单
表 5

序号	危害	说明/活动/工序/部位	危害因素分类	时态/状态
1	高空坠落	指人从建筑物、脚手架、梯子、阶梯、斜面等落下。包括外墙装饰施工,清洗,高空作业,高空拆除,高空搬运,搭设脚手架等。	防护缺陷;作业环境不良;负荷超限;心理异常;从事禁忌作业;	现在/正常
2	物体打击	指飞溅的物体、落下的物体为主动方面碰撞到人,包括外墙装饰施工,高空搬运,高空作业,搭设脚手架,电动工具的使用,砂轮的破裂,切断片、切屑等物飞溅。	设备设施缺陷;防护缺陷;运动物危害;	现在/正常
3	坍塌、倒塌	指堆积物、物体、脚手架、建筑物散落或倒塌碰到人,人被碰被压。包括外墙装饰施工,脚手架搭设,高空搬运。	防护缺陷;操作失误;运动物危害;	现在/正常
4	机械伤害	指被摩擦、在摩擦状态下被切伤,包括施工机械、电动工具的使用(被刀具切割)。	防护缺陷;设备设施缺陷;操作失误;	现在/正常
5	接触有害物	指通过呼吸、吸收(皮肤接触)或摄入有害物、有毒物致伤的情况。包括粉尘、有害气体吸入,有机溶剂、涂料接触,误食有毒物质。包括油漆、装饰面打磨、电焊、切割等。	化学性危害;粉尘与气溶胶;	现在/正常
6	触电	包括电动工具的使用,现场临时用电漏电,生活用电及雷击。	电危害	现在/正常
7	火灾	包括动火作业、吸烟、电线短路、易燃物品贮存和使用引起火灾。	明火	现在/正常
8	自然灾害	施工中遇台风、地震、暴雨雪、高温、寒冬等。	防护缺陷	现在/正常

高空作业管理方案
表 6

分目标	措施	时间	责任人
防止高空作业中发生人员坠落伤害	1.做好高空作业安全技术防护工作,特别是脚手架、临边、洞口。 2.攀登和悬空高处作业人员以及搭设高空作业安全设施的人员,必须经过专业技术培训和考试合格,持证上岗,并定期进行体格检查; 3.通过培训强化作业工人对高空坠落的认识,并明确安全措施要求;	2006年6月完成检查、交底	安全员某某
	4.雨天进行高处作业时必须采取可靠的防滑措施;遇有六级以上的强风、浓雾等恶劣天气,不得进行露天攀登和悬空高处作业; 5.因作业必需,临时拆除或变动安全防护设施时,必须经施工负责人同意,防护棚的搭设和拆除时,应设警戒区,并派专人监护,作业后立即恢复; 6.其他按《建筑施工高处作业安全技术规范》JGJ80—91和公司的有关规定执行	雨天和拆除防护措施时	安全员某某施工工长某某

在《整改通知单》中。

(3)项目经理全面了解、掌握本项目的安全生产管理情况与动态,及时解决施工生产中存在的安全隐患,每周组织一次安全生产专项检查,安全员填写《施工用电检查表》、《施工机具及设备检查表》、《吊篮日常检查表》及《脚手架检查表》等;每月底组织安全生产大检查,按照《安全生产评价办法》要求进行一次自评,同时对目标、指标完成情况进行一次统计。

三、总结改进

通过项目全体人员的努力,项目部实现了开工前制订的职业健康安全目标,但在以下两方面还需要改进:

1.2008年某日因电梯施工电焊火花造成电梯井火灾事故,虽未造成人员伤害,但对其他施工方引起事故的防范应加强;

2.101层观光层的施工刚好遇到南方雪灾,业主又制订了关门工期,如何在恶劣气候条件下安全施工需要我们进一步完善方案。

项目竣工后,公司组织技术人员和项目管理人员及时对整个项目管理进行了总结,申报了一项中建总公司QC成果,特别是对于超高层建筑装饰的职业健康安全管理方面取得了宝贵的施工经验。

电力隧道防水问题及措施

许 颖[1], 史海波[2]

(1.北京送变电公司,北京 102401;2.北京电力电缆公司,北京 100102)

电力隧道内防水失效,会引起隧道结构失衡,渗水造成浸泡电气设备,致使电气类设备遭到不可恢复的损害,严重的会影响电气设备的直接损坏,造成对用户的经济损失,影响供电的可靠性,造成不良的社会影响。

0 引言

电力隧道内防水失效主要是因为防水材料在使用过程中,外部作用(长期水压、侧压力等)侵蚀破坏或内部材料弱化,抵抗地下水环境的能力减弱造成底部隙水或部分丧失防水作用而产生漏水。防水材料会随着时间的积累通过与水分子的结合变异而膨胀,从而破坏混凝土保护层,造成混凝土大面积脱落、防水层失效,影响防水系统。经分析,发现隧道施工工艺的不同,其防水失效原因不尽相同。同时,施工过程中的不精细也会造成防水漏洞。防水施工阶段是地下工程防水失效的主要环节,有施工不精心和工艺方面的原因,也有施工管理和检测方面的原因。现将诸多问题总结如下。

1 隧道内防水系统的破坏

(1)单衬结构防水层在富水地区不适用。

单层防水长期在富水压地区的耐久性是行不通的,在富水环境中,单衬的内部防水是比较容易遭到破坏的,由于在富水压地区,防水层不仅要保证水分子的侵入,而且还需要压力来抵消来自外部的水压力,而抵抗一衬防水的压力主要来自混凝土,混凝土长期受到水压的影响会遭到外力侵害,混凝土破裂,造成防水不受压而自然失效。如图1、图2所示。

(2)双层衬砌隧道一般采用高分子防水板(卷材),其失效原因主要有:

①防水卷材材质本身不能和喷射混凝土初衬密贴。安设时的冲击、背面突出物等易将防水板扎破,导致漏水,不严重的情况下,长此以往在混凝土表面会有类似钟乳石的白色氢氧化钙结晶水的融融物质。如图3、图4所示。

②拼接缝结合部是防水的薄弱环节。施工当中稍有不慎就会导致整个防水体系失效,造成防水层脱落,透水性增强,长时间水化而形成融融物质。如图5~图7所示。

图1   图2

图3   图4

图5

图6

图7

图8

图9

图10

③如遇混凝土由于施工造成的壁面有空洞或凹凸的部位的，二次衬砌的挤压及围岩变形或水压的冲击会使防水层拉伸，特别是结合部位易发生断裂破坏，造成防水层的失效。如图8所示。

(3)喷涂防水段隧道防水体系失效。

喷涂防水膜很难保证其均匀性，虽然一般喷涂材料延展性较好，但抗拉强度较低，如发生较大外力作用，结构会发生变形和位移，易导致防水膜破裂，致使整个防水体系失效。如图9、图10所示。

(4)隧道在施工过程中由于混凝土养护不到位、

图11

图12

振捣不密实等施工问题造成的裂缝，在长时间的软水侵蚀下会出现渗漏、结晶。如图11、图12所示。

(5)在隧道施工完成后，安装支架需要钻孔，从而会破坏防水层；长时间地从螺栓孔透水，是造成防水系统失效的最直接、最常见的原因之一。如图

图13

图14

图15

13~图15所示。

(6) 白色不明物疑似防水材料的变异体。

在隧道中发现了不明的白色物质，疑似防水材料变异体，其原因有地下与隧道防水地下水环境和微生物侵蚀对防水材料性能的弱化、已有防水材料材质固有的弱点随使用环境的恶劣和使用时间推移逐渐丧失引起的防水材料的变异。如图16、图17所示。

(7) 在明开沟道中容易出现的盖板骨料配比有问题，砂土和石子的粒径过大，混凝土层水胶比不合适，造成常年渗水，发现此问题的典型特征就是外面下雨里面会跟着下小雨，透水性较强。如图18、图19所示。

(8) 明开隧道板的拼接缝是薄弱环节，和暗挖隧道的构造缝是一样的，如果施工中不慎将防水材料刺破或涂防水材料不均匀，拼接缝长时间受到水压或土压力，会造成拼接缝漏水，破坏防水系统。如图20、图21所示。

2 长期软水侵蚀造成对混凝土的破坏

混凝土长期浸泡在水环境中，形成软水侵蚀，造成了对混凝土的破坏，分析发现主要有以下几个原因：

(1) 在对很多存在防水问题的隧道的考察中发现隧道底部已出现多个坑洞，直径竟达30~50cm。考虑其原因是劣质的混凝土添加剂中含有高浓度的碱性成分、不易分解的盐类物质，和长期软水浸泡产生离子交换，造成Ca流失，导致混凝土结构松软。

(2) 地下水中含有不同浓度的酸、碱、盐离子，对混凝土具有侵蚀作用，长期浸泡会造成混凝土松软，强度耐久性失效。

(3) 防水材料材质结构的不稳定性导致材料结构组织的变异对混凝土产生不利影响。如图22、图23所示。

图16

图17

图18　　图19

图20　　图21

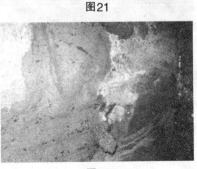
图22　　图23

3 水汽、潮气对隧道内金具的破坏

观察发现,某隧道内的金具锈蚀情况比较严重,支架与支架的连接部位,接地箱与交叉互联箱的固定点是比较严重的。如果长此以往,电气性能的耐久性和支架的稳定性将会受到严重影响,对可靠性供电目标将是严峻的挑战。如图24所示。

4 几点建议

(1)在现有结构的设计标准上提高一个等级,建议以后的电力隧道均采用双衬结构,代替以往的单衬结构。

(2)在原有的防水基础上多做一层防水,形式从涂刷防水材料(或卷材)转型至在第一层防水层外加放一个具有韧性的防水板材,此板材能够跟随隧道的沉降或变形而改变形状,满足使用要求,有效地控制原有的因隧道的变形导致防水失效的状况。

(3)在结构的变形缝、施工缝等薄弱环节增加

图24

止水带的设计,增加防水层厚度和延展度,最大程度地保证防水效果。

(4)在富水地区或pH值呈酸性的环境中,使用的混凝土应该使用增加防止Cl^-置换和长期软水侵蚀的外加剂,防止混凝土和钢筋的锈蚀,提高混凝土及钢筋的耐久度。

(5)施工过程中,对安装金具过程的把关要严格,防止在安装金具的过程中对防水层的破坏。

(6)在原有基础上加厚金具上镀的锌,在锌的表面上刷防锈漆。

建造师执业资格制度发展与完善研讨会暨第二届全国优秀建造师表彰大会厦门召开

我国建筑业自2002年建立建造师执业资格制度以来,经过不断的发展完善,目前框架体系已基本建立,并进入健康发展的轨道,为进一步推进建造师执业资格制度的创新与发展,由中国建筑业协会建造师分会组织举办的建造师执业资格制度发展与完善研讨会暨全国优秀建造师表彰大会于2010年12月10日在福建省厦门市召开。会议分别由建设部执业资格注册中心主任赵春山和中国建筑业协会建造师分会秘书长肖星主持。

来自全国各省、自治区、直辖市建筑业协会(联合会、施工行业协会),解放军工程建设协会,全国建筑业企业以及第二届全国优秀建造师获奖人员400多人参加了会议。

刘龙华会长在表彰大会的致辞中指出,建造师的队伍的不断发展壮大,已成为我国建筑业执业资格人数最多的一支队伍。本次会议通过开展研讨,总结交流建造师执业资格制度发展与完善的经验;通过表彰广大建造师队伍的优秀代表,树立典型,弘扬先进展现当代建造师爱岗敬业,勇于奉献的精神风貌,弘扬建造师开拓进取,争创一流的创新精神,促进我国建造师队伍的建设和建设事业的健康发展。

截止到2010年9月,全国共有300万人参加建造师注册执业资格的考试,已有226820人取得一级建造师执业资格证书,其中全国建筑工程专业建造师150000人,还有80万人取得二级执业资格证书。

著名国际承包商
核心竞争力对我国企业的启示

吕 萍

(对外经济贸易大学国际经贸学院，北京 100029)

一、国际工程承包企业的核心竞争力分析

国际工程承包是一个具有多种业务模式的行业，跨地域广，跨行业多，如土木工程领域、石油、化工、冶金、铁路、电信等领域、工业与民用建筑项目、交通、电力、水利等基础设施项目。国际工程承包业务呈现出规模大型化、技术工艺复杂化、产业分工专业化以及工程总承包一体化趋势。

在美国《工程新闻记录》(ENR)杂志发布的2009年度国际承包商和全球承包商225强排行榜的相关信息中可以分析到优秀的国际、全球承包商都有各自的核心能力，使得它们在竞争日益激烈的国际工程承包市场上得以立足，并且能够保持长期的优势地位。

国际承包商第1位且全球承包商第5位：德国霍克蒂夫公司(Hochtief AG)是世界上国际化程度最高的大型工程承包商，它凭借先进的技术、材料和高超的施工技术与优秀的服务；国际承包商第2位且全球承包商第1位：法国万喜集团(Vinci)凭借在主业、规模、融资、专有技术、管理手段、企业文化与品牌等方面的强大实力；国际承包商第6位且全球承包商第3位：法国布依格公司(Bouygues)凭借高精尖技术、商务优势和独特的企业文化；全球承包商第10位：美国柏克德集团公司(Bechtel)主要凭借通过技术发展，可在高难度、高复杂条件下施工和处理复杂的项目，承接利润率相对较高的工程。由上述几个例子可见，核心竞争力是全球著名大型对外承包企业在市场竞争中制胜的法宝[1]。

针对国际工程业务的服务贸易特点，依据企业核心竞争力理论的新近研究成果，通过对美国工程新闻纪录的国际工程承包商主营业务的比较研究发现国际工程承包商的核心竞争力主要在以下几个方面：以核心技术为中心的专业整合能力；以核心业务为主的多元化业务整合能力；强大的融资及资本扩张能力；大型复杂性国际工程的跨国经营管理能力。

1.以核心技术为中心的专业整合能力

以核心技术为中心的专业整合能力指的是对项目总承包业务进行整合，属于技术与专业层面的能力。之所以此项能力可以成为核心竞争力是因为国际工程承包的专业化和一体化趋势要求承包商必须在某个专业领域具有"精、专、深"的技术水平，提供包括项目咨询、设计、施工、采购及项目运营等一揽子总承包服务，进而要求承包商必须具备以核心技术为中心，对工程实施过程中的不同专业进行有效的整合的能力。

企业管理

通过对国际工程承包项目中不同专业的整合,不断开拓新市场,配置新资源,可以获得新的竞争优势。以核心技术为中心的专业整合能力成为大型现代化国际工程承包企业长久可持续发展的第一推动力。

2.以核心业务为主的多元化业务整合能力

以核心业务为主的多元化业务整合能力是国际工程承包商通过对产业链中有前景的上游或者下游产业,如项目投资、设备生产、材料供应或者项目运营等,以核心业务为主进行有效整合,形成战略经营单位,以实现业务协同效果的综合能力,属于企业战略层面的业务整合能力。

纵观著名的国际承包商和全球承包商,它们都不是单纯搞施工,而是进行全方位的工程服务,包括项目的前期各项工作、设计、采购、施工及各类工程服务,有着很强的多元化业务整合能力。

只有从企业经营战略的高度,对国际工程承包所在产业链的业务进行整合,形成企业战略经营单位,国际工程承包企业才能从一个专业公司,发展成为以国际工程承包为核心业务,具有多个产业链业务协同能力、综合实力强大的跨国公司。

3.强大的融资及资本扩张能力

国际工程承包发展的新趋势表明,融资能力越来越成为国际工程承包商获取项目的关键因素。强大而又稳定的融资能力,已经成为国际工程承包商的核心竞争力之一。全球著名大型现代化国际工程承包企业的经营历史过程中,基本上都是利用通过发行股票、发行企业债券、买卖期货和投资基金等形式进行资本运作突破企业发展瓶颈,达到增值资本、壮大实力、多向扩展和筹措资金等目的,促使企业超常发展。

其中,收购兼并时全球著名大型现代化国际工程承包企业资本扩张中运用最多的手段,如瑞典Skanska公司第一位的战略能力就是可重复的收购能力。法国的万喜公司也是在不断的并购中发展起来的,它在许多行业领域通过并购获取了龙头老大的地位。

4.大型复杂性国际工程的跨国经营管理能力

国际工程的规模和技术呈现大型化和复杂化的趋势,这使得传统的项目管理的理论和方法难以有效地解决大型复杂的国际工程承包中面临的诸多问题。这就要求承包商能够高度重视工程项目的集成化管理和注重与潜在利益相关者形成战略联盟[2]。

二、我国对外承包工程行业的发展以及存在的问题

在国际承包工程市场快速发展的过程中,我国对外承包工程行业也取得了骄人的业绩。根据商务部统计,2008年我国对外承包工程完成营业额566亿美元,同比增长39.4%;新签合同额1 046亿美元,同比增长34.8%。截至2008年底,我国对外承包工程累计完成营业额2 630亿美元,签订合同额4 341亿美元。

2009年,中国对外承包工程业务完成营业额777亿美元,同比增长近4成;新签合同额1 200多亿美元,同比增长超过2成。

2010年1季度,我国对外承包工程业务完成营业额165亿美元,同比增长32.7%;新签合同额265.2亿美元,同比下降21%[3]。

我国对外承包工程行业的发展,主要有以下特点:

1.业务领域广

分布在国民经济各个领域,特别是在各类房建、交通运输、水利电力、石油化工、通信、矿山建设等方面具有一定的专业优势。

2.市场范围宽

从最早的以非洲、中东为主要市场,发展到目前遍及全世界180多个国家和地区,基本形成了"亚洲为主、发展非洲、恢复中东、开拓欧美和南太"的多元化市场格局。

3.承揽和实施项目的能力增强

在一些领域的设计能力方面比较突出,承揽大型、特大型项目的能力有了大幅度提高。以EPC为代表的大项目逐渐增多,中国公司完成、追踪的EPC项目已经从几千万美元上升到了几亿美元,一些公司开始追踪十几亿美元的大项目。

企业管理

4.承包方式多样化

中国企业现在不仅能以施工总承包、施工分包的方式承揽项目,也能以 EPC、BOT 等的方式承揽项目。不仅可以承揽现汇项目,也可以根据项目情况提供融资服务或带资承包。不仅可以独立承揽项目,也愿意并有能力与外国企业结成联合体,开展合作[4]。

从整体上来看,我国对外承包工程行业已经具备了相当的规模,在国际市场的竞争中初步站稳脚跟,但对照国际承包工程市场的总体发展趋势,以及国际上大的承包商的发展模式,我国对外承包工程行业还存在着一些不容忽视的问题。

1.对国民经济发展的推动作用还不明显

根据有关权威部门的研究,对外承包工程行业对国民经济增长有 1:4 左右的拉动力。对外承包工程行业的进一步发展,能够更好地发挥对国民经济发展的推动作用。

2.国际市场营业额和国际化程度低

除了一些传统的外经贸公司以外,公司的对外承包工程营业额在公司总营业额中的比例也都比较低。国际市场营业额所占比例是衡量一个企业国际化程度的重要指标,而中国公司的国际化程度还很低,大部分公司的主战场还是在国内市场。

3.公司同质化现象显著,行业内竞争加剧

这一方面说明更多的公司进入对外承包工程市场,行业的集中度在下降;另一方面说明,一些新进入市场公司集中在中国公司已有的市场,与原有的公司争夺同样的项目,同行竞争现象明显。

4.融资能力不足

我国对外工程承包企业融资能力普遍较弱,已成为承揽大型国际工程项目的最大"瓶颈"。一是融资渠道窄。国际上通行的项目融资在我国尚未开展,企业境外融资还面临着很大的障碍;政策性银行对国际工程承包企业的支持力度比较小。二是融资担保难。国家设立的对外承包工程保函风险专项基金规模小,而且程序复杂、审批时间过长、支持范围有限。三是融资成本高。据统计,大企业的融资成本一般在 10% 左右,一些中小企业甚至达到 20%~30%[3]。

5.我国建筑企业缺乏复合型的国际工程总承包管理人才

国际化发展经验不足,对国际规则不了解,在复杂的国际经济环境下,不能运用东道国或地区的法律有效地保护自己,增加了国际化发展的风险。人才缺乏一直是影响我国对外工程承包的主要问题,是我国企业与国际大承包商之间存在较大差距的重要原因。企业需要能够与国外合作伙伴流畅沟通、熟悉国外市场环境和规则、又懂技术能管理的复合型人才[2]。

三、提升我国对外工程承包企业国际竞争力的策略

我国的对外承包工程企业虽然已经取得了一定的进步,但是与发达国家相比还是有很大的差距。因此,提升我国对外工程承包企业国际竞争力,建设知识密集、技术密集、资金密集的管理型企业,向业主提供优质的集勘察、设计、施工、项目管理为一体的综合性服务变得日益重要。

1.制定适合企业的长期发展战略

企业要根据全球经济一体化、区域经济一体化的宏观经济背景,结合国家的"走出去"战略,通过与国际标杆企业的比较,制定科学合理的发展战略,并依照经济形势的变化和企业实力的具体情况,适时修订完善企业的战略。

2.高度重视人才的培育和引进

中国建筑企业要取得跨国经营的成功,应培训和锻炼一批懂外语、通商务、精技术、会管理的复合型国际工程管理人才,从依靠劳动力的数量优势转向依靠劳动力的质量优势。建立、完善国际化人才的引进、使用、培养与激励机制,培养和造就一支有理想追求、职业素养好、市场意识强、熟悉国际规范与国际惯例、具有较强国际化运营能力的职业经理团队和国际化人才队伍。尊重人才,关心人才,用好人才,成为中国建筑业"以人为本"管理理念的根本出发点和最终归宿。

3.引进适合自身条件的现代化管理模式

工程项目管理的具体方法在国内外大型工程的

应用中主要包括以下三种方式：

(1)项目管理服务(PM)，即工程管理企业按照合同的约定，在工程项目决策阶段，为投资人编制可行性研究报告，进行可行性分析和项目策划，在工程项目实施阶段，为投资人提供招标代理、设计管理、采购管理、施工管理和试运行等服务，代表投资人对工程项目进行质量、安全、进度、费用、合同、信息等管理和控制。当然，工程项目管理企业一般应按照合同约定承担相应的管理责任。

(2)项目管理承包(PMC)，即工程项目管理企业按照合同约定，除完成上述项目管理服务(PM)的全部工作外，还可以负责完成合同约定的工程初步设计(基础工程设计)等工作。对于需部分完成工初步设计工作的工程项目管理企业，应具有相应的工程设计资质。项目管理企业,应具有相应的工程设计资质。项目管理承包企业一般应按照合同约定承担一定的管理风险和经济责任。

(3)工程一体化项目管理(IPMT)，即业主与项目管理承包商(PMC)组织结构的一体化、项目程序体系的一体化、设计、采购、施工的一体化以及参与项目管理各方的目标以及价值观的一体化。

目前大型外资项目的工程管理较多采用以上管理模式，我国的对外工程承包企业可以在不断的探索中逐渐采用适合自身特点的管理模式，提高资源利用效率，提高效益[5]。

4.提高企业信息化程度

在收集市场信息、投标报价、施工设计、企业管理、经营决策等方面应普及应用计算机，提高经营决策质量，降低管理成本，国内少数特大集团已开始尝试建立(博士后流动站)，以期更好地实施科技创新战略，增强企业的国内国际竞争力。

5.加大企业研发投入

缺乏核心技术作支撑，就必然会处在国际分工的低端，缺乏竞争力，在国际化运营中流失大量利益。我国的对外工程承包企业虽已具备一定的国际竞争能力，但与国外一流同类企业相比还有较大差距，尚不具备与之抗衡的能力。因此，要取得国际化经营的成功，

就必须坚定不移地走自主创新之路，大力培育自主核心技术，要适应国际工程项目功能新、体量大、施工难度大的新趋势，加大建筑科技资金投入的力度，提高建筑管理的科技含量，运用计算机网络和多媒体技术等现代科技手段，科学地进行工程报价、设计和管理。

6.加大金融支持力度

一是鼓励金融机构积极开展金融创新，提供适合对外工程承包的新金融产品，对于符合国家支持条件的大型工程项目进行项目国内外融资试点。二是考虑适当下浮对外承包工程的贷款利率和保险费率，或提高贷款的政策性贴息率和延长贴息期限，特别是对大项目给予利率和费率优惠。三是增加对外工程承包保函风险专项基金的数额，简化使用程序，扩大使用的范围。

7.进一步发挥政府对外经济合作对国际承包工程的带动作用

如果政府可以在对外经济合作中投入更多的资金，能够集中部分经援资金，有目标、有重点地投入资源勘探、项目发展规划等软援助上，不但可以为企业起到开路、探路的作用，还可以大幅度降低企业市场开拓的风险和成本。

8.在国有企业管理体制改革中,重视对外工程承包业务的发展

从长远看，对外承包工程企业之间的合并、重组，必定对对外承包工程行业的发展产生一定的影响，如从事对外承包工程的公司数量减少，对外承包工程业务在公司内的比重和地位下降等，应当引起各方面的足够重视。但如果各级国资委能将企业国际市场的开拓情况和经营情况列入企业领导人的考核目标，无疑有助于推动公司对外承包工程业务的进一步发展。

9.引导企业进行分工合作,形成社会化分工合作体系

对外承包工程市场上，同质竞争严重，主要原因是我国对外承包工程行业还没有形成完善的社会化分工。社会化专业分工是市场经济的一个重要特点，有利于资源的高效配置，形成核心竞争力。各种不同的公司应根据自身的实际情况确定在国际市场上的

定位，形成以专业能力为基础的社会化分工合作体系。目前，已经有公司使用劳务分包商来完成项目；也有公司通过在国内公开招标确定分包商。这些形式都有助于中国公司之间形成风险分担、互相促进、共同发展的社会化分工合作体系。我们要通过加快对外承包工程行业联合、重组、改制的步伐，尽快形成一批专业特点突出、技术实力雄厚、国际竞争力强的对外工程承包的大企业集团。并通过大型建筑企业搞工程总承包、搞项目管理，再将中小建筑企业带出去。

10.充分发挥行业商会在"提供服务、反映诉求、规范行为"等方面的作用

一是加强研究，全面把握国际承包工程行业的发展特点和趋势，制定市场发展规划，发挥商会对行业建设和市场发展的引导作用，引导和帮助企业向高端业务和高端市场发展。及时反映行业的意见和建议，代表和维护行业整体利益和企业合法权益。二是在尊重市场规律和企业主体地位的基础上，建立符合市场经济规律要求的民主、公正、规范、动态的协调制度。建立与市场过度竞争预警、市场分类引导、促进企业分工协作和联合相结合的项目和市场协调机制。完善行业规范，推动行业信用制度建设，形成完善的行业诚信自律机制和体系。三是建立完善的对外承包工程行业服务体系。形成功能多样，数据准确的国际工程数据库系统；发挥商会专家委员会优势，为企业开展高端咨询服务；建立与国外同行的广泛联系，积极帮助企业开拓国际市场。

从国际知名的承包商所具备的核心竞争力与我国的对外工程承包企业现状的对比可以看出，虽然我国的对外工程承包企业发展很快，但是由于很多方面仍然存在不足，严重限制了企业和行业的发展。应该从相应的方面找到应对策略。

参考文献

[1]金融危机下的生存与发展——从2009年度国际承包商和全球承包商225强排行榜看国际承包市场.

[2]杜超.从国际承包巨头探寻我国建筑企业的国际竞争力,2008.

[3]中华人民共和国商务部网站.

[4]刁春和.中国对外承包工程商会副会长,国际承包工程近期发展特点与对策思考.

[5]武海靖.对当前大型工程项目管理模式的思考,2006.

第八届中国建筑企业高峰论坛在京召开

日前，以"沟通、合作、共赢"为主题的第八届中国建筑企业高峰论坛在京召开。住房和城乡建设部副部长齐骥出席开幕式，北京市副市长陈刚出席并讲话。

陈刚在讲话中指出，建筑业作为国民经济的重要行业，在推动经济又好又快发展、完善城市功能、改善人民群众居住生活条件方面发挥着非常重要的作用。进入新世纪以来，首都城市建设快速发展，每年的建筑施工面积达1亿平方米以上，建筑企业达到8 500多家，建筑企业适应现代化建设新需求，大力推动技术创新、转变发展方式、提升管理水平，高质量地完成了各类工程以及保障性住房、轨道交通、城市基础设施等一大批重点工程建设任务，首都功能不断完善，城市面貌发生了巨大变化。论坛对促进建筑业科学发展很有意义，希望北京市的建筑企业通过本次论坛充分地交流，深入地探讨，认真学习兄弟省市的先进经验，加强沟通、交流和合作，实现互利共赢。

本届论坛通过嘉宾对话等形式，就建筑企业如何抓住中国城镇化进程的机遇，通过参与城市基础设施建设、旧房改造、保障性住房建设与运营来达到调整产业结构、实现快速发展；建筑企业如何利用信息技术加强项目管理，提升企业管理水平；建筑企业如何通过优化供应链管理，形成一个集聚竞争力的企业，打造核心竞争力；建筑企业如何实施"走出去"战略，通过开拓国际市场，促进企业快速发展及建筑业当下面临的严峻挑战等问题进行了深入研讨。

儒家思想在现代人力资源管理中的运用探析

赵利民

(中国建筑五局北京公司,北京 100055)

摘 要：几千年来,中华民族创造了光辉灿烂的优秀文化,形成了独特的华夏文化传统,这种具有东方色彩的文明深深地沉积在我们民族性格与民族心理之中。以孔子为代表创立的儒家思想是一个博大精深的体系,其中蕴涵着丰富的人力资源管理思想精华:以人为本、修己安人、以和为贵等。这些管理思想在一定程度上能够弥补西方管理理论的不足,通过人的主观能动性和潜能的发挥,实现个人价值和社会价值,同时实现管理的目标。最近几年,人力资源管理的开发利用也越来越受到企业重视,已经由单纯的人事管理上升到人力资源管理的战略高度。因此,作为现代企业,应该深入地探讨如何把儒家思想与企业人力资源管理结合起来,以便更好地指导经济活动,提高企业的管理绩效,从而发挥儒家思想的积极作用。

实现人本身的发展是人类社会发展的目的。人力资源管理就是通过合理的管理方式,采取一定措施,充分调动广大员工的积极性和创造性,实现人力资源的合理配置,使企业取得最大的使用价值。儒家学说,由孔子创立,期间经过孟子、董仲舒、朱熹等思想家的不断地丰富和改善,最终形成一个内容广大、包罗万象、缜密完善的思想体系。从辩证的角度看,虽然它有糟粕,也有精华,但我们可以吸收其中有用的东西,尤其是其中的以人为本、仁者爱人、修己安人、以和为贵等思想精华。儒家思想从其诞生之日起就贯穿于中国人的整个管理实践中,涉及政治、经济、军事、文化等社会生活的各个方面和层次。很多封建统治者都把儒家思想作为社会的主流价值观并加以推广。在历经千百年的风雨后,儒家思想的伦理道德、价值观念、思维方式已经溶于中华民族血液之中,必然深深影响着现代人力资源管理。

一、人力资源管理简述及发展趋势

(一)人力资源管理简述

人力资源管理是指企业运用现代管理方法,对人力资源的招聘、培训、留人和用人等方面所进行的计划、组织、指挥、控制和协调等一系列管理活动,实现人力资源的合理配置,最终达到实现企业发展目标的一种管理行为。

当代著名管理大师彼得·德鲁克于1954年在其《管理的实践》一书中提出"人力资源"这一说法。在这部有关管理的学术著作里，德鲁克首次提出了管理所具备的职能主要包括以下三个方面:管理企业、管理基层管理人员和管理普通员工及他们的工作。德鲁克在研究管理普通员工及其工作时，引入"人力资源"的概念，他并且认为:与其他的社会资源相比，唯一的区别在于它就是人，是具有使用价值的特殊的资源。德鲁克指出人力资源拥有其他资源所没有的几种素质，也就是"协调指挥能力、融合渗透的能力、分析判断的能力"。经理可以支配其他资源，但是人力资源只能自我利用。

在经历了20世纪两次世界大战后，新科技革命的成果逐渐应用于社会大生产，也随之运用到社会和企业管理中，在这个时期，人的作用一度被忽视。但是随着21世纪知识经济的到来，企业要在激烈的市场经济中生存并发展，必须依赖其管理人员和其技术人员的创新性和能动性，这样人的作用被放在了企业发展的重要地位上，在这种情况下，企业以人为本的人力资源管理理论上升为主流的管理价值观。也就是把人当作企业的根本，确立人在企业中的主导地位。具体说来，企业的经营管理活动主要围绕通过制定和实施各种措施来调动员工的积极性、主动性以及创新能力来进行。由此，企业的管理者在努力增强自身素质的同时，越发重视个体在企业中的作用。

(二)人力资源管理的发展趋势

在这个充满激烈竞争的市场经济大潮中，人力资源的价值越来越成为衡量企业核心竞争力的标志。人力资源管理的重要性日益显现。面对信息网络化、组织形态变化等的挑战和冲击，人力资源管理正面临新的调整和转变。

1.更加人性化的发展趋势

传统企业管理方式和现代企业管理方式的一个重要不同之处，就是管理重心从以物为本管理上升到以人为本管理。传统的经营管理中，企业生产以机器为中心，人只是被当作机械设备的附属，受机器系统的支配，管理的重心是物。但是，随着知识经济的到来，企业中最缺乏的不再是传统意义上的资本和机械设备，而是具有高素质的各类人才。人的作用在企业中越来越重要。这就促使企业管理部门日渐重视人的因素，管理工作的重心也从物转向人。

在企业管理活动中，人对企业的未来发展起决定作用。管理的这一特殊性质，要求管理理论的研究也要坚持以人为中心，把对人的研究作为管理理论研究的重要内容。在管理理论的研究中，很多的管理理论都建立在人性的假设理论基础上。这些学派管理理论之所以不同，主要是出于对人的本性认识有所区别。20世纪初泰罗的科学管理是基于"经济人"这一假设的，30年代梅奥等人的行为管理是基于"社会人"这一假设的，至50年代又有了基于"自我实现的人"假设的马斯洛的人性管理。20世纪80年代以来出现的文化管理，强调实现自我的企业文化和企业现象。管理理论发展史表明，管理学理论同样明显地存在着以人为本的管理思想。

2.更有效的激励机制

人力资源激励是指通过各种有效的激励手段，激发人的需要、动机、欲望，形成某一特定目标并在追求这一目标的过程中保持高昂的情绪和持续的积极状态，发挥潜力，达到预期的目标。也就是说激励是通过满足人的某种需求期望而实现的。

激励作为调动人的积极性的一种手段，具有发掘人的潜能、提高工作效率、提高人力资源的质量、弥补物质资源不足的功能。采用激励原则是人力资源管理的自发要求。人力资源管理就是运用现代化的科学方法，对与一定物力相结合的人力进行合理的组织、培训、调配等工作，使人力、物力经常保持在最佳的比例，同时对人的思想、心理和行为进行恰当的诱导、控制和监督，以充分发挥人的主观能动性，做到事得其人、人尽其才、人事相宜、事竟功成，以实现组织目标。

3.更加重视团队精神

经过近30年的发展，事实证明，工作团队这一模式已成为组织的主要运作方式，其优势是显而易见，特别是当企业环境产生剧烈变动时，工作团队对环境的高适应性使得许多组织能够以此进行组织重新构架，此外，工作团队也能够对团队内部成员起到一定的激励作用。就目前来看,我国国内的许多企业也在积极探索以便建立适合自己企业发展的自我管理型、多功能型团队,古今中外很多企业的经验教训不止一次地证明了这样一条真理:团结合作是任何一个企业成长繁荣的根本。企业的成功有赖于员工团结合作以实现共同的目标,而不当的冲突和竞争足以毫不含糊地毁一个组织。因此,当代每一个组织、每一个人都必须学会如何在竞争中合作的观念和技术。最大限度地尊重人、凝聚人、培养人和造就人,从而使企业和内部员工的利益休戚相关,成为使命的共同体和利益的共同体,这种管理所产生的协同力比企业的刚性管理制度有着更为强烈的控制力和持久力,更有利于培养职工对企业的凝聚力。

4.越来越重视领导者的个人素质

企业管理者是一个企业存在的灵魂,是现代企业人力资源管理的核心,是企业管理创新、制度创新的重要载体。每一个成功的企业,都与一位杰出的企业管理者的名字相联系,例如联想电脑与柳传志,华为通信与任正非、海尔家电与张瑞敏等。这说明,企业家个人的人格魅力深刻影响企业的管理理念,对于企业的生存发展非常重要。一个具有高尚的道德情操的企业管理者,能够"独善其身,兼善天下"的企业家,不但决定企业群体的良好品格素质,左右着员工的行为方式和价值取向,而且也能够在一定程度上增强企业的经济效益和提高企业的社会形象。

现代人力资源管理,是企业采取各种有效措施和手段,充分开发和利用组织系统中的人力资源所进行的一系列活动,进而实现企业既定的目标。虽然它看似与儒家思想没有关系,本质却有着众多的联系。从古代到现代,儒家思想都在一定程度上影响、感化、教育、塑造并规范着国人的品格、行为、道德观及价值观等;而企业人力资源管理正是以人这种个体作为研究对象,通过对人才的开发利用来实现企业的经营管理目标的。现代企业身陷市场经济及全球经济一体化的浪潮中,如何从古老的儒家思想中汲取养分并最大限度地发挥、运用到人力资源管理中是一个非常重要的课题。

二、儒家思想中独具特色的人力资源管理思维

(一)重视人在组织中的关键作用

以人为本,它是一种对人在社会历史发展中的主体作用与地位的肯定,强调人在社会历史发展中的主体作用与目的地位,它是一种价值取向,强调尊重人、解放人、依靠人和为了人。它是一种思维方式,就是在分析和解决一切问题时,既要坚持历史的尺度,也要坚持人的尺度。

以人为本是人力资源管理的一个基本原理,它把人看作企业管理的出发点和归宿点,企业所有经营管理活动以调动人的积极性和创造性为根本。在今天环境因素变得愈加不确定的情况下,通过人力资源管理来维持人力资源的优势,进而维持组织的竞争优势是组织持续成长的重要法宝。当今世界,尤其是一些发达国家都不约而同地认识到人的社会性,强调人性化的管理,管理理论也已经从X理论向Y理论进而向Z理论不断突破。世界上几乎所有的公司都把人作为"第一资源",把尊重人、爱护人、调动人的积极性看作最重要的管理工作,能否真正实行以人为核心的管理原则已成为决定组织成败的关键,正如通用汽车公司总裁墨菲所说:"人的因素是一个企业成功的关键所在。"所以,组织必须在观念层面、制度层面、政策层面、组织文化、工作环境各项建设中真正落实以人为本,尊重人、关心人、爱护人。其实我国的儒家文化对此早就有很多精辟论述。

儒家"仁"的学说就集中体现了人本管理思想,也构成了儒家管理思想的理论基础。儒家强调仁义和宽恕,"仁爱"是儒家思想的核心,在短短的一本《论语》中"仁"出现109次。儒家认为人与人之间的关系是最重要的。荀子曾经说过,人的力量比不上牛,行动不如马,但是牛马却被人来驱使,是什么原因?其原因就是人能够融入群体中,注重群体的作用。既然群体这么重要,那么,怎么做才能够达到群体效果呢?儒家推出了"仁",并将之赋予了新的丰富的含义。

孟子说："恻隐之心，仁也。"恻隐之心就是同情心和人的怜爱心，进而延伸扩展到尊重人、尊敬人。今天我们的社会中竞争非常激烈，有失败也有成功，都在作你死我活的拼搏。这对于塑造整个社会所提倡的友爱互助精神和人文风貌是一个严峻的挑战，虽然在一个较短的时期内看不到它的负面影响，但是在一个企业、一个单位内部却能够造成比较明显的负面影响。每一个人都想获得更高的收入、获得企业嘉奖和晋级，这样就会使一种不和谐的气氛笼罩在企业内部，使得职员之间没有默契的配合，甚至互相拆台，这就大大增加了企业的管理成本。而一个企业陷于自己的内部争斗中，时间长了，必然会使资质普通的员工在浑水中兴风作浪，而先进的员工却受到排挤，才能得不到施展，上进心受到打击，对企业来说这也是很大的损失。所以这样的企业即使没有外部竞争的刺激，也会在内部争斗中毁灭。

而儒家的仁义学说对这种情况可以起到改善作用。它强调"爱人"，并把这作为君子之美。在职员培训和教育等日常教化中可以突出强调人的仁爱之心，并制定一定的规章制度等奖惩方式来促进员工之间的互助友爱、相互谅解，用文明的思想来教育职员，达到提高员工思想境界和道德修养的效果。比如，在这些方面做得比较好的企业里，有员工生病大家去看望帮助。新员工进入，全体员工开欢迎会。老员工离职，大家照样开会欢送。有的企业人事部门连一名扫地女工都十分关心，每逢员工生病、生日、突发事件更是关心备至，了解其内心之悲喜欢忧，从物质上、精神上给予帮助。这些做法除去了员工的阻力和麻烦，使其充满感激努力工作；使他们形成良好的同事关系，友好和谐地相处和协作，使企业成为一个团结友爱的大家庭。

在这方面，摩托罗拉独创了一套以人为本的绩效管理方式。上自总公司 CEO，下至全球每个公司的普通一员，摩托罗拉所有员工实行着一套名为"个人承诺"的绩效管理体系。摩托罗拉的绩效管理体系根据平衡计分卡的原理而设计，并参照美国国家质量标准来制定。每年年初，摩托罗拉都会把公司总的战略目标、部门的业务目标，以及个人与职业发展目标三者相结合来制定绩效目标。每个员工制定的工作目标具体从两方面入手：一方面是战略方向，包括长远的战略和优先考虑的目标；另一方面是绩效，它可能会包括员工在财务、客户关系、员工关系和合作伙伴之间的一些作为，也包括员工的领导能力、战略计划、客户关注程度、信息和分析能力、人力发展、过程管理法。在绩效考评上，除了依据计分卡的情况，在年底决定员工个人薪水的涨幅和职位的晋升以外，摩托罗拉还采取多维方法，力求使绩效评估客观全面、公正公平。在摩托罗拉，绩效目标考核的执行要求老板和下属都参与。除了一年一次的年终总结，摩托罗拉每季度都会考核员工的目标执行情况，员工自己每季度也要作一个回顾，进行一次个人评估。摩托罗拉实行的这套以人为本的绩效管理方式，疏通了员工的职业发展渠道，通过绩效测评，奖勤罚懒、优胜劣汰、目标明确、心往一处想劲往一处使，使得企业绩效管理充满了人性化的特色。

（二）通过教化调动人的积极性的激励思想

激励是指激发人的潜能的一个心理过程，是人力资源管理中最重要的一个构成部分。只有激励，才能把人才留住，所以激励是企业能否留住员工的一个重要因素。激励是员工与企业所处的环境相互影响、相互作用的必然结果，激励员工是每个管理者的重要工作内容和必修课，但激励同时又是人力资源管理比较困难的地方，而且也是当前人力资源管理中最具有文化特征、组织特色和个人特点的部分。国外许多学者在研究发达国家发展中面临的问题时向东方寻求解决的方法，对中国的传统文化比较推崇。

儒家希望国家通过制定一些经济、政治、教育等方面的措施来调动人的积极性。孔子提出执政的目的首先就是要考虑使人民过上安逸的富足生活，得到真正的实惠。安抚人民是治理国家的首要目标。人民如果日子过不下去，就会怨声载道，如果日子富裕就会安定下来。孟子提出要爱民、要富民、要教民。爱民,就是要与民同乐,关心人民的生活。要教民,也就是说,只有通过教育人民,才能得到人民的爱戴,获得民心。儒家比较强调道德、使命、责任对人的激励作用。儒家思想中以人为本的"仁"学管理思想,放在现代企业管理中,就是要求企业领导人要有一颗关心员工的爱心、真心。他必须重视自己的这一行业,热爱自己的组织以及团结内部成员。这种爱心必须是发自内心的、真诚的,对员工有切身的好处,而不是笼络人的小恩小惠的手段。要做好做大企业,就必须获得企业员工的认同与支持,而要获得员工支持,就必须用真心对待员工。企业经营者对员工进行感情上的投资,诚心以待,从而化解企业内部矛盾,增强企业的向心力,激发员工的潜力,提高他们的工作积极性,达到提高企业经济效益的目标。

儒家思想中的教化思想对日本公司的管理影响很大。"追求卓越、自强不息、效忠国家"的精神在许多日本企业家的身上都有深刻的体现。日本企业具有很强的报效国家的理想,松下电器公司总裁松下幸之助就倡导"产业报国";许多企业家把忠于国家、报效祖国当作一种应尽的义务,用这些理念来激励员工,使他们努力地工作,为企业创造更多的经济价值。

(三)以和为贵的团队精神,塑造优秀的企业文化

企业发展到今天,已经不仅是一个工作的场所,而且也拥有了一定的文化氛围。企业文化对于企业领导者和员工都具有重要的意义:员工们如果能够在一个非常优良的文化氛围中工作,对于实现自身的发展与促进企业的壮大都有很大的作用。而建设良好的企业文化需要我们做到中西文化的融合,突出时代的特征。大家都知道,东西文化差别大,西方文化强调自主、开放、科学。我们中华文化是一个以儒家思想为基础的文化体系,追求和谐、实用。其中,和谐是我国传统文化的精髓,但是我国很多企业都没有正确理解和运用这一思想来协调企业间的关系以及企业内部员工之间的人际关系,

这就造成企业管理成本的增加,也降低了企业的经济效益。

和谐是由共同的理想、目标和利益而形成的认识上的高度统一,是由感情融合、心灵相通而达到的行动上的配合默契,它能产生无穷的力量。孔子曾经说过:"和为贵"。孟子也提出了"天时不如地利,地利不如人和"的千古名句。可见儒家在管理上十分重视人与人之间的协调、和谐、有序和统一的关系,认为和谐可以产生出战胜强大对手的力量。

儒家重视人类生活的群体性,并以伦理关系解释群体生活的特征,强调人伦和谐。其主要人伦思想包括:以和为贵,重视不同事物之间的和谐统一。孔子说过"君子和而不同,小人同而不和",把"和"视为处理人际关系的准则。孟子说"天时不如地利,地利不如人和",强调人和是取得成功的首要因素,和为贵的思想,是积极地看待自然和社会中的差异、分歧和矛盾,提倡发挥不同个体各自的积极作用并在此基础上实现整体的和谐与发展。

儒家思想崇尚"和",一切以"和为贵",但坚持"和而不同"。可以说"和而不同"就是儒家学说推崇的最终目标。"和,谐也",指不同东西的和合与统一,它强调不同事物、因素、成分的有机结合,适度调理,措置得当。作为管理目标的"和",主要是人际关系的适度、自然。孔子认为,"君子和而不同,小人同而不和",充分认识到了"和"与"同"之间的差异。"和"指不同东西的和合与统一,强调不同事物之间的有机结合;"同"却不讲差别,盲目追求一致、同一。可见,和中有同,"和而不同",才是传统儒家"贵和"的管理目标。

日本本田公司创始人本田佐吉就以"天地人"为座右铭,取意"天时不如地利,地利不如人和",认为经营企业,以"人和"最重要。"人和"就是要形成和谐的人际关系,建立互信、互补、协作、共进的合作团队,这样"和"才具有凝聚力、向心力,组织也才具有竞争力。

(四)修己安人,打造优秀的管理者

管理者素质在企业经营管理中起绝对重要的作用,直接影响到企业的行为,进而影响到企业内

企业管理

部控制的效率和效果,因此说管理者的素质非常重要,尤其是管理者的个人素质,也就是管理者的道德修养。

儒家思想博大精深,以德为核心,其方方面面都离不开一个"德"字,都是以"德"为根本。儒家认为"修己"是"安人"的前提,"修己"即增强自身素质,"安人"就是治理国家和平定天下。管理被看作是一种历程,起点是修己,而终点则是安人。任何一个人,都应该从自己做起,把自己的素质提高,再通过自己日常的具体表现,来促进大家的安宁。"修己"与"安人"是由"己"及"人"、由此及彼的推展过程。孔子认为正人先正己,从而得出了"其身正,不令而行,其身不正,虽令不从"的结论。孟子也提出了"其身正而天下归之"的观点,这是中国传统管理思想与西方管理的区别所在,由此也可见儒家非常重视领导者的修身正心,说明领导者的行为具有表率作用和示范效应。

用严明的纪律约束人。"没有规矩,不成方圆"。没有统一的行为规范和严明的纪律,就难以凝聚人心。企业领导者在企业规章制度建立后,要以身作则,模范遵守各项规章制度,起到很好的示范效应,才能使大家信服,自觉执行。

以公正赢得人心。管理者需要正人先正己,这也是儒家"举贤才"的重要标准。领导者诚信正直、胸襟坦荡、处事公正、光明正大,在员工中就会有更高的信誉度和认可度,开展工作就顺利得多。

用高尚的品德使人信服。员工最看重的是管理者的"德",这个"德"便是管理者的政治素质、品德修养和道德情操。廉洁清明,吃苦在前,享受在后,爱护员工,关心员工的疾苦,员工自然会看在眼里,记录在心里,就会自觉按道德准则去行动,处理好自己的事情。

用真挚的情感感化人。注意创造和谐的人际关系和情感氛围,是做好一切工作的基础。一位国际知名企业家在谈到领导者的重要品质时说:"在高新技术企业中,领导的情商比智商更重要"。以情感人,以情调动人的积极因素、主观能动性,是人力资源管理工作的目的。管理者要认真研究情感的内部规律,运用积极的情感去激励人、鼓舞人,去振奋人的精神。管理者要突出真诚。只有真诚,才能打动人心。真诚是做人的根本,更是管理者应有的基本品质。真诚的情感所产生的吸引力、说服力、向心力是很大的。

三、运用儒家思想构建现代人力资源管理

现代人力资源管理模式的出现和完善,为管理注入了新的元素,使人类生活和管理产生了变革。尽管这一变革还处在初级阶段,但对处于被管理者地位的人力资源来说,其意义不言而喻,对管理者传递出的信息也同样是不可忽视的。到目前为止,我国已有一定数量的专家和学者在致力于人力资源管理的研究,但是这种理论研究大多还停留在对国外模式的引进介绍上,缺乏人力资源管理的本土化研究。企业中实施真正意义上的人力资源管理的也不多。因此我们应结合自己的文化特点和人文环境,建构具有本国特色的人力资源管理模式。

(一)结合儒家人本思想使人力资源管理更加人性化

在现代管理活动中,"以人为本"的思想也已经成为人们的共识。因为人既是管理的主体,也是管理的客体。

首先,要关怀和尊重每个人和承认他们每个人的成就,尊重个人的尊严和价值,注重激发人的自觉性,注重从组织、制度、授权、奖惩等方面发挥人的积极性、主动性和创造性。

其次,企业要把员工的智力开发和培养人才放在首要地位,加大人力资本投资,不断提高职工的文化和专业素质,使每个人都有适合其能力、志趣的岗位与责任,充分发挥个人的特长,也就是说人尽其才,使职工敬业爱岗。

再次,企业要全力改善、提高、满足职工合理的物质与精神生活需要,以解决职工的后顾之忧。

最后,企业要重视在内部营造一个能够激发人的潜力、心情愉快、和谐的人际关系环境,创造尊重

人、充满生机和活力的工作环境。

(二)利用儒家义利教化思想,实施恰当的激励措施

物质激励。儒家义利观在对下属员工的管理上的做法是充分肯定员工的合法利益。通过一定的物质激励,能够激发员工的劳动热情,那么,管理者就应该让员工得到更多的实惠。物质激励不是管理者的主观想象,而是依据员工的需求而给予。这就是使员工感到自己得到了实惠,从而调动了其工作积极性。

精神激励。孔子强调管理者的表率激励作用,认为只有使管理者自身不断完善,才可以治国,使国家长治久安。儒家在两千多年以前就高度重视目标对人的激励作用,亦即管理目标。通过目标激励,充分地发掘员工的潜力,起到很好的激励效果。

正负激励奖惩、赏罚是鉴于古今、行之中外的激励手段。儒家认为"无功不赏,无罪不罚",奖励的正激励措施是对员工符合组织目标期望的行为而进行,目的是使这种行为更多地出现,更好地调动员工的积极性;惩罚的负强化措施就是对员工违背组织目标的非期望的行为而进行,以使这种行为不再出现,使犯错误的员工朝正确的方向转移。一正一反,一奖一惩,树立了正反两方面的典型,从而产生无形的压力,在组织内形成一种好风气,使群体和组织的行为更积极、更富有生气。

(三)坚持以和为贵,增强企业的凝聚力

团队是这几年来在管理界比较流行的一个词,它可以将个体利益与整体利益统一起来,而达到组织高效率运作的一种理想的工作状态。一个优秀的团队,首先,它必须能够对组织内个体的行为产生约束及影响作用,逐渐形成具有自身特色的行为规范。其次,它要使组织成员对团队的预定目标的期望值保持高度一致。再次,团队内个体间要相互帮助,共享信息,也就是说在企业内部形成良好的沟通和协调的氛围。最后,一个优秀的团队成员要具有很强的向心力,这是一个企业成败的关键因素。

(四)弘扬修己安人,提升管理者素质

企业的管理者对一个企业的兴亡具有十分重要的作用,企业管理者的素质对企业的生产经营活动和企业内员工的行为也有着不可或缺的作用。企业管理追求的就是实现企业的整体目标,使企业的利润最大化,所以,企业管理者首先从自身做起,发扬身先士卒的精神,努力提高自身修养,通过自己的行为影响其他人,带动其他人,共同为企业的战略而努力奋斗。近几十年来,我国出现了许多英雄式的人物,如联想的柳传志、海尔的张瑞敏等,他们凭借个人素质及人格魅力,带领员工取得了不俗的业绩。

企业管理

充分发挥央企集团优势
以投融资方式大力拓展基础设施业务
带动区域经济发展

宋 旋

(中建股份公司基础设施部，北京 100044)

中国建筑股份有限公司(简称中建股份)是中国最具国际竞争力的建筑企业集团，在实践科学发展观中，结合企业自身特点，始终坚持"科学发展"理念，坚持房屋建筑工程、房地产开发与投资等核心业务，积极拓展基础设施建设与投资业务。近几年来，中建股份有效整合内部资源，采用集团作战模式，充分发挥企业的品牌、技术、资金和管理等方面的优势，大胆尝试以投融资方式拓展基础设施业务，在推动企业自身发展和结构调整的过程中，带动了地方区域经济发展，实现了"央企投资带动地方经济，地方基建促进央企结构调整"的双赢发展。

中国宏观经济回暖以及我国4万亿投资等一系列经济刺激政策的实施，为建筑行业创造了良好的经济环境，特别是为基础设施领域带来了巨额业务，也为地方区域发展创造了硬件条件。下面我就中建股份以科学发展观为指导，发挥央企集团优势，以投融资方式拓展基础设施业务，带动地方区域经济发展等问题展开论述。

一、坚持用科学发展观武装头脑

中央企业是国家经济命脉的中流砥柱，肩负着振兴国家经济、带动区域经济发展的历史使命，国家经济的振兴离不开区域经济发展，区域经济的发展在一定程度上需要中央企业的支持。实践表明，中央企业在区域经济发展中占有重要地位，中央企业与各级地方政府具有非常广阔的合作发展前景。目前，全国各地都在打造区域经济发展新生带，广泛邀请中央企业投资合作。中央企业要抓住这一机遇，积极融入地方区域经济发展的大格局中，相互促进、实现共赢。中建股份作为中央企业控股的上市公司，不仅承担着国有资产保值增值的历史责任，同时还肩负着带动地方经济发展的历史重任，要处理好保持企业自身发展和带动地方经济发展两个课题，就必须坚持用科学发展观武装头脑，不断深化对科学发展观的领会和把握。深刻领会科学发展观的丰富内涵和实践要求；进一步把握科学发展观的第一要义是发展、核心是以人为本、基本要求是全面协调可持续、根本方法是统筹兼顾，切实把思想和行动统一到科学发展观上来。中建股份响应国家号召，深入贯彻落实中央关于保增长、保民生、保稳定的一系列战略决策，先后与北京、上海、辽宁、河北、山西、新疆、湖南、湖北、云南、广西等省市区签订了基础设施战略合作框架协议，并签订实施了一批高水平、高质量的投资项目，特别在重点城市或区域投资建设的一批基础设施项目的实施对地方经济的发展发挥了重要作用。

企 业 管 理

同时中建股份积极探索基础设施业务科学发展的道路,大力开展"以投融资方式拓展基础设施业务"工作,充分发挥中央企业在品牌、资金等方面的优势,较好地缓解了地方经济建设资金短缺等难题,同时由于中建股份的参与,极大地改善了当地的投资环境,提升了城市品位和在国际国内的知名度,从而吸引了更多的企业投入地方区域经济的发展。

中建股份在参与地方区域经济发展过程中,始终坚持以科学发展观为指导,坚持以人为本,做到全面发展、协调发展、可持续发展,统筹兼顾。坚持经济建设为中心,坚持统筹城乡发展、统筹区域发展、统筹经济社会发展、统筹人与自然和谐发展、统筹国内发展和对外开放,使各方面的发展相适应,各个发展环节相协调。同时坚持继续解放思想,着力转变不适应、不符合科学发展观的思想观念。用新的发展思路提高经济增长的质量和效益,实现又快又好发展,为顺利实施"十一五"规划、推进全面建设小康社会和整个现代化事业奠定坚实基础。在沉着应对国际金融危机中,中建股份坚定信心、科学应对、化解风险、抢抓机遇,利用好国家4万亿基础设施大投资经济下的发展机会,在国家"保增长"中实现中建"保发展",在国家"保稳定"中实现中建"保和谐"的目标。

二、以科学发展观为指导调整产业结构,大力拓展中建股份的基础设施业务

由于传统的房屋建筑工程市场竞争十分激烈,恶性竞争等问题比较突出,赢利能力相对有限。对此中建股份按照科学发展观的要求,顺应外部市场的需求,调整和优化产业结构,房屋建筑业务、房地产业务、基础设施业务营业额朝6:2:2的目标发展,以上三项业务实现利润的比例可达3:5:2。特别是近几年来,伴随国内房建市场从高速增长转向快速平稳增长,基础设施建设需求不断升级,我国基础设施投资将进入跨越式发展阶段。中建股份为使经营结构符合国家的投资导向,于2006年对原有的基础设施部进行了重组,集中资源优势,积极拓展基础设施建设与投资业务,逐步增加基础设施建设与投资业务在产业布局中的比重。重组后的基础设施事业部代表中建股份负责经营管理全系统的基础设施业务,是基础设施业务的归口管理部门和经营推进部门,被授予相对独立的人、财、物管理权限,具备经营和管理两大职能:一是承担全系统基础设施业务建设的管理职能;二是"以融投资带动工程总承包",采取融投资建造方式,拓展基础设施高端市场的经营职能。基础设施事业部业务涉及六大领域,包括交通、能源、石油化工、供水及处理、环保和远程通信等各类土木工程的市场开拓与项目管理,并为上述项目提供融投资、设计咨询、工程建造、运行管理等各种高品质、全方位、职业化和国际标准的服务;业务遍及国内的各大中心城市。

近年来,中建股份依托多年来积累的大型工程项目承包经验、领先的科技实力,已经成功地进入了铁路、特大型桥梁、高速公路以及城市轨道交通等市场,例如承接了具有广泛影响力的哈大高速客运专线铁路、太中银铁路、武广客运专线武汉站、京沪高铁南京南站、陕西蓝商高速公路、天津永定新河特大桥、唐山滨海大道工程等,中建股份已经在基础设施领域取得重大突破,成为基础设施建设领域内成长速度超常的企业。特别是投融资方式投资建设的唐山滨海大道工程、长沙"两岸一隧"等项目的签订和实施,开辟了中建股份以全新的模式拓展基础设施业务领域的新局面。

三、中建股份以投融资方式拓展基础设施业务的发展现状

以BT、BOT等投融资方式建设基础设施是国际上比较成熟和通行的一种投融资建设方式,近年来在国内很多城市基础设施项目中得到了广泛应用,是政府吸引非官方资本加入基础设施建设的一种投融资方式,既能帮助政府改善基础设施条件、促进经济社会发展、改善人居环境,同时又可以缓解政府近期资金缺乏而造成的民生项目迟滞等难题。

BT模式一般由各级地方政府授权确定项目业主,由项目业主通过招标方式选择投融资人,投融资

企业管理

人负责建设资金的筹集和项目建设,并在项目完工经验收合格后立即移交给项目业主,由项目业主按合同约定分次支付回购价款。因此,BT 是通过融资进行项目建设的一种融投资方式。

BOT 投资方式是由政府通过特许协议的方式将基础设施的建设、营运权让渡给项目发起人,并对部分项目风险提供商业支持和政府承诺;项目发起人则设立项目公司,并由项目公司通过一系列协议(合同)连接众多的项目参与者对项目进行建设、营运,通过经营所得收回投资、偿还贷款、获取收益;特许期满后,项目公司将项目无偿移交给政府。BOT 投资方式具有融资能力强、自有资本需要量小、投资收益有保障等众多优点。

根据中建股份"十一五"规划的发展目标要求,实现基础设施业务占到股份公司主营业务利润 30% 的总体目标,基础设施部及各局在拓展基础设施业务方面作了大量探索,提出了"高端切入、大市场、大业主、小资金撬动大项目"的市场拓展思路。正是这一思路使股份公司的基础设施业务发展有了较大幅度的提高,合同额和产值由 2005 年占股份公司主营业务的不足 5% 到 2009 年年中突破 20%,实现了历史性飞跃。近年来,中建股份在以投融资拓展基础设施业务方面做了大量工作,基础设施事业部和各工程局热情高涨。

但这几年真正采用投融资方式成功实施的项目屈指可数,所占份额不大。据掌握的情况,从 2006 年至今已完成的项目也仅有 3 项,即八局吉林的小市政项目近 2 亿元、一局镇江市政项目 1 亿多元、长沙项目近 20 亿元。正在实施的项目 4 项,包括阳孟高速、唐山滨海大道、七局南阳市政桥梁、三局武汉市政项目。这些项目在操作过程中也是反反复复、坎坎坷坷,过程极其复杂。分析其原因,我认为主要有以下几个方面。一是目标不明确。比如在编制和计划下达年度预算时,在总体指标中没有明确以投融资方式实施项目应占比例、公司在投融资方面给予的资金支持有多少。二是市场规划不到位。投融资项目特点是高风险、高回报,因此就应该有具体的市场规划,明确哪些地区

可以做、哪些地区不能做。而目前的情况是项目实施具有随机性,有保证、风险低的地区没有项目。三是项目评判标准不量化,使得项目评审存在许多人为因素。四是专业人员缺乏,资源分散。融投资项目涉及的法律关系复杂,与之相应的专业众多,现在从上到下没有形成一个专业团队。五是没有成就感和荣誉感。投融资项目较传统的招投标项目而言,从技术难度、公共管理利用、协调对内对外关系、项目管理、融资、投资款的回收、风险规避等方面都要做大量而艰辛的工作,但由于要使用少量资金,所以即使项目成功取得较大收益,也总被认为是资金的效应,而对相关人员的付出给予的认可度不高。六是公司系统内没有形成合力,各自封闭操作,项目前台后台脱节,相互牵制,集团优势发挥不明显。

四、以投融资方式开展业务需要集团化联合作战

根据股份公司的"十一五"规划,基础设施业务所需资金实行"总量控制、预算管理、授权运作、滚动使用"的原则,在股份公司支持基础设施业务发展的资金总额度内,每年通过编制基础设施业务年度预算进行落实。年度预算由基础设施事业部提出,公司投资委员会评审,总经理常务会研究,报董事会批准。公司在"十一五"期间对基础设施项目的投入,由基础设施事业部在总额度内通过编制年度预算的方法循环使用,并负责资金的投放和回收的平衡工作。

由于基础设施项目需要的资金量大,特别是一些重大工程需要的资金量远远超过企业的承受能力。所以,以投融资方式拓展基础设施业务应坚持集团化,发挥集团的整体优势,联合内部资源做大项目。一般应选择 10 亿元以上的项目。根据股份公司规定的投资决策权限,各局最大的批准权限为 1 亿元,有些局仅为 5 000 万元,如果分散实施,无疑将不能形成合力,项目分散,出风险的概率高。联合内部资源、利用集团优势能有效地控制风险,并能在大项目上发挥作用,在融资方面也可获得更大的

支持,减少竞争,获取更大的利润。鉴于此,中建股份以投融资方式开始基础设施业务,必须坚持集团化联合作战模式,发挥中建股份的技术、资金、品牌、管理优势和在资本市场上的融资能力。在集团化联合作战中,基础设施事业部要充分发挥总部职能部门总揽全局的作用。

以唐山滨海大道项目为例,唐山滨海大道项目(海港开发区至曹妃甸段内线工程项目)是唐山市"四点一带"经济开发战略的重点工程,是曹妃甸新区总体发展的先导性、支撑性基础设施项目,对唐山市经济发展具有重大的战略意义;同时作为中建股份与唐山市政府的首个合作项目,也是中建股份历史上最大的BT项目和最大的公路总承包项目,对促进中建股份基础设施业务的发展具有标志性意义。项目路线全长39.73km,投资总额为43.97亿元。规划为城市Ⅰ级主干路,双向4车道,局部6车道,设计速度60km/h。唐山滨海大道由中建股份以BT模式投资建设,总工期24个月,2009年6月15日工程全面开工,计划2010年10月31日主体通车。

此项目具有政治意义重大、投融资量大、工程路线长、征迁工作难、地质条件复杂、自然气候恶劣等特点,单个工程局不具备这样的投资建设能力,最终由基础设施事业部牵头,以基础设施事业部和中海集团为投资主体,联合交通银行和中海信托等金融机构,以二局、五局、六局、七局、八局、中建市政、中建铁路等为实施单位的集团联合体,开展集团化联合作战,目前此项目已经进入大干时期,各项工作有条不紊地开展,经济效益和社会效益巨大。

五、以科学发展观为指导,加强"以投融资方式拓展基础设施业务"工作的几点建议

中建股份已经上市,近两年内国家扩内需、保增长,以及城市化建设进程加快,给以投融资方式拓展基础设施业务带来新的契机,市场潜力巨大。我认为应坚定不移地坚持以投融资方式拓展基础设施业务的理念。结合几个项目的操作经验提几点建议。

一是选好目标市场,尽量避免随机性。建议由基础设施事业部牵头,在充分分析论证的基础上,明确市场定位,做好市场规划,选择经济实力强、有资源优势的地区作为以投融资方式拓展基础设施业务的重点地区,不再搞随机性的和一事一议的项目。

二是在明确市场规划后,由基础部组织系统内各局按资源优劣分工配合,市场相对固定。

三是在项目实施上应采用"圈"、"套"、"优化整合资源"、"协商"的方式。"圈"就是利用股份公司的大旗,先签订无约束的框架协议固定市场。"套"是在论证的基础上立即启动招标或议标的方式确定法律地位,防止政府变化,为整合资源赢得空间。"优化整合资源"就是要根据"套"进来的项目情况,优化整合内部和社会资源,降低自有资金投入和风险。"协商"就是在我们充分整合资源、确定商业模式后,再进一步协商条件,根据我们的实际情况提出有利于我方的商业条件。通过公关沟通协商使得政府接受我方条件,使项目达到风险、效益可控。

四是在以投融资方式拓展基础设施业务时应充分利用社会资源。根据现在的资本市场情况,资金供应充足,我们应充分发挥股份公司的品牌优势,诱惑和利用社会资金包括金融资金及民间资金加入,使我们实际投入资金的杠杆作用发挥最大化。

五是应由基础设施事业部牵头,会同投资部指定项目评审的具体量化指标,编制项目立项、可行性研究、项目管理实施的标准模板。

综上,中建股份在落实科学发展观的过程中,结合企业实际,坚持以人为本,做到全面发展、协调发展、可持续发展,统筹兼顾企业自身和区域经济繁荣两个方面,实现了"央企投资带动地方经济发展,地方基建促进央企结构调整"的双赢发展。在大胆尝试以投融资方式拓展基础设施业务方面,取得了一定的经验和成绩,实现了企业和地方的又好又快发展。

企业管理

关于提升建筑业劳务分包管理水平的思考

曹向阳

(中建一局集团第五建筑有限公司,北京 100024)

摘　要:本文肯定了建筑业资质改革后,施工企业内部形成的以施工总承包为龙头、以专业施工企业为骨干、以劳务分包作业为依托的施工企业组织结构模式;分析了施工实践过程中,劳务分包管理存在的专业化程度低、组织结构松散、素质参差不齐、管理粗放无序、合同履约失控、缺乏大局意识等种种弊端;查找了存在问题的原因,并提出了今后加强和提升劳务分包管理的对策与措施。

建筑业是我国最早进入市场经济的行业。按照项目法施工和改制、重组的需要,建筑施工企业原有施工班组陆续解散,自有工人经过转岗培训,充实到各种管理岗位,一线施工完全由劳务分包队伍实施,从而逐步实现了管理层与操作层的分离,新的用工制度得以建立并逐步完善。特别是2006年开始的建筑业企业资质改革,初步形成了以施工总承包为龙头、以专业施工企业为骨干、以劳务分包作业为依托的施工企业组织结构模式。但从十几年的实践经历来看,这种施工结构形式并没有达到预期的理想效果。劳务分包队伍专业化程度低、组织结构松散、素质参差不齐、管理粗放无序、合同履约失控、缺乏大局意识等种种弊端逐步显现出来,严重地扰乱了建设市场的秩序,给施工企业带来了质量、工期、安全、成本、稳定等多种隐患,也给社会增添了大量诸如恶意欠薪、经济纠纷、侵犯农民工合法权益等不和谐因素。在激烈的市场竞争形势下,创新和强化劳务分包队伍管理就成为施工企业持续稳定发展的关键。

一、劳务分包管理存在的主要问题

长期以来,各劳务分包队伍与总承包施工企业精诚团结,密切合作,在工程建设中发挥了重要作用,作出了突出贡献。然而,我们同样应该看到,由于市场不规范、监管不到位等因素的影响,劳务分包管理明显滞后,越来越不适应施工企业发展的需要。

1.素质参差不齐。建设规模的不断扩大,直接刺激了民工队伍的膨胀。在利益的驱使下,一些有经验的农民工摇身一变就成了"包工头",许多农民放下锄头、拿起瓦刀开始参与建筑施工。其实,建筑业是一个技术实践性非常强的行业。因为培训不足,许多农民工法律意识普遍不强,缺乏基本操作技能,不熟悉操作规程与规范,不懂安全生产防护知识,适应城市生活的能力也差。一些分包队伍中偷盗、赌博、嫖娼、打架斗殴屡有发生,诚信纪律意识淡薄。因为来源分散,分包队伍中的老乡一旦形成地域性"小帮派",还极易引发群体事件,给管理带来相当大的难度。少数农民工以自我为中心,片面理解"维权",缺乏理性,盲目冲动,甚至做出违法乱纪的事来。农民工素质的参差不齐,最直接的后果就是:人员不到位、管理粗放、操作无章、配合不当,造成建设工程工期滞后、质量低劣、安全隐患频现、文明施工退步等问题,给项目履约、企业创效和社会声誉埋下祸根。

2.经营行为不规范。一是挂靠现象普遍。不可否认,现在的劳务分包队伍,绝大多数具有"挂靠"性质,即没有资质的包工队挂靠在具有劳务分包资质的企业下面,便于与总包单位签订合同。而被挂靠单位只收取一定的管理费,并未履行监管责任。二是抗风险能力弱。大部分劳务分包公司由个人出资组建,作为一个独立法人的经济实体,本应该自主经营、自负盈亏、自我约束、自我发展,但由于其在市场准入门槛、注册资本金、管理人员素质、管理能力等方面水平极低,一旦因各种原因发生亏损,往往无力承担后果。一些低素质的劳务分包,由于没有按照合同要求完成工期、质量、成本控制目标,或者提交的结算报告水分偏大,或者索赔、变更资料不全,或者因为对合同某些条款存在争议等原因,就与总包企业扯皮,导致结算无法进行下去。三是转嫁亏损。有的劳务分包企业,为了转嫁亏损,有意无意地在总包与施工班组之间散布谣言、挑拨离间、制造矛盾。个别分包队伍有恃无恐,毫无诚信可言,中标后以价格太低为由强迫总包提价,一旦不能得逞,便擅自毁约、中途退场。更有甚者,少数"包工头"利用政府保护政策,打着为农民工讨薪的旗号,钻政策的空子,组织散兵游勇,采取堵工地大门、拉闸停电、围攻办公场所、上街游行、到有关政府门前静坐等手段,聚众闹事,敲诈勒索,严重影响了施工正常进行,对社会造成了不良影响。

3.任意侵害农民工合法权益。少数黑心"包工头",借施工周期长、农民工处于弱势地位的机会,利欲熏心,目无法纪,不与农民工签订劳动合同,不为农民工上保险,不按时给农民工足额发放工资,不按规定配置劳保用品;有的"包工头"无视农民工的人格、情感,粗言秽语,以罚代管;有的"包工头"无视农民工生命与健康,让他们在恶劣的环境下工作和生活;有的甚至恶意欠薪,揣着农民工的血汗钱卷铺外逃,销声匿迹。一部分"包工头"的无良行为,既损害了广大农民工的切身利益,也造成了劳务纠纷的频频发生。比如,在工伤事故的救援和处理方面,个别劳务分包企业要么坐视不管,要么束手无策,把一切责任推给总承包企业。为了顾全大局,为了维护社会稳定,总承包施工企业不得不承担起医治工伤受害人、安抚受害人家属、作好事故善后理赔等一切成本。以上举例,充分说明了当前一些分包队伍负责人社会责任感和处置突发事件能力较弱。

4.劳务成本不断上升。由于建筑业承包管理体制的不完善和监管的不到位,非法转包依然存在。一些劳务分包队伍"借壳"操作,取得项目施工资格后,抽取管理费"一包了之"。有的分包队伍虽然没有转包,但接纳了大量无资质、无能力的松散班组。这种多层次承包班组的普遍存在,大小"包工头"对利润的追求,使得劳务承包价格不断上涨,也给总承包企业埋下了债务纠纷的隐患。同时由于劳务分包自身管理力量的不足和管理能力的低下,使得总承包企业还要投入大量的人力、物力和资源来管理劳务分包队伍,管理精力被牵制,项目劳务成本控制成为老大难问题,有的项目因此陷入经营困局。

二、产生问题的原因分析

劳务分包队伍出现的种种弊端,是建筑业的普遍现象,问题的产生由来已久,原因复杂,既有客观因素,也有主观因素,是我国建筑业特定发展阶段必然付出的代价,但需要我们正视和努力解决。

1.建筑业对高素质农民工的吸引力降低。近几年,随着住房制度改革的深入、积极宽松货币政策的发布、基础设施建设和城市化步伐的加快,我国建筑业进入了快速发展阶段,施工企业对劳动力的需求与日俱增。而现实情况是,受计划生育政策、高考扩招、"三农"扶持政策的落实、乡镇企业就近就业等因素的影响,加上建筑业苦、脏、累、险、待遇低的特点,打击了农村剩余劳动力进入这个行业的积极性,客观上减少了农民工的供给,直接后果便是建筑业农民工严重不足。尤其是具有一定文化水平、思想素质和操作经验的农民工更加紧缺。一时间,高素质农民工成为职场"香饽饽",供不应求。施工高峰期,一些分包队伍关键岗位配置不足,"无序"流动问题严重,施工管理人员和熟练工严重短缺。为了应付检查,一些分包队伍不得不"多点开花",一名质检员同时挂名若干项目,同一工地一人兼多岗的现象更是司空见惯。许多建筑工地都因劳动力不足而导致工期一再拖延,建筑成本不断增加,令许多施工企业苦不堪言。

2.劳务分包管理模式存在缺陷。建设部2001年6月颁布的《房屋建筑和市政基础工程施工招标投标管理办法》和北京市政府2003年6月颁布的《北京市建设工程招标投标监督管理规定》都提出:"建设工程施工专业分包、劳务分包采用招标方式的,参照本办法执行"。但如何参照执行须进一步研究。第二个问题是劳务分包招标没有现成的管理模式可循。现行的工作程序、示范文本都是结合总承包工程项目的实际情况研究制定的,其中很多条款、程序、文本表格都不适用于劳务分包招标的实际情况,这给招投标监管带来一定困难。如何研究探索一套规范运行、简便易行、切实可行的劳务分包招投标管理办法、工作程序、运行模式成为当务之急。

3.现行法规对劳务分包队伍缺乏约束力。在实际项目施工中,总承包施工企业和劳务分包队伍的利益目标是通过合同来约定的。实际上,签订合同很容易。困难的是,劳务分包队伍作弊和造假的手段极其高明,总承包企业很难查清楚劳务分包队伍的各种条件。即使是签订了劳务分包合同,但合同对分包来说也缺乏刚性的约束力。实际上,劳务分包违约了,总承包企业也拿不出有效办法制裁对方。一支没有固定场所、没有固定资产、没有一定注册资金、仅有素质不高人员的劳务队伍,如何确保其自身应有的技术能力、赔偿能力、自我完善提高能力和社会劳动保障能力去参与规范化的市场运作,这一系列具体问题亟待进一步实践、探索。

4.管理制度不健全、监管不到位。一是从行业部门看,到目前为止,关于建筑劳务分包企业的设立形式及规模、运作模式及程序、监督体系及机制等一系列规范性措施文件尚未配套出台。二是政府制定的工程承包合同条款本身存在法律欠缺,工程业主随意指定分包队伍(俗称甲指分包),随意修改标准合同,规定一些有利于分包队伍的条款,为结算埋下隐患。三是政府对层层转包和支解工程处理软弱,给管理和结算造成一定难度。四是政府对市场管理不规范,垫资现象普遍,这又是分包管理难的一个症结所在。五是政府有关部门一直强调总包负责制,似乎发生在施工现场内的所有问题都必须由总包企业解决。而劳务企业作为独立法人的存在,劳务承包合同的合法性往往被忽视。农民工是城市建设的主力军。因此,变劳务分包队伍松散组织为固定组织,有效保证广大农民工合法权益,使他们生产安全有保障、教育提高有依靠、生老病死有社保,应该成为各级政府努力的目标。所以,进一步健全、完善建筑业劳务分包企业的管理,也是我国建筑业改革发展的必然选择。

三、今后需要加强的对策与措施

劳务分包队伍的素质低下与管理混乱,造成了项目管理难度加大、控制力度减弱、劳务纠纷频繁发生,给总承包企业增加了不必要的负担和麻烦,直接影响施工生产,直接影响到社会和谐。因此必须充分认识到做好劳务管理工作的极端重要性。我们总承包企业要切实履行总包监管职责,积极探索、实践新形势下劳务分包管理的新途径、新办法,采取切实有效的精细化管理措施,加大劳务分包管理的力度,以实现长期合作、互利共赢。

1.把好"三关",摸清劳务分包资质、实力和组织结构。一是把好审核关。总承包企业在承接一项工程前,首先要根据工程体量、结构状况、质量标准、工期要求等因素,选择数家劳务分包企业参加投标,重点把好资质审核关。坚持劳务资质不符合要求的不用,资质未经年检的不用,资质借用、挂靠的不用,保证劳务资质符合市场要求。二是把好考察关。总承包企业要组织项目部相关人员对劳务分包在建工程现场实地考察,走访业主对该劳务分包的评估,从保证工期、工程质量、安全管理、现场文明施工、技术能力、管理水平、人员素质等全方位考察、调研、认证,防止低素质队伍进入总承包企业,造成不良后果。三是把好组织结构关。审查劳务分包队伍项目班子组建是否符合要求,项目经理、五大员、三大工种负责人有无岗位资质证书,核查其近期施工项目业绩是否名副其实。

2.完善劳务分包合同,提高约束强制力。一是在招标文件的编制阶段,根据项目的特点,明确承包范围和承包内容。总承包企业与劳务分包队伍签订劳务分包合同,要做到"全、细、实、准"。所谓全,就是合同中的劳务分包内容要全;细,就是各分部分项工程施工的子目要细,不能缺项、漏项;实,就是合同中对劳务分包的要求扎实具体、便于操作;准,就是要根据工程实际情况,参考市场行情,测算出相对准确的劳务承包价格。二是在合同履约过程中,项目各部门的管理人员要熟悉劳务合同,做好基础资料的积累工作。三是在合同结算阶段,严格执行合同条款,严控合同外用工;不可避免的合同外用工必须程序化管理,月结月清。

3.完善机制,强化日常管理。一是要建立健全各项管理制度,以制度约束劳务分包的行为,做到有法可依、有章可循,使劳务管理工作制度化、规范化、信息化,规避管理混乱带来的不和谐因素。二是加强施工过程管理。总承包项目部要配备强有力的管理班子,对劳务分包人员进场情况、流程安排、工期保证、质量控制、安全防护、文明施工措施等内容要跟踪检查,防止工期拖延,杜绝质量、安全事故的发生。三是通过实名制等形式,加强劳务分包用工管理。劳务分包必须向总承包项目部报送进场人员实名制花名册,每一进场人员必须经过三级教育并持证上岗,特殊工种持证率必须达100%。在日常工作中,要定期开展劳务用工检查,监督劳务分包按时、按月发放工人工资,提前预防恶意讨薪、上访等事件的发生。四是劳务分包管理的内业资料要标准化,重点抓好人员进出场、月考勤、月工资支付三个方面的工作,作好突发事件的应对准备。五是总承包施工企业必须学会应用法律武器保护自己,比如聘请法律顾问参与分包合同审核和结算过程。遇到纠纷时,立刻报警,通过司法程序解决。

4.广泛挖掘劳务分包资源,形成动态竞争机制。问渠哪得清如许,为有源头活水来。一是选择在建筑市场上有一定实力、知名度、影响力、管理规范的劳务企业,一来便于管理,二来发生纠纷或矛盾后便于协调、沟通和处理。二是推进与优秀劳务分包企业的深度合作,建立战略联盟,共同发展,达到双赢或多赢的局面。三是建立有效的竞争机制和合理的评价体系,综合考评劳务队伍的优劣,保留一定比例的淘汰率。比如,总承包企业把内部所有劳务分包队伍分成A、B、C、D四个等级,每年评定一次。规定获得A级评定的,拥有优先使用权;被评定为D级的,直接淘汰出局,永不合作。四是与一些劳务大省建立长期的用工协作关系,形成稳定的劳务来源,有效控制私拉滥招、非法用工问题。五是改革现有承包模式,尝试按工种或班组承包,省略不必要的中间环节,降低劳务成本,让利润回归企业。六是建立自己的劳务承包公司。一支相对稳定、技术熟练的自有施工队伍的存在,可以提高公司在劳动力方面的自我保障能力;可以成为公司创长城杯、鲁班奖的中坚力量;可以成为公司内部劳务市场的平衡

力量,起到一定的调控劳务价格的杠杆作用。

5.强化培训,提高综合素质。建筑劳务分包队伍与一般服务性行业的不同点在于:粗放型、规模型、密集型和高危型。所以必须建立民工培训基地、农民工夜校等形式,把文盲、法盲和技术盲在培训基地进行消化。另外,进施工现场之前,还要不断对农民工进行大量的岗位技术培训,通过实践和锻炼,不断提高文化素质和操作技能,把他们打造成新型产业工人,使之融入城市。作为一个纯劳务分包企业,除了必须缴纳正常应纳的各种基金、税金、规费外,还必须向总承包企业支付一笔培训教育费或企业管理费。总承包企业还要充分发挥工会组织的作用,把工会建立到农民工队伍中,以提高其组织意识和主人翁意识。

6.加强劳务管理员队伍建设,改革现行评标机制。总承包施工企业必须将劳务管理工作作为企业管理工作的重要组成部分,落到实处。目前,大部分施工企业一线劳动力管理员严重不足,在从事劳务管理的岗位上,很多人还没有上岗证书。这一状况与企业持续扩张的规模极其不相适应。不断增加的施工面,要求我们必须加强专职劳动力管理员队伍的建设,增加人员配备、提高素质、提高待遇,真正体现责权利三统一。另外,还要改革现行的评标机制。目前,总承包企业在选择劳务分包队伍时,均采取了最低价中标的形式。从中标价看,似乎对成本有利,但实际使用过程中经常产生"低报价、高索赔"的隐患。其实,好队伍其人工成本和管理成本必然较一般队伍高,在投标报价时必然不是最低价,这样使得高素质队伍常常在"最低价中标"的条件下被淘汰出局。便宜没好货,好货不便宜。因此应采取合理低价中标的方式选择分包队伍。

随着市场开放性程度的提高,国外建筑投资商和承包商进入,政策法律、法规逐渐国际化,进一步规范和完善建筑业专业分包体系,将是我国建筑市场发展的必然趋势。另外,随着市场竞争的加剧,建筑工程业主对质量和服务水平的要求越来越高。这就需要我们国有施工企业必须提升核心竞争力,改变单一的劳务承包模式,建立多层次、多渠道劳务用工机制,既是适应建筑业发展的需要,也是企业提高集约化管理水平、实现持续稳定发展的需要。

中建城建公司绩效考核体系改革研究

姜 旭

(中建城市建设发展有限公司,北京 100037)

> **摘 要**:本文以中建城市建设发展有限公司的绩效管理为研究对象,首先以行业背景和企业背景为出发点,提出了中建城建公司进行绩效考核体系改革的意义。其次对中建城建公司绩效考核现状及问题进行分析。接着具体论述应如何进行绩效考核体系改革,主要从绩效考核体系设计的重要性分析、绩效考核的原则、改革思路和影响绩效考核偏差的因素分析进行论述。最后提出了中建城建公司绩效考核体系改革的对策和思路。通过对本单位的绩效管理改革进行探讨,谋求企业在现代化管理进程中的持续改进。

一、研究背景及意义

(一)研究背景

1.行业背景分析

(1)建筑施工行业的特点

建筑业作为我国国民经济的支柱产业,近年来,整个行业呈现平稳上升态势。中国建筑市场主体之间将出现新一轮结构调整,建筑市场将呈现出新的竞争格局。建筑市场的竞争主体将逐步集中在专业突出、资本雄厚、管理先进、技术装备程度高的大型建筑企业之间展开,建筑业正由劳动力密集型竞争逐步向资金密集型、高技术型竞争过渡。

建筑施工企业的竞争力在很大程度上来源于专业技术管理人员的业务能力和综合素质,优秀的人才是施工企业最宝贵的资源以及企业生存和发展的保障。在当今这个以知识经济为背景的社会里,无论是服务业还是制造业,其产品的竞争最终仍要落实至企业人才之间的竞争。这一点在服务业内更为直接。现代企业人力资源管理已远远超出传统人事管理的范畴,它是建立在知识经济平台上并直接为企业经营战略服务的。市场竞争最终将体现为人才竞争,而国内建筑施工企业的内部管理在人力资源方面参差不齐。相当一部分企业在不同程度上还保留着较浓厚的计划经济时代的人事管理色彩,已不能适应市场经济环境下企业经营发展对人力资源管理的要求。因此,建筑施工企业在人力资源管理上需要尽快掌握"识才、用才、爱才、聚才"的方法,一方面要制定和实施全方位的人才战略,培养造就大批的优秀人才,以在新一轮竞争中赢得主动;一方面应加快建立有利于引进人才、留住人才和人尽其才的收入分配机制,努力形成尊重知识、尊重人才、促使优秀人才脱颖而出的良好氛围。

(2)建筑施工行业的绩效发展趋势

从国内建筑施工行业目前绩效管理的发展趋势,可以发现如下三个鲜明特点:其一,从目标导向到过程管理。传统的绩效评价单方面强调目标的设置与分解,现在的绩效管理趋势不仅强调目标设置和分解,更强调从绩效计划、绩效辅导到评价和激励的全过程管理和监控,尤其要突现管理者的沟通、反馈、辅导和激励的作用。其二,从结果导向到发展导向。传统的绩效管理或是仅仅关注工作任务和结果的完成水平,或是更多强调绩效目标完成与薪酬激励之间的关系;现在的绩效管理趋势除关注上述方面之外,更加关注员工的行为表现和投入程度,更加强调员工的个人成长和发展。其三,从单向评价到系统评价。从上级、下级、同事、自我、客户、供应商及合作伙伴等多个侧面来评价员工和管理者的绩效和行为。

2.企业背景分析

中建城市建设发展有限公司的前身是中建实业开发公司,1999年机构改革,总公司将中建房地产开发公司并入中建实业公司,主要从事地产开发业务。2002年,根据总公司的要求,公司主业调整为工程总承包,并将公司更名为中建城市建设发展有限公司。中建城建公司转型后为房建一级和房地产一级企业。

2004年7月,中建发展成立后对中建城建实行了一系列重大整合改革举措,中建城建公司经营规模呈爆炸性增长。至2007年,公司经营规模和项目收益分别是2003年的9倍和5倍,为公司后续发展奠定了坚实基础。

2007年10月,中建发展为响应股份公司上市的相关部署,进一步突出承建业务的专业化管理,将中建城建公司作为中建发展承建业务的载体从本部拆分出来,开始独立运营。

公司目前最大的财富是在中建文化的背景下凝聚了一批擅经营精管理的优秀管理人才;创造了一个以人为本、稳健务实、勇于开拓的核心团队。公司班子成员绝大部分都出身于项目经理。中建城建公司共计员工489人,其中,本部管理人员87人,项目班子管理人员109人,注册一级建造师资格53人,一级造价师22人。为中建城建公司的快速持续发展发挥了巨大的作用。

中建城建公司目前承担着以中建股份和自身名义承接的55个项目、合计230万m²的工程项目管理工作。

(二)研究意义

绩效管理作为国内外企业中流行的现代管理工具,在企业管理中占有极其重要的地位。绩效管理既注重企业整体绩效又注重员工个人绩效,而员工绩效是依据员工和他们的直接主管之间达成协议,实现一个双向式互动的沟通过程。对员工绩效的有效考核并及时反馈沟通,能激发员工的工作热情和创新精神,形成高效的团队,使员工个人和企业实现双赢。

在市场经济环境下,企业要想发展,就必须有效地吸引和使用人才;人才若想发展,就必须不断地寻找适合自己的就业机会和工作岗位。企业选择人,人也在选择企业。企业需要人才充分发挥作用,人才也希望进入能够充分发挥才能的企业。这在传统管理模式下是难以实现的。企业只有引入现代企业管理理念,建立人力资源管理机制,才会更好地吸引人,也只有通过有效的人力资源管理机制,通过对员工进行科学的培养、激励和使用,满足员工的各种合理需求,才能使一大批优秀人才脱颖而出。有效的人力资源管理机制能够使职工在实现企业目标的过程中提高才干,增长本领,实现个人的社会价值。

二、中建城建公司绩效考核现状及问题分析

中建城建公司以项目管理人员(专业技术管理人员)为主,有着建筑施工行业的普遍特点,同时由于历史原因,人力资源的管理仍带有较浓厚的计划经济时代色彩。虽然也初步建立了绩效考核制度,但考核的设计和实施仍未能摆脱传统管理思想,绩效考核体系的信度和效度不高。这从某种角度来讲一方面难以有效提升企业的整体绩效,另一方面也不能够充分调动员工的工作积极性。因此,绩效考核体系的改革创新是企业必须解决的问题。

该企业绩效考核目前面临的主要问题在于:

1.考核内容量化不够。岗位绩效考核标准、考核条件过于抽象和笼统,缺乏具体的量化指标,考核中存在按印象打分的现象。对此,急需确定严格准确的量化公式及尺度,准确客观地反映员工的真实情况,以充分调动员工工作的积极性。

2.针对性不够。考核标准过于通用化,未能针对每个岗位的工作内容分别明确具体的达标要求。对岗位工作测评不全面、不深入,难以发现问题。考核在一定程度上流于形式,不能达到预期效果。

3.操作不规范。习惯于原有领导层集权考核方式下的员工,对于新考核方式的权威性和合理性的认知还有一个过程。被考核者在述职时,往往夸大成绩,避谈缺点。而考核人对考核的重要性认识不够,往往在评议中充当老好人,导致考核结果无效。

企业管理

4.考核总结欠缺。由于考核体系的先天不足,考核结果的反馈不受重视。考核结果未能在改进工作、提高效率、促进管理方面提供高质量的信息输入,使考核作用不能充分发挥。

以上问题的存在,一是影响考核工作的严肃性,使绩效考核流于形式,领导难以摸清员工队伍的真实情况,容易造成用人决策失误;二是影响考核的真实性和客观公正性,形成员工自我约束、自我发展的局面,不利于员工明确发展的导向。

三、建立有效的绩效考核体系

1.绩效考核体系改革的必要性分析

绩效管理体系是人力资源管理的一个重要系统,通过建立绩效考核标准,据以评价员工的绩效,以便形成客观公正的人力资源决策。人力资源管理的每一个环节,如员工的薪酬确定、培训、岗位调整、职务升降、激励等都离不开员工的绩效管理,都是以绩效管理为基础和依据的。绩效管理的科学性和客观可信度是能否有效地开发员工人力资源的关键,所以绩效管理是现代人力资源管理的基础和关键。传统的绩效管理模式是基于传统的人事管理思想而产生的,现代绩效管理是与现代人力资源管理思想息息相通的。绩效管理的实质不仅仅是为了得到一个公正的考核结果,而是在于通过持续的、动态的、双向的沟通,达到真正提高组织和个人绩效的目的。企业生命周期中的成长期阶段,绩效评价体系从零开始建立,在这个特殊的阶段,体系的建立随着企业的基础管理实际、组织结构变革而在不断调整,体系建立的过程中会有相当长的调试和磨合期,从管理实践看,必须关注实际操作的关键控制点。从企业的生命周期看,企业的发展可分为导入期、成长期、成熟期和衰退期四个阶段。一般而言,导入期的企业规模较小,管理粗放,这个阶段的绩效考评方式相对简单,也没有较为完整的评价体系,往往以主要领导层的评价为依据。但是经过一段时间的发展,企业的规模逐渐庞大,人员构成也日渐复杂,面临的市场竞争日益激烈,企业开始面临成长期的发展压力,此时原来简单粗放的绩效考评方式已经无法适应企业日常管理的需要,更无法匹配企业在诸如组织架构、内部流程、人力储备等各方面的改革举措。因此,对于处在成长期的中建城建公司而言,通过改革建立能够适应公司发展需要的绩效考核体系就变得势在必行。

2.绩效考核的原则

绩效考核工作需要认真落实科学发展观和正确政绩观要求,坚持"五项原则",建立健全科学的考核管理体系,以考核引导员工发展、促进企业管理,充分调动员工的工作积极性、主动性和创造性。

一是考核对象的全方位原则。在总结考核工作经验的基础上,对工作目标考核体系不断进行修改完善,制定出台全方面的考核意见,实现考核面上无遗漏。将工作目标细化分解到人,明确职责任务,使人人身上有指标,个个身上有压力,形成了涵盖每一名工作人员的全员目标责任体系,在全公司营造个人分工负责、创造性开展工作的浓厚氛围。

二是考核内容的重点性原则。在绩效考核中既要做到全面具体,又要区分主次。在广泛征求员工意见的基础上对各项指标设立权重,让员工清楚地认识到哪些指标是重点,应该重点抓。

三是考核办法的公平性原则。一方面对各个层次的考核目标、计分办法等在往年的基础上,全部进行了再细化、再量化,确保加分扣分均有根有据,加得清楚、扣得明白;另一方面在抓好综合性考核的基础上,应考虑不同部门的不同情况,制定专项奖惩考核制度,奖励加分,鼓励创新,进一步体现考核的公平性。

四是考核结果的客观性原则。强化工作督查,进行重点跟踪督查,定期通报,及时掌握工作进度。对项目经理部实行现场考核工作法,对每一项工作目标完成情况,由考核责任单位组织人员实地查看,现场考核。考核过程中,充分运用现代信息化和多媒体手段,对考核证据存档备查,减少人为因素。考核结果及时在全公司范围内公布,接受监督,保证考核结果的客观真实。

五是考核评价的导向性原则。在考核结果运用上重奖励轻约束。对考核优秀的,除给予精神奖励外,做到经济上重奖、政治上重用,并坚持奖罚严明。同时对考核靠后的部门或个人进行了通报批评,较好地树立了重实绩用干部的用人导向,取得了较好的企业反响。

3.改革思路

中建城建公司的绩效考核体系改革的整体思路为:整个体系划分为业绩评价和素质评价两方面,每方面又各划分为几个层次。业绩评价是指运用数理统计和运筹学的方法,通过建立综合评价指标体系,对照相应的评价标准,定量分析与定性分析相结合,对企业部门(项目部)或员工一定经营期间的赢利能力、资产质量、债务风险以及经营增长等经营业绩和工作努力程度等各方面进行的综合评判。业绩评价一方面要通过建立指标体系对生产部门和智能部门进行评价;另一方面要通过对部门指标的分解对员工进行评价,为决策者提供决策依据。

素质评价包括对中层管理人员进行的上下级全方位评价和对一般员工进行的上级评价和部门员工互评,主要针对能力素质表现、品德修养表现、知识水平应用这三方面来评价每个人的胜任力。

科学地评价企业部门和员工业绩,可以为公司决策层行使经营者的选择权提供重要依据;同时,还可以为有效激励企业各级员工提供可靠依据。

(1)明确岗位的工作成果及期望目标。

①岗位描述可以明确员工的具体职责和目标,岗位说明书的具体内容及日后的任何变更务必与员工明确沟通。

②管理者应根据业务的具体特点(如年初公司管理层绩效规划时参考年度目标),确定下一个绩效时期对员工的具体要求。

③上级应反复沟通员工被期待的工作成果与公司或团队年度目标的关系。

(2)沟通考核办法,明确具体绩效标准。

考核办法包括考核流程、绩效反馈渠道及时间表等,具体标准可包括:

①工作具体成绩。如对客户反应速度的满意程度,质量事故数,安全事故件数,客户投诉数,时间表的遵守程度等。

②资格条件。包括工作所需的基本资格与专业资格条件,评价主要基于客户反馈。

(3)明确工作方法、规则和可利用资源。

工作方法包括采用途径、时间表等;规则包括:个人决策权大小、沟通渠道与方法、提高质量之特殊策略与途径;资源包括:人、财、物、信息、辅导。

(4)确定工作的轻重缓急。

教会员工分清轻重缓急,可能出现的重要事件排序,预先尽可能多地讲解绩效考核中各项指标的权重。

(5)确定近期可提供辅导的时间和最近一次回顾工作进程的日期。

①让员工了解近期工作安排,有助于员工了解工作方向。

②确定工作回顾日期有助于增强员工对工作任务的承诺,并及时掌握员工的工作情况,更加真实客观地进行考核评价。

4.影响绩效考核偏差的因素分析

影响考核的因素主要有三方面:

一是人的因素。负责绩效考核的人员必须正直、无私、综合素质高;在处理任何事情上要对事不对人,并坚持"公正、公开、公平"的原则,对所有企业成员一视同仁,这样才能树立起在考核中的权威,利于考核工作的开展,形成良性循环。

二是考核制度和标准。公司已经制定了一整套的规章制度、标准,现在需要根据这些制度标准、公司的年度目标以及被考核的各岗位职责制订出有针对性、可操作和足够明晰的绩效考核指标。制定考核标准是一项复杂而难度大的技术性工作,需要在充分调查研究的基础上,广泛征求意见,反复讨论确定。即使是这样,也不能保证每一个岗位的考核标准都是绝对科学合理的,还需要在运行过程中,根据实际情况对考核标准不断进行修正和完善。

三是对待问题的处理。对于考核结果所反映的问题,要及时妥善处理。一方面,对于问题的出现要对部门负责人(项目经理)予以指出;另一方面,还应协助解决问题,寻找出解决问题的最佳方法和途径,帮其提高工作效率和水平,并根据同一问题的出现采取不同的处理方法。

四、对策及建议

绩效考核的目的是实事求是地反映员工工作的

长处和短处，以便让员工及时改进和提高。

1.针对中建城建公司的实际情况，在进行绩效考核中应注意以下几个问题：

（1）因地制宜，着眼企业基础管理实际。完全照搬成熟企业的管理理念显然是无法奏效的，因此，建立成长期企业绩效考评体系的第一步，就是要了解和分析企业现有基础管理的实际情况，找出可能对考评体系搭建构成障碍的若干瓶颈，从而切实保证考评体系与管理实际较好地融合。

（2）借势而为，跟进企业组织结构变革。对于推进机构扁平化改革的成长期企业，适应扁平化模式下的绩效考核方案必须是整体改革框架的有机构成，因此，在推进组织结构变革的过程中，一定要抓好对考核体系的制定和调整工作。

（3）综合评价，增强指标体系的科学性。具体指标制定的科学性是有效实施绩效考核工作的前提，因此，评价体系的确定要建立在对大量基础数据梳理和分析的基础上，同时，尤其要做好对各经营单位实际状况的调研工作。指标的制定应适度融入"自下而上，自上而下"的博弈机制，增强指标博弈中的公平性。

（4）透明公开，建立面向被考核对象的信息系统。随着成长期企业的业务不断拓展，企业逐步开始考虑建立各类信息系统，这其中也包括绩效考评信息系统。事实上，如果能以绩效考评最终的目标为出发点，了解到考评除了是对以往工作的评价，更是对今后工作的指导，就不难意识到建立面向被考核对象的信息系统的重要性。

2.成长期企业的评价体系建立的过程中一定会有相当长的调试和磨合期，从管理实践看，必须关注几个实际操作的关键点。

（1）有专门的组织和人员打持久战。绩效评价体系的建立需要企业领导层达成共识，给予高度的重视和支持，要成立专门的绩效考核委员会，由主要决策层挂帅，主要管理部门牵头，各级单位共同参与，同时配备专职绩效考核工作的人员跟进考核体系搭建和改进的全过程。只有企业上下都能把绩效考评体系的建立当成一项长期工作来做好做实，并在决策、组织和人员上得到保证，才能不断地推进和完善这项工作。

（2）从不同的条线各个击破，逐步建立完整的体系。从企业的不同业务条线来看，成长期企业的岗位设置日渐健全和复杂，可能涉及营销、操作、管理等不同的条线，建立适用不同条线的考评方式需要较长时间的摸索。可以考虑先从核心条线着手，逐步涵盖各类岗位，这样既可以有重点地推进考评工作，也给员工一个逐步适应精细化管理的过程，防止一步到位带来的方案考虑不周和员工的情绪抵触等不良反应。

（3）培养各级经营管理人员的参与性和全局观。绩效考核工作的深入通过精细化的指标设置和评价体系为企业算了一笔"明细账"。对于在向精细化迈进的成长期企业而言，从粗到细是有一个过程的，如果各级经营管理者仅从自身利益出发，"样样算账"，在信息支撑等基础尚不完善的情况下，将带来极大的管理成本，同时，也可能在企业中形成"斤斤计较"的工作氛围，因此，在实施绩效考核方案时，一定要做好各级经营者的沟通和教育工作，使他们更多地从全局和发展的角度来贯彻和推进考核工作。

（4）宣讲和培训要深入人心。成长期企业的绩效考评体系从无到有，一定要注意方案的宣讲和培训，不能让方案停留在仅仅几个具体实施人员悉知的阶段，也不能让考核仅仅成为管理层的事情，要让全员了解和参与进来，防止因宣传不够导致的误解和因培训不够导致的误导情况的发生，同时，通过宣讲和培训中的双向沟通也可以帮助企业更好地改进考核方案，只有这样，才能通过考评工作来发现问题、改进工作和指导决策。

五、结　语

中建城建公司正处在快速发展阶段，而成长期企业发展的一个重要的转折点，有其特殊的发展基础和管理需要，粗放简单的考评方式无法适用，但全面完整的绩效评价体系也并非一蹴而就，必须从企业的管理基础出发，逐步梳理和完善考评体系，同时着手建立与之匹配的支持系统，加大宣讲和培训的力度，从各个方面发力，才能真正发挥绩效考评体系的作用，帮助企业实现成长期快速、稳健的发展要求。

企业管理

加强建筑施工企业的"二次经营"

李光庆

(中建一局集团第三建筑有限公司,北京 100161)

摘 要:随着建筑市场的竞争越来越激烈,建筑施工企业的利润空间越来越小。做好施工企业的二次经营,是施工企业降低成本、增大赢利空间、提高竞争力的关键。这种情况下,我们非常有必要认真研究如何加强建筑施工企业的"二次经营"工作。首先要加强对"二次经营"的认识;其次是通过扎实履约、与业主建立良好合作关系、调动全员参与等措施,使二次经营工作渗透到项目管理的每一个环节;第三是重点抓好二次经营的具体工作,比如现场管理、费用管理、施工材料管理、合同管理以及基础工作管理,通过各个环节共同作用,形成合力,促进"二次经营"取得实效,实现企业的利润最大化。

建筑行业是众所周知的微利行业,是国家第一批推向市场的行业,适者生存,优胜劣汰。而在当今的建筑行业的市场上,施工企业鱼龙混杂,恶性竞争,低价中标,甚至低于成本价中标的现象司空见惯,应该说每拿到一项工程都饱含着集团、公司以及各方相关人员的艰辛和汗水。

在这种严酷的市场竞争中,资金到位、利润丰厚、前期准备充分的好项目已经越来越不好承接了,尤其是我们近几年来主推的外埠市场,相对于北京市场,其业主的要求很高,但造价水平普遍偏低。所以,面对巨大的成本压力,我们常常如履薄冰,因为稍不留意,就会在履约方面被业主抓到把柄,进而降低赢利,甚至造成亏损。但是"走出去"、大力开拓外埠市场又是我们做强做大企业的一个必然的选择。尤其是2008~2009两年间,面对席卷全球的金融危机,中建一局集团公司明确提出要优化产业布局、拓展京外市场、加快发展步伐,我们作为子公司,势必要在全力巩固北京市场的同时,扩大区域开拓成果。这种情况下,我们非常有必要认真研究如何加强建筑施工企业的"二次经营"工作,提高项目的赢利空间,这无论是对京内京外市场都非常有必要。

一、正确认识"二次经营",提高对"二次经营"的重视

二次经营是项目经理部贯穿于工程施工全过程的主要经营行为,是相对于一次经营(市场营销)和三次经营(尾款回收)而提出的。二次经营是甲乙双方履行合同时发生的一切商务经济行为,"一次经营抓任务,二次经营抓效益",因此,二次经营是施工企业经营过程的一个有机环节,同时也是贯穿于工程施工全过程的重要经营行为。同时,二次经营是一个重要环节,是施工企业项目成本管理的重要环节,直接影响着项目最终的赢利。施工项目的成本管理,是指在项目成本的形成过程中,对整个工程施工过程中所消耗的人力资源、物质资源和费用开支,进行指导、监督、调节和限制,及时纠正施工项目实施中发生的偏差,把各项生产费用控制在计划成本的范围之内,以保证成本目标的实现。二次经营的特点是施工企业可以充分利用在施项目的特点,实现降低成本、追求高效益的经营结果。近年来,随着国家对建筑行业立法强度和立法管理的逐步加大,对工程项目施工管理要求越来越规范化。激烈的市场竞争使得利润空间越来越小。因此,施工企业必须在项目施工中更加有效地进行项目管理,才能获得利润,二次经营是施工企业项目成本管理的重要环节。

当然,我们加强管理是为了更好地赢利,所以降低成本、实现利润是二次经营的最终目的,我们的一切行为都将为这个最终目标服务。二次经营就是要优化施工组织管理和收支管理,增加技术和统筹含量,大力提高生产力,对施工过程中的收入和支出进行细致量化的管理,并提升过程管理质量,实现工程收入最大化、工程物耗最小化,降低工程成本,提高

企业管理

施工企业的赢利水平,实现企业目标利润,创造良好的经济效益以及社会效益。

二、关于加强"二次经营"的几点思考

1.扎实做好履约,是二次经营的前提和基础

公司总部是企业履约的总控者,项目经理部是企业履约的直接践行者,也是做好二次经营的关键,项目经理部在工程操作过程中,一定要确保合同约定的工期、质量、安全、文明施工条款的实现,一定要用科学计划,保合同工期;一定要用细致管理,创一流质量;一定要用严格管理,保生产安全,这是我们建筑企业应尽的本分,也是我们感动业主、取得业主信任、让业主折服的手段,是我们在谈判桌上最有力的武器。有了这些,让业主从心里认可我们、佩服我们的管理水平以及打硬仗的能力,进而让他们相信或信服我们提出的洽商、变更、方案甚至于认价、计价、结算方案的科学性、合理性、无可辩驳性,二次经营就会朝着越来越有利于我们建筑施工企业的方向发展;反之,如果我们自身工作没做好,就缺乏与业主谈判的资本,二次经营必然无法取得预想的效果。

2.全力服务业主,为二次经营营造良好的氛围

业主和项目部是矛盾的统一体,工期、质量、安全等目标是统一的,是双方一切工作的出发点和落脚点,甚至两方一荣俱荣、一损皆损。履约做得好,业主管理层就可能受到上级领导的表扬、嘉奖、加薪,进而职位升迁。但是双方毕竟是利益的两端,在一些原则问题上,必须基于自身或自己的企业考虑,所以我们必须掌握好与甲方之间的关系,但总之,创建一个和谐的、融洽的现场管理环境,甲、乙方尽量多沟通和交流,多为对方着想,对我们的二次经营工作开展是有百利而无一害的,我们在日常工作中,无论是变更洽商、催发材料款还是其他细节,一定要保证自己站在"为保证工程顺利进行"或"从双方共同权益考虑"的不败立场,这样既可以顺利提出我们的诉求,又能使对方较为容易理解和支持,促进双方以诚相待,形成和谐融洽的合作氛围,这样就可能使业主在洽商、签证、结算付款等关键时刻,在合理、合法的情况下对我们宽容以待。

3.集结多方力量,统一为二次经营服务

二次经营是一个系统工程,也是一个非常艰难漫长的过程。我们应该从企业角度出发,建立长效机制,在全公司形成统一思路,建立二次经营网络,形成二次经营指导中心。做到统而不死,放而不散。加大与投资单位、设计单位、监理单位的沟通和联系。通过投标前、中标后、管理过程三个阶段,铺开二次经营的实施过程,与此同时,还要调动公司总部、项目经理部全体员工参与二次经营的积极性和主动性,各方相互交流、相互促进、积极配合、形成合力。在工作中,要让员工熟悉文件、抓住重点、注重细节、注意沟通,坚决避免二次经营工作因小失误、小细节而受挫。

三、重点关注"二次经营"的具体环节

二次经营的本质是施工企业可以充分利用在施项目的特点,通过对合同条款进行认真分析,结合现场实际情况来进行变更索赔、调价,从而来达到降低成本、追求高效益的经营目的。因此,我们要从细节入手,做好二次经营。

1.成本管理事无巨细,效益靠细节实现。 项目经理部在整个项目施工过程中一定要加强全员全过程控制成本的观念,从细节上控制成本。

(1)管理费用支出必须贯穿于项目的始终,对于这一部分费用的控制要严格执行公司制定的薪资标准和各项规章制度,奖罚结合,奖罚分明,要充分调动管理人员的积极性和主观能动性。重点培养懂施工、懂技术、会经营、能管理的复合型人才,做到一专多能,使项目部人尽其用、各尽其能,从而降低现场经费支出;在办公消耗和水电管理方面要采取各项节约措施,反对浪费,将成本控制的思想融入到日常工作的点点滴滴中,最大限度地降低内部消耗和日常费用开支。在招待费和现场管理费的控制上,要制定严格的程序,对不符合要求的费用坚决不予报销。千万不要认为这些费用都是"小钱",从而放松警惕,降低标准,因为一个项目的施工往往要持续一两年,甚至更长时间,这些费用的支出是每时每刻都在发生,日久天长,积少成多,会严重影响工程的成本支出。

(2)施工材料的控制是二次经营过程中的重点,物资部门一定要在保证质量的前提下,对物资的价格、数量进行严格控制,要确保把好进货关、使用关和回收关。一是控制钢筋用量。钢筋作为占项目成本比例最大的一项,控制尤为重要,难度也比较大,需要付出很大的努力。首先,应该控制钢筋收料数量的准确性,每一批供料都应该由指定的物资员、工长、

施工作业人员等三人以上共同验收,而且严格检查,控制误差降到最低。其次是下料方面,由技术员和工长严格审核钢筋料表,发现问题要及时上报、修改,审核完的钢筋料表方可送往制作场进行加工。再次,对于现场绑扎和搭接超长部分,要求班组将之截取,绑扎前工长和栋号负责人要进行计算,在误差允许范围内节约钢筋用量。二是甲供料管理。甲供材料在差价上是没有丝毫利润的,为保证甲供材料不亏损,物资部门应该严格把关甲供材料的数量和质量,坚决不能在这部分材料上出现质量问题,影响整个工程,造成不必要的纠纷,甚至拖延工期。第三是控制好分包队领料。实行严格的限额领料制度,特别是周转模板和木方等材料。尽量在项目设置专职的库管员,分包队领料要开具领料单,库管员严格按照领料单发放材料,并在现场进行监督。同时还要根据施工组织设计控制周转材料的购买节点和数量,对分包队使用材料也要严格管理,必要时可施加压力,这样分包队会合理地进行使用,少积压、少浪费。

2.严格执行合同管理。这是影响项目成本的关键因素之一,首先从公司层面要成立由经营、物资、财务、法律等部门组成的合同评审小组,在每项合同签订之前,小组都要认真对合同进行评审,对合同的每一项条款都认真分析研究,对每项合同都有一个全面清晰的了解,确保合同的合理和准确,有效地规避风险。其次在合约报价部门应该设置专人进行合同管理,建立和完善合同管理台账,将各项合同分类归档,对于物资采购合同,物资管理人员在签订合同前必须对材料的各项性能指标、参数以及执行的规范等都充分了解,在合同签订时对材料的约定必须详细、全面,避免供应商在供应材料过程中以次充好的现象;对于分包合同管理,项目部可以要求分包单位交纳保证金;对管理过程中出现不按合同履约时,根据情节从履约保证金中直接扣除,这样可以避免在今后结算中诸多罚款单分包单位不承认的现象。在合同履行期间对各项合同履约和执行情况实行动态管理,并做好与合同有关的各项资料统计和分析工作以便及时发现问题,签订好补充协议,解决问题,预防不必要的纠纷,协调好企业与各方面、各有关单位的经济协作关系。

还要高度关注劳务分包合同的签订,公司总部、项目经理部在选择分包单位时,一定要多方比对。在同劳务单位签订合同时,要综合考虑分包队各项费用以及安全、文明施工等其他相关费用,确定最终综合工费,这样既可减少以后结算的扯皮现象,也避免了施工过程中劳务队伍的一些不合理的要求。还要进行合理的施工组织管理,保持生产力的合理调配和使用,减少窝工和重复用工,节约工费。

3.加强基础管理工作,推行标准化、精确细致、严格规范的管理,建立健全各种基础台账,使项目施工的各个环节、各个部门清晰、有序。同时要做好清欠补漏,并认真留底;做好业主的认可工作;加强内部信息沟通,使现场变更信息及时反馈到经营部门。除此之外,还必须做好以下几个环节:

(1)优化施工组织设计。一个优秀的施工方案决定了整个工程的施工头绪、工期、成本、质量、安全等各个方面,尤其是对一些技术含量高、分包队伍多、工期比较紧的"高难度"项目来说,"预则立,不预则废",施工方案越周全、越细致,后期出现的问题就会越少。好的方案既能满足工程的需要,又能调动各施工要素充分发挥效能。

(2)大胆应用新技术、新工艺。在施工过程中,一定要不断创新、敢于创新,只有不断提高施工技术水平,才能加快施工进度,同时通过技术创新,既能提高施工质量,又能提高员工的积极性,降低成本,节省工期,争取施工的主动权。

总之,"二次经营"是成本管理的基础,只有做好成本管理中的二次经营,才能更好地实现企业的利润最大化,使施工企业在激烈的市场竞争中得到生存和发展。而且,二次经营的成功,与在施工过程中所保持的良好企业形象、个人诚信;与业主、监理单位的关系;与项目的经营理念和管理策略都是分不开的。在施工过程中一定注意:①项目管理机构要完善,管理要科学,责任分工要明确。②要深入推行精细化管理,加强成本控制。③定期开展成本分析活动,做到知己知彼,使成本控制落实到实处。④二次经营工作思路要开阔,想法要灵活,通过各种途径做好变更索赔工作。变更工作要有计划性、目的性地上报。对业主的要求中,论点要鲜明,论据要充分。⑤还有关键一点就是要重视项目收尾期间的工作,收尾阶段往往是提高赢利额度的大好时机。各方人员应该多动脑筋、多想办法,在最后阶段巩固提高二次经营的胜利成果。

成本管理

浅谈建筑工程项目的成本管理

李 慧

(中国建筑股份有限公司海外事业部,北京 100026)

摘 要:建筑工程项目的成本管理一直是项目管理的核心,但是我国建筑工程项目的成本管理多数处于粗放阶段,项目经理们对成本的控制力度比较差,甚至还有很多人认为成本管理仅仅是项目管理中从属于项目质量和工期的次要环节而没有给予高度重视。随着全球建筑业的竞争日益激烈,建筑工程项目的价格将由自由竞争的市场来决定,因此建筑企业的利润水平就决定于其成本管理的水平。建筑工程项目的成本压力越来越大,利润空间也越来越小。在此背景下,本文对建筑工程项目的成本管理进行了深入的分析,从成本管理的内容和重要性、项目成本的影响要素、成本管理的方法和步骤,以及成本管理应注意的问题等四个方面进行了详尽的阐述。希望能对建筑工程项目的成本管理工作起到一定的参考和借鉴作用。

关键词:工程项目,成本管理

现代项目管理理论在全球范围内得到了长足的发展,但是我国建筑工程项目的项目管理仍然处于粗放阶段,项目经理们对成本的控制力度比较差,"想到哪,干到哪"的现象比较普遍,甚至还有很多人认为成本管理仅仅是项目管理中从属于项目质量和工期的次要环节而没有给予高度重视。在过去计划经济的体制中,建筑工程项目的总价格等于项目成本加上建筑企业的利润;而现在市场经济的竞争中,建筑企业的利润等于建筑工程项目的总价格减去项目的成本。表面来看,这只是一个等式的交换,但事实上这个等式说明了:激烈竞争的条件下,项目的价格是由市场决定的,那么企业的利润水平就决定于其成本管理的水平。因此,建筑工程项目的成本压力越来越大,利润空间也越来越小。成本管理的重要性逐渐浮出水面,越来越多的建筑企业开始关注成本管理的问题。

建筑工程项目的成本管理一直是项目管理的核心,因此,在成功完成项目并达到业主满意的前提下,众多的项目管理要素中,所有工作都应围绕着这个核心展开,并以成本有效控制为最终的目的。在这个前提下,从项目资源的均衡配备、进度质量的满足要求、工程范围的有效监控和团队成员的沟通激励,到计划的编制、方案的选择、采购的最优和风险的控制等都可以实现成本的相对最优化设计和控制。如果离开了这个核心的约束和指引,虽然项目也可以通过其他的方案而得以最终实现,但此方案的实施和管理应该不是在所有价值链约束中的最优项目管理。

一、建筑工程项目成本管理的内容和重要性

建筑工程项目是指根据建设业主的要求,在特定的建设地点,在规定的时间内,组织项目所需的人、财、物,完成并交付满足一定使用功能的,并达到

相应质量标准和技术要求的建筑房屋或基础设施工程。而建筑工程项目的成本管理就是指为提供这样的交付物,在整个建设过程中通过对所有工作子项和影响成本的因素进行分解、计划、组织、协调和监控,从而达到使整体建设成本控制在建筑企业建设预算之中这一目的的管理过程。

因此,建筑工程项目的成本管理包括以下十项工作内容:(1)熟悉工作范围和合同价格;(2)分析项目风险和成本薄弱环节;(3)参与审核确定项目策划和实施方案;(4)制订成本计划;(5)分解成本预算;(6)监控成本的实施;(7)协调资源的配备;(8)修正成本偏差;(9)总结成本管理的实施情况;(10)记录成本管理的经验教训和各类技术经济指标,从而实现建筑企业内部成本数据和有效成本计划的积累等。

良好的成本管理会给企业留下更多的用于积累和发展的资金;而不良的成本管理非但不会获取利润,还可能颠覆整个企业。因此一个现代建筑企业力求发展,除应具备技术优势外,还必须具备资金的储备、周转和营运能力,因此就要对风险的掌控、资源的均衡配备、费用的有效和安全支出做到百分之百的负责,而这一切都必须通过好的成本管理才能得以实现。因此建筑工程项目的成本管理就不是一般意义上的从属于项目质量、工期和技术条件的管理要素,其任务和功能也并非简单地将预算分解后的监控、报告和修正等工作,它更加强调的是在满足业主要求前提下的资源的统筹规划和最优使用,包括参与方案的分析和选择,参与制定项目策划,包括确定项目资源投入的数量、投入时间,以及不同资源质量的搭配等细节工作。在以成本管理为核心指导下的方案,就成为在所有价值链约束中最优的项目管理方案。

二、建筑工程项目成本的影响要素

建筑工程项目成本管理是一项非常繁杂的工作,因此影响成本的要素也就非常多,主要包括:(1)工作范围;(2)质量标准;(3)时间进度;(4)技术方案;(5)现场管理;(6)资金使用;(7)变更管理;(8)风险评估等。

这些因素对成本的影响是显而易见的,不同的工作范围、质量标准,以及时间要求将直接影响到资源的投入,进而影响到成本的高低;而在项目实施过程中,项目经理部所选择的不同的技术方案,以及项目管理水平,包括现场管理、材料管理和分包管理等的水平又将间接影响到项目的成本情况,不同项目的成本控制好坏也可从中作出比较;而项目资金的合理使用,包括各种资金工具的搭配,国际工程中不同货币的转换使用,以及变更的有效管理,风险的预警并且合理的规避等也不同程度地影响到项目的成本管理。

不同的影响要素对成本经常是同时起作用的,而且往往是一个此消彼长的过程。但是一旦了解了每种要素对成本的影响方式和作用程度,并掌握了化解其不利因素的方法,那么在成本管理实践中就可以通过自觉的设定各影响要素的优先级,发现各种影响要素相互制约的均衡点,从而达到在满足各种限制条件的前提下,获得相对最优成本管理方案的目的。并在此基础上,更好地编制成本计划,成功地实施成本控制。

三、建筑工程项目成本管理的方法和步骤

成本管理分为成本计划和成本控制两个阶段。

首先是成本计划的编制。建筑工程项目成本计划是在正式确定的项目策划和实施方案的基础上编制的,项目策划作为总成本文件的参照基准。成本计划主要有四个方面的指标:(1)成本各主要组成要素的成本指标;(2)整个项目的利润指标;(3)项目二次经营指标;(4)项目资金流指标等。

成本计划的四个指标中最主要的是第一个指标,即各组成要素的成本指标。建筑工程项目成本的主要组成要素可分为:A、分包成本;B、人工费成本;C、材料成本;D、机械设备成本;E、现场其他直接费成本;F、现场管理费成本;G、财务费用成本;H、其他成本等,这些成本组成所包含的具体核算内容参见

表1说明。

上述八项成本要素之和便构成了建筑工程项目的总成本，因此我们在编制成本计划时也可以按照上述八项内容分别分类计算。从表1我们也可以看出不同的分包方案、材料采购方案和机械设备配置方案等都会使各成本要素支出发生变化，从而导致总成本的差异。

在明确了成本计划和各项成本指标后，我们便开始有目的的成本控制工作。建筑工程项目成本控制的方法很多，但最常用、最有效的是偏差挣值法。偏差挣值法是通过测量和计算已完成的工作的预算费用（BCWP）、已完成工作的实际费用（ACWP）、以及计划工作的预算费用（BCWS）等，从而得到有关计划实施的进度偏差（SV）和费用偏差（CV）。我们可以根据SV和CV的各种组合状态，进一步分析项目预算和进度计划的执行情况，判断该状况产生的原因，并据此提出调整意见或纠偏措施。

按照偏差挣值法的要求，我们需要通过一定的工作步骤，及时获取BCWP、ACWP和BCWS等基础数字，进而实现项目成本分析和成本控制的目的。这个工作步骤就可以通过成本控制的五大步骤来实现。

第一，分解落实成本计划

分解成本计划包括两部分的工作。

(1)工作分解结构(WBS)

工作分解结构就是结合成本计划和工程的进度计划，将整个工程项目分解成几个层次，最终划分出成本控制的最合适的单元，这个成本控制单元就是通常意义中的工作包(work package)。

(2)岗位职责分解(对应于WBS,我们这里称之为OBS)

这里所称的岗位职责分解就是指在工作分解结构的基础上将各项成本控制单元和成本指标落实到项目的各个岗位上，将成本指标和岗位职责相挂钩。

第二，成本管理过程记录

在上一步中我们已经分解了成本计划，得到了根据项目进度计划编制的成本。但项目实施过程中的实际进度与计划进度、预算成本和实际成本肯定会有偏差，因此，成本管理的过程记录就非常重要，及时准确的成本记录是我们进行成本分析的基础。

第三，成本执行情况分析

根据上述记录的成本数据，我们可以采用建筑工程项目的偏差挣值法对项目的实施情况及成本的控制情况进行具体分析。

表1

序号	成本要素	具体核算内容
A	分包成本	该建筑工程项目拟使用的全部专业分包或分项工程分包预计合同价格之合计。如：勘察设计、地基处理、机电安装、市政工程、园林绿化等
B	人工费成本	除上述分包工程外，该建筑工程项目拟直接使用的劳务人工费成本。主要包括工程自营部分直接雇佣的劳务工人工资等支出，以及现场零星用工支出等
C	材料成本	该建筑工程项目除在分包成本中已包含的材料费用外，该工程还须使用的其他材料的采购成本。对国际工程而言，由于国内外采购所发生的费用组成不同，因此分为国内（中国国内）采购成本、当地（工程所在地）采购成本和第三国采购成本等
D	机械设备成本	用于本建筑工程项目的，除已包含在分包成本内的专业机械设备外的大中型机械设备成本，分为租赁成本和设备自有折旧两种形式
E	现场其他直接费成本	除已包含在分包成本内的现场所需的其他开办费用成本，包括现场临建、临水临电设施、现场水电费、测量试验费、现场清理及保安费用等
F	现场管理费成本	该建筑工程项目现场管理人员所发生的项目运营费用，包括管理人员工资、现场办公费用、差旅费、业务招待费、车辆使用费等
G	财务费用成本	用于该建筑工程项目的保函、保险费用、信用证费用、贷款借款利息、汇兑损益，以及本工程应交的各种税费等实际发生的财务支出
H	其他成本	除上述成本要素外还应发生的其他各项成本，如预计风险支出、预留保修期间支出等

第四，成本控制效果反馈及实施调整

从成本过程分析我们可以随时了解项目实施过程中的情况，对实施过程中的偏离进行及时的调整。成功的成本管理都会从成本的过程分析、控制效果反馈和实施措施调整中受益。

第五，兑现成本控制奖惩

成本控制奖惩是对项目团队成员的激励和惩戒作用。通常的兑现方式是对成本目标的实现情况进行评估，如完成全部成本目标后兑现一个基本奖励金额；如超额完成任务，则将差额部分的一定比例作为追加的超额奖励；如没有完成成本指标，则将采取扣发工资等作为一定的惩罚。

在上述五个步骤中，第二、三、四步实际上是一个循环的过程，即根据成本记录进行数据分析后，反馈纠偏措施以改进项目实施方案；随后项目又进入了另一轮的成本记录、分析和反馈改进的过程，而一个项目要经过无数次的这种循环往复才能更好地实现成本控制目标。

一般情况下，只要按照上述成本管理的方法和步骤操作，我们就基本能够达到成本控制的目的。但应该特别注意的是，成本管理仅仅是项目管理中的众多管理要素之一，而只有对所有的管理要素进行有效整合才能成为一个成功的项目管理。因此项目成本管理就必然地与其他项目管理工作产生或多或少的冲突，因此在正常的工作程序和操作中协调和处理好它们之间的关系就显得相当重要。

四、建筑工程项目成本管理应注意的问题

我们在了解了项目成本的影响要素、明确了编制成本计划的四项指标、掌握了成本控制的五大步骤之后，并不意味着我们就已经成功地实现了项目的成本管理。因为我们除需要在正确的思想指导下，采用正确的管理方法外，还必须注意一些成本管理中的实际问题。这些就是实现成功的项目成本管理的必要条件，即高度关注并处理好三个方面的关系问题。

第一，项目团队成员齐心协力

事实上项目成本管理不仅仅是项目成本工程师的责任，而是项目团队中每个人的职责。特别是现场工程师，他们是项目的一线人员，直接接触项目管理的每个环节。因此只有大家共同在项目实施过程中通过变更和索赔等工作创造"开源"的机会，并采取一切手段实现"截流"，这样成本控制效果的受益人将是全体项目成员。

第二，企业高管人员高度重视

成本管理是一个企业层次的行为，只有受到企业高管的关注和支持，成本管理才具有严肃性和权威性，相关的成本管理措施和方法才能真正落到实处，而不再是一句空话。很多建筑企业也意识到公司总部对项目成本关注的重要性，因此在企业高管中专门设定负责成本管理的职位，并从公司角度赋予其非常大的权利。项目的成本工程师从专业上直接隶属其管理，其也可以定期跨过项目经理直接向成本工程师了解项目的成本执行情况，并在一定情况下对项目的实施情况作出相应的指示。这样，企业高管人员就能对项目实施做到过程控制，而且对项目成本管理就会起到巨大的支持和促进作用。

第三，项目利益相关者理解和支持

这就是说在项目实施过程中要处理好建设业主、设计、咨询、监理、承包商、分包商和供应商等的关系，最理想的状况是能实现一种合作伙伴的关系，大家共同为项目的成功实施做出努力，否则将无异于在项目实施过程中埋下了很多钉子和地雷，那么成功实施项目也将成为不可能的事情。

项目成本管理的重要性和核心地位不言而喻，因此就要求我们所有从事项目管理的人员都要时刻绷紧成本管理这根神经，在开展工作前都要反复论证这是不是最优的资源配置，最佳的成本方案。只有这样，我们的成本管理水平才能提升到更高的层次，同时我们的项目管理才会更加成功，我们的项目才会为我们创造更多的利润。成本管理是一个非常复杂和深奥的课题，我希望本文在此抛砖引玉，对项目成本管理工作起到一定的参考和借鉴作用。

成本管理

科学发展
全面推进铁路施工责任成本管理

任 刚

(中国建筑股份有限公司，北京 100037)

工程承包的特征是项目管理与运作，面对铁路客运专线工程造价偏低、技术标准高、征地拆迁难度大、工期任务紧、管理跨度大的特点，如何成功地管理和经营好项目，实现创誉创收的目标，是摆在我们面前的一个课题。在铁路客运专线施工中出现了指挥部、工程局、项目经理部、工区和作业队五级管理体系，效益要求上的扁平化和现场管理的立体化形成矛盾，如何统筹兼顾，既要保证项目受控又要最大限度地降低管理成本，需要在实践中探索解决。推行责任成本管理是提高企业效益最直接、最有效的手段，责任成本管理是降低项目成本、提高项目经济效益的有效机制。

一、成本管理的内涵和意义

施工企业项目责任成本管理与控制是在保证工程质量、工期、环境安全等顾客满意的前提下，对项目施工过程中所发生的成本费用，通过预测计划、组织管理、控制协商等活动实现预定成本目标，尽可能降低成本费用的一种科学管理活动。

成本管理的内涵是创造效益，项目管理要围绕效益抓成本，以成本管理促进项目管理，以项目管理改善成本管理，最终实现效益的关键是要在成本管理上下功夫。成本管理应该从有成本发生的地方入手，因为有成本发生的地方就有成本控制的空间。

责任成本管理符合施工企业的发展规律，是经过实践验证了的先进生产方式、先进的项目管理模式。其先进性主要表现在：控制了施工生产全过程，实施了全方位管理，强调利益与责任并重，其核心是精细管理，实施精细生产。切实加强责任成本管理，最大限度地提高经济效益，是企业经营的最终目的，也是项目管理的最高目标。

二、责任成本管理的构想

工程项目责任成本管理是按照项目的经济责任制要求，在项目组织系统内部的各个责任层次，分解项目的全面目标成本，形成各个项目组织各个责任层次的目标成本，在项目实施全过程中由各个责任层次及时主动检查实际成本与目标成本的偏差，采取措施减小偏差，持续改进，从而对整个工程项目进行动态的成本管理和控制。

中国建筑有一套成熟完善的成本精细化管理体系、制度和操作方法。我们所做的是针对铁路施工的特点，作部分调整，坚定不移地贯彻原有的成本管理制度。

责任成本管理，说到底就是正确处理不同利益主体之间的利益关系(指挥部、局、项目经理部、作业队、职工这五个利益主体），使每个利益主体都有动力机制，即利益机制，都有明确界定的经济责任。

管理学里讲过："凡是无法衡量的，就无法控制。无法评估就无法管理。"成本管理也是一样，必须将成本分解到每一个施工工序，这样才能有衡量的标准和尺度。项目经理部是项目的组织实施机构，是成本的责任主体，对项目的成本管理负责。

在成本管理链条中，指挥部作为指导层和监督层，负责建立责任成本管理体系，完善成本管理机制，推广成本管理模式，监督、指导项目经理部责任成本的执行、开展、推广、总结和经验交流。编制整个项目的实施性施工组织设计，对整个项目管理进行组织、协调和管理，对各项目经理部责任成本管理情况进行监督检查。

项目经理部为控制层，主要职能是编制所辖区域内的实施性施工组织设计，根据现场的实际情况优化施工技术方案，编制分解项目责任预算，对公司、作业队成本进行控制，实行动态预算调控，对项目责任成本管理情况进行分析、评价和修正。

项目经理部是成本控制的责任主体，是经营的效益之源。项目经理部对工程成本必须实行全过程控制、全方位控制、全员控制。作业队为执行层，主要职责为认真执行责任预算，履行责任合同所规定的责、权、利义务，优化施工组织，对工程数量和责任单价进行严格控制，进行责任成本核算。

三、成本管理遵循的原则

1.系统性的原则

工程项目的一次性、时间性、地域性、复杂性、风险性决定了项目成本管理是一个系统的、持续的、艰巨的过程，必须做到领导重视、全员参与、全过程控制、实施全环节和全方位管理。

所谓系统的方法就是要用集成化的思路来组织成本管理工作，用专业化的手段来解决工作中的问题。成本管理作为一项综合性工作，涉及技术、商务、物资、设备、财务、安全、质量等多个部门，体现于工期、质量、安全、效益控制的全过程。成本管理是一个系统工程，不是由哪一个部门、哪一个层次能够单独完成的，需要整个项目系统地运作和管理才能够实现成本管理的目标。

2.领导重视原则

成本管理是一把手工程，是项目经理工程。项目经理是项目管理的执行者，是成本管理的落实者。项目经理对成本管理承担全部责任，负责把成本管理的责任分解落实至每一个生产经营过程。

3.全面管理原则

全面管理原则包括两个层面，即全员控制和全过程控制。目标成本要通过施工生产组织和过程控制来实现。责任成本管理的主体是施工组织和直接生产人员。

(a)全员成本控制涉及项目组织中的所有部门、班组和员工的工作，应充分调动每个部门、班组和每一个员工控制成本，真正树立起全员控制成本的观念。

(b)项目全过程控制，从施工准备开始，经施工过程至竣工移交后的保修期结束。

4.目标控制原则

目标成本要通过施工生产组织和实施过程来实现，目标管理是把成本目标分解落实到生产终端。

根据责任目标界定责任范围，明确工作内容和与其相关的成本。成本管理可控性原则必须建立在责任明确的基础上，把项目经理部所有成本纳入可控范围，使项目管理完全处于受控状态，要做到事事有人管，人人有责任，实施有监督，完成有考评。

成本目标控制必须事先明确责任，一是强调预控；二是测算准确。

5.逐层控制原则

为明确各级各岗位的成本目标和责任，就必须进行指标分解。指挥部要确定项目经理部责任成本指标和成本降低率指标，对工程成本进行一次目标分解。项目经理部还要对项目责任成本指标和成本降低率目标进行二次目标分解，根据岗位的不同、管理内容不同，确定每个岗位的成本目标和所承担的责任。把总目标进行层层分解，落实到每个人，通过每个指标的完成来保证总目标的实现。

6.实事求是原则

坚持实事求是是搞好成本管理工作的关键。要实事求是地进行目标成本计划的编制，合理地测算目标利润；实事求是地建立成本控制体系、划分各责任中心职责、编制责任成本预算。编制核定的责任成本计划要贴近现场，符合现场实际情况，只有这样，才能确保现场成本管理的顺利实施，确保目标成本和目标利润指标的完成。

7.激励共赢原则

坚持责权利相结合的原则，奖罚分明，是促进企业成本管理工作健康发展的动力，是实施成本控制的重要手段。责任成本管理既要促进企业效益提高，又要使职工得到实惠，二者不能偏废。忽视前者，责任成本管理就丧失了意义；忽视后者，责任成本管理的开展就不可能有真正的动力。

四、成本管理控制的重点

1.施工方案优化

方案优化是成本管理的核心。建立施工方案优化、逐级审批制度和工程量逐级控制制度，制订科学、合理的施工方案，抓住责任成本管理的中心，为创效打下基础。优化的灵魂在于创新，创新的源泉在于技术。建立优化责任制，明确各级技术人员在施工方案编制、审核、优化中的主要职责；建立施工方案优化激励机制，实行一事一奖制度；实行重大方案专家会审制度；建立生产要素配置、临时设施投入、现场平面布置、重大技术方案、关键性工期安排经济技术论证制度；规范审批程序，建立交叉复审制度。

2.工程数量控制

施工生产过程中具体的施工方案和工程量是通过技术交底书来确定完成的，工程技术管理首先决定了工程成本的源头。技术人员要本着节约的原则合理安排施工组织，对出具的技术交底书中的工程量要反复计算，做到准确、节约并保证质量。确保工程成本费用不多支出。对工程数量实行分类逐级控制，按照项目经理、总工程师、作业队技术主管的链条，层层分解，逐级签订工程数量控制合同。

3.物资控制管理

物资管理方面着重把住四关：一是物资需求计划关，重点是量的控制。根据现场施工进度要求，编制物资需求计划，报物资部门采购，物资部门根据定额消耗量考核施工单位材料节超，超支部分从施工单位计价中扣除。二是物资招标采购关，在保证质量的前提下，选择最低价格。三是收发点验手续关，每笔收料均由采购人、验收人、物资主管三方签字，防止物资流失。四是物资消耗结算关，做到实物、报表、账目三统一。

对于大型的铁路施工项目，实行物资集中管理和统一招标采购制度，降低采购成本。

4.劳务机械管理

规范劳务队伍管理是堵塞成本管理漏洞，实现精细化管理的必由之路。严格劳务队伍的验工计价和拨款审核程序。

机械设备租赁实行单车单机考核，考核机械效率和油料消耗，控制机械费用，优化合理的机械配置方案，提高设备的完好率。

5.实时动态管理

建立动态成本管理台账，推广运用成熟的项目管理软件，开发与各专业现有管理方式的接口程序，使整个项目的所有生产要素都能够及时动态地显示，随时关注整个项目成本状态，根据收集的数据进行分析，找出成本目标偏差，提出相应对策，持续改进。

按照分解的责任成本目标，与工程进度、安全、质量挂钩，进行节点考核和奖惩，使项目成本始终处于受控状态。

对成本管理实行项目经理问责制，对造成亏损的原因和事件进行问责，目的是促进项目管理水平，提高企业创利能力。

五、责任成本管理的实施方法

1.建立责任成本体系

建立科学的责任成本管理体系是责任成本管理工作的关键环节。根据铁路施工的特点，建立了指挥部、项目经理部、工区、作业队四级成本管理体系,明确职责和权限,全面推行成本管理。

按照不同的成本要求将目标成本进行细分,纵向分解到各项目经理部、作业队、班组,横向分解到各职能部门、各工程负责人,形成全员、全方位、全过程的项目成本管理格局。

2.确定责任目标成本

责任目标成本是企业对项目经理部进行详细编制施工组织设计、优化施工方案、制订降低成本对策和管理措施提出的要求。根据工程项目合同条款、施工条件、各种材料的市场价格等因素,以直接费为依据,推算出项目责任目标成本。责任目标必须细化到每一个责任人;责任目标要量化,实绩以数据为衡量标准,目标制定要科学、具有先进性、前瞻性和可操作性。

3.制定内部消耗定额

内部消耗定额是编制施工预算的基础,公司根据生产要素、市场价格、管理水平和施工技术,按照成本最低、生产要素最优的原则,制定内部先进、合理的物资消费定额、劳动定额、设备租用定额和费用控制定额。

4.编制管理费责任预算

项目经理部应编制施工管理费支出预算,严格控制支出。对于超计划和计划外开支必须严加审查,由项目经理部集体研究决定。

5.及时进行完工清算

项目经理部对已完成的分部分项工程,要完工一项清算一项。预算人员应办好有关资料的交接,以防丢项漏项。当整个项目完工后,按合同要求及时组织有关人员作好竣工决算,核实项目发生的实际成本,分析目标责任成本的完成情况,及时办理财务账目的结算和移交工作。

6.建立健全监督机制

建立和完善项目部的财务收支审批制度、内部稽核制度、财产盘查制度和内部工程作业考核制度,强化项目经理部的自我约束机制,严格控制工程成本,杜绝项目利润流失,从而在保证工程质量的前提

下实现企业的最佳效益。

7.应用计算机进行成本管理

采用先进的技术手段和合理的管理模式是现代企业管理的突出特征,许多先进的管理思想必须借助于计算机技术和网络技术才能得以实现。使用和推广基于计算机技术和网络技术的计算机软件系统是搞好项目成本管理的基础。软件系统的推广工作不仅仅是适应新的管理模式,反过来也是在客观上督促和促进施工企业管理工作的改革,具有很重要的意义,也是管好施工项目成本的关键要素之一。

8.成本管理奖惩兑现

建立以激励机制为主导的考核挂钩模式,奖罚兑现做到及时、透明、公正,使职工体会到成本管理的实惠,激发全员参与责任成本管理的积极性。

六、成本管理中存在的问题

1.认识不足

有些管理者对精细化成本管理认识不足,存在偏差,认为成本管理是上级管理部门为了多收费用、成本管理会削弱项目经理的权力,把成本管理当成是额外负担,不能贯彻执行成本管理。各级项目管理人员必须清醒地认识到成本管理涉及企业的生死存亡,是施工企业发展壮大的必由之路。

2.机构不全

成本管理需要下大力气去抓,需要配备专门的业务人员潜下心来长抓不懈,通过不断的沉淀和积累才能显现出效果,没有专门的部门和专业的人员来抓,成本管理就不会落实到各个施工环节。健全成本管理机构是成本管理工作的重要保障。

3.控制不力

控制成本要有正确的理念和思路。成本控制的关键在于企业的内部管理和控制,企业内部管理一定要形成层次清晰、责任明确的成本管理体系,对每一个作业环节都有成本责任,对每一个分部分项工程都有责任成本预算,保障各个层次、各个层级的管理执行都能够贯彻,严格按照成本管

理的要求执行。

成本控制中不能够对施工全过程实行控制,主要表现在各个部门信息不畅通、资料不能同步、难以做到动态管理、出现问题不能及时发现解决、出现管理滞后的现象。

4.执行偏差

铁路客运专线要求高、标准严、新工艺、新技术应用多,国内还没有一条建成运营的客运专线经验可供借鉴。对设备投入大,没有成熟经验的项目开展成本管理上对设备的投入摊销存在分歧。施工生产过程中,在业主材料供应、当地材料采购供应、材料试验等环节不能紧密相扣,有断链的情况出现,影响了成本管理的连续性,导致成本管理执行偏差。

七、做好成本管理工作的保障

1.树立正确的成本理念

树立方案决定成本的理念;树立二次经营创效的理念;树立成本控制一定要到施工终端的理念;树立成本管理贯穿整个项目始终的理念;树立成本节省的理念,提高施工组织水平,降低材料消耗;树立成本效益理念,即关注短期费用和长期成本的关系,在某些情况下花费成本是为了争取更大的效益。

2.立足合同条款突破

认真分析、合理利用合同条款,突破合同约束,区别不同的情况有针对性地开展成本管理工作。区分引起成本变化的原因,针对合同中不平等条款、业主违约、招标文件信息不实、工程数量遗漏、合同条款和法律条款明确规定、不可抗力造成等情况区别对待。

3.定期分析报告成本管理

建立成本分析、综合评价体系。每月召开成本分析会议,分析内容包括对上对下计量分析、材料节超分析、方案优化分析、成本支出分析、工程款拨付分析、本级责任费用分析、资金动态分析、整改落实措施分析。及时掌握成本管理中出现的任何情况,对下一步的成本管理进行指导和纠正。

把成本分析贯穿于施工全过程,将定期专门分析与日常分析相结合。定期与项目部责任成本目标进行比较、分析、考评,总结成本节超原因,及时调整偏差,防止成本失控,以保证责任成本总目标的实现。项目部每季度向指挥部报送计价拨款和成本费用报表,确保指挥部及时了解项目部财务收支、资金供应、成本费用支出等情况。项目部定期对本项目施工单位计价、拨款、资金收支、成本核算、费用控制等进行监督检查。实行成本管理定期分析报告制,避免成本开支中的盲目性和随意性,有利于及时掌握成本节超的原因,推动项目部成本管理向纵深迈进。

4.成本管理信息化

加强对企业成本管理的科技投入,推动企业成本管理现代化、网络化、信息化的步伐,提高企业成本管理水平。

成本管理是企业提高效益、持续保持竞争力、领先行业的重要保证,责任成本的探索和创新过程,也是项目管理创新和提高的过程,今后我们还要在成本管理体系、运行模式、操作流程、效益分配、激励约束等方面不断探索,处理好成本与质量、规模、方案设计、预测、决策及其他各项工作的关系,实现最佳结合,追求成本管理的极限效应。

谈谈矿业工程施工项目风险管理的几个问题

贺永年

（中国矿业大学，江苏 徐州 221008）

一、对风险和风险管理的认识

风险管理是现代管理科学的一个重要内容。风险管理专家彼得·伯恩斯坦指出，一个社会理解、度量和管理风险的能力是区别现代社会与古代社会的主要之处。风险渗透在生活的各个角落，对矿业工程施工企业而言，更是如此。

风险包括自然风险和人为风险。自然风险（通常为纯粹风险）是风险管理的一种重要方面。所谓人为风险，就是人们的社会活动，包括行为、经济、技术、政治等方面的风险。人们的社会活动一般都有一种目标，对于经济活动而言，利益追求是一项主要目标，典型的就是投资风险。能否获得投资利益或利益多少，就存在不同风险。对于项目管理而言，企业更关心的是风险管理应能帮助企业获取其预先设定的利益目标。涉及利益的风险被译为投机风险（Speculative Risks）。实际上单词Speculative还具有"有所考虑的、推测的"的含义，因此所谓投机风险只是一个中性名词，没有贬义。

对于矿业工程项目而言，将利益风险纳入风险管理范畴，不仅是企业利益追求所必须的，也有利于对纯粹风险的管理。例如，即使存在有某项纯粹风险，企业也要在追求利益的目标下衡量此纯粹风险损失与整个利益间的关系来决策。还有一种情况是因为采矿或者施工可能引起灾害和损失，这也很难单一地作为行为风险或自然风险。

因此，从风险管理的角度讲，"风险"的基本含义可以说是一种"诉求目标与行为结果的不确定性之间的差异"。这里提出"诉求目标"的意义，在于强调诉求目标本身应列入风险管理的一项内容。例如，避免损失或者减小损失（包括绝对损失）到某种程度，以及获取一定的利益，都是一种目标；如果施工企业对项目的利益目标要求过高，则其实现的风险必然就高；设定有较高可能实现的、又是较好利益（包括在困难条件下不损失）的目标，这是风险管理的目标，也应是风险管理的艺术或者技术所在。

根据这样的认识，可以将风险管理分为三方面问题，一是事物的不确定，指某种严重程度事件发生的可能性，它是客观存在的事物规律，包括自然和社会规律，需要通过科学认识这些事物的规律，例如用概率性或复杂性知识来估计和评价；二是利益目标，需要通过利益的平衡比较来决策，是否选择风险或者多大的风险，它可以度量行为结果可能造成对利益（包括不损失）目标的损害；三是行为问题，即置身于风险之中的行为人的行为对结果的影响。当行为人诉求的目标得当，同时防范风险的措施得当，达到利益目标的概率就高，或者损失就小。前项是风险管理的基础，后两者是实现控制的目标和手段。基于对客观事物规律的认识，调节主观诉求（利益目标），监控风险和行为，以达到风险管理的目的。可见，这样认识下的项目风险管理，应该是企业的一种更积极的管理，也是一项管理科学中复杂但具有重要现实意义的工作。

矿业工程项目建设存在有许多不确定性，普遍

项目管理

都承认它是一个高风险行业。因此，作为承揽矿业工程项目施工的企业和建造师，作好这方面的风险管理，对提高企业管理水平和效益有重要意义。

二、矿业工程项目的若干风险因素

风险或者风险因素在企业承揽工程的全过程中都存在。企业从接触项目开始，就要对项目可能的风险影响作好准备，如果风险评估认为项目的风险较大，为平抑风险所须付出的代价较高而获利的机会很小时，一般就不应再介入这个项目；否则就可以列入冒险行为。一旦获取项目，企业就已将自身置入于这一项目相关的风险之中，企业必须关注整个项目过程的每个步骤所带来的风险内容。

引起风险的因素可以简单分为客观因素和主观因素。客观因素指自然、环境等条件不确定性导致的风险，如地质条件变化、灾害出现、气候影响等属于自然条件；环境条件则主要指工程相关的社会环境，如地方、市场、法律、政治等因素引起的风险。主观因素也是大量的，可概括为技术因素、道德因素和心理因素。如工作作风、心理素质、文化理念、道德与习惯等引起的风险，属于后两者。主观和客观因素有时是相互影响的，例如，国内的文化理念对"人际关系"相当重视，这就会对地方环境、市场、法律等环境产生重要影响。

对于施工矿业工程而言，一般承揽工程项目的风险也同样是存在的，其中有些风险和风险因素是需要特别重视的。

众所周知，矿业工程项目施工的最大风险因素就是地质条件的不确定性。现有技术手段还无法预知所需要的全部和可靠的地质信息，而地下岩层是大自然的产物，因此地质条件本身又是如此的复杂和恶劣，目前的科学水平还不能完全掌握地质条件的规律性，恶劣的地质条件往往会突然出现在我们的面前，并造成严重的后果。这些后果，不仅是利益的损害，而且可能是导致灾害性事故的原因。因此，提供和掌握有限地质资料，对地质规律认识的科学性，以及能采取有效的和必要的技术措施，包括预防性措施，对于建造师是十分重要的。

与此相关的是技术风险。目前这方面的技术水平还无法完全解决一些复杂地层造成的包括灾害性问题，因此会存在有许多技术失败或失误的风险。掌握某种专门技术，甚至拥有工法专利时，在处理同类问题上显然其承担的风险会小得多；而因为有严重地质的风险，矿业工程施工在技术上稍有疏忽，则可能会造成严重后果。

因为矿业工程中的疏忽会出现严重的后果，所以使得工程项目所有员工的心理素质和文化习惯也成为较其他项目更严重的风险因素。

另一个重要的因素是合同风险。合同是确定业主和承包商间平等的责、权、利关系的依据，如果有一方面内容不清晰，或者不平衡，就会使当事人一方的利益得不到保障。经常发生因为合同内容的疏漏、词意模糊等引起双方利益的争论，这就是所谓的合同风险。造成合同风险的原因包括现有法律的完备性、市场条件、企业状况，以及主观对合同的掌握、理解和心理，以及业务水平、工作责任性等主观因素。例如，根据相关规定，项目中标的施工方应按招标人要求提供履约担保，而招标人应同时向中标施工方提供支付担保；前者往往在合同中有明确规定，而施工方却很少提出关于后者的要求。这实际就是将招标人的财务风险压在了施工单位。又如，签订一项复杂项目的总价合同，也是业主有意或无意将一些复杂问题的风险转移给了施工单位。所以好的合同，常常成为回避风险的基本条件；作好合同管理又是减少风险损失最直接的一个方法。

三、对矿业工程项目风险管理的认识

从通常意义上讲，作好矿业工程风险管理的意义是不言而喻的。这里仅根据上面关于风险涉及利益的想法，讨论如何通过风险管理获得企业应得的利益问题。

有的风险观点认为，风险是客观的，似乎与不同人的评价无关，其实不然。前面已经谈到，追求的利益目标越高，所含风险越大，视各人的追求不同而异。不仅如此，风险事件的发生概率和严重性，随处理方法、认识水平、心理等因素的不同，也是不同的。

保险业保的是个别行为的损失风险，在进行保险业务的同时，承保企业也承担利益的风险，它要通过对某群体事件灾害发生和损失大小的评估，确定某种保险办法(包括再保险)，实现其业务目标。这说明保险公司利用了风险的两种不同评价结果来获得利益。目前国内工程风险的保险推行缓慢，一个重要原因是工程保险还没有形成市场化。显然，保险公司不会愿意只为一两个可能会有巨大损失的工程开展保险业务，这等于由它来承担风险工程的全部风险。某风险事件虽然发生的概率是客观的，但是各人对它的认识和评价并不相同；处理的代价也因对其了解掌握程度、技术高低、方法合适与否等有关，有的认为风险大，有的却相反。因此，老练的承包商可能通过处理风险因素获取利益，这也是投标报价的一项策略。应该说，熟练判断风险因素和拥有有效处置方法，也是获取项目和更好利益的"资本"。

现在在固定总价合同中有专门的风险条款。如果按照以前风险的定义仅仅是指"损失"的话，这种补偿对承包商是不利的，对整个项目安全、质量等管理也是不利的。例如，矿井施工的相关规程要求井筒施工前必须有可靠的井筒地质(钻孔)资料，以对付作为矿井咽喉的井筒施工的重大风险，井筒钻孔的费用也专门列入建设费用，应由业主承担。当业主为节省或者其他想法，利用自以为可以替代的或其他更低代价的资料来顶替时，如果意外不发生，业主不必承担这部分风险费用；一旦发生，这部分风险损失将可能与承包方共同承担（相当于无风险的情况）。显然这对承包方是不公平的，也不符合规范要求。因此，应该允许承包商通过风险条款获得利益，包括惩罚不遵守规程部分的代价，以约束对规程的违反。当然，风险费用的内容应当具体指出风险项目，内容过于泛泛，则形成条文不清晰，业主也可能在招标过程就判定认为施工方的方案、技术、业务等存在问题。

四、严格执行规范、规程是矿业工程项目风险管理的基本工作

矿业工程项目的风险内容非常多，损失也往往是严重的。风险可能造成的安全事故就包括有冒顶、片帮、边坡滑落和地表塌陷；瓦斯爆炸、煤尘爆炸；冲击地压、瓦斯突出、井喷；地面和井下的火灾、水害；爆破器材和爆破作业发生的危害；粉尘、有毒有害气体、放射性物质和其他有害物质引起的危害等，一部分属于灾难性事故。因设计、施工失误，或因质量事故造成的工程损失也是严重的，从工程局部损坏、返修到工程遗弃，甚至只能降低产能、改变井型，个别也有报废的情况。因此在矿业工程中，安全规程、施工规程等强制性文件对许多风险预防都有比较详细、严格的规定。例如，前面关于井筒地质检查钻孔的要求，关于瓦斯与有害气体的检查与限制(包括停工)要求，关于炸药存放、运输、使用的规定等。因此，严格遵守规程要求，是回避或者减少风险损失的一项基本措施。作为施工方绝不能存在侥幸心理或者仅凭个人经验轻易处理。如，规程对矿井突水风险要求必须遵循"有疑必探、先探后掘"的原则，尽管规程列出了若干项突水时可能出现的预兆，但这毕竟是概率事件，因此很难把握"疑"与"不疑"的界限(规程)，很难保证有探就有水害。但是作为防范风险的措施，施工方必须慎重对待、严格遵守，要宁可放弃暂时的利益(费用、工期等)，依照规程、依靠经验和技术分析，认真、科学决策，避免风险事故引起更大的损失。

参考文献

[1]郑子云,司徒永富.企业风险管理[M].北京:商务印书馆,2002.

[2]王卓甫.工程项目风险管理:理论、方法与应用[M].北京:中国水利水电出版社,2002.

[3]白云,汤竟,毛建民.试论地下工程风险管理中参建各方的地位与作用[J].土木工程学报,2009,42(1).

[4]黄宏伟.隧道及地下工程建设中的风险管理研究进展[C].上海:全国地铁与地下工程技术风险管理研讨会论文集,2005.

[5]李景龙,李术才等.地下工程的风险分析研究[J].地下空间与工程学报,2008(5).

质量管理

水运工程的质量检验标准与质量通病的防治

王海滨

(中交第一航务工程局有限公司,天津 300461)

> **摘　要**：本文概要介绍了我国《水运工程质量检验标准》(JTS257 2008)的修订、编制、发布及其强制性规定的内容,并配举工程实例,论述了水运工程质量通病的防治。
>
> **关键词**：水运工程质量,检验标准,质量通病,防治

一、《水运工程质量检验标准》(JTS257 2008)的编制和发布

2008年12月22日,经过全面修订的强制性行业标准《水运工程质量检验标准》(JTS257—2008)(以下简称《标准》)由交通运输部2008年第40号公告发布,并自2009年1月1日起实施。

《标准》(JTS257—2008)是在《港口工程质量检验评定标准》(JTJ221—98)、《港口设备安装工程质量检验标准》(JTJ244—2005)、《航道整治工程质量检验评定标准》(JTJ314—2004)、《疏浚与吹填工程质量检验标准》(JTJ324—2006)、《船闸工程质量检验评定标准》(JTJ288—93)和《干船坞工程质量检验评定标准》(JTJ332—98)等的基础上,总结我国水运工程建设质量检验的经验,经深入调查研究、广泛征求意见和工程试点验证,并结合我国水运工程建设的发展需要编制而成。

《标准》共分11篇100章和11个附录,其结构为:第1篇.水运工程质量检验统一规定;第2篇.通用工程质量检验;第3篇.疏浚与吹填工程质量检验;第4篇.码头工程与岸壁工程质量检验;第5篇.防波堤与护岸工程质量检验;第6篇.道路与堆场和翻车机房及廊道工程质量检验;第7篇.设备安装工程质量检验;第8篇.干船坞与船台滑道工程质量检验;第9篇.航道整治工程质量检验;第10篇.船闸工程质量检验;第11篇.航标工程质量检验。

《标准》涵盖和规定了水运行业基本建设工程质量检验的程序、项目、方法、标准。

二、《标准》的强制性规定

1.质量检验的目的、作用和依据

(1)目的

对分项工程的质量进行控制,检验出不合格的分项工程,以便及时进行处理,使其质量达到合格标准;对单位工程的质量进行把关,向用户提供符合质量标准的产品。

(2)作用

①保证作用：保证前一道工序或分项工程的质量达到合格标准后,才能转入下道工序或分项工程的施工;

②信息反馈作用：通过质量检验评定积累质量信息,定期对这些信息进行分析和研究,制定出合理

的质量改进措施,使工程质量处于受控状态,并预防施工中出现质量问题。

(3)依据

《水运工程质量检验标准》(JTS257—2008)。

2.《水运工程质量检验标准》(JTS257—2008)关于质量检验的主要规定

(1)《水运工程质量检验标准》概述

(2)《标准》的基本规定

主要有三条,对质量管理体系、质量控制、检验和验收进行了具体规定。

第一条规定:水运工程施工应建立质量管理体系,并对质量管理体系进行检查和记录。

第二条对水运工程施工质量控制进行了规定,主要有以下三项要求:

①施工单位应对工程采用的主要材料、构配件和设备等进行现场验收,并经监理工程师认可。对涉及结构安全和使用功能的有关产品,施工单位应按本标准的有关规定进行抽样检验,监理单位应按本标准的规定进行见证抽样检验或平行检验。

②各工序施工应按施工技术标准的规定进行质量控制,每道工序完成后,应进行检查。

③工序之间应进行交接检验,并形成记录。专业工序之间的交接应经监理工程师的认可。未经检查或经检查不合格的不得进行下道工序施工。

第三条对水运工程质量检验和验收进行了规定,主要有以下八项要求:

①工程施工应符合工程合同和设计文件的要求。

②工程质量的检验应在施工单位自行检验合格的基础上进行。

③隐蔽工程在隐蔽前应由施工单位通知有关单位进行验收,并形成验收文件。

④涉及结构安全的试块、试件和现场检验项目,施工单位应按规定进行检验,监理单位应按规定进行见证抽样检验或平行检验。

⑤分项工程及检验批的质量应按主要检验项目和一般检验项目进行检验。

⑥涉及结构安全和使用功能的重要分部工程应按相应规定进行抽样检验或验证性检验。

⑦承担见证抽样检验及有关结构安全检验的单位应具有相应能力等级。

⑧工程的观感质量应由验收人员通过现场检查,并应共同确认。

(3)水运工程质量检验单元的划分

《标准》规定:水运工程质量检验应按单位工程、分部工程和分项工程及检验批进行划分。单位工程应按工程使用功能和施工及验收的独立性进行划分。分部工程应按工程的部位进行划分。设备安装工程可按专业类别划分分部工程。分项工程应按施工的主要工种、工序、材料、施工工艺和设备的主要装置等进行划分。施工范围较大的分项工程宜将分项工程划分为若干检验批。检验批可根据施工及质量控制和检验的需要按结构变形缝、施工段或一定数量等进行划分。

(4)水运工程质量检验合格标准

《标准》从六个方面对水运工程质量检验合格标准进行了规定:

①检验批:主要检验项目的质量经检验应全部合格,一般检验项目的质量经检验应全部合格,其中允许偏差的抽查合格率应达到80%及其以上,且不合格点的最大偏差值对于影响结构安全和使用功能的不得大于允许偏差值的1.5倍,对于机械设备安装工程不得大于允许偏差值的1.2倍。

②分项工程:分项工程所含的检验批均应符合质量合格的规定,分项工程所含检验批的质量检验记录应完整,当分项工程不划分为检验批时,分项工程质量合格标准应符合①的规定。

③分部工程:分部工程所含分项工程的质量均应符合质量合格的规定,质量控制资料应完整,地基与基础、主体结构和设备安装等分部工程有关安全和功能的检验和抽样检测结果应符合有关规定。

④单位工程:所含分部工程的质量均应符合质量合格的规定,质量控制资料和所含分部工程有关安全和主要功能的检验资料应完整,主要功能项目的抽查结果应符合《标准》的相应规定,观感质量应符合《标准》的相应要求。

⑤建设项目和单项工程:所含单位工程的质量均应符合质量合格的规定,工程竣工档案应完整。

⑥质量控制资料核查、安全和主要功能的检验资料核查、主要功能抽查记录和观感质量检查应符

合《标准》的相应规定。

《标准》对分项工程及检验批和分部工程的质量不符合《标准》质量合格标准要求时的处理方法进行了规定：

①经返工重做或更换构配件、设备的应重新进行检验。

②经检测单位检测鉴定能够达到设计要求的，可认定为质量合格；经检测鉴定达不到设计要求但经原设计单位核算认可能够满足结构安全和使用功能的，可认定为质量合格。

③经返修或加固处理的分项、分部工程，虽然改变外形尺寸但仍能满足安全使用要求，可按技术处理方案和协商文件进行验收。

④通过返修或加固仍不能满足安全使用要求的分部工程和单位工程，不得验收。

《标准》还对水运工程质量检验记录和质量控制资料进行了规定：

①检验批、分项工程、分部工程、单位工程、单项工程和建设项目质量检验记录，工程质量控制资料核查记录和有关安全与主要功能抽测记录应按《标准》附录B的规定填写。

②主要材料进场复验抽样试验和现场检验项目抽样的组批原则应符合《标准》附录C的规定。

(5) 水运工程质量检验的组织和程序

①水运工程项目开工前，建设单位应组织施工单位、监理单位对单位工程、分部工程和分项工程进行划分，并报水运工程质量监督机构备案。工程建设各方应据此进行工程质量控制和质量检验。

②分项工程及检验批的质量应由施工单位分项工程技术负责人组织检验，自检合格后报监理单位，监理工程师应及时组织施工单位专职质量检查员等进行检验与确认。

③分部工程的质量应由施工单位项目技术负责人组织检验，自检合格后报监理单位，总监理工程师应组织施工单位项目负责人和技术、质量负责人等进行检验与确认。其中，地基与基础等分部工程检验时，勘察、设计单位应参加相关项目的检验。

④单位工程完成后，施工单位应组织有关人员进行检验，自检合格后报监理单位，并向建设单位提交单位工程竣工报告。

⑤单位工程中有分包单位施工时，分包单位对所承包的工程项目应按本标准规定的程序进行检验，总包单位应派人参加。分包工程完成后，应将工程有关资料交总包单位。

⑥建设单位收到单位工程竣工报告后应及时组织施工单位、设计单位、监理单位对单位工程进行预验收。

⑦单位工程质量预验收合格后，建设单位应在规定时间内将工程质量检验有关文件，报水运工程质量监督部门申请质量鉴定。

⑧建设项目或单项工程全部建成后，建设单位申请竣工验收前应填写建设项目或单项工程工程质量检查汇总表，报送质量监督部门申请质量核定。

三、水运工程质量通病的防治

1.质量通病的定义

水运工程建设施工项目中经常、反复发生的、较普遍存在的、带有共性的质量问题，犹如"多发病"、"常见病"一样，称为质量通病。

2.港口工程常见质量通病及分类

(1) 工程实体质量通病。如：重力式码头、护岸过大位移和不均匀沉降，高桩码头靠岸结构和引桥桥台过大沉降、位移，现浇混凝土结构存在较多有害裂缝，码头面层混凝土裂缝、起砂和表面掉皮等表面缺陷，桩顶劈裂掉棱，预制构件安装控制质量差，小型构筑物外观粗糙，构件表面泛锈、开裂、流锈水，成品保护和修补质量差，等等。

(2) 施工工艺通病。如：混凝土施工缝处理不符合规范要求，保护层垫块制作工艺落后，质量差，沉箱预制采用油毡纸、塑料布、三夹板等做底模隔离层，构筑物周边回填或结构层夯实达不到设计要求，浆砌石砌筑方法、勾缝方式不规范，混凝土梁、柱、护轮坎底部漏浆，混和料计量不准确，混凝土出现严重缺陷，修补随意、质量差，混凝土养护不规范，预埋铁件防腐、支模螺杆切割处理不妥，等等。

(3) 质量管理通病。如：原材料进场抽样复验频次不足、资料可追溯性差，隐蔽工程验收不符合规定，原始资料存在后补、编造现象，原材料混堆、场地未硬化,施工管理人员对技术标准、规范不熟悉,工地试验室缺少科学管理,分包工程和劳务队伍的管理薄弱,盲目施工,等等。

3. 质量通病的防治原则

(1)分类防治;(2)找准原因,对症下药(预防措施应切实可行);(3)总结经验,精心施工;(4)关注环境条件变化;(5)强化工艺纪律,推行标准化作业。

4. 质量通病防治实例

例一、桩身制作质量通病

(1)分类:(工程实体类)基础工程质量通病——钢筋混凝土桩预制。

(2)现象:桩身弯曲、桩尖不正、桩顶不平,空心胶囊孔偏心(上浮)。

(3)原因分析:①模板平整度差,拼装时弯曲或局部刚度不够;②模板放线错误,未控制桩顶面与桩身垂直度,桩尖放线偏斜;③胶囊未固定住,浇筑混凝土时上浮;④模板拼缝不严密,漏浆;⑤混凝土和易性差。

(4)预防措施:①模板制作、拼装严格控制,符合设计和规范要求;②混凝土按配合比计量,拌合充分,分灰均匀,振捣密实;③固定胶囊位置,控制抽胶管时间,防止混凝土塌陷。

例二、沉桩裂缝质量通病

(1)分类:(施工工艺类)基础工程质量通病——钢筋混凝土桩沉桩。

(2)现象:沉桩过程发生桩身有环形裂缝,且裂缝达到一定宽度,有的锤击过程中桩身彻底断裂。

(3)原因分析:①桩在运输过程中或在预制厂内已有损伤;②沉桩时发现桩有偏位,超过允许纠偏量进行纠偏;③桩尖入土深度较浅,长细比大,桩尖碰到硬土层或障碍物,俯打或仰打时更易断桩;④碰桩;⑤偏心锤击;⑥打桩拉应力过大,锤垫和桩垫弹性差;⑦桩身混凝土强度偏低;⑧地质条件变化起伏大,设计强度等级不能满足特殊地质条件下的强度要求;⑨养护不当,混凝土强度未达到设计强度等级;⑩打桩船走锚。

(4)防治措施:①预制钢筋混凝土桩应达到起吊强度后方能起吊,达到沉桩强度方能沉桩,必要时还应考虑养护期的要求;②发现桩位偏差较大时可采取加大桩帽(梁)或补桩,应经设计确定;③对桩群中斜桩与斜桩、斜桩与直桩,或新老码头交界处,将桩位画大样图,并进行计算复核是否相碰。相邻两桩的理论净距不应小于1.5d(d 为桩断面直径或边长);④发现桩尖碰到障碍物应立即停止沉桩(处理方法为:桩入土较浅时,可将桩拔出,排除障碍物或弄清障碍物位置后再打桩;土已达一定深度,承载力不满足要求,可将桩截掉,同设计部门商量补桩);⑤施打时避免偏心锤击。

例三、混凝土麻面质量通病

(1)分类:(工程实体类)混凝土工程质量通病——麻面。

(2)现象:包括两个方面,即俗称的"露石"(漏浆造成的表面石子失浆外露)和"粘皮"(因模板拆除不当所造成的表面砂浆层剥皮)等缺陷。

(3)原因分析:①模板表面粗糙或清理不干净,粘有干硬水泥砂浆等杂物,拆模时混凝土表面被粘损,出现麻面;②模板在浇筑混凝土前没有浇水湿润或湿润不够,混凝土中水分被模板吸去,混凝土表面失水过多,出现麻面;③钢模板脱模剂涂刷不匀或局部漏刷,脱模时混凝土表面粘结模板,引起麻面;④拼装不严密,浇筑混凝土时缝隙漏浆,混凝土表面沿模板缝位置出现麻面;⑤混凝土振捣不密实,混凝土中的气泡未排出,一部分气泡停留在模板表面,形成麻点。

(4)预防措施:①模板表面清理干净,不得粘有干硬水泥砂浆等杂物;②木模板在浇筑混凝土前应用清水充分湿润,清洗干净不留积水,使模板缝隙拼接严密。如有缝隙,应采取措施将缝隙堵严,防止漏浆;③脱模剂要涂刷均匀,不得漏刷;④混凝土浇筑必须按操作规程分层均匀、振捣密实、严防漏振,每层混凝土均应振捣至气泡排除为止。

(5)治理方法:麻面主要影响混凝土外观,对于表面不再装饰的部位应加以修补,即将麻面部位用清水刷洗,充分湿润后用水泥素浆或 1:2 水泥砂浆抹平。

参考文献

[1]中华人民共和国交通运输部.中华人民共和国行业标准《水运工程质量检验标准》[S](JTS257—2008).

高速公路路面混凝土塑性裂缝的防治

李 锐[1], 付庆海[2]

(1.中铁十九局集团第二工程有限公司,辽宁 辽阳 111000;2.空军场务试验中心,272000)

1 前言

混凝土路面大多采用机械摊铺施工,机械摊铺水泥混凝土路面一次摊铺路幅宽度大,一次性连续摊铺数量大、速度快。如果后续工作无法跟上,加之气候环境的不利因素,就容易引起摊铺水泥混凝土路面的开裂。特别在南方的高原地区,摊铺路面混凝土的裂缝出现时间早,大多在摊铺完成后一日内出现,裂缝无规律,夏季多风、大太阳天气裂缝尤为突出。出现裂缝的混凝土表面已硬化,而内部混凝土还未初凝,这是典型的塑性裂缝。混凝土的表面由于与外界发生湿交换,硬化较快,形成了一层硬化层,而且还形成了一个由表及里的硬化梯度,限制了尚未初凝的混凝土的自由变形,没有初凝的混凝土的自收缩速度最快,拉裂了表面硬化了的混凝土,导致混凝土开裂,形成塑性裂缝。

由于路面混凝土的收缩,导致大部分混凝土裂缝,这种裂缝不是由于混凝土硬化期及荷载或振动引起的。混凝土的收缩分为塑性自收缩和干燥收缩。塑性自收缩是指混凝土在初凝后在与外界隔绝湿交换条件下的混凝土的收缩;干燥收缩只是混凝土表面受影响,而混凝土的塑性自收缩,则是整体的大范围的收缩。

2 道面塑性裂缝的预防

2.1 路面塑性裂缝的显著特点

裂缝出现时间早在混凝土凝结之前出现。一般在干热或大风天气出现,表面因失水较快,而产生的塑性收缩裂缝更快。裂缝呈中间宽、两端细且长短不一,互不连贯状态。较短的裂缝一般长20~30cm,较长的裂缝可达2~3m,宽1~5mm。

2.2 道面塑性裂缝产生的主要原因

混凝土在终凝前几乎没有强度或强度很小,或者混凝土刚刚终凝而强度很小时,受高温或较大风力的影响,混凝土表面(路面混凝土表面与外界交换面积大)失水过快,形成了一层硬化层,而且还形成了一个由表及里的硬化梯度,限制了还没有初凝的混凝土的自由变形,没有初凝的混凝土的自收缩最快,拉裂了表面硬化了的混凝土,导致混凝土开裂,形成塑性开裂。影响混凝土塑性收缩开裂的主要因素有水胶比、水泥用量、混凝土的凝结时间(外加剂)、环境温度、风速、相对湿度等。

(1)水胶比、水泥用量。自收缩、干燥收缩与水胶比及水泥用量有着密切的关系(见表1)。从表1可看出,随水泥用量的减少及水胶比的增大,混凝土的自收缩降低而干燥收缩则增加。混凝土塑性自收缩是影响混凝土塑性开裂的主要原因。另外,水泥颗粒越细,水胶比越小,混凝土越易开裂。

(2)外加剂。外加剂均不同程度地对混凝土收缩产生促进加剧作用,收缩率比较小的外加剂对混凝土的收缩开裂影响较小。试验表明,选用收缩率比小于标准要求值一半的外加剂较好。

(3)掺和料。品质好的粉煤灰掺量大于25%时,混凝土有明显的减缩和抗裂作用。

混凝土塑性自收缩与干燥收缩的关系　　表1

水泥用量(kg·m³)	633	556	542	531	456	460	488	465
水胶比	0.2	0.2	0.2	0.2	0.2	0.3	0.3	0.3
	2.0	5.0	5.0	7.0	9.0	0.0	1.0	8.0
自收缩/%	80	67	67	63	55	52	50	36
干燥收缩/%	20	33	33	37	45	48	50	64

(4) 集料。集料的级配和颗粒形状对裂缝有影响，集料的密实度越低，越有利于混凝土开裂。

(5) 施工工艺。混凝土的振捣和养护不当，会使混凝土产生裂缝。大工作性(大坍落度、大流动性)时过振会导致混凝土形成表面砂浆层，混凝土易裂。早期养护跟不上，会使混凝土易形成表面硬化层及硬化梯度，混凝土更易开裂。

(6) 施工环境。地理条件、高温、干燥及大风天气，更易造成混凝土开裂。

2.3 主要预防措施

(1) 水泥。选用干缩值较小的硅酸盐或普通硅酸盐水泥。

(2) 水灰比。严格控制水灰比，掺加高效减水剂来增加混凝土的坍落度和和易性，减少水泥及水的用量。

(3) 掺和料。掺加品质好的矿物掺料，降低水泥用量。

(4) 养护。及时覆盖塑料薄膜或者潮湿的草垫、麻片等，保持混凝土终凝前表面湿润，或在混凝土表面喷洒养护剂等进行养护。在高温和大风天气要设置遮阳和挡风设施，及时养护。

2.4 施工控制

一是避开高温干燥、大风天气；二是防止混凝土过振；三是混凝土初凝前进行二次复振和多次抹面；四是保证混凝土表面不失水，防止干燥开裂，7~14天养护后应防止混凝土的突然干燥；五是控制拆模时间；六是防导结合，引导裂缝在指定的不影响结构安全和美观的位置开裂；七是根据摊铺速度配足后续切缝、防滑构造施工设备，采取软硬结合的切缝施工工艺，尽早完成切缝作业，有利于防止摊铺路面混凝土的收缩开缝。

2.5 检测手段

(1) 原材料水泥、外加剂的抗裂性试验。检测一定水灰比的纯水泥浆体及掺外加剂后浆体硬化后的抗裂性。测试第一条裂缝出现的时间，时间越长，水泥的抗裂性越好。

(2) 新配置混凝土的抗裂性试验。按规定方法检测新配置的混凝土在凝结硬化过程中的抗裂性能，评价混凝土抗裂性能的指标。

(3) 路面混凝土的抗裂模拟试验。模拟施工现场情景及环境条件，用平面大板试验法，检测摊铺后的混凝土的抗裂性能，测试有关指标可为施工提供依据。

3 路面混凝土塑性裂缝的处理

裂缝的出现，不但会影响结构的整体性和刚度，还会引起钢筋的锈蚀，加速混凝土的碳化，降低混凝土的耐久性、抗疲劳和抗渗能力。因此，根据裂缝的性质和具体情况我们要区别对待、及时处理。混凝土裂缝的修补措施主要有表面修补法、灌浆法、嵌缝封堵法、结构加固法、混凝土置换法、电化学防护法以及仿生自愈合法，对于路面混凝土的塑性裂缝主要采用以下措施：

3.1 局部较多裂缝

采用置换法，采用同等级微膨胀混凝土置换。

3.2 少数较宽横向裂缝

采用嵌缝封堵法，根据路面收缩及膨胀缝具体情况，将裂缝改造为伸缩缝用伸缩缝灌缝材料封闭。

3.3 大多数裂缝

采用灌浆与表面修补相结合的方法进行处理，先将裂缝内杂物用高压风吹干净，用高压水冲洗后用高压风吹干，用灌浆设备灌注环氧树脂浆材，最后裂缝表面用环氧胶泥封闭。

质量管理

QS变电所配电装置项目的质量控制

顾慰慈

(华北电力大学,北京 102206)

摘　要：本文介绍了QS变电所GIS配电装置施工项目全过程质量的措施、方法和要求,通过施工准备阶段、施工过程和竣工验收阶段全过程的质量控制,确保了QS变电所GIS配电装置的安装质量。

关键词：变电所,GIS,SF_6

QS变电所是一座500kV的变电所,在该工程GIS配电装置安装项目施工中,采取了从施工准备、施工过程到竣工阶段全过程的质量控制,保证了项目的施工质量,加快了施工进度。本文介绍该工程GIS配电装置施工项目质量控制的措施及方法。

一、施工准备阶段

施工准备阶段的质量控制主要是做好施工前的各项准备工作,包括施工技术准备、施工工器具及仪表的准备、施工材料准备、施工场地准备、设备的验收保管、对已完成土建工程的复核验收和对GIS元件进行装配前的检查等项工作。

(一)施工技术准备

GIS配电装置安装前的施工技术准备工作包括学习和熟悉设计图纸和资料,编制施工方案,编制质量计划和组织技术交底。

1.学习和熟悉设计图纸和资料

组织施工人员熟悉设计图纸和制造厂家提供的设备的各种文件资料,了解GIS装置的技术特性、结构、工作原理,以及该装置运输、保管、检查、组装、测试、安装及调整的方法和要求,并组织有关人员到安装有同类型设备的单位参观、学习、搜集资料。

2.编制施工方案

根据施工计划和施工机具的配置情况,合理安排施工工序,制订施工方案,编制作业指导书。

施工方案的主要内容包括：

(1)施工方法；

(2)施工流程；

(3)施工顺序；

(4)施工机具的选用；

(5)主要施工材料及用量。

作业指导书的主要内容：

(1)设备的概况及特点；

(2)施工的步骤；

(3)安装和调整方法；

(4)质量要求；

(5)人员的组织；

(6)工期安排；

(7)安全技术措施。

3.编制质量计划

质量计划按施工工序的先后顺序编制,规定了与质量有关的安装活动所必须遵循的文件、应达到的质量目的、质量检查和验收的依据及标准、验收的方式和检查的数量、检查验证方的责任形式和质量记录的要求等,具体内容包括：

(1)质量目标和要求；

(2)质量管理体系文件；

(3)质量管理组织和职责；

(4)产品或过程所要求的检查、验证、确认、检验和试验活动,以及验收的标准；

(5)质量控制点的设置,包括 W 点和 H 点;
(6)质量记录的要求;
(7)所采用的质量措施。

4.技术交底

在设备安装前向全体施工人员进行质量、安全技术交底,通过技术交底,使施工人员了解 GIS 装置的结构原理、技术性能,掌握其安装调整方法和工艺质量要求;熟悉各种材料、专用工具、仪器的使用方法,人身、设备安全的防范措施。

安全技术交底的内容包括:
(1)GIS 装置的结构原理、技术性能;
(2)GIS 装置的安装和调整的方法、工艺和质量要求;
(3)各种材料、专用工具、仪器的使用方法;
(4)本工程项目施工作业的特点及危险点,以及针对危险点的具体预防措施;
(5)应注意的安全事项;
(6)相应的安全技术操作规程和标准;
(7)发生安全事故后的应急措施。

安全技术交底工作要求在正式作业开始前进行,不但进行口头讲解,而且应有书面文字材料,并履行签字手续。

(二)施工工器具及仪表的准备

根据设备的形式和施工场地的条件选择施工工器具及测试仪表,包括:

(1)常用的起重机、焊接、钳工、电工工具;
(2)专用工具,包括:
1)SF_6 气体回收、储存、充气、抽真空用的气体处理车;
2)烘干燥剂的烘箱;
3)安装母线装置车;
4)紧固螺栓用的各种规格的力矩扳手;
5)吊装用的尼龙吊带;
6)吸尘器;
7)气体检漏仪、微水分析仪、气体密度校验仪、真空表、温度计、湿度计、电气特性测试仪表等。

(三)施工材料的准备

施工材料包括:
(1)清洗材料;
(2)润滑材料;
(3)绝缘材料;
(4)油漆;
(5)干燥的压缩空气;
(6)氮气(纯度要求不低于 99.99%);
(7)SF_6 气体,其标准应符合表 1 的规定。

SF_6 气体的标准　　　表1

杂质或杂质组合	规定值(质量比)
空气(N_2,O_2)	≤0.05%
四氟化碳(CF_4)	≤0.05%
水分	≤8μg/g
酸度	≤0.3μg/g
可水解氟化物	≤1.0μg/g
矿物油	≤1.0μg/g
纯度	≥99.8%
毒性生物试验	无毒

(四)施工场地准备

1.安装场地应无风沙、无雨雪影响,空气相对湿度小于 80%,环境清洁。

2.安装现场采用塑料布防尘。

3.安装现场周围 300m 内禁止任何产生灰尘的作业。

4.搭建临时用工棚。

(五)设备的验收保管

1.设备的验收

设备运抵施工现场后,由施工单位组织,业主、监理人员、采购人员、设备制造厂家代表参加,共同进行验收。

设备应符合下列要求:
(1)设备包装无残损;
(2)所有元件、附件、备件及专用工器具齐全,无损伤变形及锈蚀;
(3)瓷件及绝缘件应无裂纹及破损;
(4)充有 SF_6 等气体的运输车或部件,其压力值符合产品的技术规定;
(5)出厂证件及技术资料齐全。

2.设备的保管

设备验收完以后,在安装之前应妥善保管,设备保管应符合下列要求:

(1)GIS应按原包装置于平稳、无积水、无腐蚀性气体的场地,并垫上枕木,并采用防雨、防火、防潮措施;

(2)GIS附件、备件、专用工器具及设备、专用材料等均应放置在干燥的室内;

(3)瓷件应安放平稳,不得倾倒、碰撞;

(4)充有SF_6等气体的运输单元要按产品技术规定检查压力值,如有异常情况及时采取相应措施。

(六)对已完土建工程的复核验收

在GIS安装前对已完成的土建工程和设备基础进行复核及验收,内容包括:

(1)核对GIS室大门尺寸,以保证设备顺利进入;

(2)核对GIS分支母线伸向室外的预留孔尺寸及位置,以保证分支母线能够伸向室外和分支母线安装的顺利进行;

(3)按设备制造厂家的资料对基础中心线进行复核;

(4)复核相邻间隔之间,GIS与变压器及出线之间,X、Y轴中心线的误差,该误差应在允许范围之内;

(5)基础及预埋槽钢(工字钢)的水平误差不超过设备的技术规定;

(6)室内起吊设施经试吊验收通过。

(七)对GIS元件进行装配前检查

在装配前,要对GIS元件进行逐项检查,检查结果应达到下列要求:

(1)GIS元件的所有部件完整无损;

(2)瓷件无裂纹、绝缘、无受潮、变形、剥落及破损;

(3)组合电气元件的接线端子、插接件及载流部分光洁、无锈蚀现象;

(4)各元件的紧固螺栓齐全、无松动;

(5)各连接、附件及装置性材料的材质、规格、数量符合设备的技术规定;

(6)各分隔气室气体的压力值和含水量符合设备的技术规定;

(7)母线及母线筒内壁平整无毛刺;

(8)支架及接地引线无锈蚀和损伤;

(9)防爆膜完好;

(10)密度继电器和压力表经检验合格。

二、施工过程的质量控制

1.GIS安装时按制造厂的编号和技术规定的程序进行。

2.安装时使用的清洁剂、润滑剂、密封脂和擦拭材料均经检验合格,符合产品的技术规定。

3.密封槽面保持清洁,无划伤痕迹。

4.盆式绝缘子清洁完好。

5.所有触及设备的吊套和绑绳全部采用尼龙绳具。

6.涂密封脂时应小心谨慎,不使之流入密封垫(圈)内侧面与SF_6气体接触。

7.连接件的触头中心应对准插口,插入深度符合产品的技术规定。

8.现场安装时加强对尘埃、杂质、漏气、气体、水分及SF_6气体的充气等方面的质量控制。

(1)尘埃、杂质的控制

在安装过程中严格控制现场内的尘埃和杂质,保持施工场地的清洁,施工人员均应穿专用的工作服,以免混入尘埃和杂质,损伤电极表面,影响耐压强度。

(2)漏气控制

除了在设计和制造时要对密封圈的材质、压缩量和密封面的表面光洁度进行慎重选择和控制外,在安装中还应严格控制尘埃、杂质,保持清洁,以达到漏气控制的目的。年漏气率一般应在1%左右。

漏气检测可用下列方法:

1)用压力表进行漏气检测,适用于判别每日$0.1\sim0.3km/cm^2$的漏气量。

2)真空漏气检测,适用于作气室之间的漏气检测以判别每年$0.5\sim1.0km/cm^2$的漏气量。

3)SF_6气体检漏仪检测,其检测灵敏度随不同的SF_6气体检漏仪而不同。

(3)吸附剂及水分的控制

GIS电器中的水分会因电弧引起分解,产生对绝缘材料和金属材料有很大腐蚀性的氢氟酸,同时由于设备的骤冷骤热,会使电器中的水分凝结在绝缘表面而降低闪路电压,而吸附剂可消除或减少电器中分解的气体和水分,所以对吸附剂的水分应进行控制。

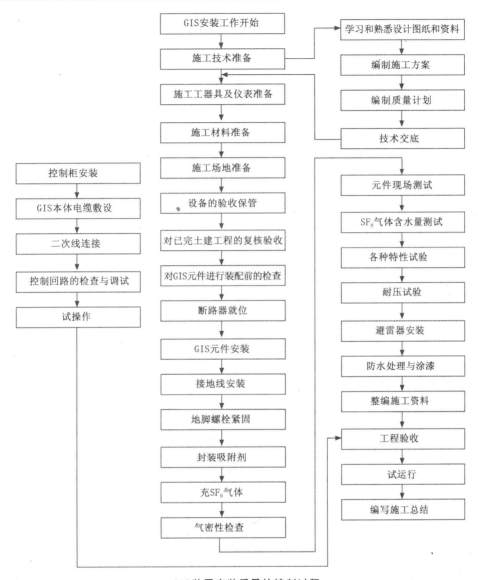

GIS装置安装质量的控制过程

水平控制的标准是：断路气室不大于 $150×10^{-6}$，其他气室不大于 $250×10^{-6}$。

(4) SF_6 气体的充气控制

由于在 GIS 中 SF_6 气体既作为绝缘介质又作为灭弧介质，所以无论是用 SF_6 气体充气装置还是用 SF_6 气瓶直接充气，均应严防杂质混入，以免影响 SF_6 气体的纯度。

9. 控制电缆敷设和终端接线的质量，除了在电缆敷设过程中采取一系列的监督、跟踪检查外，质检人员还要会同业主进行10%的抽查联检，以确保整个电缆的敷设和终端接线的完整和正确。

10. 施工全过程的质量控制如图所示。

三、竣工阶段的质量控制

竣工阶段的质量控制主要是做好以下工作：

1. 对 GIS 进行各种特性试验。
2. 进行耐压试验。
3. 对 GIS 进行防水处理和涂漆。
4. 整编施工资料。
5. 进行工程交验。
6. 试运行。
7. 编写施工总结。

质量管理

浅论建筑企业的质量管理

李建伟

(中建八局青岛分公司,山东 青岛 266000)

摘　要:在全球经济一体化的今天,企业在竞争中求生存与发展,应不断提高质量水平。本文在结合我国当前实际情况的基础上,分析了我国建筑企业质量管理存在的问题,指出应以质量打造品牌,从粗放型质量管理向集约化质量管理转变。

一、引　言

随着我国加入世贸组织运行进程加快,我们的企业面对更加激烈的全球化市场竞争,机遇与挑战共存。在知识经济和创新加快的当今时代,要想在竞争中求生存求发展,就必须创造"世界级质量",创新全球化市场,不断提升科技与质量水平。创造"世界级质量",就是要把质量生产、形成到实现的全过程,真正地融入国际化经营战略之中,在全球化竞争与市场创新中,确立并不断地实现质量领先的战略目标。实践证明,企业靠市场,市场靠产品,产品靠品牌,品牌靠质量;因此,全面含义上的质量竞争已成为市场竞争的关键。

二、我国建筑企业质量管理存在的问题

1.新材料的应用方面。材料成本占据建筑生产成本的绝大部分,个别大型安装工程材料费所占的比重甚至高达70%,并且材料的使用贯穿建筑生产的始终,因此,新型建筑材料的应用可以促进施工技术的发展,带来经济效益。目前,我国新型建筑材料的开发和应用与国外发达国家有很大差距。例如在超高强混凝土的应用上,国外早已在研究和使用1 000号以上的混凝土,而这项技术在我国才刚起步。

2.施工机械的应用方面。建筑施工机械化是现代建筑技术的重要标志之一。我国目前不仅在大型、特种施工机械设备上与国外发达国家有很大差距,而且在有利于提高作业效率、保证质量稳定的小型手工机具的机械化程度上也大大落后于发达国家。有资料表明,我国建筑业技术装备的投入人均约6 000元,而发达国家的人均投入约6 000美元。

3.施工工艺方面。我国在某些施工技术上已经达到或接近国际先进水平,如深基坑支护、超高层建筑、大型结构和设备整体吊装、预应力混凝土和大体积混凝土等。但对于一些技术含量高的施工技术却很少涉及,更多的只是对普通工艺进行重新组合与改进。我国大部分施工企业仅仅满足于完成任务,缺乏对施工工艺的总结与改进。

4.施工项目管理技术方面。我国的建筑企业仍然属于粗放型经营,依靠的是劳动密集,管理技术比较落后,造成了很大的浪费,很多新的管理技术没有普及。譬如,作为现代项目管理技术的主要工具的计算机,在施工管理中没有起到相应的作用,有的甚至只是做个样子或者是当打字机使用,没有真正构建起信息技术支持下的项目管理网络技术。

5.施工队伍不稳定,队伍素质有待提高。面对当

前激烈竞争的市场经济中，质量是企业的生命。以现场求市场、求发展，争创"质量第一"。然而，"质量第一"绝不是空泛的一个口号，而必须以"第一线"为出发点和落脚点，即从施工生产的第一线出发，严格按ISO 9002标准采取切实有效的措施，确保各施工全过程处于受控状态，只有这样，工程质量才能真正有所保证、有所提高。

三、建筑企业以质量打造品牌的措施

（一）以TQM——提高管理水平打造产品质量

1.建立和完善工程质量领导责任制。施工企业法定代表人和项目经理对所承建项目的工程质量负有领导责任及终身责任，要依法管理企业。要按照"谁主管，谁负责"的原则，从人员、材料、设备、工序、工艺、技术措施等方面层层落实工程质量责任，做到一级抓一级，层层抓落实。

2.严格市场准入。施工企业必须具备有符合国家规定的注册资金、专业技术人员、技术装备等资质条件。必须具备与工程建设要求相应的资质等级和业绩，具备足够的技术管理能力和装备水平，并在资质等级许可的范围内从事建筑施工活动，杜绝无证、越级承揽工程。

3.严格工程材料的采购使用。各类工程材料是工程建设的物质条件，材料的质量是工程质量的基础。因此，采购和使用的工程材料质量必须符合标准规定。要严格检验进场的材料和设备。进入现场的工程材料，必须有产品合格证或质量保证书，并应符合设计规定要求；需复试检测的建材必须经复试合格才能使用；使用进口的工程材料必须符合我国相应的质量标准，并持有商检部门签发的商检合格证书。同时，还应注意设计、施工过程对材料、构配件、半成品的合理选用，不能混用。

4.强化工程质量监理。质量管理贯穿于工程建设的全过程。施工阶段的质量控制，主要是对施工生产的各个环节或中间产品进行全过程的监督、检查与验收，其质量控制程序和内容随着施工的不同阶段而变化。不论施工准备阶段、施工阶段，还是工程保修阶段，质量监理单位都应按照有关法律法规、技术标准、技术规范及合同规定的要求，认真履行监理职责，而不能有丝毫的懈怠和马虎。

5.提高企业人员素质。施工企业人员有决策层、管理层和作业层等三个层面。人员的素质涵盖参与施工活动的人群的决策能力、管理能力、经营能力、控制能力、作业能力及道德品质等诸多方面。人员素质直接影响工程质量目标的成败，是工程质量高低、优劣的决定性因素。因此，控制工程质量首先要从严格人员准入和提高人员素质抓起。无论是决策管理者，还是技术操作者，都应该是有"资格"的行家。同时，还应该具有良好的心理素质和职业道德。必须加强施工企业人员的培训和考核，尤其要加强企业作风建设和职业道德教育，着力打造出一支高思想素质、高技术水平的建设队伍。

（二）以人为本——通过激励员工保证产品质量

发展质量，提高质量，坚持"以人为本"，不断提高职工队伍的整体素质。

1.为增强施工技术力量，企业应在施工间隙组织"规范、标准"讲座，对一线专业技术人员进行大规模质量培训。

2.对各级员工进行贯标意识、观念的教育和培训，让员工懂得每一个岗位的工作质量对于整体质量保证水平的影响和重要性，真正按规范要求实施运作，按程序要求做好记录。

3.大力营建、培育良好的企业文化，促进企业员工的全面发展。

企业文化建设与人力资源开发管理工作是相辅相成的。从企业文化的内涵来看，共同的价值观、企业理念是员工在共同的生产活动中形成的，企业文化建设就是一种人性化的理念。建筑企业一线员工大多数生活单调、贫乏，缺乏精神支柱。对此，建筑企业培育企业文化必须充分了解员工的需求，应从物质层有形化入手，从丰富员工的业余文化生活做起，关心他们的生活，用一个"情"字去感召他们。良好的企业文化为员工的发展提供了一个和谐的环境和氛围,员工整个精神状态都将会发生转变,同时企业以以人为本的战略思想,对人力资源不断开发和管理,使员工潜能得到释放。企业为人才提供一个施展才能的舞台,整个企业员工的综合素质将会大大提高。

(三)技术创新——依靠先进的科学技术提高产品质量

1.引进、消化、吸收创新战略。我国作为一个发展中国家,建筑企业应大量引进和充分利用世界上已有的成熟技术,这样,可以少走很多弯路,减少投资风险,迅速提高科技水平。但引进技术必须立足于企业的现有技术水平,要注重实用和实效。在技术引进后,要及时进行消化吸收,只有做好消化吸收,才能使技术真正为我所用。在消化吸收的同时,还应逐步改进和创新,只有不断提高改进和创新的能力,才能适应市场的需求,形成自己的优势和特色,形成企业持久的竞争力。

2.模仿创新战略。模仿是技术发展的一个必经阶段。目前我国建筑业用于技术进步的投入有限,只有通过吸取他人的成功经验、教训和技术成果,逐步积累自己的技术能力,才可能赶上或超过先进水平。同时,模仿创新可以减少研发和探索的风险,回避市场开发的不确定性,有利于技术的扩散,加快企业的技术进步和提高投资效益。但模仿必须在法律规定的范围内进行,要避免侵权,模仿的同时也不能忘记培育自身的自主开发能力。

3.自主创新战略。自主创新,是指企业依靠自身的能力进行研究开发,实现技术创新。这是一种主动而又高投入、高风险的战略,它要求企业有大量的研究开发投入,并有很强的技术研究、开发能力和迅速将成果应用于实际的能力,同时企业还必须有很强的知识产权保护意识。在我国,一些资金和人才力量雄厚的大、中型建筑企业更适合采用自主创新战略。

4.合作创新战略。合作创新通常以合作伙伴的共同利益为基础,以资源共享或优势互补为前提,有明确的合作目标和规则,合作的各方在技术创新的全过程或某些环节共同投入、共同参与、共享成果、共担风险。合作创新可以实现规模经济,消除重复研究和重复投资,分担成本并分散风险。在我国,建筑企业一般的独立开发能力较弱,实现产、学、研的结合是技术进步的迅捷方式。与研究所、大专院校合作共同加快研究成果向生产的转化,可以迅速提高企业的技术能力,并保证技术的升级换代,实现双方的双赢局面。

(四)质量文化——将注重产品质量的观念融入企业文化

质量文化是一种管理文化,也是一种组织文化,在质量改进活动中,它通过潜移默化的方式沟通职工的思想,从而产生对企业质量目标、质量观念、质量行为规范的"认同感"。在质量文化所形成的氛围中,职工为了得到领导和同事的认同而产生自我激励的动因,为实现企业的质量改进目标而努力工作。

1.重视企业质量文化的建设工作,要做企业质量文化的创造者。企业员工的质量意识、行为表现、对质量改进和质量控制的认识以及对用户的重视程度等,都受最高决策人,即企业的最高领导的影响或左右。如果企业的最高领导都没有牢固的质量竞争意识和质量战略意识,没有树立"质量第一"的观念和思想,是不可能引导和影响企业全体员工树立这样的质量意识和思想的。企业质量文化建设,要从最高领导做起。

2.加强质量意识的教育和素质教育,提高职工思想和技术素质。企业员工是企业质量文化的主要载体。在强调以人为本、科技创新的当代社会,员工的质量意识和技术素质对产品的质量起着至关重要的作用。以保证产品质量并在此基础上将产品质量的改进和持续提高作为最主要目标的企业质量文化的建设,必须重视企业全体员工质量意识的教育和素质教育,提高职工的思想和技术素质。在企业全体员工中树立起牢固的"质量第一"的思想,从思想上明确实施质量的战略意义和重要地位。要在企业中树立起质量参与意识。

3.重视和搞好不同层次的培训和教育,为质量文化建设求发展。培训和教育工作可以分为三个层次:企业管理层次、项目管理层次、作业层次。

在企业管理的层次上,要对企业的管理人员做好服务意识、管理意识、调控意识、创新意识的教育。倡导企业管理层的自我学习,提高管理水平,总结管理经验,在管理机制上理顺企业管理和项目管理的关系、管理项目和服务项目的关系、承揽任务搞好经营和建设优质工程提高效益的关系。在项目管理层次上,要做好管理意识、责任意识、质量意识的教育。利用岗位培训和开展岗位比赛活动,提高质量管理水平和业务技术水平,处理好工期、质量、安全和效益的关系;控制质量和服务操作层的关系;干好项目和培养人才的关系。在作业层次上,主要是通过业务技术培训,提高他们的操作技能和技术水平,确保每道工序的操作质量符合要求。通过教育提高作业人员的质量责任意识。

三个层次上培训和教育的目标要明确,在企业管理层重点培养有开拓力的魄力型"帅才"领导;在项目管理层注重培养懂技术、会管理的实干型"将才"干部;在操作层侧重培养技术素质高、质量意识好的技术型"干才"操作人员。通过三个层次的培训和教育,提高企业全体员工的质量责任意识,使质量文化建设真正渗透于工程建设的全过程,并在渗透中得以发展。

4.质量文化是一种经济文化和组织文化,也是管理文化。我们应注意加强质量的立法工作,建立健全企业质量责任制。质量文化作为一种管理文化,要从以纪律、法规、制度约束为主的外在管理向调动职工的内在积极性为主的管理模式转化,要强调"以人为中心",创造一个人才脱颖而出和激发群众性创新热情的文化氛围,并通过抓好促进人才发展这一企业文化的重心,去带动整个企业文化建设

的持续深入。

5.积极稳妥地引进外来先进的质量文化要素并进行转化。例如,通过典型事例、典型人物的树立,使质量文化有导向作用,如果公认质量突破性是少数人改革先做起来的,那对这些人的价值就是给予充分的肯定,由此逐渐创立一种风气,这就是环境因素。

(五)ISO 9000质量标准——以国际标准提高产品质量

在针对旧的管理体制的基础上,确保质量体系的真正有效运行,并非易事。随着全社会对ISO 9000质量标准的宣贯,大家都很容易走进一个误区:即认为只要贯标,取了证,企业就进行了质量管理。从一个现代企业的角度来看,执行ISO 9000质量标准,应该是一个企业最基本的要求。

众所周知,ISO 9002是一个外部质量保证标准,而ISO 9004则是一个内部管理标准。我们要真正做到"每个工程、每项服务都让顾客满意",只有内抓管理,从对粗放型质量有重大影响的工序,对其操作人员、机具、设备、材料、施工工艺、测试手段、环境条件等因素进行分析与验证,并进行必要的控制,做好验证记录。

其次,对公司质量体系作财务考虑,即对质量体系活动作财务报告。我们知道,一个完善的质量体系,是在考虑风险、费用和利益的基础上使质量控制最佳化的重要手段,因此,必须紧紧地围绕提高质量与经济效益这个核心问题而展开活动,向企业经营的目标不断靠拢,打造自己的品牌,提升竞争力。

四、结 论

建筑企业要深化改革,必须转变管理机制,要从粗放型质量管理向集约化质量管理转变。只有这样,在市场经济条件下,施工企业才有可能通过抓质量提高来获得尽可能多的产出,获得用户和企业的满意,达到建造品牌、提高企业竞争力的目的。

合同管理

单项建造合同完全独立核算架构探讨

张荣虎

(北京住总集团有限责任公司工程总承包部,北京 100061)

《企业会计准则第 15 号–建造合同》明确规范了企业建造合同收入、成本的确认、计量和相关信息披露的原则和操作的基本方法,对建筑安装企业建造合同的财务核算管理工作提出了新的挑战。要求企业要在符合建造合同独立核算原则下通过合同合并或合同分立,确定符合单项建造合同条件的核算对象进行独立核算。在现代信息条件下,如何更好地实现单项建造合同独立核算,成为了建筑安装企业财务同仁共同关心的问题。

通常情况下,按工程独立核算一般是按照承建该工程项目发生合同收入和成本,在会计核算中按照工程项目单独核算,可按工程项目出具成本收支及利润报表。如何理解按单项建造合同完全独立核算呢,那就是在按工程项目确认合同收入和成本的基础上,同时按工程项目确认因该工程项目施工生产发生的资产、负债和权益的增减变化,在按工程项目出具成本收支及利润表的基础上同时按工程项目并行列报资产负债表。

而现实中,负责施工生产的项目经理部是施工企业最基层经营生产实体,会出现前面承建的工程项目还未完工而新承揽的工程项目已经开工建设的情况,也有同时负责两个以上工程项目施工生产的。大多数项目部都是在负责在施工工程项目施工生产的同时,负责多个已竣已结、已竣未结工程项目的后期债权债务及竣工结算等经营管理。在这种情况下,如何实现按单项建造合同完全独立核算呢?如果一个独立核算的单项建造合同建一个套账,那一个项目经理部可能会同时出现多个账套、一个施工企业几年下来就会有成百上千的账套需要同时维护管理,一个建筑企业集团呢?这种建账方式看来是不可取的。

为了促进工程项目精细化管理,为项目管理提供更多更深入的财务支持,充分发挥财务核算和财务管理在项目经营管理中的职能作用,时任北京住总集团公司工程总承包部总会计师陈小芳女士提出了按单项建造合同完全独立核算的财务核算管理理念和要求。

根据企业管理要求和企业会计准则对建造合同的核算原则,结合现代信息技术在财务核算管理中的广泛应用,北京住总集团工程总承包部全体财务人员,认真学习充分研究,在充分了解财务软件功能的基础上,总结过去在工程项目财务核算管理中的经验教训,结合本企业和集团公司经营管理要求,依托用友财务软件上线实施要契机,在 2007 年初确定了在一本账下通过财务软件的辅助项目和自定义项目核算功能来实现按单项建造合同完全独立核算的核算体系。具体操作方法分为:

第一是建账方法:第一步是建立账套、设置统一的会计核算科目体系,包括明细科目;第二步是将一自定义项设置为"工程项目"辅助核算项,并所有工程项目档案录入在"工程项目"辅助项下,在所有科目下挂"工程项目"辅助核算项;第三步是将各合同工程项下的栋号设置为项目档案,并在收入和成本科目下并行增设栋号项目辅助核算,在往来科目下同时并行增设客商辅助核算,这样建账工作就完成了。

第二是业务处理方法:首先要求一事一单,以单项建造合同为成本主体,单项建造合同所发生的资产、负债、收入、成本、费用等各项经济业务事项,按成本主体(工程项目)分别填制相应业务单据,不得将不属于同一单项建造合同的经济业务在同一单据上填报;其次是财务人员在填制记账凭证时在保证正确选择会计核算科目的前提下要正确选择辅助核

资产负债表

表1

编报单位：XX项目经理部　　2009年12月31日　　金额单位 RMB 元

项目	合计 期初数	合计 期末数	A工程项目 期初数	A工程项目 期末数	B工程项目 期初数	B工程项目 期末数	C工程项目 期初数	C工程项目 期末数
货币资金								
应收账款	142 000	125 000	20 000	23 000	45 000	36 000	78 000	66 000
预付账款								
内部往来	7 600	8 600	1 300	1 400	2 500	2 100	3 800	3 100
其他应收款	840	530	200		360	230	280	300
存货	7 892	5 586			4 325	2 345	3 567	3 241
固定资产	1 430	1 320			870	805	560	515
资产合计	160 762	139 036	21 500	24 400	53 055	41 480	86 207	73 156
短期借款								
应付账款			20 000	23 400	52 255	40 680	85 007	72 056
预收账款								
其他应付款			1 500	1 000	800	800	1200	1 100
负债合计	160 762	139 036	21 500	24 400	53 055	41 480	86 207	73 156
实收资本								
资本公积								
未分配利润								
权益合计								
负债权益合计	160 762	139 036	21 500	24 400	53 055	41 480	86 207	73 156

单位负责人：XXX　　财务负责人：XXX　　制表人：XX

算项目档案，填制的会计凭证要做到单项建造合同业务的借贷平衡。

第三是会计报表编制方法：在一个账套下同时负责包括有在施工程、已竣未结工程、已竣已结工程（还有债权债务未结清的项目）等多个单项建造合同财务核算的，原则上是一个账套出具一套会计报表。如何体现各工程项目的资产负债情况和成本收支及损益情况呢？是分别在一张表下平行列示各单项建造合同的资产债表、成本收支情况表、利润表等财务报表和管理报表，都是通过财务软件 UFO 报表系统设置报表取数公式，在各会计期凭证处理完毕并记账后，通过计算 UFO 报表生成相应报表数据。以资产负债表举例如下：

多工程项目的其他报表格式参照设置，即可实现同一账套下多单项建造合同并行完全独立核算、多工程项目分别列报资产负责表、利润表及成本收支情况等财务报告。

工程总承包部通过对该核算系统一年多时间的运行，发现该财务软件的自定义项功能不够完善，录入在工程项目档案在调出使用时不能做到唯一性。经过反复总结和研讨，为了确保账套和核算架构设计更科学，在2008年度决定放弃对自定义项目的使用，重新设计核算架构重新建账，充分利用软件系统很稳定的"部门核算"和"项目核算"两个辅助核算功能来实现按单项建造合同完全独立核算。将完全独立核算的单项建造合同项目视同部门建在"部门档案"中，将单体工程档案建在"项目档案"中，在全部会计科目下统一挂接"部门核算"辅助项，同时在收入及成本费用科目下挂接"项目核算"辅助项、在往来科目下同时挂接"客商"辅助核算。这样新建的账套，在实现了按单项建造合同独立核算的同时，解决了上一年度账套设计中存在的不足，极大地方便了财务核算管理工作的有力推进，提高了财务核算工作效率。

建安施工企业按单项建造合同完全独立核算的财务核算模式，北京住总集团在财务信息化建设中

（下转第120页）

初论工程成本加酬金合同

金铁英[1]，徐金晶[2]，杨俊杰[1]

(1.中建精诚咨询公司，北京 100835；2.中国葛洲坝集团第三工程公司，湖北 宜昌 443002)

近来，随着国际工程承包市场的发育和发展，在南亚、中亚和中东等地区，出现了真正意义上的工程成本加酬金合同。眼下，工程成本合同大体归类为三大类型：一类是固定总价或总包合同；二类是混合型合同(T&M 合同)，亦称时间与材料合同，即具有费用偿还合同与固定总价合同两者间的某些特点的敞口合同；三类是费用补偿合同，此类合同的特点一是承包商向业主报销实施工程所发生的实际费用，通常还要加上一笔不菲的酬金作为利润；二是实际费用包括直接费、间接费。直接费指专门用于该工程项目的开支(如，工程项目全体管理人员、劳务人员的开支)，间接费包括项目管理费或是本项目的杂项开支或摊销的费用等；三是费用补偿合同一般还包括为达到或超过预定的项目目标时的奖金、红利及其他措施费。

比较流行的通用的成本加酬金合同主要有以下几种。

一、成本加固定酬金合同(CPFF)

为卖方报销卖方实施合同所发生的允许成本，同时卖方将获得一笔固定酬金。固定酬金通常按照事前设定的百分比以成本为基数计算。直接费成本实报实销，一般情况下，当直接费用超过原定估算成本 10% 以上时，固定报酬也考虑增加，除非工程项目服务范围发生变化，否则固定酬金不随实际成本的变化而变化。

二、成本加酬金合同或成本加成本百分比合同(CPPF)

为卖方报销卖方实施合同工作发生的允许成本，同时承包商获得一定酬金，通常按照商定的百分比为基数计算。酬金则因实际成本的不同而异。

三、成本加鼓励酬金合同(CPIF)

为卖方报销卖方实施合同工作发生的允许成本，同时如果实现合同中规定的绩效目标水平，承包商将获得酬金。如果最终成本低于预期成本，则买卖双方之间可基于预定的分摊比例，共同享有节省下来的成本。

1.合同的特点

这类合同的公认优点是：(1)在尚无完整设计资料的情况下，能使工程项目尽早开工。(2)可采用 CM 管理模式，完成阶段设计后进行发包，使工程项目早日完工。(3)双方都节约了资源成本和时间。(4)对业主而言，可能早日收到投资回报；对承包商而言，承担的风险比较小，经济效益有保证。这类合同的最大缺点是：业主所承担的风险很大，可能需要支付高额的合同价格，而因此采用"最大成本加费用合同"，即 MCPF 合同。就承包商来说，其主要缺陷是合同的不确定性，因为设计没有全部完成，合同的终止时间难以准确确定，而很难作出周到详尽的全部工程项目的实施计划，是需要承包商考虑的问题。(请参阅附录中涉及的条款进行深刻的研讨为妥)。

2.签订此类合同需要注意的是：

(1) 合同中必须明确业主如何向承包商支付酬金条款的细节，包括支付流程、支付时间、合同总金额的百分比，当发生变更或其他变化时，支付酬金的调整条款、在合同中应当准确地规定补偿费用的定义、各项管理费用及设计费用等。

(2)应列出详细的工程费用清单一览表,规定一套工地现场作业有关的数据记录、信息存储、记账格式、清算方法、人工、机时和材料消耗的数据核对表以及核算体系等。

(3)承包商必须组织强有力的工程项目实施团队,包括项目经理、工程师、估算师、会计师等执行力非常强的项目班子,确保工程项目的设计、采购和施工完全到位,把工程项目做好,保证工程项目的功能性,使业主满意和高兴。

(4)此类合同的预付款,一般情况下为工程总估价的15%,双方本着友好合作的精神,可考虑出具履约担保和支付担保的保证文件,当使用当地货币结算时,其汇率比显得特别重要,应该在合同中有明确的规定为宜。付款方式的选用也值得注意。

(5)在这种合作形式下,业主和承包商双方,必须建立高度的互信关系、和谐关系、支持关系,并且考虑在合同中有必要书写上这一条,以备给所有参与该项目的管理人员警示。

附录:
一份成本加酬金合同的有关合同价格的条款摘录如下,供参考。

1 合同价格

雇主应根据本条的规定向承包商支付"合同价"(合同价),合同价等于实施本工程的成本[定义于本条XX(b)款]加上根据第XX条估算的任何总金额和根据通用合同条款进行的调整,再加上承包商管理费(含利润)[定义于本条XX(a)款]。

a.承包商管理费,承包商管理法应该等于工程成本的___%。

双方同意上述数量是一净值;所以,雇主将按照全部适用法律和财务规章支付承包商总金额。

b.可报销的工程成本,工程成本包括承包商正常实施工程发生的全部费用。工程成本包括下列费用:

1)承包商在工地现场施工的直接雇员的工资,或取得雇主同意,在工地现场之外雇佣的雇员的工资;但是,承包商雇员进行设计的费用应该按照市场现行专业设计人员进行工程设计的现行单价计算,或者适用时按照本协议附表所列的单价计算。

2)承包商在工地现场进行施工监督和管理的雇员的工资,或在工地现场之外雇佣辅助本工程材料和设备的生产、运输或储存的雇员的工资。

3)承包商在其总部或分部办公室进行下列工作的雇员的工资(插入有关人员的姓名、工作说明或工作职务)。

4)承包商为雇主的利益、手续费、税、保险、捐赠、法律要求的评估、联合询价协议或承包商为雇主客户支付而发生的费用,这些费用包括支付的范围是第1条至第3条的承包商的雇员的工资。

5)承包商人员为实施本工程而发生的必须的和直接的旅行和食宿费。

6)承包商为实施本工程的任何部分或供应本工程的任何部分而支付给其分包商、供应商和设计分包商的费用,包括在分包合同和供应合同中规定的预付款、任何保险和/或保证金费用。

7)承包商修补、改正缺陷、损害的和不工作的工程而发生的费用,条件是这些缺陷、损害和不工作不是因为承包商的忽视和不负责而产生的。如果修补、改正缺陷、损害的和不工作的工程而发生的费用、可以从保险公司、分包商、设计分包商处收回,承包商应该尽力从合适的来源收回这些费用,并在费用收回后补偿雇主。

8)为了完成本工程而合理使用和组合到工程中的材料和设备的发送、运输、清关的费用和其他有关的检查、试验、储存和装卸的费用。

9)承包商为实施本工程而租赁的设备、机械和工具的租赁费或分期租赁费。

10)设备、机械、临时设施、材料、供应品及手工工具减去修复的费用,这些设备、机械、临时设施、材料、供应品及手工工具不是由个人所拥有,在本工程的实施中没有全部消耗掉,承包商决定将这些设备、

合同管理

机械、临时设施、材料、供应品及手工工具作为承包商财产，包括这些这些设备、机械、临时设施、材料、供应品及手工工具的运输、检查、试验、装卸、维护、拆卸和撤出的费用。

11）从工地清除残渣和废物的费用。

12）工地办公室建立、运行和撤除的费用和开支，包括传真费、长途电话费、邮寄和快递费、电话服务费、复印费和合理的零星开支。

13）承包商在工地提供并拥有的设备租赁费，这些费用应该等于或低于同等项目的平均市场费用，加上这些设备运进和运出工地的费用，在工地安装和撤出的费用，以及使用掉的备件的费用（如果有的话）。

14）临时设施、机械、设备及手工工具的租赁费，及运输、安装、维护、更换、拆卸和撤出的费用。这些临时设施、机械、设备及手工工具不是由工人所拥有，而是由承包商在工地提供并运用在本工程上，而不论这些这些设备、机械、临时设施及手工工具是否从承包商处或其他人处租赁。

15）由于协议或实施本工程而发生的保险费和担保费。

16）实施本工程发生的全部燃料费和设施费。

17）实施本工程而发生的销售税、使用税或类似税、海关费或关税。

18）承包商实施工程而合理发生的法律费、法院费、调解费、仲裁费，这些费用不是因雇主和承包商之间的争端而产生的。

19）承包商发生的满足合同文件要求的许可费、忠诚费、执照费、试验费和检查费。

20）按照雇主要求使用特种设计、程序或产品而产生的辩护费、诉讼费或侵犯专利权申诉费，从这些诉讼或申诉产生反对承包商的法律判断费和雇主同意支付的解决费。

21）除了由于承包商的忽视而造成的财产损失费。

22）在危及人身和财产安全的紧急情况下为了防止损害、损伤和损失而发生的费用。

23）在实施工程中按照雇主书面批准的范围内发生的合理的和适当的其他费用。

c.不可报销的费用。

下述费用不应该包含在本工程中：

1）除了上述第1、2条的规定之外，承包商对在承包商本部和分部工作的人员的补偿。

2）除了上述第3条的规定之外，或者可以通过改变工程而收回之外，承包商的管理费和一般开支。

d.资料保存和财务控制。

承包商承认本工程有关本协议下费用和工作的记录应该按照公开记录的方式管理。承包商应该按照公众认可的会计准则和合同文件的规定运用会计和控制系统保存全套详细的账务信息并进行控制。在工程实施期间，雇主和雇主的会计在发出合理的通知之后可以不时地检查承包商的账户记录、交流信件、发票、分包合同、购买订单、支票、备忘录和其他与本工程有关的记录。承包商应该将上述文件保存到最终支付后的2年。

2 估算的总费用

根据下列数据，双方同意估算的总费用（ETC）是：

a.在附录一中，规定的雇主提供的图纸和技术规范，包括全部补遗；

b.在附录二中，规定的承包商在评审估算的总费用（ETC）时的假设和澄清，目的是补充图纸和技术规范中的信息；

c.在附录三中，规定的估计完工时间和工作计划。

估算的总费用不是固定的，当承包商和/或雇主发现雇主提供的信息和文件不一致和/或不准确时，或者当形势（数据、文件、规范、要求等）因为任何原因变化时，需要进行进一步审查。

双方应该每月会面和审查支付进度：

1）验证至今发生的总费用；

2）验证完工还需要完成的未完工作；

3）为了满足估算的总费用ETC，同意采取步骤和措施调整费用预测。

如果由于上面提到的变化使估算的总费用ETC增加，承包商应该通知雇主。双方应该在随后5天内会面，讨论和同意有关改正和/或修改估算的总费用ETC。

3 预付款

在合同签订后的 10 个工作日之内,雇主应支付一笔金额为估算合同总价 xx%的预付款。

4 月进度付款证书的申请

如果本条下的累计支付没有超过保证的最高价加上承包商管理费加增值税 VAT,承包商应该按照本款的规定申请进度付款。

a.承包商应在每个月末后 5 天内,书面向总工程师提交进度付款申请(进度申请),说明下列款项的代数和:

1)承包商上个月(实际支付月)发生的可报销费用减去承包商在实际支付期已经获得的支付和预付款,预付款的分期偿还是按照实际支付期应该偿还的总合同金额 ETC 规定的比例偿还;

2)承包商估算在当前月(估算时期月)将发生的可报销费用的预测;

3)承包商在实际支付月在可报销费用基础上的管理费和利润。

b.承包商应及时递交进度付款申请:

1)承包商估算在实际支付月实际发生的项目可报销费用的细节(包括支持这笔金额的全部信息);

2)承包商估算在估算支付月将发生的可报销费用的细节;

3)承包商在估算支付月估计完成的工程价值和百分比的全部细节 (如果根据合同已知或将已知,包括支持估计完成金额的全部支持和证明信息);

4)雇主可能不是合理要求的支持进度付款申请的其他文件和信息。

如果收到上面 b)进度付款申请的全部信息,雇主将根据某条款发出进度付款证书。

尽管有合同条款的其他规定,如果合同规定支付必须在满足一定条件后才能申请,承包商只有在下述情况之后才能提出申请:

A)最后的条件被满足的日期;

B)支付可以另外申请的日期。

5 证书

雇主将在收到进度付款申请后 10 天内向承包商发出:

A)根据承包商进度付款申请,雇主认为应该支付给承包商的金额的进度付款通知,如果与承包商的进度付款申请的金额有差别,说明差别的原因,详细信息包括:

1)实际支付期的可报销费用;

2)估算支付期预测的可报销费用;

3)实际支付期的管理费和利润。

6 付款程序

a.根据第 13.5 条,在发出进度付款通知后的 5 个工作日(支付日期)之内,雇主应支付承包商在减去 13.5 条规定的金额后的剩余金额。

b.如果减去第 13.5 条规定的金额后的支付金额为负值(即雇主应该收到承包商付款),这笔金额将暂停支付,在下一次进度付款中扣回,直至金额为正(即雇主支付承包商)为止。

c.支付将用当地货币 Tenge(KZT)付给承包商的指定账户。承包商要求支付用外币表示的任何金额应该在进度付款申请中用原来的货币转换为 KZT 货币表示,汇率采用承包商实际支付其他货币的汇率。

d.承包商应该向雇主递交进度证书,证明在现场采购和递交的材料和设备,每月完成的生产(KS-2)和到目前累计完成的生产(KS-3)。KS-2 和 KS-3 的表格(以下简称"验收法"),加上雇主要求和法律要求的任何支持文件应该在每个月的 15 日递交给雇主批准,要批准的工程接前一个月的工程。雇主将在承包商递交后的 10 日内审查和批准进度证书及其支持文件。

7 拟用于工程的生产设备和材料

a.付款证书应包括:

已运往现场为永久工程用的生产设备和材料的金额。

如满足以下条件,工程师应确定和确认各项增加金额:

b.承包商已:

1)保存了符合要求的、可供检查的(包括生产设

备和材料的订单、收据、费用和使用的)记录,以及

2)提交了购买生产设备和材料并将其运至现场的费用报表,并附有符合要求的证据;

或有关生产设备和材料:

是附录表X中所列装运付费的物品,

按照合同已运到工程所在国,在往现场的途中;

3)以及

已写入清洁装运提单或其他装运证明,此类提单和证明,已与运费和保险费的支付证据、其他合理要求的文件一起提交给工程师;

4)在递交到现场后为支付而列入附录___,和按照合同已交到现场,在现场妥善储存并做好防止损失、损害或变质的保护;

5)需要证明的额外的数量应该等于生产设备和材料(包括运到现场)的费用,考虑本条提及的文件,以及此类生产设备和材料的合同价值。

6)合同价包括在条款XX的子款(a)[申请中间付款凭证]时,本额外数量的货币应该与到期应该支付的货币相同。到时候,支付证书应该包括适当的减少,减少的货币和数量应该与有关设备和材料的货币和数量相同和成比例。

8 雇主的责任

不受第xx条规定的限制,承包商应该按本条的规定有权对误期支付向雇主收取每天x%的赔偿费,但不多于雇主误期支付的数量的(x)%。

9 其他付款原则

正常采购时考虑中断和备件的需要(如按照客户建设产业标准)可以多采购一些数量,超过这一数量而未使用掉的材料将被认为是承包商的财产,应该从雇主的现场设施中拆除,上述材料不包括雇主已经支付了的设备备件,这些设备备件作为上条所述设备的折旧部分。除非雇主自己选择用它们的采购价格或者它们在采购日期的公平的市场价格,或者从最终付款中减掉相应的数量,雇主为这些材料已经支付的超过上述允许数量的金额应该由承包商偿还雇主。任何情况下,这种重新采购的价格由双方共同同意。

10 最终付款的申请

承包商在最终完工证书后x天内,应向雇主提交按照最终付款申请书进度的一份书面的最终付款申请报告,并附其他与合同有关内容的申请文件,包括但不限于:

(a)根据合同完成的所有工作的价值;

(b)承包商认为根据合同或其他规定应支付给他的任何其他款额。

雇主应该在签署工程完工验收证书(KS11)后10天内支付这些到期应该支付的金额。作为递交最终付款申请的条件,承包商应该与最终付款申请一起同时递交一份按照雇主批准的格式签署的书面完工释放证书。完工释放证书确认根据本条支付给承包商的全部金额包括应该支付给承包商的全部金额和最终决算,根据法律允许的程度,除了最终付款申请中单独提出的情况之外,雇主不再承担现在和未来提出的已知的和未知的合同项下的任何事项。

如果雇主不同意或无法核实最终付款申请草案中的任何部分,承包商应按照雇主提出的合理要求提交补充资料,并按照双方可能商定的意见,对该草案进行修改。然后,承包商应按已商定的意见编制并向雇主提交最终付款申请。这份商定的申请在本条件中称为"最终付款申请"。

11 最终付款证书的颁发

工程师在收到[最终付款申请]和第13.9款[最终支付证书的申请]的书面结清释放证明后___天内,应向雇主发出最终付款证书,其中说明:

(a)最终应支付的金额;

(b)确认雇主先前已付的所有金额,以及雇主有权得到的金额后,雇主尚须付给承包商,或承包商尚须付给雇主(视情况而定)的余额(如果有)。

如果承包商未按第13.11款[最终付款申请]的规定申请最终付款证书,工程师应要求承包商提出申请。如承包商在28天期限内未能提交申请,工程师应按其公正确定的应付金额颁发最终付款证书。

12 支付的货币

合同价格应按___货币支付。

论FIDIC合同下咨询工程师的地位与作用

安 倩

(对外经济贸易大学国际经贸学院，北京 100024)

一、FIDIC简介

FIDIC是国际咨询工程师协会（Federation Internationale Des Ingenieurs Conseils）的法文缩写，成立于1913年的英国，总部设在瑞士洛桑。通常也指FIDIC合同条款。FIDIC是集工业发达国家土木建筑业上百年的经验，把工程技术、法律、经济和管理等方面有机结合起来的合同条件，通常被人称作国际承包工程界的"圣经"。目前，FIDIC出版的比较典型的国际合同条件或协议书有：《土木工程施工合同条件》（简称为红皮书）、《业主/咨询工程师标准服务协议书》（简称为白皮书）和《设计-建造和交钥匙工程合同条件》（简称为橘皮书）。一般而言，红皮书经常用于土建工程中，适用范围和影响力都远远超过了其他类型，所以本文重点研究了红皮书中相关的问题。

二、咨询工程师的定位及其变化

目前最新的FIDIC版本是1999年出版的，与以前版本的FIDIC条款相比较，一个比较突出的变化就是咨询工程师的定位、职责和权力的界定的变化。在FIDIC红皮书1977第三版中，咨询工程师被明确定义为介于雇主和承包商之间的独立第三方。在FIDIC红皮书1987第四版中，规定工程师要行为公正，应该按照合同条款的规定内外兼顾所有条件的情况下，作出公正的处理。而在最新FIDIC1999版中，工程师被定义为雇主为合同目的而指定作为工程师工作并在投标函附录中指明的人员，或由雇主按照第3.4款(工程师的撤换)随时指定并通知承包商的其他人员。这一定义明确了咨询工程师是属于雇主的人员而不再是独立的第三方。这种变化使得FIDIC更接近了实际情况。因为咨询工程师一直都是受聘于雇主的，这一先天性的矛盾身份导致不少工程师很难做到公正公开地处理各种问题。目前，业主、咨询工程师与承包商三足鼎立的情况正逐步转变为业主与咨询工程师联手与承包商之间的合作式竞争。

三、咨询工程师的工作任务

咨询工程师的工作主要可以概括为两方面：一是工程招标，二是工程合同管理。在工程招标方面，咨询工程师需要编制招标要点报告，编制施工规划和工程概算，编制资格预审文件和参与资格预审，编制招标文件，参与组织招标评标及定标等。在工程合同管理方面，咨询工程师的工作包括工程开工通知、合同执行管理、工程移交验收管理、保修责任期管理和工程价款结算等。

四、咨询工程师的角色扮演

国际工程承包合同的宗旨是："承包商做工要得到支付,业主付款要物有所值"。这也是 FIDIC 合同业主雇佣咨询工程师的目的。实际上,FIDIC 合同条款是想建立一个以咨询工程师为中心的专家管理体系。咨询工程师在工程承包项目管理中扮演着十分重要的角色。

(一)咨询工程师作为设计者的角色

从一个项目发起开始,到合同文件进入执行阶段为止,咨询工程师最重要的角色就是设计者。咨询工程师需要负责为业主做好全部永久工程的设计,并制造好工程数量 BQ 单。

咨询工程师所做的设计阶段的工作对整个项目的成败很关键,咨询工程师应该在充分满足工程需求的条件下,认真进行技术经济比较,通过比较做好设计,力求优化自己的设计。此时,咨询工程师只须对业主负责。

另外,实际中,项目全部的设计并不一定能做到完美无缺,在合同执行阶段,FIDIC 规定,工程师如果认为有必要对工程或者其中任何部分的形式、质量或数量作出任何变更,他有权指示承包商作出相应的改变。但这种变更应该在标价±15%的合理范围内,否则,咨询工程师需要为此承担责任。

(二)咨询工程师作为中间人的角色

在 FIDIC 合同框架中,只有业主和承包商才是法律上施工合同的当事人。咨询工程师虽然在 FIDIC 合同上签字,但只是作为鉴证方,处于中间人的地位。FIDIC 规定,业主必须雇佣咨询工程师作为中间人来管理工程项目合同。咨询工程师可以是独立个人、咨询公司或者业主机构中的有关职员。

在合同实施的过程中,咨询工程师的日常工作主要是与承包商交往,承包商在进行许多工作前必须先获其认可及推荐。咨询工程师有自己酌情处理问题的权力,他在业主与承包商之间要行为公正,以没有偏见的方式使用合同。要特别注意,咨询工程师与业主和承包商间的一切往来必须采用书面形式,函件中应尽量根据合同条款及有关事实,并注意做好工地现场日志,同时应建立收发文的签收制度,以便确定责任。

(三)咨询工程师作为准仲裁员的角色

在最新的 FIDIC1999 版发行之前,FIDIC 规定,合同争议的初始裁决由"公正独立的第三方"工程师来完成。如果不能达成合同当事人双方的一致同意,则进入仲裁及法律诉讼程序。而最新的 FIDIC1999 版规定,工程师为雇主人员,且取消了工程师作为合同争议初始裁决人的资格。但合同具有的争议初始裁决职能不能同时取消。不给合同当事人以一个合同层面上争议裁决的机会,轻易地让合同进入仲裁司法程序,使合同履行进入一个合同本身不能控制的领域,这对合同当事人双方都带来巨大的风险。

为此,1999 版 FIDIC 引入了一个专职机构"争端裁决委员会"(DAB)来处理合同争议初始裁决事宜。这个机构至少包括有资格的三个人:雇主、承包商各推荐一名,双方共同确认第三名,第三名应有 FIDIC 机构的"成员资格",并且应该被任命为 DAB 主席。如果双方难以就 DAB 任命达成一致,那就由 FIDIC 主席来直接任命,当然前提仍然是合同当事人同意。

实际上,FIDIC 合同设立这样一个 DAB 机构,除了保留合同范畴内争议初始裁决的合同职能外,还有更微妙的作用。

对于国内或地区法制比较健全、社会治安比较好的地域,DAB 的引入会带来许多麻烦。比如我国,如果引入 DAB 制,DAB 的人员引入,其法律位置等,都将难以定义。即使能够良好解决 DAB 制的任命问题,DAB 制自身的运作效率也很值得怀疑。雇主推荐一个,承包商推荐一个,这相当于把争议直接带进 DAB,如何裁决,就要看 DAB 权力最大的主席了。虽然作为 FIDIC 会员资格的 DAB 主席,其专业素养与职业操守不应该轻易受到怀疑。但作为法人代表或自然人的 DAB 主席的主观判断、个体喜好影响最终裁决的可能,却不能不提防。虽然当事人不服裁决可以进入仲裁与司法程序,理论上还有可以补救 DAB 裁决偏差的余地，但由于 DAB 的特殊身份及合同地位，必然会对仲裁与司法结果产生影响。这对于很多当事方来说自主性就被大大压缩了。

(四)咨询工程师作为施工监理人的角色

咨询工程师在合同执行阶段，需要负责监督管理承包商，控制承包商在施工中履行合同的情况，主动进行安全、费用、进度和质量方面的跟踪检查，这是一种动态目标管理，对承包商有约束和激励作用。如果承包商对于施工监理的指示不能作出有效反应，则咨询工程师有权根据合同提出警告、强迫执行，甚至动用合同第 63.1 款(承包商违约)进行制裁。

在合同管理的过程中，尽管业主、咨询工程师和承包商定期召开三方工作会议，业主与承包商间的交往和全部联系仍应通过咨询工程师进行，以免出现混乱和误解。合同中规定了咨询工程师在施工监理和合同管理中采取各种行动时的程序，他应该注意遵守这些程序，以保证各方之间的相互信任。

咨询工程师管理合同的重要手段是对工程付款的控制。他有权并负责对施工进行验工计价和在最终付款时颁发的各项证书，其中最重要的是他为承包商证明应得付款而签发期中支付证书。这些期中付款是保证合同顺利执行和工程圆满实施的关键，因为在施工合同执行期间，毕竟是雇主在为承包商支付相关的费用来担负几乎整个施工运行的成本。

(五)咨询工程师作为业主代理的角色

咨询工程师作为雇主的代表按照合同要求来完成雇主分配的使命，通常包括设计、质量控制、工期控制、项目组织管理和成本控制等。业主支付报酬给咨询工程师，咨询工程师为业主监督管理工程的施工。从这个意义上说，咨询工程师在施工监理的过程中类似业主的代理人，是为业主具体管理项目的"项目经理"。此外，咨询工程师管理合同的权利相对有限，诸如，变更、在不利的施工条件下给承包商费用补偿等权利都要受业主制约，一般要在之前事先得到业主的批准。

五、启示

可以看出，国际承包项目的合同管理与实施是一个复杂的系统工程，对咨询工程师的素质要求非常高，咨询工程师除了掌握工程技术及专业知识外，还必须懂得法律知识、财务监控、项目管理和材料设备等，并且掌握计算机辅助管理这一先进手段。

咨询工程师在 FIDIC 红皮书中扮演着不同的并且相当复杂的角色，而如何在日常工作中遵循相关合同规定，在各种角色下公平地履行自己的责任和义务，恰到好处地运用自己的专业知识和管理能力，协调雇主和承包商之间的关系，平衡二者之间的相互利益，保障合同顺利执行以及工程可以按期按质地实现目标是工程师角色履行的精髓和关键。

参考文献

[1]程建,李志永,葛若.FIDIC 合同条件下工程师的角色[J].国际经济合作,2007(3).

[2]马升军,徐友全.FIDIC 对咨询工程师的定位转变及其经验借鉴[J].建设监理,2009(4).

[3]张水波,何伯森.FIDIC 新版合同条件导读与解析,北京中国建筑工业出版社,2003.

[4]国际咨询工程师联合会(FIDIC).土木工程施工合同条件应用指南(1999 年修订版)[M].北京:中国建筑工业出片社,1999.

[5]田威.咨询工程师的地位和作用[J].中国工程咨询,2002(3).

[6]刘浪,李海.新版 FIDIC 在项目管理中的应用.重庆交通大学学报(自然科学版),2008(2).

[7]胡续梅.国际承包工程项目合同咨询工程师浅谈[J].科技情报开发与经济,2004(14).

[8]刘成军.全球化浪潮中的 FIDIC 与咨询工程师[J].铁道工程学报,2005(4).

[9]邝荣杰.论国内监理工程师与国际 FIDIC 合同下的咨询工程师的接轨[J].工程质量,2006(4).

[10]赵世友.《CEC 合同》中"工程师"与《DBT 合同》中"雇主代表"的地位和作用比较[J].住宅科技,2003(3).

合同管理

论保证国际工程承包项目合同的顺利执行

龚美若

(对外经济贸易大学国际经贸学院，北京 200029)

摘　要：在全球经济一体化的今天，企业在竞争中求生存与发展，应不断提高质量水平。本文在结合我国当前实际情况的基础上，分析了我国建筑企业质量管理存在的问题，指出应以质量打造品牌，从粗放型质量管理向集约化质量管理转变。

关键词：国际工程承包项目，合同执行

国际工程承包合同是一国承包商与工程项目所在国的发包人之间在招标或谈判后所达成的确定双方当事人法律关系的书面协议，是一种超越一国领域的经济合同。它确定了工程所要达到的目标以及和目标相关的所有主要和细节的问题，也是工程进行过程中双方的最高行为准则。常有人在执行合同的时候说："不是我们执行得不好，是合同签得有问题。"合同签订前的准备工作是整个合同管理的开端，合同条款签订得是否合理，是否对己方有利，将直接影响合同的执行。所以签订一份切实可行的合同是其能够得到顺利执行的前提条件。

一、签订合同阶段应注意的问题

(一)合同的可行性

承包商在投标报价时应该以翔实的项目可行性研究为基础，而不能盲目依靠低价去投得项目，即不能投"赔本标"来取得项目，然后靠索赔来赚钱。投标前必须对整个工程项目和招标文件进行全面的调研与分析，特别是要聘请专家研究项目所在国的有关法律，如合同法、税法、海关法、劳务法、外汇管理法等，作出一份完善的可行性研究报告。可行性研究报告应回答有关项目建设的全部问题，包括市场、原料、建设规模、生产工艺和主要设备、工程内容和初步计划、财务预算、资金筹集等，它是对建设项目进行全面的技术经济论证。此外，如果遇到合同中某些含糊不清或者明显对承包商不利的条款，可能导致开工后的风险，需要及时向业主质询和协商，并要求书面记录和确认。

(二)合同的完整性

对于国际工程承包项目来说，合同协议书和合同条件是合同的最主要部分，但国际工程承包合同是一个整体的概念，它不仅仅指合同协议书和合同条件。以目前国际上广泛应用的 FIDIC 合同为例，合同的主要组成部分包括：合同协议书；中标通知书；投标书；合同条款；图纸；技术规范；工程量清单；其他协议和文件。可见，国际工程承包合同是一个庞大的系统，项目组人员不仅要重视合同主要内容的研究，其他部分也不可忽视。缔约之前需要对合同条款逐条分析，仔细推敲，尽可能设想到各种可能发生的事件，并写入相应的解决措施，力求内容全面周密。

(三)合同的明确性

合同的明确性包括合同语言的明确性和法律效用的明确性两方面。

合同中的定义须清晰，语言要准确，尽量使用定量而非模糊的语言。合同中必须规定所有材料和各项工作所依据的国际或相应国家的质量标准、技术规范、验收标准以及验收机构等。另外，项目工程合同必须采用书面形式，重大项目合同的签订还应有律师或公证人员的参加，由律师见证或公证人员公证。由于大型国际工程承包项目合同的复杂性，可能

合同管理

要经过多轮谈判才能最终签订正式合同。所以每轮谈判结束后，都要用明确、有效的方式将谈判成果予以确认，作为双方签订正式合同的依据。确认谈判成果的法律文书包括谈判备忘录、谈判纪要、缔约意向书以及最终签订的正式合同等。

在合同签订之后，工程开工之前项目组人员还应再次对合同进行分析，通过对合同条件、合同事件、合同责任、合同风险的分析，加强对合同的熟悉和认识，将合同目标和合同规则落实到具体问题和事件上，用以指导实际工作，保证工程能按合同实行。

二、执行合同阶段应注意的问题

(一)制订科学的施工进度日程表

按照 FIDIC 合同条件第 14.1 款的要求，承包商应在规定的时间内递交一份详细的工程进度计划。该计划制定得是否合理，直接影响工程的管理工作。工程进度日程表集中反映了双方履约的有关信息，它不但可以提醒本企业员工严格按照合同所约定的时间和方式履行义务，还可以随时监控对方的履约情况，从而能够及时发现问题和解决问题，保证合同的顺利执行。

另外，从承包商的角度来说，及时递交一份进度计划并得到工程师的批准，对可能发生的工期索赔和工期延期有着十分重要的作用。如果合同执行中出现了某些干扰事件，影响了工程进度，承包商就可以引用 FIDIC 合同条件中的相关条款向业主索赔，例如：第 6.4 款，工程师提供图纸延误，不能满足承包商的施工进度安排；第 12.2 款，外界障碍或条件变化干扰按计划进行施工。承包商上报的进度计划就将成为各类索赔的时间参照系，用于发生索赔后的工期评估。

(二)严格监控工程的工期、质量和成本

承包商要有一套规范的工程质量控制办法，施工的每道工序，都需要经咨询工程师签字认可；要严格按照技术规范和工程进度计划施工，使用的材料必须符合合同要求；还要充分保证单体或整体工程完成的时间，及时组织有关方面进行相应的验收(包括隐蔽工程验收)。

由于采购成本在大型项目的总成本中所占的比例一般都超过 60%，为了实现项目的经济效益，要谨慎选择供货商，明确质量保证条款，争取有利的货款支付方式。此外还须加强工程实施中的成本控制，制定分项费用指标，按月进行经济活动分析。

(三)妥善保管各种基础资料

做好各种原始资料的保管、分类和汇总工作，如标书、图纸、与业主方面的往来函件、会谈记录、工程进度及变更记录等，对于业主和工程师的口头指令一定要在规定的时间内以书面形式要求其予以确认。这些文件资料不仅是实施工作的重要依据，更可能是日后解决纠纷、提出索赔的重要材料。

(四)加强与业主和工程师的沟通

要经常和业主方沟通，了解业主对工程的看法和需要，建立双方信任友好的合作关系。定期向业主、咨询工程师报告工程进度，及时报告自然灾害及不可抗力灾害损失的情况。若要对项目合同进行变更，特别是重大变更，应及时给予书面通知。双方应对变更的必要性、内容和方式充分交换意见，争取达成一个大家都能接受的方案。

(五)做好对分包商的管理工作

总承包商在确定分包商之前，首先应该做好分包商的资格预审工作，对其技术力量、财务状况和以往的工程业绩作详细的考察。还应了解当地法律对雇佣分包商的规定，明确自己对分包商的义务和责任，将主合同的主要条款准确地体现在分包的合同条款中，从而使总承包商和各分包商形成一个完整有序的整体。此外还需注意安排对分包商的付款进度，调动分包商工作的积极性。

(六)保证项目安全

毫无疑问，项目安全是实现任何经济行为的最基本条件之一，项目安全包括环境安全和施工安全。海外工程所在地的安全形势会对工程建设产生重大影响，有时会导致项目的施工被迫中断，甚至对工作人员的人身财产安全造成直接的威胁，给合同的执行带来许多不确定因素。所以要重视国际工程承包项目中的安全问题，采取合理的保障措施，转移和化解风险。

(七)索赔工作要及时，资料要完整

任何法律都有诉讼时效的规定，索赔更是如此。FIDIC 合同对许多索赔事件都有期限的规定。例如对建筑师签发图纸或指令过迟而造成的工期延期，应在 28d 内通知建筑师并报知业主。逾期不报，业主有权拒绝索赔要求。因此承包商进行索赔应在索赔事件发生之时以正式函件通知业主或其代表，避免拖延，一旦工程建成，索赔就可能落空。

同时，提出索赔申请应有确凿的索赔证据。索赔

的证据是指完整的工程项目资料,包括施工备忘录、工程照片、工程师填制的施工记录、合同文件、工程检查验收报告以及施工用料表和施工机械表等。如果在索赔事件发生时不能提供齐备的资料证明,索赔会因证据不足而失败。

三、案例分析——巴基斯坦佩虎水电站

(一)案例背景介绍

巴基斯坦佩虎水电站是中国机械设备进出口总公司(CMEC)于2005年11月中标承建的EPC总承包工程项目。该项目的业主是巴基斯坦西北边境省政府,合同总金额为1320万美元,电站装机容量为18MW,由3台单机容量为6MW的卧式混流式水轮发电机组组成。

巴基斯坦西北边境省与阿富汗接壤,近年来塔利班和"基地"组织的武装分子加大了对该省的渗透,并频频在巴基斯坦各大城市制造恐怖袭击事件,导致巴基斯坦治安和安全形势急剧恶化,这给施工项目带来了一定的环境风险。

CMEC曾于2004年在巴基斯坦完成过一个3000kW的小型水电站交钥匙工程,于1997~2002年向巴基斯坦的盖茨·巴洛塔水电站供货并安装、调试部分设备,所以对当地的法律和整个施工环境有一定程度的了解。

(二)案例分析

1.在签约阶段做了全面细致的准备工作

CMEC项目组结合前两次在巴完成的水电项目的经验,加强了签约之前的考察和准备工作。在投标之前委派专门小组到巴基斯坦西北地区的佩虎项目现场进行了实地考察,加强了对当地施工条件和经济环境的分析和风险考量,尤其是结合当时的安全局势对环境进行了评估,并聘请当地律师研究相关的税法、雇佣法、合同法等,充分地对当地施工可能存在的风险和应对措施作出了分析。所以CMEC是在作出翔实的项目可行性研究报告的基础上参与了佩虎项目的投标并中标的。之后在谈判过程中CMEC反复和业主方沟通协商,明确了合同中部分模糊的条款,确定了工程中所用材料的质量标准和检验标准,并对合同中明显对承包商不利的条款据理力争,作出了合理的修改,最终达成了一份较为完善的项目承包合同,为日后合同的顺利执行奠定了基础。

2.千方百计保证工期按时完成

在现场检查中,由于佩虎项目的厂房基础混凝土浇灌所用的部分钢筋低于合同规定的60级标准,咨询工程师叫停现场施工。但根据CMEC对现场使用的50级钢筋结构强度的复核计算,发现其是可以满足合同规定的设计等级和质量要求的。所以项目部反复与咨询总部和业主进行了沟通,先行开工,同时进行咨询总部的审核和其他相关程序,这样就避免了2个月的工期延迟和巨额的延期罚款,从而保证了合同能按原定的工程进度计划执行。可见,加强与业主和工程师的沟通,建立信任的关系,严格保证工程的进度和质量,对于合同的履行是至关重要的。

3.安全施工是项目成功的基本条件

巴基斯坦西北边境省与阿富汗接壤,是塔利班和"基地"组织活跃的地区,近年来多次发生爆炸等恐怖袭击事件,安全局势较为恶劣。2007年12月27日巴基斯坦人民党主席贝·布托在巴基斯坦北部城市拉瓦尔品第遇袭身亡,全国进入红色警戒状态,导致交通中断,材料无法运往工地。佩虎项目工地正位于巴基斯坦西北边境地区,工地周围发生了几起袭击事件,引起了现场工作人员情绪上的恐慌。在这种混乱的情况下项目只能停工,严重影响了合同的执行进度。随后巴基斯坦政府采取措施努力稳定国内局势,项目组也加强了施工现场和居住营地的安全保卫,逐渐稳定了员工们的情绪,使项目重新恢复施工。

正是由于项目组采取了有力的措施,保证了项目安全,并对项目的工期、质量、成本进行有效监控,对所有影响合同执行的重要环节进行严格把关,灵活应对突发事件,才使得佩虎项目能在2009年顺利完成。同时项目组还和业主单位建立了非常好的关系,在项目完工之际,业主单位有意将其在SWAT的一个水电站项目交给CMEC来实施。

参考文献

[1] 贾晓刚.公路工程国际承包项目中的合同管理研究[D].对外经济贸易大学硕士学位论文,2006.

[2] 蒋雯.浅谈国际工程承包项目合同管理[J].对外经贸实务,2005(8).

[3] 朱力.论国际工程承包项目管理中"工期—成本—质量—安全"的辩证关系[J].时代经贸,2009(3).

安全管理

论建筑施工企业安全生产长效机制的建立

陈 新

(中国建筑第八工程局有限公司,北京 100097)

摘 要:建筑工程的行业特点、建筑工程施工的特殊性、从业人员的构成及流动性大的特征,使建筑行业成为仅次于采矿业的重大事故频发的高风险行业。国家安全生产监督管理总局调度统计司的统计数据表明,2008 年,建筑施工事故起数和死亡人数,同比分别上升 2.2%和 6.9%;2008 年,建筑施工重特大事故同比增加 6 起,死亡人数增加 143 人;安全生产事故频发,死伤众多,不仅影响了经济发展和社会稳定,而且损害了党、政府和我国改革开放的形象,严重影响了国家、社会的安定和千家万户的幸福生活。目前,国际上安全生产管理水平和安全科技水平提高很快,我国的安全生产状况与工业发达国家相比还有一定差距,安全生产形势依然很严峻。从目前建筑安全生产状况来看,无论是管理部门的监督管理还是建筑企业的内部管理,都存在着一些亟待解决的问题,这些问题直接影响甚至制约着建筑安全工作的发展,必须加以改进。

一、当前建筑施工企业安全生产工作中存在的主要问题

(一)国家作为立法者和监管者存在的问题

在法律法规方面,与建设工程相关的安全生产法律法规和技术标准体系有待进一步完善,相关标准也需要完善。据统计,我国自建国以来颁布并实施的有关安全生产、劳动保护方面的主要法律法规约 280 余部,内容包括综合类、安全卫生类、伤亡事故类、职业培训考核类、特种设备类、防护用品类及检测检验类等。其中以法的形式出现、对安全生产和劳动保护具有十分重要作用的是《中华人民共和国劳动法》和《中华人民共和国矿山安全法》,这两个法律文件分别于 1994 年 7 月 5 日和 1992 年 11 月 7 日颁布实施。与此同时,国家还制定、颁布了 100 余部安全卫生方面的国家法规和标准,初步构成了我国安全生产、劳动保护的法规体系,对提高企业安全生产水平、减少伤亡事故起到了积极作用。1997 年实施的《中华人民共和国建筑法》、2002 年施行的《中华人民共和国安全生产法》和 2004 年施行的《建设工程安全生产管理条例》无疑将对规范我国建筑市场,加强我国建设工程安全生产起到积极作用。但必须承认的是,随着社会的发展,已暴露出不少缺陷和问题。与工业发达国家相比存在的差距是:建筑法律法规的可操作性差;法律法规体系不健全,部分法律法规还存在着重复和交叉等问题。

在政府监管方面,建筑业安全生产的监督管理基本上还停留在突击性的安全生产大检查上,缺少日常的监督管理制度和措施。监管体系不够完善,监督机构缺少经费,监管力度不够,监督队伍人员结构不合理,专业技术素质低,现行的监督方法不适应安全生产形势发展,安全生产违法行为没有受到有力的处罚和处理,不能适应市场经济发展的要求。

(二)建筑施工企业作为安全生产的主体存在的问题

经济建设的飞速发展,使得建筑市场极度"繁荣",建筑施工队伍"供不应求"导致施工队伍总体安全素质和安全管理能力下降,从根本上埋下了不安全隐患。《安全生产法》明确了政府监管与企业自律的关系,以外促内,内外结合。监管与自律是外因与内因的关系,政府监管是促进企业安全管理的外部条件,安全生产归根结底在于企业内部,企业是安全

生产的主体。我们不能因为强调外部监管而忽视企业内部管理,否定企业自律的决定性作用。检验政府监管实效的主要标志之一,就是看企业的安全条件是否改善,安全管理是否到位,生产安全事故是否减少。当前,建筑企业作为安全生产的主体存在的问题主要有以下几方面。

1.对建筑安全的重要性认识不到位,抓安全生产形式主义严重

在各级建筑企业中的部分领导,不能以对人民高度负责的态度认识安全生产工作的重要性,抓安全生产得过且过,依然是"讲起来重要,干起来次要,忙起来不要"。有些建筑企业的领导不能把安全生产工作真正摆在应有的位置,看不到安全工作对企业发展的重要作用,安全生产规章制度不健全、责任制度不落实,或只是写在纸上、挂在墙上,甚至放在抽屉里,形同虚设,甚至有的企业法定代表人(安全生产第一责任者)和主管安全的领导及项目经理对安全生产知识一问三不知,发生了重大伤亡事故,或者上级来检查工作时,才动手抓安全生产和现场管理,应付调查和检查,事过之后依然故我。

2.建筑企业安全生产管理模式落后,治标不治本

从总体来看,目前建筑企业的安全生产管理属于"经验型"和"事后型"的管理方法。过分注重经验,未形成安全管理的闭合体系,造成安全管理工作松松紧紧、抓抓停停,难以有效预防各类事故的发生。安全检查仅是做好安全工作的一种手段,不是治本的方法,从本质上讲也属于"事后型"的管理范畴。"经验型"和"事后型"的管理模式都没有从根本上消除事故发生的根源,切实做到防患于未然,所以,必须积极借鉴和采纳国际先进的经验和管理模式。

3.建筑企业安全投入不足

建筑施工过程中,安全生产在资金投入上包括安全设施、安全防护用品、安全培训、安全技术资料、安全意外保险等没有得到落实或投入不足,不能满足安全条件的需要,表现为:一是舍不得进行安全投入,认为看不到效益,致使施工现场安全防护不到位,安全设施陈旧、老化;操作人员的自身防护用品缺乏,职工处在一个充满事故隐患的生产和生活环境中。二是不进行全面的安全投入。近年来,许多地区对建设工程实行管理部门之间的闭合管理,对创出省、市级文明工地的企业在工程投标中予以加分奖励,有的企业为了争得投标加分,集中力量突击个别工地,甚至将其他工地的安全投入转移到这些工地,这些工地的安全生产和文明施工水平很高,而其他工地则一塌糊涂,缺少基本的安全防护。三是片面强调工程造价低,或资金不到位、拖欠工程款等客观原因,在压缩各项费用支出时首先压掉安全支出。建筑企业安全投入不足的主要原因有:一些地区安全生产费用根本没有按规定纳入工程概算成本中;建设单位不按时拨付工程进度款,造成施工单位安全费用无法按时投入,安全条件无法保证;建设行政主管部门没有制定任何安全费用的有关管理办法,导致建设主体单位钻空子,无法保证安全条件;等等。

4.安全生产把关不严

表现在:施工现场设施不齐全或滞后,安全条件恶劣;施工安全用品不合格;施工安全设施没按规定进行安全检测;施工安全检查或巡查不严格或流于形式;施工安全技术措施、安全隐患整改落实不到位;施工安全教育、安全交底流于形式,没逐级交底,针对性不强,不具体、不明确、不履行书面签字记录;安全危险源没建立档案,无控制、处理方法;生产事故应急救援预案制度不健全,一些施工单位根本没有制定应急救援预案,一旦发生事故得不到及时救助和处理;等等。

5.建筑企业教育培训不到位,操作人员缺乏自我保护意识

从目前建筑业的总体情况来看,操作工人的安全意识普遍缺乏,安全技术素质普遍偏低,以农民工最为突出。主要原因是企业对使用的外协队伍的农民工教育培训不到位,甚至放任不管,招来即用。这部分人员目前占操作者的绝大多数,缺乏基本的安全知识,不具备起码的安全意识;从伤亡事故的统计情况来看,绝大部分的伤亡者也是这部分人。

(三)从事施工作业的一线工人存在的问题

从事施工作业的一线工人往往受教育的程度不高、流动性大、素质参差不齐、建设专业知识缺乏、安全生产意识淡薄、自我保护意识差。他们身处企业的下层,一些工人尚达不到训练有素和职业化,很难做到保障自身安全。

二、当前建筑施工企业安全生产工作存在问题的原因

(一)表层的原因

1.有些领导对安全生产政策、法规认识不足,不能摆正安全与生产、安全与效益、安全与进度的关

安全管理

系,在进度、质量、效益与安全发生矛盾时,往往是安全让步,没有把安全当大事抓。

2.实行项目法人施工,项目经理在短期行为的冲击下,在安全设施上舍不得投资,只求在近期取得好的经济效益,只顾当前,不顾长远,急功近利,对安全生产心存侥幸。

3.有些安全管理人员安全素质差,对规范、标准不熟悉,对安全操作规程掌握少,对安全隐患视而不见。

4.施工队伍素质低。随着我国基础设施建设规模日益发展,建筑队伍迅速壮大,大量民工涌进,而民工的安全技术知识较差,对安全操作知识也非常肤浅、不系统,因此缺乏自我防护能力。

5.对机械设备操作不规范,人员不固定,维修保养跟不上,重使用、轻管理,对防护装置,或弃而不用,或失灵不修复就使用,机械设备老化,该报废的不报废仍在继续使用。

6.没有按规定使用安全保护用品,或者保护用品质量低劣,根本起不到保护作用。如桥梁工程施工采取多层作业,主体施工时,该设栏杆、安全网的地方不设等。

7.施工现场用电不规范,在高空线路或设备边不设围栏或防护网,电气设备未进行有效的接地接零,没有必需的漏电保护装置,电线、电缆破皮、老化、乱拉乱扯,管理混乱造成漏电等。

8.施工现场没有足够的消防设备,施工人员对消防设备不熟悉,发生火灾就手足无措。

综上所述,发生安全事故的最直接原因:一是人的思想不重视,素质低下,安全意识差;二是机械设备安全保护性能差,施工人员操作不规范;三是安全防护措施不到位,可靠性差。为防止发生安全事故,必须抓住事故发生的直接原因,从根本上消除安全隐患,才能有效控制事故的发生。

(二)深层次的原因

纵观近年来发生的建筑工程安全事故,除了一些表层的致因外,其深层次的原因还与我国现行建筑工程安全生产管理体制有关。在市场经济的环境下,利益各方要求近期的利润和长远的发展,承担责任和风险的大小,应与获利的多少大致相协调。政府及建设行政主管部门应提供给市场营造平等、公平环境的政策及措施,应重视各方利益的协调,重视经济和社会协调发展,推动社会全面进步。建筑工程的安全生产问题直接涉及施工企业的利益和发展,涉及参与工程建设的各方利益。国家法律的处罚力度不够,违法成本低于守法成本,企业当然愿意冒险去违法从而获得高额的经济效益。

三、当前建筑施工企业安全生产工作的对策

(一)国家作为立法者和监管者应采取的对策

国家应加强法规建设,完善监督管理运行机制。世界各国的经验表明,经济快速发展及经济形势发生变化时期,往往是安全事故的高峰期。各国对于建设工程实施中的安全管理都是十分重视的,特别是英美发达国家。我们对于这些国家在建筑工程中的相关法律、法规、合同条款范本、安全管理方法和经验都应进行深入的研究,认真借鉴他们的经验,改进我们在这方面的立法和管理工作。

健全的法规要靠健全的机构和高素质的人员去执行。所以,必须进一步完善建筑安全监督管理的运行机制,加强各级监督机构的建设,从人员结构、专业配套方面进行调整、完善,形成一个完整的专业配套、结构合理的监督管理工作系统,建立一支高素质的安全监督管理执法队伍。各地方应该有专门的建设工程安全职能部门,负责处理监理工程师提交的承包商拒不整改,以至命令停工的报告。对重大的安全隐患应及时检查,并督促整改。政府官员应该提高安全生产意识,尊重业主与承包商签订的施工合同、尊重科学的施工进度计划,避免以不合理的行政命令干扰施工的正常进行。我国的承包商生存在很恶劣的市场环境下,由于缺乏对业主的约束和监管,承包商的工程款得不到及时支付。这是导致安全事故频发的一个很重要的原因。此外,有些地方政府部门和业主忽视质量和安全而片面追求快省的做法也迫使承包商无法保证足够的安全生产条件。因此在严格规定了承包商的安全生产责任的同时,也应该对某些地方政府部门和业主的种种违法行为进行严厉的处罚,这样才能给承包商创造一个良好的经营环境。

(二)建筑施工企业作为安全生产的主体应采取的对策

1.从思想根源上提高领导者对建筑安全生产的认识

领导者对安全工作有高度的认识,对搞好安全生产至关重要。一是强化对企业法定代表人和主管安全生产领导的安全培训,使之深入了解和认识安全生产

的方针、政策、法律、法规和规范、标准，从思想上充分认识到搞好安全生产的重要性和必要性，并落实到行动中。二是切实行使安全生产一票否决权，安全生产与企业资质、安全资格、工程招投标及企业业绩和领导者的政绩挂钩。加大处罚力度，迫使企业领导者把安全工作真正摆到重要的议事日程，切实树立起"安全第一"的观念，做到行动上时时处处重视安全生产。

2.从管理制度上推行建筑企业职业安全健康管理体系(OHSMS)认证

职业安全健康管理体系(OHSMS)是20世纪80年代后期国际上兴起的现代安全生产管理模式，它与ISO 9000和ISO 14000等标准化管理体系一样被称为后工业化时代的管理方法。OHSMS是一套系统化、程序化，同时具有高度自我约束、自我完善机制的现代的安全工程理论和方法体系，是应用系统安全工程和管理方法，辨识系统中的危险源，并采取控制措施使其危险性最小，从而使系统在规定的性能、时间和成本范围内达到最佳的安全程度。OHSMS认证，首先可以推动企业认真执行安全生产的法律法规。因为OHSMS标准要求认证企业必须对遵守法律、法规作出承诺，并定期进行评审以判断其遵守情况。其次，可使企业的安全生产管理由被动行为变为主动行为。OHSMS标准是市场经济体制下的产物，它将职业安全健康与企业的管理融为一体，运用市场机制，突破了职业安全健康的单一管理模式，将安全管理单纯靠强制性管理的政府行为，变为企业自愿参与的市场行为，使企业内职业安全健康工作的地位由被动消极的服从转变为积极主动的参与。第三，可促进企业职业安全健康管理与国际接轨，增强企业的市场竞争力。第四，能产生直接和间接的经济效益。企业通过实施OHSMS，可以明显地提高其安全管理水平和管理效益，并通过改善作业条件，促进劳动者的身心健康，提高劳动效率，增强企业凝聚力，减少伤亡事故，从而产生巨大的安全效益。

3.安全生产管理费专款专用

工程总造价中，施工方获取的利润水平应与其所承担的安全风险大致相协调，行业主管部门应提高安全生产费用定额。应组织专家、技术人员，根据国家、行业安全技术规范、规程，通过对各地、各类有代表性的工程进行安全生产费用的核算，确定安全生产费用在建设工程总造价中的合理比例。应将"安全生产管理费"单独列在工程量表中，并要求承包商在报价时列出用于安全生产管理费用的细目。在施工过程中，应由监理工程师检查这笔费用的使用情况，再批准支付，以保证承包商安全生产管理的专款专用。

4.以科技进步推动建筑安全生产工作

从总体来看，目前建筑安全生产的科技水平与其他行业相比，处于相对落后状态。为适应建筑安全生产快速发展的需要，必须依靠科技进步，使科技真正成为搞好建筑安全工作的基础和先导，用科学技术为建筑安全生产提供科学的依据和智能化的方法，解决建筑安全生产中出现的问题，全面提高建筑安全生产水平。

5.建筑企业要建立和完善教育培训机制

提高从业人员的安全素质是搞好安全生产的基础。只有通过安全教育培训才能提高从业人员的安全意识，使之掌握安全生产知识，提高安全操作技能，增强自我保护能力，减少伤亡事故。建筑企业应严格按照住房和城乡建设部的有关规定对职工进行安全教育培训。要对进入本企业施工的人员特别是外协队伍的农民工进行安全技术培训，并严格考核，合格后建立档案、颁发内部培训证书，做到持证上岗，彻底消除职工"无知"这一最大的安全事故隐患。

(三)从事施工作业的一线工人应采取的对策

监管部门和建筑企业应加大安全生产法律知识的宣传普及工作，营造企业安全生产氛围。要通过普及安全生产法律知识，全面提高建筑行业从业人员的安全法制意识，让人人懂得安全生产的重要性和违反安全生产法律制度将要付出的代价，使得遵守安全生产法律制度成为企业和每个员工的自觉行为。《安全生产法》第二十至二十三条、第二十六条、第五十条均对企业的安全生产教育培训作出了明确规定。法律在赋予生产经营单位的从业人员求偿权、知情权、监督权、拒绝权和避险权的同时，设定了遵章守规、服从管理、正确佩戴和使用劳防用品、接受培训、掌握安全生产技能、报告事故隐患等义务，体现了权利与义务对等的一致性。从事施工作业的一线工人应切实理解和掌握法律赋予的权利，保障自身的人身安全。

总之，建筑安全事故涉及的范围广、原因多、突发性强，但我们只要提高思想认识，完善管理机构，健全安全制度，根据各项工程的具体情况，制订全面的针对性的安全措施，狠抓落实，做好防患于未然，那么建筑安全事故必将大大减少，对保护建筑施工人员生命和国家财产具有重要意义。

建筑施工领域的主要侵权行为及其法律处理(下)

曹文衔

(上海市建纬律师事务所,上海 200050)

三、建筑施工领域侵权责任承担方式

民法通则第134条规定,承担民事责任的方式主要有十种,但其中支付违约金仅针对合同违约责任,修理、重作、更换是恢复原状的具体方式,其实质仍然是恢复原状。此外,考虑到消除影响、恢复名誉和赔礼道歉仅适用于承担对非财产权利侵害的侵权责任,在建筑施工活动中极少出现,因此,在现行法律①规定中,适用于建筑施工领域侵权行为的责任承担方式主要有下列六种:

1. 停止侵害;
2. 排除妨碍;
3. 消除危险;
4. 返还财产;
5. 恢复原状(具体包括修理、重作、更换);
6. 赔偿损失。

以上承担侵权责任的方式可以单独适用,也可以合并适用。

返还财产是指在物的物理状态未改变的情况下将物回复到侵权之前的占有状态,适用于侵权人非法转移了对物的占有,而物本身的物理状态未遭受毁损、灭失的情形;恢复原状是指将物权标的物的物理状态回复到被侵害之前,适用于物已经因侵权行为遭到了毁损或者灭失的情形;赔偿损失的适用范围最广,只要侵权行为对权利人造成了可以折算为金钱的损失,或者法律规定可以一定数量的金钱抚慰的精神损失,均可适用。

下文重点对建筑施工领域实践中难以准确理解和把握的三种侵权责任承担方式——停止侵害、排除妨碍和消除危险予以阐述。

停止侵害以侵权行为正在进行或仍在延续中为适用条件,所谓停止,仅指对于已经发生、正在造成损害时令行为人停止其侵害行为,以缩小损害范围,减少损失;而在侵权行为尚未实施前,权利人如欲事先阻止其不法行为,不能适用停止侵害的责任方式。例如在他人欲以噪声较大侵害健康权的设备进行施工之前,请求停止干扰、排除噪声,则难以获得法律支持②。

---

①本文上半部分已于2009年8月发表于《建造师》(14)中,其时,我国侵权责任法尚未颁布。本文下半部分在写作过程中,侵权责任法于2009年12月26日颁布。因此,本文所称的我国现行法律,在上半部分中不包括侵权责任法。尽管从严格的法律意义上讲,侵权责任法将于2010年7月1日起施行,已经颁布但尚未施行的法律不应归类为"现行法律",但为了反映最新法律对本文讨论问题的影响,本文在下半部分中提及我国现行法律时包括侵权责任法。特提请读者注意。

②姚辉:民法上的"停止侵害请求权"——从两个日本判例看人格权保护,《检察日报》,2002年6月25日。

排除妨碍是指侵权行为人非法干扰、阻挠、妨碍权利人以合法正当方式行使对物的权利时，权利人要求依法消除行为人妨碍，以使自己对物的权利恢复到侵权行为之前状态的权利，以及侵权人承担责任的一种方式。妨碍与侵害不同。侵害通常是对于物权标的物的直接侵入或损害，以对物权标的物的直接占有或损毁为表现形态；妨碍不是对于物权标的物的直接侵入和损害，不以对物权标的物的直接占有或损毁为表现形态，而是以非占有的其他方式达到阻碍物权人充分行使物权的目的。例如他人在施工工地入口附近的公共区域人员长时间聚集，导致施工车辆无法出入工地，施工人无法进行施工作业。此时侵权人并未直接进入施工工地范围内，但其行为却达到了阻碍建设单位和施工单位合法使用工地的正当权利，此时建设单位或施工单位可主张排除妨碍甚至同时主张其他方式（如赔偿损失），而难以主张停止侵害。而如果侵权人直接进入施工工地或者对工地内的物实施损毁，则此时建设单位或施工单位可要求停止侵害，甚至同时主张其他方式（如赔偿损失），但不能主张排除妨碍。此处所谓妨碍，是指已经实施了某种妨害物权人行使物权的行为，而其对于物权人的损害可能已经产生，也可能将要产生。如果妨碍行为的实施已经产生损害结果，则可同时适用损害赔偿；如妨碍行为虽已实施但损害结果尚未产生，则只能单独适用排除妨碍。

排除妨碍一定是针对现实地造成了对他人的权利行使的阻碍而言，这是排除妨碍与消除危险的区别。对于未来的妨害的排除，则应适用消除危险请求权。此处所说的危险是指他人的行为或者设施可能造成物权人标的物的损害，此种损害尚未发生但又确有可能发生，对此种危险，物权人也有权请求排除。例如请求邻居拆除可能倒塌的建筑物。当然危险必须是可以合理预见的，确实存在着某种危险，而不是主观臆测的危险。所有人在行使消除危险的请求权时不考虑行为人主观上是否具有故意或者过失①。比如，在城市建筑密集区域的施工中，紧邻工地的住户可以要求施工单位消除塔吊起重臂在住户房屋上空运动对住户房屋和人身安全造成的危险。

四、建筑施工领域侵权责任抗辩事由

被控侵权人可举证抗辩的事由是指，被控侵权人能够举证证明的自己对于行为人的行为所造成的损害，有依照法律规定可以不承担侵权责任，或者减轻侵权责任的特定事由。笔者认为，依据现行法律规定，可适用于施工企业的侵权抗辩事由主要包括以下十种：

1.正当防卫

根据民法通则第128条和侵权责任法第30条的规定，他人针对施工企业或其所属人员正在进行的不法侵害行为，施工企业所属人员在必要限度内进行正当防卫造成损害的，不承担侵权责任；防卫过当的，对于超过必要限度造成的不应有的损害，防卫人应当就该不应有的损害承担适当责任。

一般认为，正当防卫的构成要件主要包括②：

(1)必须有现实的正在发生的侵害事实。因此，任何为预防违法行为或者在违法行为人的违法行为已经被制止或自行停止后所采取的措施或进行的行为，均不属于正当防卫。

(2)侵害须为不法行为，但被侵害的利益可以是公共利益、他人或本人的人身或者其他合法利益。

(3)防卫须针对不法侵害行为者本人或侵害行为本身实行，不得对他人实行。

(4)须以合法防卫为目的。

(5)防卫以可制止不法侵害行为的继续为必要限度。

对于施工企业而言，行使正当防卫权时，一定要注意上述界限，稍有不慎，即可能导致防卫过当，或者成为侵权人，对他人承担侵权责任。比如，施工

---

①李勇,请求排除妨害或消除危险不适用诉讼时效,http://www.51zy.cn/201398079.html
②杨立新等,中华人民共和国侵权责任法草案建议稿及说明,法律出版社,2007年7月,第23页

企业不得为防范工地内的建筑材料被盗,而在工地内设置不为外人所知且可能致人伤害的防盗设施。当工地值班人员发现有人偷盗工地内建筑材料时,一般不能以伤害偷盗者的身体作为正当防卫措施,除非偷盗者发现行为败露后,对值班人员的人身实施暴力侵害。通常情况下,值班人员可以采取阻止偷盗行为继续进行的方式,比如阻断偷盗者的逃跑路径、以损害较小的合理方式阻止偷盗者驾驶用于偷盗的运输工具逃离(如扎破偷盗者的盗运汽车轮胎,而不是捣毁汽车)、报警。一旦偷盗者的偷盗行为停止,特别是当偷盗者被抓获之后,已经不存在正在发生的偷盗者的侵害事实,施工企业人员不得因对偷盗行为的义愤而对偷盗者的人身或其财产进行侵害。又比如,当偷盗者进入工地实施偷盗时,为阻止偷盗者可能就地取材,利用工地内停放的他人车辆逃跑,工地值班人员不得因此损坏工地内所有车辆;当多名偷盗者进入工地偷盗被发现时,工地值班人员不得对未参与暴力抗拒的其他偷盗者的人身实施伤害。

2.紧急避险

综合民法通则第129条和最高人民法院关于审理民事案件适用民法通则的若干意见(以下简称"民通意见")第156条和侵权责任法第三十一条的规定,为避免现实危险,因施工企业或其所属人员在必要限度内而采取的措施造成他人损害的,施工企业不承担责任,而由引起险情发生的人承担责任。但如果现实危险是由于自然原因导致的,施工企业作为紧急避险人对采取必要避险措施引起的损害不承担责任,但如果施工企业因紧急避险而受益(通常是减轻或避免了损失),则施工企业作为受益人应当在其受益范围内适当分担受害人的损失,或者给予受害人适当补偿,但无论是分担损失,还是适当补偿,在性质上均不属于侵权赔偿。施工企业在紧急避险过程中,如采取措施不当或者超过必要的限度,造成不应有的损害的,作为紧急避险人,施工企业应当就扩大的不应有

的损害承担适当的责任。

所谓"紧急避险",是指在行为人面临无法预料的现实危险时,在迫不得已的紧急情况下,而采取旨在避免现实危险造成的较严重的后果的必要合理的措施,对他人造成损害的行为。一般认为,紧急避险的构成要件有[①]:

(1)危险的紧迫性。所谓紧迫性,是指某合法权益正遭受来自人为原因或自然原因引起的危险。危险是指现实存在的某种有可能立即对公共利益或个人合法权益造成损害的紧迫事实状态。任何尚未发生的危险、预想的危险均不适用紧急避险的规定。

(2)被保护权益的合法性。换言之,紧急避险不适用于排除对非法利益遭受的危险。需要紧急避免的危险正在威胁或者正在损害的合法权益包括公共利益、避险人本人或他人的合法权益。

(3)避险措施的必要性。这一构成要件包含两层含义:第一,避险人采取避险措施乃迫不得已,如不采取该措施就不足以使合法权益避免正在遭受的现实危险,从而保全较大的合法权益;第二,来不及或者难以用损害结果更小的其他方式或措施避免危险。

(4)紧急行为的合理性。即避险行为须适当并不得超过必要的限度。"必要限度"要求避险人应合理预见避险行为所造成的损害小于所临危险可能造成的对合法权益的损害。通常认为,人身权利(如生命权、身体权、健康权)大于财产权利;财产权益的大小可依财产价值的大小加以衡量。在人身权利中,生命权大于身体权、健康权。

对于施工企业而言,在施工过程中遭遇突发安全事故时,通常需要采取紧急避险措施。笔者注意到,虽然大部分施工企业对安全生产均给予高度重视,且不少企业强化了事故预防机制,也制定和落实了安全事故处置预案,但是多数预案强调事故发生后的处置措施,较少强调事故危险发展为现实事故过程中的紧急避险措施的准备。笔者建议,对于安全事故的处置,应当建立全程控制的机制,即事故前的

---

①http://zhidao.baidu.com/question/23127807.html

预防、事故中的避险和事故后的处置。对于常见的可能发生的安全事故，施工企业还应在安全生产机制中增强事故中的紧急避险预案的制定和落实，并通过演练紧急避险预案发现问题，逐步完善和提高紧急避险预案的周密性和执行能力，为减少事故损失奠定基础。施工企业制定紧急避险预案时，应当充分考虑紧急避险的上述构成要件中有关避险措施的必要性和紧急行为的合理性的法律要求，在对主要安全事故的发生规律、环境和事故损害后果进行分析和总结的基础上，结合企业自身条件，对可能采取的紧急避险措施按照损害后果的大小、采取措施所需要的技术手段、时间要求和其他客观条件的要求，以及具体避险措施实施人的行为能力要求作出详细的说明，并通过事故特征识别、避险技能训练、避险设施配置等手段，演练和落实紧急避险预案，在减少事故损失的同时，提高紧急避险行为的合法性。

3.受害人故意

根据民法通则第123条、127条、131条，以及最高人民法院关于审理人身损害赔偿案件适用法律若干问题的解释第2条以及侵权责任法第27条的规定，受害人因自己的故意造成损害的，行为人一般不承担责任；但如果行为人也有明显过错的，应承担适当的责任。对于受害人因自己的过失造成损害且行为人无过错的或者仅有轻微过失的，除非法律另有规定，行为人不承担责任。目前另有规定的法律主要指《道路交通安全法》第76条有关非机动车驾驶人、行人违章，机动车驾驶人无过错，但仍发生机动车与非机动车驾驶人、行人之间交通事故的，减轻(而非免除)机动车驾驶人一方责任的规定。对于施工场地内出现的车辆事故，虽然根据《道路交通安全法》第119条第(一)项有关"道路，是指公路、城市道路和虽在单位管辖范围但允许社会机动车通行的地方，包括广场、公共停车场等用于公众通行的场所"的规定，不属于公众通行场所，因而不属于该法所适用的"道路"，但依据该法第77条关于"车辆在道路以外通行时发生的事故，公安机关交通管理部门接到报案，参照本法有关规定办理"的规定，只要交警部门接到报案，仍然参照该法有关规定处理。因此，施工工地内发生的车辆事故，仍然适用车辆驾驶人无过错也要承担责任的规定。对于侵权行为人故意或过失引诱、诱惑受害人故意或过失从事某种行为造成对受害人自己的损害，应当认为损害是由加害人的故意或过失而非受害人的故意或过失造成的，加害人应当承担侵权责任。比如，由于道路施工区域缺乏明显且可靠的限制无关人员进入的措施，道路路面施工完毕但尚未及清除通行障碍，导致无关人员误以为施工道路已经开放公共交通而进入后造成事故的，属于施工人引诱受害人通行，施工人应承担侵权责任。

需要注意的是，受害人故意造成损害的情况下损害行为人免责的规定，要求受害人的故意与造成的损害有直接的因果关系。比如，偷盗者进入工地内实施盗窃是故意行为，但行窃过程中跌入施工人未设置必要安全防护栏杆的电梯井道，造成伤亡。这时，偷盗者的故意偷盗与其跌入井道而伤亡的损害结果之间不存在直接的因果关系，而施工人的过错(未在井道口设置安全防护措施)是偷盗者伤亡损害结果最直接的原因，因而不能适用受害人故意造成损害而行为人免责的抗辩。

4.第三人过错

根据民法通则第127条和侵权责任法第28条的规定，因第三人过错造成损害的，由该第三人承担责任，行为人或者致害物的管理人或所有权人(以下统称管领人)不承担责任。在建筑施工领域，当由于建筑物或者在建工程的质量缺陷发生安全事故时，一般情况下，受害人通常会将建设单位和/或施工单位作为侵权人要求其承担侵权责任。如果施工人认为质量缺陷不是由于自身的施工行为存在过错而引起的，而是由于第三人的过错(比如认为是由于建设单位的不当使用、装修改造或者设计单位的设计缺陷)造成的，可以第三人过错造成损害为由积极进行免责抗辩。施工人进行该项抗辩时，应当承担证明第三人存在过错的举证责任。

有必要指出的是，发生建筑物质量缺陷引起的安全事故导致损害结果时，超过保修期限可以构成施工人有效的免责抗辩理由。鉴于国家规定的质量保修期限对应于建筑工程的不同部位,在保修期限届满后对应的建筑部位产生质量缺陷时,消除质量缺陷的责任属于建设单位,此时由于质量缺陷导致的损害,属于建设单位的过错,施工人可以保修期限届满而行使免责抗辩;而如果导致损害的工程质量缺陷属于主体结构,由于国家规定施工人对主体结构的质量保修期限为工程的设计使用年限(通俗地说是对工程的终身保修责任),施工人一般难以保修期限届满为由行使免责抗辩权。

5. 不可抗力

根据民法通则第107条、153条和侵权责任法第29条的规定,因不可抗力造成损害的,行为人不承担侵权责任,但法律另有规定的除外。目前另有规定的法律主要集中在环境保护的相关法律如水污染防治法、大气污染防治法和海洋环境保护法中。上述环境保护的法律一般均规定,对污染源负有管理义务的企业、组织或自然人,当发生不可抗力时,只有经及时采取合理措施仍然不能避免损害时,才不承担环境侵权责任。不可抗力,是指人力(尤其是行为人、受害人和一般社会公众的人力)不可抗拒的力量,包括自然原因的不可抗力,如地震、台风;也包括社会原因的不可抗力,如战争或严重的社会骚乱。民法通则第153条规定,不可抗力是指不能预见、不能避免并不能克服的客观情况。所谓不可预见,应当是根据现有的技术和知识水平,一般人对事件的发生无法预料。不可预见,一般认为还包括对事件发生的相对具体的空间范围或时间范围或影响结果(如损害程度)的无法预料。所谓不可避免并不能克服,是指当事人已经尽最大努力和采取一切可以采取的措施,仍然不能避免事件的发生并克服事件造成的损害后果,事件的不可避免并不能克服的特征,使得不可抗力事件区别于紧急避险中的现实危险。所谓客观情况,是指不可抗力产生的直接原因独立于一般社会公众(而非某些特定人,因为社会原因的不可抗力事件如战争、社会骚乱往往发端于对社会或组织具有特定支配地位的特定人的指令)的主观意志和行为。

有关不可抗力事件对建筑施工活动影响的详细讨论,读者可参考笔者2008年9月发表于《建造师》(11)的文章"不可抗力事件对建筑企业履行施工承包合同的影响及其处理"。

需要特别注意的是,由于发生不可抗力事件而造成的损害,如果损害行为人与受害人之间存在有效的合同关系,并且合同中约定了或者法律规定了不可抗力事件发生后对于合同项下损害结果的承担方式,则损害行为人需要根据合同的约定或法律的规定承担相应的合同责任。只有在损害行为人与受害人之间不存在有效合同关系的情况下,才适用侵权责任法中损害行为人免责的规定。

6. 被侵权人对损害结果的发生也有过错的,可以减轻侵权人的侵权责任

注意到对应于上述侵权抗辩事由3——受害人故意,侵权责任法第27条的表述是"损害是因受害人故意造成的,行为人不承担责任",该表述说明,在受害人故意造成损害的情况下行为人不是侵权人,行为人的行为也不构成侵权。笔者认为,侵权责任法第26条的表述——"被侵权人对损害结果的发生也有过错的,可以减轻侵权人的侵权责任"——具有三重含义:第一,此处的被侵权人过错仅指过失,而不包括故意。因为如果是故意,则应当适用侵权责任法第27条行为人免责的规定。如果受害人不是因为故意而是因自己的过失造成损害的,行为人的加害行为构成侵权,行为人是侵权人,受害人也同时成为被侵权人。第二,侵权人是否具有过错,要区分损害事件的归责原则依个案判断。只要根据法律的规定,行为人的行为构成侵权,而由于受害人(即被侵权人)对损害结果的发生也有过错,可以减轻侵权人的侵权责任,换言之,被侵权人应在自己的过错范围内分担责任。第三,提出减轻责任抗辩的侵权人应当就被侵权人存在过错承担举证责任。

有必要指出,侵权责任法对于不同侵权行为下可以减轻侵权人责任的被侵权人过错的程度有不同的规定,具体包括:

(一)第72条规定,被侵权人对占有或者使用易燃、易爆、剧毒、放射性等高度危险物造成的损害的发生有重大过失的,可以减轻占有人或者使用人的责任。

(二)第73条规定,被侵权人对从事高空、高压、地下挖掘活动或者使用高速轨道运输工具造成的损害的发生有过失的,可以减轻经营者的责任。

(三)第76条规定,未经许可进入高度危险活动区域或者高度危险物存放区域受到损害,管理人已经采取安全措施并尽到警示义务的,可以减轻或者不承担责任。

(四)第78条规定,被侵权人对他人饲养的动物造成的损害的发生有重大过失的,动物饲养人或者管理人可以减轻责任。

具体到建筑施工领域,施工人对于施工过程中经常使用的油漆、煤气等易燃物、焊接用气体、雷管、炸药等易爆物在存储、保管和使用过程中要采取高度安全措施并尽到充分的警示义务,所谓安全措施的"高度"和警示义务的"充分",应以即使发生其他人的重大过失也不致造成损害后果为标准,否则施工企业将承担无过错的侵权责任。施工人对于施工过程中涉及的高空和地下挖掘活动,则应当采取防止因人为过失(如错误操作)而导致损害的安全措施,比如,吊车起重臂下,除作出禁止人员逗留的明显警示之外,还应采取有效的防止人员过失进入的措施。

7.侵权责任与违约责任竞合时,行为人已经承担了违约责任

民事责任竞合是指因某种法律事实的出现,导致多种民事责任的产生,各项民事责任相互发生冲突的现象。实践中发生民事责任竞合最多的是侵权责任与违约责任的竞合。为此,合同法第122条对侵权责任与违约责任的竞合作出了择一主张的规定:"因当事人一方的违约行为,侵害对方人身、财产权益的,受损害方有权选择依照本法要求其承担违约责任或者依照其他法律要求其承担侵权责任。"也就是说因行为人的同一行为既构成侵权,又构成违约时,受害人有根据对自己有利的原则进行选择的权利,选择要求行为人承担违约责任,或者承担侵权责任。根据最高人民法院"关于适用合同法若干问题的

解释(一)"第30条的规定,受害人在诉讼中选择了要求对方承担责任的一种方式后,最迟在一审开庭之前可以变更诉讼请求。

类似地,在某些情况下,侵权责任与其他民事责任竞合的情形还包括侵权责任与返还不当得利责任,或与支付无因管理费用责任的竞合,或者与物权保护责任的竞合。尽管我国法律对此三种民事责任竞合情形下的责任承担没有作出明确的规定,但是,依据民事责任承担的一般法理,基于类似与违约责任竞合规定的理由,为了公平地和最大限度地保护受害人的民事权益,人民法院在司法实践中,一般也采取自由竞合的模式,支持受害人的选择权。因此,侵权责任与受害人的其他请求权竞合时,受害人的其他请求权已经实现的,侵权人无需再重复承担侵权责任。

8.诉讼时效期间或除斥期间届满

根据民法通则第136条的规定,出售质量不合格的商品未声明的以及身体伤害侵权责任的诉讼时效期间为一年;根据环境保护法第42条的规定,环境污染侵权责任的诉讼时效期间为三年;根据产品质量法第45条的规定,因产品存在缺陷造成损害要求赔偿的诉讼时效期间为二年。该项赔偿请求权,在造成损害的缺陷产品交付最初消费者满十年丧失(该十年期限法律上称为权利除斥期间);但是,尚未超过明示的安全使用期的除外。

9.对于过错的侵权行为(如对生命健康权的侵权行为、对物权的侵权行为),被害人不能证明行为人有过错的,行为人不承担责任。

10.对于过错推定的侵权行为(如用人者的侵权行为、违反安全保障义务的侵权行为、物件致害的侵权行为),行为人能够证明自己没有过错的,行为人不承担责任。

因此,笔者提醒施工企业,应当高度重视侵权诉讼中因果关系和行为过错的举证责任分配的规定,在施工过程中对于可能产生侵权后果的风险因素加强证据材料的收集和准备工作,一旦发生施工企业被诉侵权纠纷,充分的举证将成为侵权抗辩的最有效措施。

新颁《侵权责任法》有关建筑施工领域侵权损害赔偿的新特点

曹文衔

（上海市建纬律师事务所，上海 200050）

损害赔偿是民事侵权责任中应用最多的一种责任承担方式，在建筑施工领域的侵权纠纷处理中也不例外。注意到新颁《侵权责任法》有关损害赔偿的法律规定与此前有关法律、法规和司法解释的规定存在一定的差异，而且有关损害赔偿项目的确定、计算规则和受偿权利人的确定散见于多个法律文件，有些法律文件之间就同一问题的规定还存在一定矛盾。随着《侵权责任法》于2010年7月1日起的正式施行，为了帮助建筑施工企业及时充分了解这些法律变化和要求，笔者通过对相关法律规定的比较、分析、归纳，在本文中集中阐述建筑施工领域侵权损害赔偿纠纷处理中应注意的赔偿项目的确定及赔偿金额计算规则、赔偿金支付方式、损害赔偿权利人的确定和建筑物倒塌归责原则问题，以便建筑施工企业更准确地依法处理建筑施工领域可能发生的侵权损害赔偿纠纷，维护企业的合法权益。

一、《侵权责任法》在侵权损害赔偿项目确定及金额计算规则方面的新特点

就侵权损害赔偿而言，除了《侵权责任法》之外，目前其他法律、法规及司法解释主要有：《民法通则》、《最高人民法院关于贯彻执行民法通则若干问题的意见（试行）》、《道路交通事故处理办法》、《消费者权益保护法》、《最高人民法院关于审理触电人身损害赔偿案件若干问题的解释》、《最高人民法院关于审理人身损害赔偿案件适用法律若干问题的解释》、《最高人民法院关于确定民事侵权精神损害赔偿责任若干问题的解释》。

综合对比上述法律法规和司法解释，笔者发现，新颁《侵权责任法》有关侵权损害赔偿的规定与现行其他法律法规及司法解释的相关规定存在着一定差异，呈现出新的特点。

（一）人身损害赔偿个别项目的调整

现行法律对于人身损害赔偿的范围分为三个层次。

第一，未致残致死的人身损害一般赔偿。赔偿范围包括：

1.医疗费。医疗费指受害人接受医学上的检查、治疗和康复所必须的费用，通常可能包括：挂号费、检查费、化验费、医药费、治疗费（包括门急诊和住院治疗费）以及其他医疗费（比如现场救护费、必要的器官移植费、院外专家会诊费、因伤病情需要的转诊费用）。其中治疗费又可能包括已发生的治疗费和后续治疗费。区分两者的时间分界点是一审法庭辩论程序终结。后续治疗费一般又可能包括器官功能恢复训练所必要的康复费、适当的整容费以及其他后续治疗费，但不包括心理治疗费。后续治疗费按两种方式之一处理：方式一，受害人可待实际发生后续治疗费后另行起诉；方式二，在根据医疗证明或鉴定结论能够确定必然发生的费用的情况下，受害人可依照有效的医疗证明或鉴定结论确定的费用与已经发生的治疗费一并主张侵权人赔偿。

2.护理费。侵权人赔偿受害人护理费的前提是，受害人因受到人身损害导致生活不能自理或者不能完全自理，经医疗机构或鉴定机构证明需要他人陪护辅助料理基本生活。护理费根据护理人员的收入状况和护理人数、护理期限确定。

3.交通费。交通费包括受害人因就医、转院治疗以及必要的陪护人员因陪护就医、转院治疗过程中所实际发生的搭乘必要交通工具所支出的合理费用。

4.为治疗和康复支出的其他合理费用。此类费用

可能包括：受害人本人（不包括护理人员）的住院伙食补助费、受害人必要时赴外地就医因客观原因不能住院而发生的受害人本人及其必要的陪护人员住宿费和伙食费补助、受害人营养费（确定营养费的依据主要是受害人的伤残情况和医疗机构的相关意见）。

5. 误工费。误工费根据受害人的误工时间和收入状况确定。

第二，因伤致残的人身损害赔偿。赔偿范围除包括上述第一层次（未致残致死的人身损害）的一般赔偿项目之外，还包括残疾生活辅助具费和残疾赔偿金。

1. 残疾生活辅助具费。该项赔偿费用是指因伤致残的受害人为辅助其肢体器官功能的部分恢复、辅助其实现生活自理或从事某种生产劳动所需的生活自助器具的购置、维护费用。该项费用以器具的普通、适用和费用的合理为前提。

2. 残疾赔偿金。法律界的通说认为，该项赔偿金是指受害人因身体被侵害致残导致的劳动能力丧失或减弱所造成的未来可能的劳动收入利益损失的赔偿。但是新颁《侵权责任法》与现行其他法律法规司法解释相比，取消了单列的被害人的"被扶养人生活费"，理由是，残疾赔偿金是对受害人因残疾而导致的劳动能力丧失或减弱所给的财产损害性质的赔偿，在理论上具有使受害人未来收入能力的减少大致获得弥补的功能，而受害人的被扶养人生活费属于受害人在受人身侵害前后均存在的正常经济负担，即便发生变化，也与侵权人的侵权行为没有因果关系。如果规定受害人在获得未来收入能力减损弥补的残疾赔偿金之外，还可获得被扶养人生活费赔偿，则不仅使被害人事实上获得了重复补偿，与我国确立的侵权损害赔偿的填平损失的一般原则相悖①，而且在受损害情形相同而仅被扶养人数量不同的受害人之间产生获赔金额不等，相应地导致侵权人就相同侵权行为和侵害结果承担不同程度的侵权责任的不公平法律后果。

第三，致受害人死亡的人身损害赔偿。赔偿范围除包括上述第一层次（未致残致死的人身损害）的一般赔偿项目之外，还包括丧葬费和死亡赔偿金，但不再将现行其他法律和司法解释中规定的受害人的被扶养人生活费列入，理由同上。

1. 丧葬费。该项费用是指安葬因被侵权而死亡的被害自然人遗体所应支出的合理费用。现行司法解释规定了定额赔偿标准：按受诉法院所在地上一年度职工月平均工资标准的6倍总额计算。

2. 死亡赔偿金。该项费用是指自然人的生命受到不法侵害，针对受害人的生命丧失所遭受的未来收入损失，由加害人向受害死者近亲属所支付的一定数额的金钱。根据司法解释的规定，死亡赔偿金采用定型化赔偿模式：按受诉法院所在地上一年城镇居民人均可支配收入或农村居民人均纯收入标准，按20年计算；60周岁以上的每加一岁减一年；75岁以上的按5年计算。

(二) 多人死亡时死亡赔偿金的定额化

对于造成多人死亡的重大侵权行为，实践中为了及时确定赔偿数额，解决纠纷和使受害人家属及时得到经济赔偿，有时采取相对简单的不同死者按同一数额进行赔偿的处理方式，但《侵权责任法》出台前，上述实际操作方式缺乏法律依据。为此，《侵权责任法》第17条规定，因同一侵权行为造成多人死亡的，可以以相同数额确定死亡赔偿金。

不过，笔者认为，施工企业仍然应当注意到，第一，上述规定不是强制性规定，实践中侵权赔偿责任人与赔偿权利人可以根据个案的实际情况协商确定个别赔偿数额，人民法院也可根据具体案情和被害人、赔偿人的具体情况，作出差别化赔偿裁判。第二，适用该条的条件是同一侵权行为造成多人死亡。何谓多人，至今未有具体的司法解释。笔者认为，只有在多名死亡者的死亡赔偿金计算条件难以准确认定，且有理由相信多名死亡者的身份和年龄大致相当的情况下才宜采用。第三，在目前人身损害赔偿司法解释有关按死者身份（城乡居民）和死亡时年龄计算死亡赔偿金的规定仍然适用的情况下，是选择定额化赔偿还是差别化赔偿，应当更多地取决于赔偿请求权人的意愿和对死者身份和死亡年龄的举证能力，并且所选择确定的相同数额，应当是在所有死者差别化赔偿计算数额中取数额较高值，即就高不就低。第四，即便采用《侵权责任法》第17条规定的同一死亡赔偿金标准，也仅表明在"死亡赔偿金"这一

---

①惩罚性赔偿仅作为侵权损害赔偿原则的例外，需要有法律的明确规定。我国《侵权责任法》仅在第47条规定：明知产品存在缺陷仍然生产、销售，造成他人死亡或者健康严重损害的，被侵权人有权请求相应的惩罚性赔偿。

单个赔偿项目上适用同一数额,而对于依法规定的人身侵权损害其他赔偿项目的数额仍是差别化的。第五,死亡赔偿金是一种对于死者家属因其家庭成员受侵害死亡后原本可合理预期的家庭收入物质损失的补偿,即是一种财产性损失赔偿,而不是也不能取代因受害人死亡而对其家属造成的精神损害赔偿。

(三)明确人身侵权时的精神损害赔偿

在《侵权责任法》出台之前,我国在基本民事法律层面上尚未明确规定过侵权人应当承担对受害人精神损害的赔偿责任。《侵权责任法》第122条规定的被侵权人可以请求精神损害赔偿的条件有三个:其一,被侵权人是自然人,不包括单位或组织;其二,被侵害的是人身权益,不包括财产权益;其三,被侵权人受到严重精神损害,不包括一般轻微的精神损害。笔者还注意到,侵权人承担精神损害赔偿责任,不以侵权人是否具有主观过错或重大过失为考虑因素,特别是对于高度危险活动、建筑物倒塌等无过错责任的侵权行为,侵权人仍然可能承担对被侵权人的精神损害赔偿责任。鉴于《侵权责任法》已经明确将残疾赔偿金、死亡赔偿金与精神损害赔偿分别规定,因此,现行精神损害赔偿的司法解释第9条中有关精神损害抚慰金包括残疾赔偿金或死亡赔偿金的规定实际上与《侵权责任法》的上述规定产生了矛盾,已经不能适用。

根据现行精神损害赔偿的司法解释第10条的规定,确定精神损害赔偿金应当考虑下列因素:

1.侵权人过错程度及法定减免责任的事由;
2.侵害的手段、场合、行为方式等具体情节;
3.侵害后果;
4.侵权人获利情况;
5.侵权人承担责任的经济能力和受害人的经济状况;
6.侵权行为造成的社会影响。

此外,受诉法院所在地的平均生活水平、侵权人的认错态度也是可以考虑的因素。②

(四)明确财产损失计算原则

《侵权责任法》将因侵权导致的财产损失计算原则分为因侵害财产权而导致的财产损失计算原则和因侵害人身权而导致的财产损失计算原则。此前,我国法律和司法解释中对于因侵权行为产生的被侵权人财产损失如何计算的规定,只针对知识产权侵权责任,而在其他类型的侵权行为下缺乏统一规定,因而实践中处理对于财产损失给予的金钱赔偿时,计算财产损害的时间标准一般从下列三种方式中选择一种:第一,以损害发生时被损害财产的市场价格为时间基准点;第二,以权利人请求或起诉时的被损害财产的市场价格为时间基准点;第三,对于损害发生时与请求起诉时被损害财产的市场价格发生巨大变化的情形,通常采取折中计算模式。此次《侵权责任法》第19条将侵害他人财产的财产损失金额计算方式明确为损失发生时的市场价格或者其他方式。所谓其他方式,一般指某些特殊的财产,没有市场价格可参考时,所采取的行业内通常采用的其他合理的定价方法。对于因人身侵害造成的财产损失,根据《侵权责任法》第20条的规定,按照被侵权人损失数额、侵权人获利数额和人民法院根据实际情况确定的赔偿数额的先后次序确定,在上述三项确定损失数额的方法中,优先采用被侵权人数额,当其难以确定时,采用侵权人获利数额;该获利数额仍难以确定时,由人民法院根据实际情况确定损失数额。所谓实际情况一般是指侵权人的过错程度、具体侵权方式和手段、损害人身权的后果及影响等因素。

二、《侵权责任法》在规定有关损害赔偿金支付方式方面的新特点

侵权损害赔偿金数额确定以后,是一次性支付还是可以分期支付的问题在我国司法实践中有不同的处理。最高人民法院有关触电人身损害司法解释和人身损害司法解释分别作了相应规定,概括起来,司法解释规定了已经实际发生的和受害人急需的物质损害赔偿金和精神损害赔偿金应当一次性支付;残疾赔偿金、被扶养人生活费、残疾辅助器具费等权利人后续生活持续性需要的费用,应赔偿义务人可以请求以定期金方式分期给付。《侵权责任法》第25条对此重新予以了明确规定,即:原则上各类侵权损害赔偿金均应当一次性支付;只有当一次性支付确有困难时,才可分期支付,但赔偿义务人应当提供相应的担保。

---

②奚晓明,王利明主编.侵权责任法条文释义[M].北京:人民法院出版社,2010:162.

三、《侵权责任法》在有关确定侵权损害赔偿权利人方面的新特点

对于财产损害赔偿，如果被侵害的是财产所有权，则受偿权利人为受侵害的财产所有权人或者依法对受害财产享有处分所有权的其他人；如果被侵害的是基于财产的其他民事物权，如用益物权（如污染造成的建设用地使用权的侵害）、担保物权，则受偿权利人即为这些用益物权和担保物权的权利人。受偿权利人是自然人且死亡的，权利人的继承人有权请求财产损害赔偿；受偿权利人是单位而发生分立、合并的，承继权利的单位有权请求财产损害赔偿。

对于精神损害赔偿，受偿权利人为受人身损害的受害自然人本人，受害人死亡的为其监护人（自然人）或其近亲属，法人或组织不享有精神损害求偿权。但根据现行适用的有关精神损害赔偿处理司法解释的规定，施工企业应注意精神损害赔偿的三个特例：其一，非法使被监护人脱离监护导致亲子关系或近亲属关系受到严重损害的监护人；其二，自然人死亡后侵害死者姓名、荣誉、名誉、肖像、隐私、遗体、遗骨的死者近亲属；其三，被侵权行为永久性毁损灭失的具有人格象征意义的特定纪念物品所有人。

对于人身伤害赔偿，受害人未死亡的，损害受偿权利人为受害本人。受害人未成年或者无完全民事行为能力的，由其法定监护人代为行使受偿权。法定监护是由法律直接规定监护人范围和顺序的监护。法定监护人可以由一人或多人担任。《民法通则》第16条第1款规定，未成年人的父母是未成年人的监护人。父母对子女享有亲权，是当然的第一顺位监护人。未成年人的父母死亡或没有监护能力的，依次由祖父母和外祖父母、兄姐、关系密切的亲属或朋友、父母单位和未成年人住所地的居委会或村委会、民政部门担任监护人。成年精神病人的法定监护人的范围和顺序是：配偶、父母、成年子女、其他近亲属、关系密切的亲属或朋友、精神病人所在单位或住所地的居委会、村委会、民政部门。

法定监护人的顺序有顺序在前者优先于在后者担任监护人的效力。但法定顺序可以依监护人的协议而改变，前一顺序监护人无监护能力或对被监护人明显不利的，人民法院有权从后一顺序中择优确定监护人。人身伤害受害人死亡的，死亡赔偿金受偿权利人为依法由受害人在死亡前应承担扶养义务的被扶养人以及死亡受害人的近亲属。人身损害赔偿司法解释第28条第2款：被扶养人是指受害人依法应当承担扶养义务的未成年人或者丧失劳动能力又无其他生活来源的成年近亲属。即通常所说的上有老（父母）下有小（子女）中的"老小"只是被扶养人中的一部分，最高人民法院的司法解释规定，民事诉讼中的近亲属包括：配偶、父母、子女、兄弟姐妹、祖父母、外祖父母、孙子女、外孙子女。因此还包括：特定情况下的平辈之间（配偶、兄弟姐妹）以及隔代长幼辈之间（祖父母、外祖父母与孙子女、外孙子女）。

需要特别注意的是，从《侵权责任法》第18条第2款的规定中可以发现，被侵权人医疗费、丧葬费等合理费用的赔偿请求权主体应当是实际支付了这些实际费用的人或单位，他们可能是受害人的近亲属，也可能是受害人的其他亲友，或者其他人或组织，而不应理解为只能是受害人的近亲属。

四、有关建筑物、构筑物或地上其他人工建造物倒塌对于施工企业侵权责任规定的新特点

在《侵权责任法》出台之前，根据《民法通则》第126条的规定，建筑物或其他设施发生倒塌、脱落、坠落造成他人损害的，由倒塌物的所有人或者管理人承担民事责任，但能够证明自己没有过错的除外。也就是说，《民法通则》规定的人工建造物倒塌的侵权责任，由倒塌物的所有人（通常是建设单位或其他获得倒塌物产权的人）或管理人承担，只有当所有权人或管理人认为倒塌事故是由于施工人施工质量的原因引起时，才会在所有权人或管理人对受害人承担责任后，向施工人追偿。而新颁《侵权责任法》第86条对《民法通则》第126条的规定作了重大修改，及将建筑物或其他人工建造物设施的脱落、坠落造成的侵权责任与倒塌造成的侵权责任分离，前者仍维持《民法通则》中有关过错推定归责原则，后者则重新规定为，由建设单位、施工单位承担无过错的连带责任。因此，在《侵权责任法》施行后，只要发生建筑物等人工建造物倒塌，建设单位和施工单位将连带地成为第一侵权人，并且施工单位不能以证明自己没有过错而进行免责抗辩。《侵权责任法》的此项新规定无疑加大了施工企业对于建筑物主体结构质量应当承担的民事侵权责任，应当引起施工企业的高度重视。

《突发事件应对法》视角下建筑应急管理的关键环节

王宏伟

(中国人民大学公共管理学院,北京 100872)

作为国民经济的重要物质生产部门,建筑业与整个国家经济的发展、人民生活的改善关系密切。随着中国城市化进程的加快,建筑业的发展势头强劲。但是,突发事件对建筑行业的影响突显。例如,强风导致建筑工地脚手架折断、桥梁垮塌、工程吊篮坠落伤人,SARS 使人群密集的建筑工人产生恐慌,农民工爬上塔式起重机以死威胁来讨薪等。可以说,建筑行业所要应对的突发事件涵盖自然灾害、事故灾难、公共卫生事件和社会安全事件等四大类,远远超出建筑安全生产管理的范畴。

为了综合性地预防与应对各类突发事件,我们必须引入应急管理的概念。2007 年颁布与实施的《中华人民共和国突发事件应对法》是中国应急管理的"基本法"。对于加强建筑行业应急管理来说,它具有非同寻常的指导意义。从这部法律的视角来看,我国建筑应急管理应注重以下关键环节。

一、风险管理

建筑突发事件的发生对社会公众的生命、健康与财产安全构成了严重的威胁,也挑战着企业的正常运行。任何有效的救援往往只是最大限度地挽回突发事件的局部影响,很难完全消除其全部后果。因而,预防是最好的应急。建筑应急管理必须遵照预防为主、关口前移的原则,将各类突发事件消灭在萌芽状态和未发之际。

《突发事件应对法》第五条规定:"突发事件应对工作实行预防为主、预防与应急相结合的原则。国家建立重大突发事件风险评估体系,对可能发生的突发事件进行综合性评估,减少重大突发事件的发生,最大限度地减轻重大突发事件的影响。"这说明,我国应急管理需要实现从事后应对型向防救结合型的战略性转变。建筑行业的应急管理也是如此。

我国建筑应急管理历来重视安全事故的预防。例如,我国《建筑法》第 36 条规定:"建筑工程安全生产管理必须坚持安全第一、预防为主的方针,建立健全安全生产的责任制度和群防群治制度。"今天,由于突发事件具有扩散性与连带性特点,我们必须针对所有自然、技术与人为的风险,实施有效的风险管理。

所谓的风险,用一个公式加以表述,就是:风险 = F(威胁、程度、可能性)。在建筑行业,风险管理就是要根据可能导致各类突发事件的威胁、威胁程度、威胁可能性等三个要素综合加以考量，开展风险评估，并实施相应的对策。

根据安全科学领域里的"海恩法则"，每一起严重事故的背后，必然有29次轻微事故和300起未遂先兆，而这些征兆的背后又有1 000个事故隐患。建筑行业在日常生产、经营中进行风险管理，可以大大减少建筑安全生产事故发生的概率。如果我们能多一些预防第一、未雨绸缪，就能少一些痛定思痛、亡羊补牢。所以，我国的建筑行业需要加强风险监测、风险评估、风险处置机制建设工作。

二、应急预案

为了应对突发事件，建筑行业应不断完善应急预案。《突发事件应对法》为应急预案提供了基本原则，具有一般性的指导意义。但是，建筑应急在贯彻其精神的同时，需要体现自身的特点。比如，对于应急预案的编制，《突发事件应对法》规定："应急预案制定机关应当根据实际需要和情势变化，适时修订应急预案。"

应急预案不是"应付方案"，更不是"免责条款"。建筑企业的应急预案要按照因地制宜、动态开放、适时修改的原则，通过应急演练和救援实践，不断地检验、修改预案。此外，建筑应急预案还要与其他部门的预案兼容。目前，我们需要参照《突发事件应对法》，对于建筑应急预案进行补充、修改、完善，使之更具有指导应急工作的意义。

三、社会动员

《突发事件应对法》第六条规定："国家建立有效的社会动员机制，增强全民的公共安全和防范风险的意识，提高全社会的避险救助能力。"第十一条规定："公民、法人和其他组织有义务参与突发事件的应对工作。"所谓的社会动员，就是指一个国家或部门为成功地预防和应对突发事件而有效地调动政府、市场、第三部门的人力、物力与财力的活动。

建筑行业应加强对建筑工人的公共安全教育，塑造公共安全文化，提高其在突发事件中自救与互救的意识与技能。因为任何突发事件发生后，有效的自救、互救往往能及时挽救生命，特别是当基础设施出现问题、外部救援力量受阻时，尤为如此。《突发事件应对法》第二十九、三十条规定，居委会、村委会、企事业单位要开展应急知识的宣传普及活动；新闻媒体应无偿开展突发事件预防与应急、自救与互救知识的公益宣传；各级各类学校也应当把应急知识教育纳入教学内容，等等。

此外，建筑行业拥有年富力强的职工和大型挖掘、起重等设备，应承担一定的社会救援义务。这是企业承担社会责任的重要表现。因此，建筑企业平时就应加强应急救援队伍建设，储备充足的应急救援物资、装备及通信设备，为应对随时可能面临的突发事件做好充分的准备。

四、协调联动

纵观《突发事件应对法》，其中体现了很强的部门合作、协调联动思想。例如，第三十七条规定："国务院建立全国统一的突发事件信息系统。县级以上地方各级人民政府应当建立或者确定本地区统一的突发事件信息系统，汇集、储存、分析、传输有关突发事件的信息，并与上级人民政府及其有关部门、下级人民政府及其有关部门、专业机构和监测网点的突发事件信息系统实现互联互通，加强跨部门、跨地区的信息交流与情报合作。"

建筑应急管理的协调联动先要实现系统内部应急部门之间的彼此联通、信息共享，再将建筑应急纳入到社会统一的应急系统。在人类进入"风险社会"的今天，各类风险之间的耦合性增强。将建筑应急纳入到国家应急管理的整体之中，这有助于集中各方的人力、物力和财力，以最小的代价有效地遏制突发事件所导致的后果。

其次，建筑应急管理要体现条块结合的特点。《突发事件应对法》提出："国家建立统一领导、综合协调、分类管理、分级负责、属地管理为主的应急管理体制。"在建筑突发事件应对的过程中，建筑部门要调度、协调事发地的消防、安监、卫生、环保等各种救援资源,形成应对突发事件的合力。

还有,建筑应急的协调联动也体现在军民结合上。2005年6月7日,国务院、中央军事委员会颁发第436号令,公布《军队参加抢险救灾条例》。其中的第三条规定军队可以参加以下活动:"(一)解救、转移或者疏散受困人员;(二)保护重要目标安全;(三)抢救、运送重要物资;(四)参加道路(桥梁、隧道)抢修、海上搜救、核生化救援、疫情控制、医疗救护等专业抢险;(五)排除或者控制其他危重险情、灾情。必要时,军队可以协助地方人民政府开展灾后重建等工作。"当重大建筑突发事件发生后,建筑部门可报请当地政府,协调驻军、武警及民兵预备役,共同参与处置。

五、救援队伍

《突发事件应对法》第二十六条规定:"县级以上人民政府应当整合应急资源,建立或者确定综合性应急救援队伍。人民政府有关部门可以根据实际需要设立专业应急救援队伍。县级以上人民政府及其有关部门可以建立由成年志愿者组成的应急救援队伍。单位应当建立由本单位职工组成的专职或者兼职应急救援队伍。县级以上人民政府应当加强专业应急救援队伍与非专业应急救援队伍的合作,联合培训、联合演练,提高合成应急、协同应急的能力。"我们可以看到,未来应急救援队伍的发展方向是:专兼结合,一队多能。

建筑企业救援队与所在地的救援队要打破行业的界限,经常性地举行联合演练,磨合机制,锻炼队伍,提高在重大建筑事故背景下的整体作战能力。一方面,建筑企业所在地地方救援队伍应该以履行建筑应急任务为导向,开展建筑坍塌等方面的专门培训和演练;另一方面,建筑企业救援队伍也应该利用自身的技术专长,按照一队多用的原则,承担一定的社会责任,承担社会应急及相关救援工作。在此基础上,建筑业自身的救援队伍与所在地的救援队伍实现合成应急、协同应急的目标。

《突发事件应对法》对于救援队伍保险制度是这样规定的:"国务院有关部门、县级以上地方各级人民政府及其有关部门、有关单位应当为专业应急救援人员购买人身意外伤害保险,配备必要的防护装备和器材,减少应急救援人员的人身风险。"建筑应急救援是一项高风险的职业,救援人员更需要得到人身意外伤害保险。这不仅可以激发救援人员投身应急的热情,也符合以市场机制分担建筑应急风险的理念。而且,保险公司承保后,无论是从社会责任说,还是从经营效益上讲,都会自觉地成为建筑安全知识的义务宣传员。

还有,我们要在建筑企业中建立应急救援队伍的心理干预机制。在应急过程中,救援人员在身体上面临各种风险,在精神上承受着巨大压力。我们应对救援队员进行必要的心理辅导,加强他们在非常情况下的抗压、承压能力,防止其出现心理危机。然而,《突发事件应对法》没有涉及心理干预问题,这应该说是一个遗憾。

六、应急沟通

建筑突发事件发生后,企业及管理部门应与社会公众之间及时进行有效沟通,避免企业形象受到影响。一是及时、客观、准确地发布相关信息,避免谣言及流言;二是对社会公众的舆论进行收集、分析,并对公众的舆论进行引导。

建筑企业及管理部门应学会进行危机公关,谙熟媒体应对之道,特别是要建立完善的新闻发言人制度。在信息高度透明的时代,"防火防盗防记者"的思维早已成为笑谈。在舆论的旋涡中,建筑业人士应具备驾驭复杂局面的能力。

此外,《突发事件应对法》第三十六条规定:"国家鼓励、扶持具备相应条件的教学科研机构培养应急管理专门人才,鼓励、扶持教学科研机构和有关企业研究开发用于突发事件预防、监测、预警、应急处置与救援的新技术、新设备和新工具。"建筑行业应借助全社会的科研力量,开发建筑安全产品与技术,实现人防、物防与技防的结合。

房地产泡沫与新城计划：
日本经济高度增长时期的经验

西村友作

(对外经济贸易大学，北京 100024)

一、引言

提起日本房地产业的泡沫，绝大多数人会立即联想到 20 世纪 80 年代后期日本形成的臭名远扬的泡沫经济。就当前面临着越来越大的房地产价格上涨压力的中国而言，对于 80 年代日本房地产泡沫的形成、膨胀以及破裂的根本性原因进行系统研究有着十分重要的现实意义。然而，我们必须考虑到，当今中国所处的经济发展阶段与宏观经济环境迥然不同于 20 世纪 80 年代后期的日本。因为当时的日本已经完成了从发展中国家向发达国家的转变进程，工业化程度达到了相当水准；而当今中国的工业化进程或乡村城市化进程则还有很长的路要走，且仍然是一个发展中的大国。图 1 表示的是自 1956~2008 年的日本全国市区土地价格与日本六大城市(东京区部、横滨、名古屋、京都、大阪以及神户)市区土地价格的年增长率。从图 1 可以清楚地看到，除了 20 世纪 80 年代后期的房地产泡沫时期之外，日本房地产在过去半世纪中还经历了两次价格暴涨时期 1960~1961 年与 1972~1973 年。具体而言，1960~1961 年的日本正处于"岩户景气"[①]的经济高度增长初期。1960 年与 1961 年的六大城市土地价格年增长率分别为 30.21% 与 67.96%，均高于全国平均的 27.17% 与 42.57%。1972~1973 年正是前首相田中角荣提出"日本列岛改造论"[②]而掀起"列岛改造热潮"的时期。1972 年与 1973 年的六大城市土地价格年增长率分别达到 12.92% 与 31.60%，高于全国平均的 13.31% 与 25.25%。由于中国正处于经济高度增长期，学习、借鉴与取舍日本当时的经验显得十分必要。有鉴于此，本文下面主要介绍这两个时期日本的土地价格上涨的原因与当时的宏观背景。

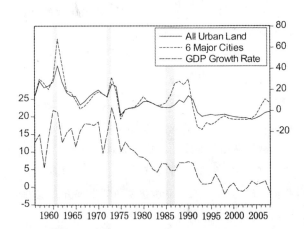

图1 日本全国市区与六大城市土地价格增长率与 GDP 增长率时序图(1956~2008 年)

注：图中上边折线图表示市区土地价格年增长率（右边刻度,%）。其中实线为全国数据，虚线表示六大城市(东京区部、横滨、名古屋、京都、大阪以及神户)；下边折线图表示年GDP增长率(左边刻度,%)。
资料来源:GDP 数据:内阁府经济社会综合研究所国民经济计算部[国民经济计算报告];土地价格指数数据:日本不动产研究所研究部[市街地价格指数],笔者计算。

---

① "岩户景气(Iwato boom)"是指,1958 年 6 月至 1961 年 12 月出现的连续 42 个月的经济增长时期。
② 1972 年 6 月 11 日出版的田中角荣的著作。他主张通过高速交通网(新干线与高速公路)的连接来促进属于落后地区的工业化,同时解决"过疏"、"过密"、"公害"等一系列问题。

二、土价暴涨的原因与宏观背景①

1. 第一期土地价格暴涨时期1960~1961年

自1958年6月开始日本经济进入了长达42个月的经济增长时期，"岩户景气"。汽车、家电、电子工业、石油化学以及合成纤维等新产业部门在当时的日本经济中起到了主导性作用。这些产业部门的设备投资直接引发了钢铁、电力、石油及产业机械等上游部门的设备投资，实现了"投资引起投资"的投资主导型经济高度增长。这种高投资、大量生产直接导致了工业用地的供不应求，1958年日本首次出现了工业用地价格的上涨局面。企业进行大量生产需要大量劳动力，这带动了地方劳动力向工业大城市的转移，而这些大城市的商业用地与住宅用地价格随之高涨（图2左图）。1961年9月，日本六大城市工业用地价格同比增长率高达88.7%。住宅用地与商业用地价格同比增长率分别高达60.1%与61.9%，均呈现出直线上涨趋势。

2. 1972~1973年

20世纪70年代初期，日本经济正处于"伊扎那歧景气"②后的经济低谷时期。当时在日本经济增长中扮演一个重要角色的"3C"③产品的消费量开始减少，产品库存量不断增加，导致产量的减少与价格的回落。另一方面，1971年8月15日，时任美国总统的尼克松宣布停止美元与黄金的直接兑换，导致布雷顿森林体系瓦解，国际货币体系进入新局面。在日元升值压力之下，日本政府与日本银行开始实施财政支出的增加、贴现率的降低等一系列的扩张性政策，以减少国际收支顺差而规避日元的急剧升值。进入1972年之后，个人消费与住宅投资呈复苏迹象，再加上同业拆借利率的下降，土地价格也出现了逐渐上涨的势头。1972年初的日本土地市场并不过热，然而1972年6月11日在田中角荣首相组阁并提出"日本列岛改造论"后，日本土地市场再次进入了暴涨时期。1973年9月，日本六大城市住宅用地、工业用地以及商业用地价格同比增长率分别达到了42.5%、33.6%以及28.6%（图2右图）。

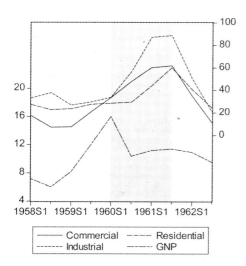
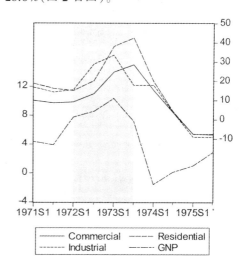

图2　日本六大城市土地价格增长率与GNP增长率时序图

注：左图为1958~1962年的时序图，右图为1971~1975年的时序图；图中上边折线图表示日本六大城市的商业用地（Comercial）、工业用地（Industrial）、住宅用地（Residential）价格年增长率（右边刻度,%）；下边折线图表示年GNP增长率（左边刻度,%）。

资料来源：根据吉川（2002）的表9-1与表9-2笔者绘制。

---

① 本部分主要参考了吉川洋（1999），『転換期の日本経済』，岩波書店，吉川洋（2002），「土地バブル－原因と時代背景－」,『平成バブルの研究（上）』村松奥野編，東京：東洋経済新報社，pp.411-430。
② "伊扎那歧景气（Izanagi Boom）"是指，1965年11月至1970年7月出现的连续57个月的经济增长时期。
③ "3C"指的是，汽车（car）、彩电（color TV）以及空调（cooler）。

三、新城计划——日本多摩新城的经验简介

在经济高度发展的背景下，土地价格的暴涨、市中心的人口压力以及严重的住宅不足问题成为了阻碍大城市健康发展的顽症。为了解决这些问题，进入20世纪60年代后日本加快了新城(new town)建设的步伐。至今为止，在东京、大阪、名古屋等大都市圈都建设了一大批新城，其中规模最大的莫过于计划面积为 2 892.1hm²、计划人口为34.2万人的"多摩新城(Tama new town)"。多摩新城计划起始于1965年，1971年3月26日，第一批居民在多摩市开始入住。以多摩市、八王子市、稻城市与町田市四大城市构成的多摩新城位于东京都西南部，距离东京市中心大约25~40km，东西宽约14km，南北长约2~3km，是以居住、商业、教育、文化为一体的综合性城市。

新城建设一般可分为政府主导型与民间主导型两种，多摩新城采取了前者，以免发生"城市无序扩张(urban sprawl)"[①]现象。具体开发单位为东京都政府、东京都住宅供给公社以及住宅·都市整备公团(现为都市再生机构)三家。多摩新城开发主要采用两种方法——"新住宅市街地开发事业"与"土地区划整理事业"。"新住宅市街地开发事业"是指，根据《新住宅市街地开发法》(1963年法律第134号)，以全面收购方式进行的住宅用地开发事业。开发单位采用该方式收购计划面积 2 892.1hm² 中的 2 225.6hm²，大约占76.95%。"土地区划整理事业"是指，根据《土地区划整理法》(1954年法律第119号)，以换地的方式进行的土地区划调整以及公共设施建设事业。该方法采用的是权利变换方式，权利关系的调整需要较长时间，因此"新住宅市街地开发事业"成为了多摩新城计划的主力。

多摩新城建设的主要目的在于解决东京地区上班族的住房不足问题，因此不允许在新城里开辟可就职的办公区。[②]这意味着每天大量的劳动人口流向东京市中心。如何满足如此庞大的交通需求，如何实现提高运输能力与运输速度便成为新城交通肩负的最主要的职能。新城与市中心通常都有铁路和高速公路相连，由于准时、快捷、运输量大等优点，铁路无疑成为了新城交通开发的重中之重。京王电铁公司的京王线为多摩新城与东京交通枢纽新宿站相连接的主线之一(图3)。从新宿站到京王八王子站距离37.9km，共有33站，2008年新宿站乘车人数高达 748 803 万人/日。[③]由于该路线共有33

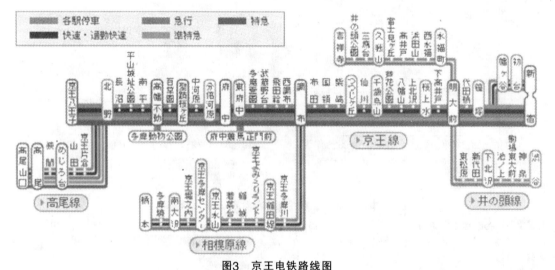

图3 京王电铁路线图

资料来源：京王集团网站(http://www.keio.co.jp)。

---

①"城市无序扩张"是指，在城市向郊区发展的过程中由于开发商各自进行建设而导致城市无秩序扩张的现象。
②1986年《新住宅市街地开发法》加以修改后允许在新城引进一些特定业务单位。
③数据来源于京王集团网站(http://www.keio.co.jp)。

金融机构破产数量　　　　　　　　　　　　　表1

	1991~1994年	1995年	1996年	1997年	1998年	1999年	2000年	2001年	2002年	2003年
总　数	8	6	5	17	30	44	14	56	0	1
银　行	1	2	1	3	5	5	0	2	0	1
信用金库	2	0	0	0	0	10	2	13	0	0
信用组合	3	4	4	14	25	29	12	41	0	0

资料来源：日本预金保险机构.平成十五年度预金保险机构年报,2004:4.

个车站，如果每个车站都停车的话，就会耗费大量时间在进出站上，不能实现运输的高速化。为了同时满足不同乘客的需求，京王电铁设有5种不同速度的列车，即特急(Special Express)、准特急(Semi Special Express)、急行 (Express)、快速(Rapid)、各站停车(Local)。以速度最快的特急为例，从新宿站到京王八王子站的33个车站中只停在居住人口较多、客流量较多的6个车站，整个行程只需34min左右。

从1965年开始的多摩新城建设开发进入21世纪后基本完成，总面积达到2 853hm²，入住人口数达到21.1万人(2008年)。

四、结束语

在上述城市建设、改造大工程中，日本的融资担保交易主要依赖于不动产担保，该担保方式确实曾经起到了充分满足战后经济高速增长资金需求的作用。然而在泡沫经济时期，以银行为主的大部分金融机构均沉迷于不动产投资之中，在"土地神话"意识支配下，金融机构对于借款企业本身还款能力以及信用状况的审查逐步削弱，以致盲目发放贷款。当泡沫被刺破后，庞大的不良资产导致了那场日本战后最严重的金融危机(表1)。

而始于2007年的次贷危机，也是因美国房地产泡沫破裂与次贷问题引爆的全球性金融危机。一直以来只涨不跌的美国房地产价格上升速度自2006年开始急剧放缓，与此同时，美国利息率尤其是短期利率的上升直接导致固定利率与浮动利率相结合的次贷还款利率大幅度上升，以信用程度较差、收入较低的借款人为对象的次级贷款的违约率随之快速飙升，次贷问题逐步显现。

综上可以看出，房地产价格的急剧下降会引起金融机构收益的迅速恶化，并最终导致金融危机的爆发。中国目前还处于高速发展的阶段，每年都能保持较高水平的经济增长速度，居民收入水平也有很大的增长空间。笔者相信，如果政府提供的保障性住房的到位率不断提高，城市的房价上涨率也能够保持在低于收入增长的水平，而交通等配套设施设计也能科学、高效，中国就可以通过房地产市场来解决大多数居民的住房问题。

海外巡览

俄罗斯国际工程承包项目政策透析

苏 可

(对外经济贸易大学，北京 100029)

全球石油价格随着金融危机的到来而暴跌之后，俄罗斯国内出现了建材价格上涨、企业资金短缺、住房和公共设施建设速度放慢、建筑业发展受到制约等问题，各国企业都因无法扩大规模而纷纷暂时撤出了俄罗斯。随着后危机时代俄经济的不断恢复，一系列基础设施建设，包括道路交通网建设、市政建设、港口建设、石油化工项目和天然气工程项目建设等在全俄各地区逐步展开。

目前，俄罗斯工程承包市场基本情况：工业、交通等基础设施和住宅的需求量大；大多数建材企业和建筑企业资金短缺，生产设备陈旧，小企业居多，劳动力不足，技术力量薄弱，竞争能力不强，急需投资；俄罗斯本国建材产品产量少、质量差，满足不了国内建筑市场的需求。使用外籍劳力、鼓励海外工程承包将是俄发展经济建设的一个重要方面，俄罗斯也正逐渐成为各国承包商的一个主要市场。

一、俄罗斯吸引国际建筑商的优惠政策

(一)法律保障

除联邦一级吸引外资的法律法规和政策工具外，根据俄罗斯宪法和联邦法律，俄各州区政府基本上都颁布了外国投资法和有关吸引外资的法规。俄现行联邦级别的鼓励和调节外商投资的基础性法律是《俄联邦外国投资法》。此外，与外国投资有关的法律还有《俄联邦租赁法》、《俄联邦产品分成协议法》、《俄联邦土地法典》、《加里宁格勒州特别经济区法》、《马加丹特别经济区法》、《俄联邦经济特区法》等。其中《俄联邦外国投资法》和《俄联邦产品分成协议法》进行了多次修订和补充，修改后的新特区法也于2005年8月开始执行。

普京执政后把"入世"作为俄政府工作的主要目标之一，为此俄政府在修改法律制度、改善投资环境方面做了大量工作。目前90%以上"入世"所需的新法律已经通过，少数相关法律也将在"入世"后陆续出台，现有法律也进行了调整和修改。从已出台的法律看，俄罗斯的立法思想发生明显的变化。其出发点是，改善俄罗斯的投资环境，加大吸引外国投资的力度，放宽对外商投资领域的限制，保证投资者在市场经济条件下平等而有序地竞争，确保外商合法的经济利益，对外贸和外资项目提供"国家保障"。

(二)税收优惠

俄一些联邦主体制定了一系列税收优惠政策措施，对一些鼓励发展行业的投资项目，实施通过地方预算返还境外投资者上交的部分税款等优惠。

联邦一级的税收优惠政策：1992年7月俄政府调整吸引外资的政策，开始意识到创造良好环境吸引外资的必要性，规定了一些比先前更优惠的税收政策：外资企业可以用取得的收入弥补投资初期几年的亏损，整个成本回收期间，税收标准保持合同初期税率，外资企业可以在注册5年内免交利润所得税，政府取消对资本流动业务的限制，因自身所需进口的机器、技术装备、备用零部件、原材料、配套产品和半成品都免去进口关税和其他税。《俄联邦产品分成协议法》提供的税收优惠使征税基本上被按协议条款分配产品所取代。在协议有效期内，投资者免交除企业所得税、资源使用税、俄籍雇员的社会医疗保险费和俄罗斯居民国家就业基金费以外的其他各种税费。

特别经济区法规定的和各地区独立实施的税收

优惠政策:《俄联邦加里宁格勒特别经济区法》规定:在特别经济区内,俄罗斯和外国投资者享受俄联邦税法和加里宁格勒州地方法规所规定的税收减免优惠;商品自境外运入特别经济区时,可免交关税和办理海关手续时所应交纳的其他费用(海关规费除外)。《俄联邦马加丹特别经济区法》规定:自2006年1月1日至2014年12月31日,在特别经济区和马加丹州从事经营活动的企业用于在马加丹州境内投资发展生产和公共事业的利润可免交利润税,为国际工程承包项目提供便利条件;区内企业在将因自身生产所需而购买的和在马加丹州境内使用的外国商品从特别经济区运往马加丹州其他地区时,可免交进口关税和俄联邦国家海关委员会规定的在办理商品海关手续时应交纳的其他费用(海关规费除外);区内企业将在特别经济区生产的商品运往俄联邦其他海关境域或俄联邦境外时,可免交关税和办理海关手续时所应交纳的其他费用(海关规费除外),为国际承包工程的商品消费提供优惠。

普京执政期间加快了税制改革的步伐,在俄罗斯的企业税赋水平近年来已有较大幅度下降,利润税税率已从35%降到24%。从2004年起取消了销售税,增值税税率从20%降到18%。今后几年还将下调利润税和增值税。

(三)金融支持

融资、信贷扶持和投资风险担保补偿政策:有关法律法规规定,对于一些重要外资项目和优先发展项目,地方财政可以利用本级预算收入或预算外资金向外资企业提供融资、风险担保和补偿。

俄联邦一级的金融支持政策。《俄罗斯海关法》和《政府税收法》规定,外资重点投资项目可以享受优惠;俄地方政府可以在职权范围内利用地方财政收入或预算外资金向外资提供税收优惠、担保、融资及其他形式的支持。《俄罗斯联邦融资租赁法》规定,对租赁项目的实施给予联邦预算拨款并提供国家担保;为租赁项目提供投资贷款;银行及其他金融机构向租赁主体提供贷款所得利润可免缴3年以上的企业所得税;按照法律程序向租赁公司提供贷款优惠。

地区级的金融支持政策。科米共和国、达吉斯坦共和国、伊尔库茨克州、沃罗涅日州、斯维尔德洛夫斯克州、加里宁格勒州、弗拉基米尔州给投资者提供投资者贷款和税收贷款;伏尔加格勒州、沃罗涅日州、利佩茨克州、加里宁格勒州、弗拉基米尔州、伊尔库茨克州对投资者在实现投资计划期间的权利予以国家担保;伊尔库茨克州、伏尔加格勒州给予共同拨款补助金;沃罗涅日州、伏尔加格勒州在租赁房屋和其他财产方面予以优惠。

(四)国家发展战略支持

虽受金融危机影响,俄罗斯国家项目和社会发展构想仍是建筑业发展的强力支撑。据俄罗斯经济部统计,2008年俄联邦投资建设项目2488个(包括运输综合体、农业综合体、专业综合体、社会综合体及其他项目)。目前,大型国家项目仍享有财政预算支持,例如2012年APEC峰会及2014年索契冬奥会建设项目,设计和招标工作已逐步展开。根据俄罗斯2020年社会经济长期发展构想,到2015~2020年,按照GDP规模衡量,俄罗斯应该成为世界经济五强之一。

二、俄罗斯政府对国际工程承包商的政策限制

国际金融危机爆发以来,俄罗斯自身的发展压力加大,尽管俄政府出台了一系列经济措施,制定了多项涉及金融业和实体经济的救援计划,努力稳定市场信心,希望"把危机变为提高本国经济效益的契机",但这场危机对俄罗斯经济的冲击仍在蔓延之中。俄罗斯银行贷款的门槛越来越高、股市暴跌,俄罗斯15家大的建筑公司平均负债5~15亿美元,房地产项目缩水,因无力获得新的贷款,一些开发商开始低价抛售现有的土地、成品房,以其还贷。国际金融危机引起的资金链断裂,使一些有实力的房地产开发商叫停冻结正在施工的房地产项目。

2008年11月24日,莫斯科市政府确认,于2007年开始兴建的莫斯科市中心欧洲大陆最高建筑——118层的"俄罗斯塔楼"因金融危机而无限期停工。该工程投资公司的高层人士承认,在目前这种复杂的经济环境中,由于贷款利息很高,该工程所需资金跟不上,因此项目不得不被冻结。例如中建总公司承建的俄联邦大厦工程由于金融危机也已停工。

主要原因是由于俄罗斯业主米拉克斯公司开工项目多,过度扩张造成资金链断裂,致使项目停工。目前,中建总公司正在与俄罗斯米拉克斯公司进行谈判处理善后事宜,项目最终结果如何还有待进一步观察。

目前,俄罗斯经济政策存在着不稳定性,投资环境不够完善,对外国公司有一些限制措施,对本国承包工程市场保护程度较强,国际工程承包项目受到巨大影响。俄罗斯的具体限制措施和障碍有:

(一)产业、经营项目和区域限制

俄罗斯出台了《禁止外国投资人投资和活动的产业、经营项目和区域的清单》,禁止外商进入的部分包括核武、核能及国防、军工领域;信息及保密领;资源生态情报(如与海洋渔港水利设施建设、维修、改建及发展有关的活动等)等。外资要进入这些领域,必须由俄联邦政府特许;由俄联邦政府或由其授权联邦机构规定外资参股(投资)在具体项目投资总额中的最高限额,或者规定从事特定活动的经济组织的法定(合股)资本中参股(投入)的最高限额。

(二)人员限制

俄规定,在外资信贷机构中俄罗斯雇员的数量不能少于雇员总人数的75%产品分成项目中,投资者聘用的俄籍雇员数量应不少于所聘雇员总数的80%。只有在按协议进行的工程初期或在俄联邦国内缺乏具有相应专长的工人和专家的情况下方可聘用外国工人和专家。原有的技术性壁垒仍然存在,如部分国家对工程技术人员执业资质要求严格,很多国家相关资质不被认可。各国人员办理签证、居住及工作许可手续繁杂且时间过长等。

此外,俄政府一来要考虑解决本国的失业问题,二来对中国居民大量移民俄境抱有戒备心理,在引进中国劳动力问题上历来采取限制政策。实行引进劳务许可证制度以后,对办理中方对俄劳务输出增加了很大难度。它规定,除俄各边疆区、州行政机关要对引进的劳务进行审批以外,还要报请俄罗斯政府移民局审批。现中方已承诺以"俄罗斯能够接受的方式"解决中国对俄出口劳动力的问题,俄方对中方开放劳动力市场的程度仍是有限的,而且当地外劳的工作准证只限于固定项目,对劳动力安排有较大影响。因此而对中方在俄的国际工程项目产生不利影响。

(三)俄罗斯建筑市场由许可制度向行业自律转化

自2009年1月1日起俄罗斯政府将不再发放工程勘察、建筑设计、建设、整修等许可证。建筑行业自律组织将制定本行业的标准和规程,并执行监管职能。2009年是政府监管向行业自律转变的过渡期,过渡期内,先前发放的许可证继续有效。从2010年1月1日起,涉足建筑行业必须取得建筑行业自律组织发放的建筑许可证,但该自律组织的许可证只向其成员发放,外国企业必须加入俄建筑行业相关协会,非行业自律组织的成员将无权从事建筑业。加入行业自律组织需缴纳会费,专家认为,各种费用的缴纳,将会使建筑成本提高15%。中国建筑承包企业进入俄罗斯市场需获得该资质。

(四)地方保护限制

虽然俄罗斯承包工程招标的做法基本遵照国际惯例,对外国建筑公司实行国民待遇,外国承包商可参加其国内及国际工程的公开招标,但根据1999年俄联邦《关于商品、工程和服务政府采购招标法》和1993年俄联邦政府第531号《关于对俄联邦境内以国家外汇资金及外国贷款为资金来源的建筑项目的管理》法令规定,俄政府采购项目中外国公司提供商品及劳务必须以本国公司不能提供或提供此类商品及劳务的经济效益过低为前提,且如果由外国公司总承包,则项目总额的30%以上的工作应交由俄罗斯当地公司完成。如果外国承包商签订分包合同,承接工程分包,则不受上述规定的限制。俄罗斯联邦政府采购项目是以联邦预算或预算外基金为资金来源的项目,通过俄罗斯经济部月度《竞标》通报发表有关招标信息,由国家调控管理。其他资金来源的项目由业主依照俄联邦民法进行经营管理,不受政府调控。

(五)其他障碍

1.俄罗斯的外资政策不透明,随意性强。政府经济管理部门办事程序烦琐,行政壁垒多,工作效率低。一些执法人员如警察、海关人员腐败成风、官商勾结,对入境外国人特别是中国人索贿受贿甚至敲诈勒索的事屡见不鲜。

2.合同缺乏信誉。由于俄罗斯经济连年下滑,财政极度困难,基本建设投资大幅度减少,与外国开展劳务合作缺少资金支持,致使双方劳务合同终结时,俄方不能履约,造成单方撕毁协议,因此存在一定的经营风险。

3.材料设备价格浮动较大。当地承包合同多以"固定总价"形式出现,而工程市场的火热,使建材和机械设备近来一直不断上涨,增添了经营和履约工作的风险。

4.当地资源的协调难度较大。工程图纸多以概念设计进行招标,为我企业的准确报价增加难度。气候条件寒冷,冬季气温最低达零下40多度。安全问题值得注意,不安定因素存在。

综上所述,我国国际工程承包企业如果希望打开俄罗斯国际工程承包市场,需要采取切实有效的措施来积极应对俄罗斯市场出现的新变化、新特点。

作为为企业保驾护航的政府部门,应加大政府间协调力度,完善对开展承包工程业务的财税金融支持,加强政策引导;进一步加强公共信息体系建设,为企业提供及时、有效的信息服务;要研究和建立企业海外经济利益协调保障机制,充分发挥对外承包商会等行业组织的重要作用,鼓励国内企业之间以及国内企业与有实力的跨国公司之间开展多种形式的互利、合作;切实提供对双边投资与工程承包劳务合作的便利措施,完善相互投资和合作环境等。

而就企业而言,我国国际承包企业要慎重选择承包项目,力争聘用当地律师协助准备注册文件;正确履行相关程序,加强与所在地政府部门、执法机关的沟通;强化企业劳务人员培训和技能鉴定,统一选派劳务人员参加对俄工程建设,以使承包项目顺利完成。

中日建筑抗震技术人员培训项目国内培训正式启动

2010年3月8日上午,"中日建筑抗震技术人员培训项目"国内培训在北京正式启动。

"中日建筑抗震技术人员培训项目"是落实"5·12汶川大地震"后中日首脑确认的"总体合作框架"中就"城市建设"领域开展的灾后恢复重建合作项目。

2008年9月下旬,日本国际协力机构(JICA)派遣了调查团来华,与中华人民共和国住房和城乡建设部及有关单位就今后合作的可能性进行了磋商。结果认为,有必要中日双方开展技术合作,借鉴日本在建筑抗震领域积累的经验,加强中国建筑设计施工中应用抗震标准的制度建设,提高中国结构设计、施工人员的技术能力,进一步推动中国建筑领域抗震技术水平的应用和整体抗震减灾能力的提高。据此,双方确定了本项目。

2009年5月12日上午,在"5·12汶川大地震"震后一周年之际,中华人民共和国住房和城乡建设部(简称"中国住房和城乡建设部")计划财务与外事司和日本国际协力机构(JICA)中华人民共和国事务所(简称"JICA中国事务所")在北京就"中日建筑抗震技术人员培训项目"正式签约。

本项目分为赴日研修与国内培训两个部分,本项目将在日本培训中方抗震管理技术人员约150名。目前已经派出四个团组,共56名学员赴日参加培训。

本项目将在国内培训约5000名基层抗震管理和技术人员。国内培训将采用"骨干班"与"一般班"两种培训形式,其中"骨干班"将培训约300名基层抗震管理和技术骨干人员,"一般班"将培训约4700名基层抗震管理和技术人员,这些人员将在今后中国城市建设抗震设计及施工管理中发挥重要作用。3月8日上午,本项目第一个国内"骨干班"在北京正式开班。

项目启动仪式上,中国住房与城乡建设部王树平副司长、张鹏处长代表中国住房与城乡建设部参加了开班仪式,王树平副司长发表开班致辞。中国建筑设计研究院修龙院长、张军副院长,JICA事务所松本高次郎所长、仓科和子等同时出席开班仪式,修龙院长及松本高次郎先生就本项目的有关情况进行了介绍。日本建筑所理事长村上周三也应邀参加了此次启动仪式。

中国住房与城乡建设部、中国建筑设计研究院、JICA中国事务所、日本建筑研究所、中日建筑抗震技术人员培训项目组成员、骨干班学员,以及5家媒体记者,共约70人参加了本次项目启动仪式。　(中　标)

水下地形测量方法的选用对比研究

牛根良

(中国石油集团工程设计有限责任公司华北分公司勘察事业部，河北 任丘 062552)

摘　要：同陆地一样，海洋与江河湖泊开发的前期基础性工作也是测图。我院也经常遇到河流穿越的情况，因此水下地形的测量也显得相当重要。本文对目前常用的两种水下测量方法作了对比研究。

关键词：全站仪，测深仪，GPS—RTK 技术，干扰，精度，稳定性，效率，水下地形测量

水下地形测量主要包括定位和测深两大部分。目前的水上定位手段有光学仪器定位、无线电定位、水声定位、卫星定位和组合定位。平面位置的控制基础主要是陆上已有的国家等级控制点，以求坐标系统的统一。测深也是确定水下地形的重要内容。测深主要靠回声测深仪进行。利用水声换能器垂直向下发射声波并接收水底回波，根据回波时间和声速来确定被测点的水深，通过水深的变化就可以了解水下地形的情况。

传统的水下测量方法主要采用交汇法配合水尺法，借助测深仪进行，交汇法的目的是求此区间内水深点的坐标，水深点的高程是由测深仪或其他方法测及水面至水深点的高差，从而得到高程。然后展点作图，达到水下地形测量的主要目的。

目前较为常用的方法有全站仪配合测深仪方法和 GPS-RTK 配合测深仪方法。下面就两种测量方法作一对比研究。

一、全站仪配合测深仪方法的作业方法

1.全站仪配合测深仪方法的作业步骤

用全站仪跟踪测量水深点的坐标，棱镜至测深仪换能器始终保持常量，从换能器至水深点的高差，由测深仪测定，棱镜所在的船上用对讲机连续不断地报水深给测站记录与测深点吻合的水深数据，从而计算出高程，然后用坐标展点法确定水深点位，注记高程，勾勒等深线，完成水下地形测图。

2.全站仪配合测深仪方法的优点

船既可以横江航行，也可以沿江航行，沿江逆行最好，船速慢，测得准。

由于可以直接测算出水深点的坐标和高程，可以不设若干组水尺，只设基本水尺给后人利用就可以了。

测深仪换能器可置水面下一点。船在轻微的颠簸中，测的水深数据亦是可靠的。

3.全站仪配合测深仪方法的缺点

由于在水面上，棱镜与换能器很难保持在一条铅垂线上。

全站仪所测数据的瞬间与测深仪在此瞬间所测的水深有偏差。

作业过程中需要用对讲机及时向岸上的作业人员报告水深和点号，当测量数据较多时，容易出错。

此种方法对点间通视要求较高，要求岸边树木要少，过往船只不要太密集。

4.使用全站仪配合测深仪方法时应注意的问题

开测前应进行试测，以提高全站仪与测深仪读

数的配合能力,一般要横江测几条测线进行"踏勘",从而在绘图人员脑海中建立概略"模型",便于勾绘出真切而顺畅的水下等深线。

全站仪所测数据要与测深仪所测数据吻合,而且要保持棱镜尺与换能器在一条铅垂线上。

由于测量时棱镜随着测深船在运动,故选择全站仪时应该配备测量速度快、精度高的全站仪。

测深仪的吃水比对是必须做的,每天测深前,先量取待测区域的水温,在对测深仪作零位和吃水校正后,再对水深量化器作声速调整,按常规在工前或工后用测深锤对测深仪进行水深测量结果检验,结果均应符合要求。

一般情况下,水下地形的横向变化大于纵向变化,测深船的轨迹应尽量平行河岸(即沿河道纵向),可以方便地相互避让过往的船只,保证安全,同时可方便指挥测深船的路线和方向,控制测量点的密度,而且在施测过程中对高差变化特大的高程可以有意识地剔除,以避免粗差,确保成图质量。

二、GPS—RTK技术配合测深仪作业方法

1.GPS—RTK技术配合测深仪作业方法的步骤

选择适当的控制点作为差分参考站,输入该站的三维数据,实时解算出流动站的三维坐标,同步记录测深仪的观测值,计算所测点的水下高程值,然后用内业成图软件进一步作处理,勾勒等深线。

2.GPS—RTK技术配合测深仪作业方法的优点

由于RTK天线可以与测深仪进行进一步的结合,这样就使作业步骤简化,可以单独进行水面高程测量工作。

作业条件要求低,和传统测量相比,RTK技术受通视条件、能见度、气候、季节等因素的影响和限制较小,同时也不受潮涨、潮落的影响,在传统测量看来由于地形复杂、地物障碍而造成的通视困难地区,只要满足RTK的基本工作条件,便能轻松地进行快速的高精度定位作业,使测量工作变得更轻松、更容易;自动化程度高,操作简便。在观测中测量人员的主要任务只是安装并开关仪器、量取仪器高和监视仪器的工作状态,而其他观测工作均由仪器自动完成。同时由于GPS成果均存储于计算机中,便于计算机自动成图。

定位精度高,数据可靠,没有误差积累。只要满足RTK的基本工作条件,在一定的作业半径范围内(一般为6km),RTK的平面精度能达到厘米级,完全可以满足一般工程测量的精度。

提高了作业效率,降低了工程费用成本,节约了工作时间。在一般的地形条件下,高质量的RTK设站一次即可测完10km半径内测区的点位测量,大大减少了传统测量所需的控制点数量和测量仪器的"搬站"次数。在一般的电磁波环境下几秒钟即可获得一组移动站的坐标,作业速度快,劳动强度低,节省了外业费用,提高了劳动效率。

3.GPS—RTK技术配合测深仪作业方法的缺点

数据链传输受干扰和限制、作业半径比标称距离小。RTK数据链传输易受到障碍物如高大山体、高大建筑物和各种高频信号源的干扰,在传输过程中衰减严重,严重影响作业精度和作业半径。在地形起伏、高差较大的山区和城镇密楼区数据链传输信号受到限制,另外,当RTK作业半径超过一定距离(一般为几公里)时,测量结果误差就会超限,所以RTK的实际作业有效半径比其标称半径要小很多,解决的有效办法是把基准站布设在测区中央的最高点上,另外作业半径最好不要超过标称距离的三分之二。

有关时间延迟(即导航软件输出的GPS坐标对应的一段时间前的坐标)的问题比较复杂,以延迟0.3s,船速5m/s为例,将导致偏航1~2m。

精度和稳定性问题。RTK测量的精度和稳定性都不及全站仪,特别是在稳定性方面,这是由于RTK较容易受卫星状况、天气状况、数据链传输状况影响的缘故。不同质量的RTK系统,其精度和稳定性差别较大。要解决此类问题,首先就要选用精度和稳定性能都较好的高质量机种。

4. 使用GPS—RTK技术配合测深仪作业方法时应注意的问题

基准站的选择:GPS定位的数据处理过程是基准站和流动站之间的单基线处理过程,基准站和流动站的观测数据质量好坏、无线电的信号传播质量好坏对定位结果的影响很大,野外工作时,基准站要远离大

建造师论坛

功率无线电发射站、变电站、高压线等无线电干扰源,远离大面积水域,防GPS信号的多路径效应影响等。

测深仪的吃水及比对试验:测深仪的吃水比对是必须做的,每天测深前,先量取待测区域的水温,在对测深仪作零位和吃水校正后,再对水深量化器作声速调整,按常规在工前或工后用测深锤对测深仪进行水深测结果均应符合要求。

GPS接收机的天线与测深仪换能器的位置:GPS接收机的天线与测深仪换能器应固定安装在同一垂线上,并尽量保持垂直。这样GPS天线与测深仪换能器的垂直距离则为一个固定值,可有效地解决由于负载、航速、航向、水流、风力等影响而造成的测量船吃水变化,而这些综合因素的改正量无须改正。

GPS采样与测深仪采样频率的同步时差:由于GPS的采样与测深仪的采样频率不同步,在作业中采集的数据平面位置和水深可能存在一定的分歧。当船完全静止时,平面和水深数据才能达到完全的吻合,只要船只在行驶,就会有分歧。在实际作业中,除了保持船速的稳定之外,还要选择合适的速度,按水下测量的要求,布设和计算GPS采样间隔和船速,另外当卫星个数不够或质量不佳时,应立即停止施测。

利用GPS动态观测进行水下地形测量的方法是可行的,因而在进行设备选型时,应考虑GPS接收机与测深仪的接口问题,使GPS的数据与测深数据完全同步,减少通过人工记录产生的误差。

测深仪采样速度与船速的匹配:GPS数据采集频率一般设置为1s,而测深仪一般为0.33s,也就是1s采集3个数据。正是这种周期性采集方式,特别是测深仪受船速的影响非常大,因为测深仪是根据超声波到达水底后反射回波来确定水深的。如果船速过高,采集的数据表现出很大的延时性,也就是说测得的水深数据和实际平面位置出现较大的差距。在工作过程中应该经常检查吃水深浅和电子线,船速应均速,并且小于$8m·s^{-1}$。

三、两种方法的使用范围

随着时代的飞速发展,测绘技术也在飞速前进,GPS实时动态定位技术在水下测量中的应用已十分普及。与传统的全站仪配合测深仪测量水下地形的作业方式比较,GPS实时动态定位方式成果精度高,大大降低了工程成本和劳动强度,从而大幅度提高了经济效益。但作为常规仪器,全站仪配合测深仪的方法进行水下地形测量也有其可取之处,任何测量工作在确定技术方案时首先须结合顾客要求和测区特点确定采用的技术路线,水下地形测量也是如此;对于中、小型河道如京杭大运河,由于河道通常宽在200~500m,最大水深约为25~60m,水流也较平缓,采用光学仪器定位、测深仪测深的技术路线就可以满足要求,故可采用常规的水下地形测量作业方案先布设岸边控制点,后进行水上测量。在大型河道如长江和海湾海域进行水下地形测量时,由于水域面积大且水上无任何参照物、水流急且浪大等条件下,传统的水下地形测量作业方式已不能满足要求,采用GPS和导航软件对测深船进行定位,并指导测深船在指定测量断面上航行,就显得十分必要了。

四、发展前景

随着科技的不断进步,利用卫星遥感结合地理信息系统技术可以反演水下地形,在海岸工程规划、潮滩演变分析等方面有一定范围的适用性,可对常规水深测量起到辅助作用,但作为一种新技术还有待进一步的研究完善。

参考文献

[1]陈岸飞.GPS全球定位系统在水下地形测量的应用实践[J].广东交通职业技术学院学报,2002.

[2]刘基余等.全球定位系统原理及其应用[M].北京:测绘出版社,2004.

[3]刘文波等.GPS在水下地形测量中的应用[J].电力勘测,1997(1).

[4]方颖等.长江水下地形测量数据处理.同济大学学报,2001(3).

[5]温成刚.水下地形测量新方法[J].建材地质,1996.

[6]周军根.水下地形测量技术方案的探讨[J].四川测绘,2003.

[7]河海大学测量学编写组.测量学[M].北京:国防工业出版社,2006.

读毛泽东主席的《矛盾论》有感
——运用"矛盾论"分析国有设计企业的经营与管理

薛 峰

(中建北京设计院,北京 100037)

摘 要:唯物辩证法认为矛盾是事物发展的动力,它是反映事物内部和事物之间的对立和统一及其关系的哲学范畴。矛盾存在于一切客观世界和人类思维中,同样也存在于企业的日常管理和经营工作中。针对中建设计企业同样存在着各种各样的利益与矛盾,这些矛盾既是国有大型企业管理的普遍问题,又具有矛盾的特殊性特征。正如列宁所说:"用不同的方法去解决不同的矛盾"。一切事物的矛盾既有斗争性又有同一性,如果管理者能够做到未雨绸缪、创造有利条件,实现矛盾向同一性的方向转化,则不仅能够防止负面结果的产生,还能够得到更加符合客观实际的解决方案。下面结合中建国有设计企业的自身特点和我的实际工作经验,通过学习毛泽东主席所著《矛盾论》,谈一些自己的学习心得和肤浅见解。

关键词:矛盾,利益,发展,管理

一、对利益与矛盾的理解

1.有利益就有矛盾。马克思指出:"人们奋斗所争取的一切,都同他们的利益有关。"社会主义市场经济本身是建立在物质利益原则基础上的,利益在人们行为导向中起着越来越重要的作用。

在毛泽东主席所著的《矛盾论》中有关矛盾的论述:"矛盾是普遍的,绝对的,存在于万物发展的一切过程中,又贯穿于一切过程的始终。"

有"利益"就会有矛盾,矛盾存在于万物发展的一切过程中,矛盾是事物发展的动力。所以,管理问题实际就是利益矛盾体的对立统一,只有认识到这一点,才能抓住事物的本质,解决矛盾,推进事物的发展。

2.利益的构成与关联。利益是由物质利益与精神利益构成的,是相互关联的、不可分割的、对立统一的整体。人占有任何利益,都同时包含物质利益与精神利益。没有绝对单纯的物质利益,也没有绝对单纯的精神利益。

3.在发展中解决矛盾。发展是解决和协调矛盾的最好途径,在发展中解决矛盾,在过程中协调矛盾,在变化中处理矛盾。矛盾是事物发展的动力,解决矛盾是为了发展,反过来只有发展才能更好地解决矛盾,静止的事物是无法解决矛盾的,这是唯物辩证法的对立统一。

4.认清关键利益,抓住主要矛盾:"不能把过程中的所有矛盾平均看待,必须把它们区别为主要的和次要的两类,着重于捉住主要的矛盾。"作为一名企业的管理者,所面临的管理和经营问题错综复杂,千丝万缕。各种利益、各种环节之间都会有不同的矛盾。首先,认清关键利益所在,是抓住主要矛盾的最好途径。其次,通过认真研究这些主要矛盾,寻找利益结合点和解决方案。

二、物质利益与精神利益的矛盾

1.我理解的物质利益和精神利益

物质利益:不言而喻,是具体的、看得见的、摸得着的、可物化和量化的利益,是人类最基本的社会利益,它保证了人作为个体所需的各种需求得以实现和满足，是人对以物质生活资料为主的物质实物的需要依存关系所获得的经济关系的表现形式。

精神利益：是人精神享受的追求，它是指与人们的精神生活需要有关的利益，包括荣誉、追求、目标、理想和尊严等心理上的满足和受到的尊重，通过社会地位、声誉名望、自我实现、价值观念、宗教信仰等多种形式表现出来。

2. 物质利益与精神利益的相互作用

我们都知道事物发展过程中，物质的东西决定精神的东西，物质是基础，人们首先必须吃、喝、穿、住，然后才能强调精神的享受，即尊严是需要经济基础作为保证的。所以，企业首先应当发展生产力，提高效益，保证职工必要的生活资料供给，同时要认真贯彻按劳分配原则，切实保证职工的劳动报酬与他们提供给社会的劳动数量和质量相一致，把职工的个人利益与企业的经营成果联系起来，通过建立完善的工资制度、奖金制度和企业福利制度，保证职工从个人物质利益上关心企业的生产与经营。

在肯定物质利益的同时我们又必须承认精神的东西的反作用，对于企业来说也就是职工精神利益的反作用。企业要发展，不应仅仅提倡物质的激励政策，除了要依靠人们对物质利益的关心之外，还必须依靠劳动者的觉悟，强调精神利益的反作用，要把在经济工作中贯彻物质利益原则和加强对全体职工的思想教育工作结合起来，通过表彰、宣传、学习、岗位、身份、长远预期等手段满足职工精神利益的需求。因为仅仅强调物质利益的企业是没有文化的，只有能够处理好企业中物质利益和精神利益的关系，最充分地调动职工的积极性，才能保证企业经济效益持续地增长。

因此，企业管理工作的一项重要原则就是实行统筹兼顾，正确调节和处理好物质利益与精神利益之间的关系，不能只顾一头，必须兼顾物质和精神两个方面，实现物质利益和精神利益的正确结合。

三、权利与制约、所得与付出的矛盾

1. 有权力就要有制约

国有企业的权力关系着国家的利益，我们经营和管理企业的权力来自人民，必须受到监督和制约，没有制约的权力无论对于国家还是企业都存在巨大的风险，是滋生腐败的温床，每一位国有企业的管理者都不能以影响企业发展和影响积极性为理由借以摆脱这种约束。因此，国有企业的管理者更应当强化自身的党性，正确认识自己手中的权力，不辜负党和人民的信任。将个人的物质利益和精神利益与企业利益相结合。同时，应当认识到有权利就要有责任，有责任就会有付出，就意味着要牺牲大量的自由时间和精力，就不可能要求随心所欲享受自由生活的状态，也没有必要抱怨没有时间陪家人，没有时间享受，这是权力的代价与应有的付出。

在权力制约与权力使用方面，我院制定了一系列荣誉奖励制度、个人宣传与品牌建筑师包装措施，制定了设计费用的分配原则与使用方法。为明确责任按年度制定经营指标、生产指标、合同指标、科研指标。在给予压力的同时，明确自由主张的权利范围和实施要则，并通过各种文娱活动、健身活动进行管理干部生活状态的引导性管理，保证每一位干部健康的生活方式。

2. 对主官个人魅力的引导

一个企业就是一种文化，这种文化与主官的个人魅力紧密相连，主官的个人魅力确实是一个企业发展壮大，或起死回生的关键性因素，但主官个人一旦出现问题也会给企业带来巨大的风险，这种案例屡见不鲜。同时，主官过强的个人魅力给企业带来的另一种风险是：当这个主官离开后，由于没有后备干部的跟进，企业效益直线下滑。在国有设计企业里，这种现象也有很多。要解决这些矛盾，就要对主官个人魅力进行引导：一是建立现代企业管理的决策制度和相关的制约机制，减低风险；二是建立干部的梯队培养制度和长远的干部规划。这样才能使企业长远发展不仅仅依赖于某些个人的能力。

3. 管理者的所得与付出

现在社会上流传着许多对国有企业高管个人收入不菲的不满情绪，在社会上造成了一些矛盾和不和谐的声音，就这一问题，说一说个人的观点。

首先，建立有效、公开、公正的劳资管理绩效计算方法：针对干部群众之间收入悬殊问题，我们不能简单地用"无私奉献"去要求我们广大国有企业干部，而是应对其问题进行综合的分析。国有企业作为国家资产由国家投入了大量资金和资源，承担了巨大风险。而管理者作为职业经理人承担的是个人职业发展的风险，这包括了精力、时间的投入，业余生活和家人团聚的损失，精神压力，身体的疲劳等。我们个人的风险与国家风险相比小之又小。所以，我认为管理者获得的收益只应是作为职业经理人在效益考核完成后，应得的工资和奖励，而不应有其他的任何收益。但有些同志对于风险投入所应获得的利益，也有其自己的理解。例如，就有这样的抱怨："这个企业我接手时效益不好，甚至是亏损，通过我的努力企业才有今天的辉煌，今天的成功是我拿'命'换来的，还有什么比'命'更值钱的东西吗，你们说如何计算我的'价值'和'风险投入'？"企业领导者的个人能力、人格魅力等对企业确实起到了决定性作用。没有这个"人"确实有可能出现企业倒闭，职工下岗，更谈不上国家能收回利益。要解决这些矛盾，我认为关键是要建立相应的、可量化的、公开的、经过党委和职工代表大会通过的劳资管理绩效计算方法和现代企业绩效分配管理制度，以数据说话，既要保证企业核心人员的利益同利润效益挂钩，又要体现企业普通职工在企业效益良好的情况下获得共同利益。

其次，强调精神利益的长远价值取向：随着企业的发展和事业辉煌，个人获得的荣誉和社会地位在不断提升，转化的精神利益"值"也在不断增强。而这种精神利益不仅仅是当代的精神利益"值"，而是惠及其子孙的长远的精神利益"值"，是其家庭在长远的生活过程中可真实惠及的利益。

我院现采用核心管理团队的方式，在制定分配政策时首先制定利润目标，在完成利润目标的前提下按岗位、指标完成情况、业绩综合考评情况计算个人产值收入，同时将一部分利润作为奖励基金，将其一部分配给起主要作用的设计人员，核心团队人员及员工的分配计算方法在年初制定后，公示在员工签字认可的管理手册中。

四、长期与短期、局部与整体利益的矛盾

中国经济高速发展，正在受到全世界的瞩目，只

有健康的、科学的发展才能做到可持续发展。企业长期利益与本届干部工作业绩、小团队利益与院整体利益、人才资源的储备、社会资源的储备等都会成为制约企业高速发展的矛盾，形成企业发展的严重瓶颈。因此企业在高速发展的同时应注意以下这些问题，否则，这些矛盾越来越多，最后达到无法调和的状态，"大败局"的结果无法挽回。

1. 企业长期利益与本届干部工作业绩

常言道："人无远虑，必有近忧"，这在一定程度上也表达了企业长期利益与短期工作业绩的矛盾。企业作为经济组织，必然是以追求经济利益、赢利并实现企业利润的最大化为主要目的。一个企业想要发展壮大，第一管理者必须要有远大的胸怀和目光，在注重短期利益的同时，更要注重长期的经济效益，将企业的追求化为一种坚定的信念、一种文化上的自觉，实现个人近期工作业绩和企业长期发展的有机结合。

中建设计企业的每一位管理干部都肩负着业绩指标的压力，完成指标固然重要，然而企业干部的考核管理目标不应仅仅停留于此，品牌宣传的投入、长期运营的投入、人才资源的投入和科技投入可能一时看不到眼前的收益，可能要等到本届干部的后任才能见到成效，前任为后任做了大量无名英雄的工作，但正是这些工作和奉献，促进了企业的长远、可持续发展。因此，我们应当制订有效地为企业长远发展作出贡献的奖励措施，其中包括：资源拓展业绩奖励、学术品牌推广业绩奖励、科研成果的业绩奖励、开拓长期资源业绩奖励等。以此来解决长期利益与短期业绩，本届干部业绩与下届干部业绩矛盾性的统一。

2. 小团队利益与院整体利益

现在很多设计企业大多数采用"综合所"的管理构架，一个所就是个独立经济体，所谓自己扛自己的指标。"综合所"的领导除了职务晋升以外，同院平台基本没有利益结合点。一个个"小山头"，出于自身利益考虑，所与所之间无法协同工作。其结果是都做不大，"大平台"很多好的发展战略也无法实施。我认为解决这种矛盾较理想的方法是小团队要有"大平台"的利益，"大平台"能获得小团队的收益，即整合大家的共同利益，形成共同的奋斗目标，小团队的干部才

有可能牺牲个体利益,顾全大局。在战争年代,广大党员干部为共同的革命事业,顾全大局,牺牲自我,最终才能够战胜各种艰难险阻取得革命的胜利。在和平建设年代,我们广大党员干部更应当把这种优良的革命传统发扬下去。

五、运用矛盾特殊性分析中建设计经营策略

"任何运动形式,其内部都包含着本身特殊的矛盾,这种特殊的矛盾,就构成一事物区别于他事物的特殊的本质"。我们一定要在普遍的规律性中找出特殊性,大胆创新经营管理思路,才能够脱颖而出,创造辉煌。

1. 资源共享的大品牌联动战略

中建股份上市后,即将组建中建设计集团,由中建的七家大型国有设计院组成,包括西南院、西北院、东北院、上海院、北京院、西南勘测院、西北市政院。组合完成后年产值27亿,居全国之首。品牌、资源和业绩都得到了充分的整合和共享,但大品牌战略不应仅仅停留在设计板块的业绩与资源整合,而应将中建的投资、基础设施建设、地产等资源打成一个"大包"进行大品牌推广和以城市运营为主的资源拓展,充分利用各地政府欢迎我们这种大型国有上市公司投资建设的愿望对接大企业、大业主,做成大事业。

2. 打造产业链,转换经营思维模式

中建公司作为国有大型上市公司,其资金雄厚,如今,各地区基础设施建设飞速发展,各地方政府希望中建参与投资建设,我们应分析与其他大型设计企业(如现代集团、中元国际等)的不同特征,利用同各个地区政府良好的资源关系和设计先行的信息渠道,整合投资+设计+建造的全过程建设资源,打造产业链,大力经营投资建设一体化的BT(Build-Transfer)项目和BOT(Build-Own-Transfer or Build-Operate-Transfer)项目。形成产业链,抓大项目,开拓大业主,形成具有特色的经营理念。

3. 专业化地域合作与高端人才平台建设

北京和上海都是人才聚集的大都会,而西南、西北、东北等地区由于种种原因,却不容易留住高端人才。中建设计可以中建总公司为平台在北京和上海建立人才和信息基地,建立人才资源互动机制和管理体系,以大项目为单位建立工作组,形成人才的阶段性流动和人力资源互补机制。例如,根据大项目情况,以中建总公司为平台整合高端人力资源对接大项目、大业主,形成专业化的地域合作。

4. 建立行业技术标准领军地位

中建设计要想可持续地快速发展,就要在行业内快速形成科技领军地位,但仅仅依靠中建设计各院的社会资源和人才资源是远远不够的,应充分利用中建总公司的整体科技能力和品牌影响力,打造"绿色建造"品牌,对接各部委、各级地方政府、科研院所。整合各种社会资源,申报国家课题,制定国家标准,夯实中建设计核心竞争力基础。

5. 在发展中解决问题和协调矛盾

以上我分析了中建设计具有鲜明特色的运营模式和资源整合策略,这种策略具有其特殊性。这种特殊性的运营模式将会带来变革,变革就会带来矛盾,还可能是尖锐的矛盾,而解决这些矛盾的根本方法是"发展"。小平同志说过"发展才是硬道理",一切的矛盾只有在发展的过程中才有可能逐步调和、解决,没有发展就谈不上效益,没有经济基础,哪来个人尊严;没有物质利益,哪有精神利益。虽然快速发展会产生更多的矛盾,但只要我们科学地规划企业发展路径和结构、战略和方法,那么,企业的快速发展又是解决矛盾的一剂良药,这就是矛盾的对立统一、相互依靠。

六、结 语

现实世界中矛盾是不可避免的,因此我们应该以一种积极的心态去面对,正确处理好各种矛盾的关系,认清矛盾转化的趋势和发展方向,理清矛盾体相关多方向的因素及关联关系,分清主要矛盾与次要矛盾的主次关系、矛盾对立统一和相互依靠的关系,这就要求企业的管理者善于利用矛盾的对立统一性原理,把握经济发展方向,针对主要矛盾和矛盾的主要方面,正确处理各种利益关系,采取切实有效的措施,使矛盾向有利的方向转化,使企业快速地、可持续地、健康科学地发展。

关于建筑业发展走向的哲学思考

袁小东

(中国建筑工程总公司建筑事业部，北京 100037)

摘　要：当前,中国正处于一个建设的高峰期,我们面对了中国有史以来建设量最大的历史时期,我们也面对了比以往任何时候都要繁重而艰难的历史责任与重担。我们应该留给后人一些什么样的建筑遗产,我们应该为民众创造一些什么样的城市景观,这些都是我们这些当代建筑人所要时时面对的问题。建筑业如何发展,将走向哪里?带着这个问题,本文从建筑总承包企业的角度,用马克思主义的立场、观点、方法(生产力观点、实践观点、群众观点、辩证法)对改革开放以来我国建筑业的走向进行了梳理。

关键词：建筑业，发展走向，市场，生产力，科学发展观

引言

建筑业以工程项目为工作对象,所以体现了建筑业主体、客体实践关系的项目管理是建筑业的核心。项目管理自20世纪80年代中期,以鲁布革水电站施工管理经验总结和项目法施工的创建与推广为标志在中国兴起。经过20多年的发展历程,现正处在上升时期,项目管理的方式和内容还在长足发展。随着国内国外两个工程承包市场的发展,传统的设计与施工分离的方式正在加速向总承包方式转变,业主对承包商的服务要求也越来越高,同时,业主与承包商之间的界限有了逐渐淡化的趋势。

一、施工承包管理阶段

实践的社会历史性特点,即"人从事实践活动所依赖的一切都要从社会中获取,都要以前人的实践为基础",使我们认识到:市场经济体制是人类数百年来发展经济的一个重要文明成果,并且被越来越多的国家和人民所接受,成为国际通行的规则。在目前我国所处的社会主义初级阶段,搞市场经济虽然会在过程中出现一些消极的东西,但市场经济有助于克服计划经济体制的缺陷,它能够激发各种经济主体的活力和经济性,有助于提高经济资源配置的效率。

1984年,党的十二届三中全会通过的《中共中央关于经济体制改革的决定》,提出了社会主义经济是"公有制基础上有计划的商品经济"的论断。

从国家层面所发生的认识的变化,或者说是国家意志的变化,必然会引起社会生产各部门的变化,也就不难理解中国建筑业改革开放以来的

发展和变化。

同样是发生在1984年,全国人大二次会议决定将建筑业作为城市经济体制改革的突破口,全国推行招标承包制。

还是在1984年,世行贷款的云南鲁布革水电站项目中的8 800m长的引水隧道作为我国第一次采取国际招投标程序授予外国企业承包权的工程,通过国际间在项目上的管理层与作业层的两层结合,创造了高效率,实现了高水平,被称为"鲁布革冲击"。这一冲击恰逢其时,对中国工程建设管理体制改革和建筑业改革产生了前所未有的巨大影响。我们的建筑业前辈深刻地认识到:"鲁布革经验绝不是一个单项技术的问题,也不只是一个项目的组织形式的问题,而是应不应当学习资本主义国家先进管理方法的一场深刻的思想革命,是对我国现行的施工管理体制,特别是国有施工企业要不要进行重大体制改革的问题。"我们的前辈找到了项目生产力理论,找到了我们的施工企业没能创造出高效率的根源就在于对施工企业生产方式的选择违背了马克思主义生产力理论的基本原理,把应当流动的生产要素固化了,没有根据建筑业的特点,真正解决建筑企业的生产关系必须适合项目生产力的问题。通过进一步的总结和提炼,我们的前辈总结出了"项目法施工",引进和创立了"项目经理部",解决了当时国有施工企业旧有体制的三大弊端:一是生产要素(劳动者和施工机械)的占有方式落后;二是生产要素的流动方式落后;三是生产要素的现场结合方式落后,逐步实现与国际惯例接轨,真正释放我国建筑企业所潜藏的巨大生产力。

二、施工总承包管理阶段

随着党的十四大明确提出把建立社会主义市场经济体制作为我国经济体制改革的目标,全党全国人民对市场的认知达到了一个新的水平。

商品经济即市场经济。社会分工和不同的所有关系(既包括不同的私有关系,也包括不同的公有关系)是商品交换和商品生产出现的两个条件。同时,分工是联系生产力和生产关系的中间环节。生产力决定分工,分工又决定生产关系,即所有制的不同形式。分工是生产力发展水平的标志,而所有制是分工在财产及生产资料方面的体现。

所以,随着在施工管理阶段我们的前辈找到"项目经理部"这个生产力的载体后,国内建筑企业的生产力水平得到了空前释放,而生产力的发展又使生产要素的所有者逐步地走向专业化、社会化、独立化的道路,即形成分工,进而形成不同的所有制关系。这种局面的形成,使得市场经济的调控杠杆和资源配置杠杆作用得以更加充分的体现,又进一步地发展了生产力。目前的国内建筑业正处在此种阶段,即施工总承包项目管理阶段。

施工总承包专指建筑总承包单位在工程施工阶段(不参与设计工作)对项目业主负总责的项目管理模式。总承包项目管理的组织结构中包括施工总承包单位、专业分包单位和劳务分包单位三个分工协作的层次。总承包单位根据所承包项目的具体情况,采取招标形式将工程分包给具有相应资质的各专业分包单位和劳务分包单位。总承包单位对分包单位实行统一指挥、管理、协调和监督,分包单位按照分包合同的约定对总承包单位负责。这种模式对提高生产力水平的效果是显著的,近年来,国内建筑施工单位独立承建的世界上最大的单体项目中央电视台新台址项目和当时的世界第一高楼上海环球金融中心项目即是有力证明。

三、工程总承包管理阶段

虽然施工总承包管理模式使得建筑业的生产力水平得到了进一步的提升,但从国际承包市场上看,近年来,建设项目在承包方式上发生了很大变化,EPC(设计-采购-施工)、BOT(建造-经营-移交)、BOO(建造-拥有-经营)、PPP(政府与私营部门合作)等方式被普遍采用。据有关资料显示,2003年美国有一半以上的工程采用EPC方式建造。单纯的工程施工业务利润骤降,利润重心向产业链的两端转移。国际化的竞争和发展,以及国外同行的经验,将迫使中国的建筑企业产业结构加快升级。工程总承包项目管理模式必然进入中国建筑业的视野。在作者看来,工程总承包项目管理模式的核心就是进一步释放在工程项目的建设链条上还没有被解放的环节的生产力,即施工图设计环节的生产力,这也是生产力发展到这一阶段的必然要求。

工程总承包项目管理是施工总承包项目管理的进一步发展。从国外承包市场上和近年来由国外设计师事务所设计的国内工程看,设计单位所做的工程设计,只是到初步设计或扩大初步设计的深度,不出施工图设计。而在各建筑承包商投标的过程中,是把施工图设计摆在首要位置,以先进的施工图设计方案和施工技术方案来保证质量、降低成本、加快进度,从而使施工图设计环节进入市场竞争,走入资源配置循环中和供求关系调节中。

同时,改革开放以来,我国的经济建设确实取得了巨大的增长,举世瞩目。但是我们的发展在很多情况下,是以极大的资源投入和较低的产出为代价的。有关资料显示,我国2003年的GDP总量占世界GDP总量的3.3%,但所消耗的钢材却占世界总量的25%,消耗的水泥占世界总量的50%,消耗的煤炭占世界总量的38%。由此可见,我们的增长方式是相当粗放的。有鉴于此,我们用全面协调可持续的科学发展观来指导经济增长则是党的英明决策。而在节省资源、优化发展、可持续发展方面建筑业应该走在前头,也具备走在前头的条件。因为建筑材料是高耗能的行业,而大量使用建筑材料的工程建设领域就必然成为消耗资源形成发展的重要领域。

在我国目前的情况下,施工图设计没有进入竞争领域,在设计的过程中往往是安全系数越大越好,工程量越多越好,这样做,既能保证结构设计的安全,又能增大取费的基数。而如果将施工图引入竞争领域,各主体将会追求科学合理的安全系数,从价值工程的角度去合理地减少工程量。所以,采取工程总承包模式、EPC模式,将施工图设计纳入到竞争领域,将是建筑业学习实践科学发展观的重要认识。同时,生产关系的变化,必将对生产力的发展起到能动作用,中国建筑业的大发展就在意料之中了。

四、项目总承包管理阶段及BOT、PFI、PPP等模式的大量应用阶段

分析到此,我们可以看到,之前的变革都是对建筑企业的调整和改变,而没有涉及项目的业主,这等于默认了资本资源的所有制关系。而这正是马克思所揭示的生产的社会化与生产资料的私人占有之间的矛盾的另外一种体现方式。辩证法告诉我们,是矛盾推动了事物的发展,所以,我们就很好理解以下所述之建筑业的新趋势。

随着我国市场经济的深入发展,资源配置作用的结果使建筑业企业的兼并重组时有发生,加之国家资质管理的导向作用,大型建筑企业集团的经营指标总量在国内建筑业总量中的比重逐年提升。这既是生产力发展后的必然结果,也是人们实践水平、认识水平提高后的一种主观能动的调整。因为,在国际市场,国际承包商的兼并与重组在20世纪末就已经拉开序曲。例如,著名的瑞典斯堪斯卡公司通过兼并,使其2000年国际市场营业额达86亿美元,一举成为全球第二大承包商,2001年又荣登冠军宝座;而曾经多年占据全球最大225家国际承包商榜首的克瓦纳集团在短短几年内,经历了数次兼并和被兼并。这些,使人们认识到兼并和重组会进一步提升企业的综合实力,拓展经营规模,扩大市场占有,增强融资及资本运作能力,同时,也将有效地解决我国建筑企业相对于国际承包商而体现出来的产业集中度低、核心竞争力不强、缺乏真正具有国际竞争力的旗舰型企业的问题。

人们也认识到,随着国际承包工程业务的发展,承包商的角色和作用都在发生转变,不仅要成为服务的提供者,还要成为资本的运营者和投入者,从而在一定程度上增加生产资料的社会占有程度,缓解资本主义生产方式的基本矛盾。于是乎,在我国由施工总承包模式向工程总承包模式转变尚处于起步阶段之时,国际工程承包方式又已经开始了由EPC总承包逐步发展为采用带资承包和项目融资等方式承包的转变。这对建筑企业项目融资、项目管理,进而是项目运营能力的要求大大提高。

国际承包工程市场的竞争已逐步成为建筑企业之间融资、管理和运营等的综合能力的竞争。据有关资料显示，2002年度国际市场1.3万亿美元的承包额中约60%是带资承包、约30%是项目融资项目。与此同时，我国建筑企业的对外承包额中只有约10%是带资承包，而这10%中仅有少数几个BOT项目，与国外相比差距很大。

目前，在国内还有一种项目总承包管理模式，被称为"代建制"，是近年来参照国际上的通行做法，对现行的政府投资工程管理模式进行改革的产物。这种方式是对工程总承包模式的进一步扩展，是指项目业主聘请一家项目管理公司（一般为具备相当实力的工程公司或咨询公司），代表业主进行项目建设全过程的管理。在这种模式下，业主仅须对工程管理的关键问题进行决策，绝大部分的项目管理工作都由项目管理公司承担。专业的项目管理公司作为业主的代表帮助业主在项目前期进行策划、可行性研究、项目定义、项目计划，制订投融资方案，以及在设计、采购、施工、验收、试运行等过程中有效地控制工程质量、进度和费用，保证项目的成功实施，达到项目寿命期技术和经济指标最大限度的优化。

这种方式突破了过去我国政府投资部门集"投资、建设、管理、使用"于一体的模式，改变了一个单位一个基建办，有项目就有基建办，完工就解散的状况，提升了生产力要素的社会化水平，从体制上改变了从业人员专业素质低、管理水平低、投资效益差、建设周期长、质量隐患多等弊端，充分发挥了社会化分工的优势，实行商业化运作，使投资主体的项目管理职业化。

项目融资方式提升了资本的社会化占有程度，而项目总承包管理模式提升了投资主体的社会化占有程度，都是使生产的社会化与生产资料的私人占有之间的矛盾对生产力发展的制约减弱，也必将使生产力获得进一步的解放。

五、未来的发展走势

项目融资模式取得的成功，使摆在建筑业企业面前的发展道路变得更加宽广。由于项目融资主要应用在基础设施建设、自然资源开发和公共服务领域中，所以我们可以大胆地假设，未来的建筑承包企业会成为一个多元化的企业集团，除了投资、设计、建造的业务外，将会在基础设施运营、资源开发和为社会提供公共服务方面发挥巨大作用，将在整个世界经济体系中占有重要的、举足轻重的位置。因此，现阶段我们要解决好人才和人才体系的瓶颈问题，解决好提升融资能力、运营能力等问题。

结束语

综观上述中国建筑业的发展历程，显示出了蓬勃的发展动力，而生产力的发展是这一动力背后的动因。首先，20世纪80年代，生产力的发展要求有先进生产关系来适应它，产生了项目法施工，引入了市场经济调节器。生产力的进一步发展，使分工得以大发展，使生产关系进一步调整为分工负责，形成了生产力各要素在竞争中自由、有序流动，进一步解放了生产力，形成了施工总承包的管理模式（生产关系）。而后，设计领域的僵化体制对生产力的制约造成了国内建筑承包企业在竞争中的劣势，使人们认识到将施工图设计引入竞争领域的模式将对生产力的发展起到巨大的能动作用。而后，人们又进一步认识到，之前的生产关系调整中，业主的主体位置始终没有变化，也就是默认了资本资源的所有制关系，而这正是马克思所揭示的生产的社会化与生产资料的私人占有之间的矛盾的另外一种体现方式。于是，人们又创造出了项目融资的模式，以期在一定程度上增加生产资料占有的社会化程度，从而解放和发展生产力。

正确的认识，会通过生产力中最活跃的因素——劳动者发挥巨大的能动作用。人们将会根据经过实践检验的并随实践的发展不断完善的客观规律来办事，去更好地规划建筑企业的发展方向，去更有意识地充实和完善自我。

后记：由于篇幅、时间和认识水平，尤其是时间和认识水平的限制，我没能去阅读和查找大量的资料和数据去佐证我的观点，有些观点也没能得以提出和展开。但党校的学习激发了我研究问题的兴趣，我将继续作后续的学习和分析，以期能够阶段性地完善自己的思想体系，以指导实践，并随实践的发展不断提高。

深化收入分配和社会保障制度改革

——优先改善建筑工人的工资待遇

蔡金水

(北京市东城区政协,北京 100005)

一、深化收入分配和社会保障制度改革,应该优先改善劳动条件最艰苦、收入最不合理的建筑工人特别是建筑农民工的工资待遇

建筑业是国民经济的重要物质生产部门,它与整个国家经济的发展、人民生活的改善有着密切的关系。中国正处于从低收入国家向中等收入国家发展的过渡阶段,建筑业的增长速度很快,对国民经济增长的贡献也很大。1980年4月2日,邓小平同志发表了关于建筑业和住宅问题的著名讲话:"从多数资本主义国家看,建筑业是国民经济的三大支柱之一,……在长期规划中,必须把建筑业放在重要的地位。建筑业发展起来,就可以解决大量人口就业问题,就可以多盖房,更好地满足城乡人民的需要。"既是对建筑业取得成就的肯定,也给建筑业指明了发展方向。

1978年以来,我国建筑市场规模不断扩大,1952~2009年,建筑业总产值由57亿元增长到75 864亿元,增长了1 331倍。建筑业增加值占国内生产总值的比重从3.8%增加到了8.0%,成为拉动国民经济快速增长的重要力量。随着城市化进程的加快和人们生活水平的提高,城镇居民住房、工作环境改善,城市交通设施建设完善等等为建筑业的发展带来了巨大的市场,极大地促进了建筑行业的发展。保持建筑业的平稳健康发展,是国民经济的重要一环。

根据最近公布的《第二次全国经济普查主要数据公报》,2008年,我国建筑业企业法人单位的建筑业总产值68 841.7亿元。实现增加值18 743亿元,占中国GDP的5.68%。上缴税金2 058亿元。总承包和专业承包建筑业企业房屋建筑施工面积530 518.6万 m²,房屋建筑竣工面积223 591.6万 m²,竣工价值21 722.5亿元,其中住宅建筑竣工面积133 880.7万 m²,竣工价值12 520.8亿元。我国总承包和专业承包建筑业企业法人单位工程结算收入59 717.9亿元,利润总额2 201.8亿元

2009年我国建筑业总产值再创历史新高,全国共完成建筑业总产值75 864亿元,比上年增长22.3%;全年全社会建筑业增加值22 333亿元,比上年增长18.2%。全国具有资质等级的总承包和专业承包建筑业企业实现利润2 663亿元,增长21.0%。全年共完成房屋建筑施工面积58.73亿 m²,比上年同期增加5.68亿 m²,增长10.7%。

2010年,建筑业总产值(营业额)预计将超过90 000亿元,年均增长7%,建筑业增加值年均增长8%。

所以无论从哪方面说,建筑业都是我国国民经济中举足轻重的重要行业。但是,建筑工人的地位却与此很不相称。

建筑业是一个劳动密集型的传统产业。解放后,建筑业是就业人数增加最快的产业。1952年,全国建筑业从业人数只有99.5万人,2004年末第一次全国经济普查,在单位就业人员中,建筑业为2 792.6万

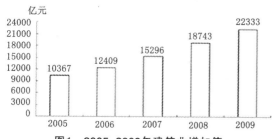

图1 2005~2009年建筑业增加值

人,占13.0%;根据最近公布的《第二次全国经济普查主要数据公报》,2008年末,全国共有建筑业法人企业单位22.7万个,从业人员3901.1万人;建筑业有证照的个体经营户26.4万户,从业人员199.9万人。合计4101万人。如果加上修公路、修铁路、修机场、修水利工程、建材行业等广义的建筑工人则高达7000多万人,其中农民工占71%,工程管理人员和行政管理人员各约占10%左右。建筑业是解决我国农村富裕劳动力的主要出路之一。

建筑业企业法人单位从业人员中,房屋和土木工程建筑业占83.0%;建筑安装业占8.3%;建筑装饰业占4.8%;其他建筑业占3.9%(详见表1)。建筑业企业法人单位中,房屋和土木工程建筑业占41.0%;建筑安装业占19.3%;建筑装饰业占29.2%;其他建筑业占10.4%。

建筑行业是最先起步、最先发展起来的行业;建筑工人队伍也是最先壮大起来的工人队伍。目前建筑工人队伍,按行业分的话,应当是一个最庞大的行业队伍。2009年有关部门发布数据说,目前中国农民工约有2.3亿,其中建筑业约占30%,照此比例,保守估计广义建筑业农民工应有7000多万。这么庞大的一个群体,为城市的发展和建设做出了巨大的贡献,但是因为平日生活在建筑工地的狭小范围里面,很少受到社会的关注。

建筑单位所有制性质,最早都是国营企业、县直集体和公社集体。后来有了私人建筑队,再后来国营变成国有的,国有变成私人的。集体也更无须说,绝大多数都成了私有财产。绝大多数建筑工人也就沦落为私有企业的打工者。社会地位不断下降,工资待遇原来在各行业中还处于中上水平,现在则明显落后于其他行业。改革开放以来,伴着产业结构升级和新兴行业的兴起等趋势,各行业职工平均工资在普遍提高的同时,其收入差距也不断地扩大。2000年,我国行业最高人均工资水平是行业最低人均工资水平的2.63倍,到2005年,这一比例已增至4.88倍,现在则高达十几倍。而国际上公认行业间收入差距的合理水平在3倍左右,超过3倍则需要加以调控。据国家统计局统计,2009年,全国职工平均工资平均水平2.87万元,最高的三个行业中,证券业平均17.21万元,是全国平均水平的6倍,其他金融业人均8.767万元,是全国平均水平的3.1倍,航空业人均7.58万元,是全国平均水平的2.6倍。而电力、电信、石油、金融、保险、水电气供应、烟草等国有行业的职工不足全国职工总数的8%,但工资和工资外收入总额却相当于全国职工工资总额的55%。而中国建筑业的职工平均工资都低于全国职工平均工资。尽管20世纪70年代末期至今,我国建筑业职工平均工资水平始终保持着显著的上涨趋势,但1998年以来,建筑行业职工平均工资水平开始低于所有行业的职工平均工资水平,建筑行业和其他行业的收入差距呈现扩大的趋势。我国建筑业2003、2004、2005年的职工平均工资分别为11478元、12770元和14338元,较同年所有行业的职工平均工资水平分别低18.25%、20.31%、21.92%,2009年,北京市建筑工人的平均工资仅为全市平均水平44715元的37%。

对1980年以来十个统计口径变化不大、基本可比的行业职工平均工资的变化分析中可以看出,农林牧渔业、建筑业等传统产业和劳动力密集、技术含量较低的行业职工平均工资水平始终落后(表2)。

对一座建筑来说,建筑工人的工资一般只占建筑费用25%左右。可他们一般工作10小时以上(多者达12小时),而且拖欠工资是常有的事,最著名的拖欠民工工资的问题,其重要受害群体就是建筑工人。建筑工人的工资偏低,被拖欠现象严重;劳动时间长,安全条件差;缺乏社会保障,职业病和工伤事故多;培训就业、子女上学、生活居住等方面也存在诸多困难,经济、政治、文化权益得不到有效保障。这些问题引发了不少社会矛盾和纠纷。据一些学者的

2008年底建筑业企业法人单位和从业人员的行业分布　　　　表1

	合计		资质内企业		资质外企业	
	企业法人(万个)	从业人员(万人)	企业法人(万个)	从业人员(万人)	企业法人(万个)	从业人员(万人)
合计	22.7	3901.1	8.3	3511.3	14.4	389.8
房屋和土木工程建筑业	9.3	3238.7	4.6	3018.4	4.7	220.3
建筑安装业	4.4	322.0	1.5	255.2	2.9	66.7
建筑装饰业	6.6	186.4	1.5	120.7	5.1	65.7
其他建筑业	2.4	154.1	0.7	117.0	1.7	37.0

主要年份分行业职工平均工资　　　　表2

年份	职工平均工资	农林牧渔业	采矿业	制造业	电力、燃气及水的生产和供应业	建筑业	交通运输仓储及邮政业	批发和零售业	金融业	房地产业	卫生、社会保障和社会福利业
1980	632	576		621	650	758	480	624	700		719
1985	827	706		754	911	807	785	745	912	793	810
1990	1 505	1 256		1 461	2 037	1 208	1 442	1 283	1 678	1 441	1 512
1995	3 774	3 419		3 756	6 255	3 716	3 261	2 793	5 516	4 719	3 778
1996	4 384	4 105		4 322	7 815	3 904	3 743	3 197	3 987	4 236	4 046
1997	4 928	4 868		4 659	11 749	4 237	4 319	3 583	7 539	5 059	5 349
1998	4 838	5 157		4 276	7 274	4 217	4 028	2 982	7 274	4 940	5 931
1999	5 318	5 952		4 406	8 279	5 075	3 887	3 800	8 339	4 675	8 320
2000	5 216	5 015		4 868	8 167	5 052	4 933	2 948	8 700	4 044	6 167
2001	5 871	5 545	2 500	4 964	9 036	5 894	5 574	2 888	11 092	4 809	7 203
2002	7 285	6 635	3 161	5 308	8 347	5 628	6 516	3 040	12 720	5 687	8 495
2003	7 720	6 474	3 286	5 915	9 031	6 596	6 675	3 271	14 275	7 527	9 643
2004	9 246	6 835	32 322	6 558	13 063	7 447	6 931	3 668	14 068	8 769	10 793
2005	10 968	7 747	45 395	7 285	13 249	8 008	7 387	4 830	16 582	8 194	11 596
2006	12 732	8 236	41 350	8 128	16 934	9 978	8 214	5 492	19 027	9 008	13 468
2007	16 302	10 046	46 116	10 485	20 843	12 517	9 384	6 509	25 399	13 742	17 409

调查研究，目前建筑业农民工的处境可以算是整个农民工群体中最差的了，虽然一些技术工人比其他行业的农民工工资略高，但他们工作条件艰苦，工作时间长，业余时间单调，劳动权益受损也是常有的事。年初，香港一个学生团体SACOM称建筑业农民工为21世纪的"包身工"，足见其生活境况之差。

据国家统计局网站消息，根据年度统计结果，2008年全国城镇单位在岗职工平均工资为29 229元，日平均工资为111.99元。而现在，内地的建筑民工每天的工资为50~100元人民币不等，大部分在60元左右。而在香港，建筑工人每天的工资500港币。在韩国，如果工作超过25天，可以达到1.3万到2万元。在日本正常的话在40几万50万日元左右。在加拿大现在最少一天是120块加币现金。在德国一般月薪2 000EUR以上。都比中国建筑工人高十几倍。国外没有一个国家的建筑工人工资比大学刚毕业的人低，欧美发达国家甚至高于一般企业白领和公务员。显然，中国建筑工人的工资水平很不合理。

除工资水平外，建筑工人劳动时间的长短、劳动环境的好坏、社会保障福利等待遇水平也反映了建筑业工人的状况。就劳动时间而言，我国建筑企业一般实行不定时的工作制，工人每天正常工作时间平均达10~11小时，夏季施工高峰期间工作时间还会更长，大大超过了《劳动法》规定的每日8小时的工作时限。建筑工人工作时间长，加班频繁，但是并没有按照国家规定发放超时工作补贴或加班工资。就劳动环境而言，我国大量建筑农民工由企业统一在项目施工现场或周边安排食宿，食宿条件普遍较差；一些企业为了降低成本，不按规定发放劳保用品，安全设施不完善，生活设施简陋，甚至未依法为施工人员办理意外伤害保险等。就社会保障福利而言，由于我国现行的城镇社会保障制度安排，以及城市政府和企业的认识差距的因素，绝大多数农民工享受不到基本的社会保障，工伤参保率低，医疗、养老保险空缺。尽管我国不少省份已制定了有关完善劳务人员社会保障的相关办法，但由于完善劳务人员社会保障将大大提高企业人工成本，所以落实情况并不乐观，社会保障待遇普遍缺失。

鉴于劳动力供过于求的大环境，建筑工人的收入同他们的付出相比少得可怜。他们离乡背井，他们舍家撇业，他们朝"6"晚"7"。（春秋季节早6点半晚6点半）没有休息日，没有节假日，没有福利待遇，就是国家《劳动法》明文规定的各类劳动社会保障保险,对建筑工人都是一个陌生的话题。劳动合同的低签订率在建筑业是普遍现象,全国总工会在《关于建筑业农民工现状调查的简要情况》中,给出的数据是签订劳动合同的仅为10%至20%。根据公报,2009年度全国农民工总量为22978万人,其中外出农民工数量为14 533万人。而年末参加基本养老保险的农民工人数为2 647万人,仅10%农民工参加养老险。

改革开放以来,我国经济飞跃发展,成了"世界工厂"。但却是以牺牲了资源环境,压低了职工特别是2亿多农民工的工资水平、劳动条件,很多企业甚至成了"血汗工厂"为代价的。一些企业随意辞退员工,根本不定劳动合同,工资压得很低,而且没有劳动保障。还经常拖欠工资,干完活都不给钱,仅建筑业就拖欠农民工几千亿元。工资被克扣、无法按月发放,自2003年底温家宝总理给重庆农妇熊德明讨工资以来,各地掀起了为农民工讨薪风暴。这种状况加剧了社会矛盾,损坏了我国的形象,也不利于企业人员稳定,留住人才、长期发展,是不可能持续下去的。

从建筑工人的人员构成看,迄今为止,队伍的主体仍然是农民工,他们往往是本乡本土,家睦亲邻;还有就是本家本族,亲戚朋友。他们通过乡情亲情这条纽带联络,稍微组织整合,就是一个临时包工队伍。这些建筑工人中大多没有技术职称,队伍也大多没有资质。挂靠一些有资质的队伍名下,明里暗里承(分)包工程。

随着世纪之末失业下岗潮流汹涌。建筑工人队伍中,许多失业下岗工人也加入了建筑工人这个相对比较好找工作的队伍之中。这个队伍中城市户口的失业下岗工人比重目前仍在不断增加。这些失业下岗工人,他们同专业的建筑工人相比,缺少专业技术;同那些从农村走来的的农民工相比,他们没有强壮的体魄体力。同农村结伙来的承包队伍相比,他们又是散兵游勇孤军奋战;这些城市户口的失业下岗工人干建筑唯一优势就是守纪律,能吃苦,有见识。可他们如果被些同事欺负或者被老板欠了工资,大多孤立无助无能为力。为了有一个饭碗,他们只能默默逆来顺受。据了解,从事建筑行业的城市户口失业下岗工人,已约占整个建筑工人10%以上。也就是说,如果有7 000万建筑工人,包括失业下岗工人在内的城市户口从业人员最少在700万以上。可无论是理论研究实证分析或者新闻关注,他们都是被遗忘的"角落"。

有专家指出,我国劳动力过剩的总体格局并未改变,劳动力价值市场机制失灵。国家必须通过法律、行政手段,调整企业内部利益分配格局,才能实现"提低"的战略目标,改善建筑工人等低收入弱势群体的状况。

二、必须加快改革进程,根治分配"不公"

缩小贫富差距,改革收入分配格局,必须通过深化经济体制、政治体制、文化体制、社会体制以及其他各方面体制改革来实现,特别期待在户籍改革、垄断行业改革、反腐倡廉等方面立即采取行动,迈出更坚实有力的步伐,有所作为。

今年以来,优化我国国民收入分配结构的话题已经多次被中央高层提及。国务院总理温家宝2010年3月22日在会见出席中国发展高层论坛2010年年会的境外代表时,就曾对收入分配改革发表了谈话。他指出,在增加居民收入上分三个层次:一是逐步提高居民收入占整个国民收入的比重;二是逐步提高职工工资收入占要素收入的比重;三是在二次分配中,运用财税的杠杆,调节收入差距,促进社会公平。温总理的这个谈话,指明了我国收入分配改革的路径。而在这三个层次中,很多学者认为第二个层次,即"逐步提高职工工资收入占要素收入的比重"最为关键。因为当前,我国收入分配失衡的问题,突出表现在普通劳动者的收入过低。特别是一些国有垄断企业的工资高出最低工资几十倍上百倍,这样使大量的财富流失到少数人手中,造成严重的分配不公。

应该首先提高企业一线工人、特别是建筑业农民工等工资明显偏低的群体的收入水平,是收入分配领域"提低"的核心问题。加薪的空间,哪个企业都有,只是愿不愿意加的问题。目前,每平方米房屋造价不过一两千元,二三线城市更便宜,与每平方米一两万元的商品房售价相比,只占很小比例。而建筑工人的工资又只占建安造价的百分之十几,提高工资的空间很大。只不过建筑公司老板只给自己的工资

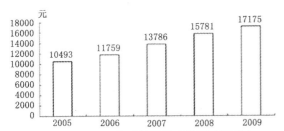

图2 2005~2009年城镇居民人均可支配收入

定为一年几十万、几百万,却不肯给工人加工资。由于劳动力严重过剩的格局并未改变,加上我国市场发育尚未成熟,劳动力市场机制存在失灵现象。一般企业给工人的工资就按最低工资定,因此有人建议应该首先提高最低工资标准。因为国际上普遍统计,最低工资相当于平均工资的40%~50%,而中国目前是20%。国家应该对最低工资标准进行立法,全国统筹协调,大幅度提高最低工资标准。如果放权,各地区就会"比低",谁率先提高谁是傻瓜。而建筑工人由于工作环境艰苦、劳动强度大,按照国际惯例,其工资水平更应该高于社会平均工资水平。

"十二五"期间,我国应更加重视立法对调整收入分配格局的基础性作用,加强立法规划研究,制定收入分配制度改革的阶段性量化目标。

横亘在收入分配改革上的主要阻力并非认识上问题,而是利益问题。收入分配改革涉及到各个阶层的利益转换,无论是在一次分配阶段还是二次分配阶段甚至三次分配慈善阶段牵涉各种利益的调整,改革颇为艰难。收入分配制度改革涉及中央与地方、政府与企业、群体与群体之间的关系,是一项极其复杂、敏感的重大改革。现在提高工资的阻力首先在地方政府。一些政府官员观念未变,还是以牺牲工人利益来换取地方财政、换取发展。一些地方把廉价劳动力作为招商引资的重要条件,在提高劳动者报酬上积极性不高,各地甚至都有"比低"而不是"攀高"的心理。因此,必须站在国家已达到中等发达国家水平、社会实现全面小康和共同富裕、人民更加幸福更有尊严的战略高度,充分认识收入分配制度改革的重要性、紧迫性。如果说过去我们忙于发展而相对忽视了分配问题,现在再也不能偏废了,必须尽快补上分配这一课。政府必须认清收入分配不公的发展形势,争取尽早出台能够改变收入分配不公事实的收入新政,让"效率优先、兼顾公平"的天枰往"公平"上

倾斜,以继续丰硕改革开放的成果,才能避免社会矛盾进一步激化,发生大动荡。

在战略高度整合社会认识分歧、努力达成改革共识的同时,应当通过广泛的调研、充分的讨论和开放的博弈,制定关于收入分配制度改革的总体方案,作为指导、规划和约束收入分配制度改革的基础性法律文件。据报道,由国家发改委牵头制定的《关于加强收入分配调节的指导意见及实施细则》(简称《意见》)已经多方讨论,有望在今年内出台,但却遭到央企、垄断企业的极力阻挠,希望中央能够排除干扰,尽快落实。

那么,如何优先改善建筑工人的工资待遇呢?

长期以来,很多人都认为中国建筑队伍庞大,劳动力市场供给充足。然而,由于建筑工人的工资待遇不合理,近年来,我国一些发达地区建筑行业却出现了较为严重的"民工荒"现象,愿意从事建筑业生产的劳动者逐渐减少,建筑业企业只有用提高工资的办法来吸引农民工。

建筑业是国家安全生产管理的重点行业,是一个高风险行业,它工作条件艰苦、环境恶劣、收入不高以及工作时间长,在施工中易受自然环境影响,需要较多的高空、交叉作业,这样的工作对未受训练的农民工来说是相当艰难和危险的。因此,大多数农民在择业的时候首先会考虑其他行业,在找不到工作的情况下才会暂时从事建筑业的生产。而且,随着我国社会经济的不断发展,农村剩余劳动力拥有越来越多的选择就业岗位的机会;计划生育政策的长期执行,以及快速发展的教育事业也使得更多的农民子女进入学校学习;这些促使我国建筑行业劳动力的年龄结构发生着变化,一些地区出现了25岁以下和55岁以上的建筑农民工显著减少的情况。

由于我国建筑施工企业在薪酬上对于人才的吸引力不强,导致中青年技术人才纷纷流失,大中专毕业生不愿到建筑施工企业工作,造成了技术工人队伍出现年龄断层。而作为建筑施工企业有生力量的农民外协工,又普遍存在着文化程度低、缺乏有效的职业培训、流动秩序混乱等问题。随着中国建筑业的发展,大部分由农村富余劳动力构成的外协工队伍,其深层次的结构性问题目前已渐渐"浮出水面",且日益突出。主要有以下几点:

文化程度低。由于种种原因,在农村富裕劳动力

中,文盲、半文盲和小学文化程度的占到了44%,初中以上的占56%,其中高中以上的占11%,大专以上的占0.4%。也就是说,有88.6%的农村富裕劳动力的文化程度是在初中以下。

技术工人和熟练工人所占比例较低。在我国城镇企业现有职工中,技术工人只占一半。在技术工人中,初级工所占比例高达60%,中级工比例为36.5%,高级工只占其中的3.5%。

缺乏有效组织,流动秩序混乱。在我国建筑施工企业所雇用的外协工中,基本的组织形式是由一个甚至是多个包工头进行劳动力组织,但他们之间的关系多为亲缘关系、地缘关系,而且仅仅是为劳动力提供一个就业的机会,而缺少对劳动力的有效组织,也不能保障劳动力的合法权益。这就造成了在其他企业工资更高的吸引下,一定数量的劳动力不辞而别的现象经常发生,劳动力组织松散凌乱,不能保证长期的稳定。所以,外协工的培训渠道不畅和素质技能不高,是中国建筑业在劳动力方面所面临的主要问题。中国要成为世界建筑强国,建筑施工行业中的外协工必然要成为"新兴产业工人阶层"的一部分,而不是只掌握简单技能的"农民工"。这需要由国家制定出一系列的法规和政策,地方政府和行业、企业相互配合,发挥各自力量,才能使劳动力市场有序健康地运行起来。

因此,必须大幅度提高建筑工人的工资水平和福利待遇,才能吸引高素质的职工。今后要恢复过去国营建筑公司的一些传统优良做法,对招收的建筑工人必须签订一年以上劳动合同,劳动合同法实施后,按月发放工资成了农民工强烈的诉求,因此政府应该通过各种法律手段,让建筑商施工前,必须先预缴农民工工资保证金,保证建筑工人能按月领到足额工资。对连续工作三年以上的建筑工人必须签订五年以上劳动合同;对连续工作十年以上的建筑工人必须签订无固定期长期劳动合同;冬雨季施工淡季,则组织工人进行带薪技术培训,以提高他们的整体素质和技术水平。

另外,建筑公司应该给工人提供可以安居乐业的居住条件,像过去的建筑公司一样建设一些相对固定的集体宿舍和家属宿舍,帮助愿意在城市落户的农民工能够安居。

过去,20多年"农民工"身份的运作以及建筑业农民工工作场所的特殊性,使得这个群体虽然工作在城市社会,却和城市社会之间在事实上存在某种隔膜。作为名副其实的产业工人,就因为身份是"农民",被安了个"农民工"称呼,立马就变成了低人一等的劳动者,劳动合同可以不签,工资可以很低,薪水可以拖欠,医保可以没有,社保可以缺失……而就户籍而言,譬如,外地人在北京勤勤恳恳地打工几十年还是得不到一纸薄薄的户口,只能无奈地把从小在北京长大的孩子送回老家上学。除了孩子受教育权,因户籍问题,"外地人"背后医保、社保及其他公共服务的缺失,无疑加剧了贫富差距的"马太效应",而这些,是收入分配改革所无法解决的。帮助他们认同城市,融入城市,尽快改革户籍制度,实现全民义务教育、全民社保、医保是对7 000万建筑工人的最大关怀,也是加快城市化进程的必要手段。

另外,最近世界银行副行长说:中国建筑工人急需可流动的福利保障。建筑业往往吸引着大量的临时性劳动力,建立一套能跟随工人流动的福利体系十分重要。由于中国建筑工人流动性大,需要建立建筑工人缴纳的五险一金可以全国随身转移的制度。

目前,企业普遍反映,现在搭载在工资上的负担太多太重,有种种以工资为基数按一定比例征收的项目,而且,这些缴费,都是"人头费",劳动密集型企业负担尤其沉重。老板抱怨"加不起工资",客观上挤占了企业为员工加薪的空间。现在,全国工资搭载率大概60%,部分城市达到65%。即企业每支付100元工资,工人实际到手现金只有40元,其余60元被征缴进各项基金。有企业反映,搭载在工资上计提的项目,有20多项。比如,仅搭载的"五险一金"就有——养老保险:单位15%,职工个人8%;工伤保险:0.4%;生育保险:0.6%;失业保险:单位2%,职工个人1%;医疗保险:单位11.5%,职工个人2%;住房公积金:单位和职工个人各12%。合计64.5%。因此应该改革,减少企业负担,让工人得到实惠。

还有,现在已确定十二月五号是"建筑工人关爱日",这是构建"和谐社会"的重要方式。有利于沟通农民工群体和城市社会,今后应该受到全社会的重视,政府也应该加强宣传,每年有实际行动。

总之,深化收入分配制度改革,事关我国战略目标实现。最近,中央党校教授周天勇说:"我们党在两个重大的时间节点上明确了带领全国人民要实现的目标,一个是到2021年建党100周年时实现全面小康,一个是到新中国成立100周年时达到中等发达国家水平,这两个目标鼓舞人心,需要妥善解决包括分配失衡等一系列重大问题来实现。目前我国正处在总体从中等收入国家向中等发达国家转型的重要阶段,特别是未来10年是全面小康建设的攻坚10年,也是迈向共同富裕的关键时期。这个阶段必须要处理好收入分配不公、腐败等社会反映强烈的问题。"

抓牢收入分配制度改革"战略期"要综合推进五大改革:一是国有企业利润分配改革,让国有企业利润通过适当的方式体现全民共享;二是垄断行业改革,尽最大可能减少垄断对分配格局的扭曲作用;三是社会保障制度重大改革,切实提升中低收入者的生活"安全感";四是综合财税配套改革,特别要在调节中央与地方的税收分配比例以及调节高收入者收入等方面,出台切实可行的税收调节手段;五是工资制度改革,围绕"提高劳动报酬在初次分配中的比重"目标,加大工资制度改革力度。"十二五"期间,我国应更加重视立法对调整收入分配格局的基础性作用,加强立法规划研究,把解决收入分配问题逐步纳入法治化轨道。

首届中国老龄产业高峰论坛暨第六届中国老年学家前沿论坛开幕仪式

2010年10月21日~22日,由北京大学老年学研究所/人口研究所、中国人民大学老年学研究所、中国老龄科学研究中心、中国老年学教学与研究委员会、中国社会新闻出版总社社会研究与评价中心联合主办的"首届中国老龄产业高峰论坛暨第六届中国老年学家前沿论坛"在北京大学英杰交流中心隆重举行。

论坛开幕式由北京大学老年学研究所常务副所长陈功教授主持。北京大学副校长、经济学家刘伟,中国社会新闻出版总社社长王爱平,国务院参事魏津生等30多位领导、专家和学者出席了开幕仪式。北京大学副校长刘伟,中国社会新闻出版总社社长王爱平分别致辞,全国老龄办常务副主任、中国老龄协会会长陈传书委托专人致辞。

本次论坛是一场老龄产业的精英盛会,汇集了众多老龄专家、学者翘楚和企业界精英。除了来自全国老龄办、民政部、卫生部、国家人口计生委、国家旅游局、中国知识产权局、国务院发展研究中心、中国老龄科研中心、中国社会科学院、北京大学、清华大学、中国人民大学、北京师范大学、台湾南开科技大学、元智大学等单位的领导专家学者外,还有来自中国人寿、太平洋资产管理公司、远洋地产、万通地产、美国生活品质集团、银宏(天津)股权投资基金管理有限公司、博宥集团、慈铭健康管理集团等40多家企业的高层,以及中国老龄产业协会、中国人口学会、中国老年学会、中国社会福利协会、中国老年保健协会以及中国老龄事业发展基金会、中国人口福利基金会、国际生态旅游健康养老基金会、美国爱心基金会等组织的高层,共200多名代表展开了深入的讨论和交流。

首届中国老龄产业高峰论坛暨第六届中国老年学家前沿论坛从国家层面进行政策解读,对老龄领域的一些重大热点和难点问题进行探讨研究,为应对人口老龄化这一重大战略任务,提供理论依据和决策支持。论坛分为六大讨论专题:老年地产、健康医药、保险护理、老年旅游、辅具与服务和老年教育。在借鉴国际经验的基础上,政策制定者、研究者和实际工作者进行深入交流和互动,对中国面临的持续人口老龄化形势、中国老龄产业发展面临的挑战和机遇等问题进行了讨论和分析,提出了战略应对建议。

本次论坛面向国内外邀请了政府管理部门、研究部门、金融机构、养老机构、房地产开发企业、医药卫生机构等与老龄产业息息相关的组织机构,希望借此机会搭建对话的平台,让更多的企业、研究机构和社会组织参与到发展老龄产业的事业中,促进老龄产业健康、有序、稳步地发展。

项目计划管理快速入门及项目管理软件 MS Project 实战运用（七）

◆ 庄淑亭[1]，马睿炫[2]

(1.中国城市规划设计研究院，北京 100037；2.阿克工程公司，北京 100007)

三、进度追踪

计划更新之后，就是将当前计划与基准计划进行比对分析，看看计划的执行情况，是提前还是落后，如果落后，又是哪项任务造成的，以便找出原因予以纠正。具体方法如下：

a.在工厂计划的主界面 Gantt Chart（甘特图）中，选择主菜单上的 View（视图）命令，弹出子菜单，选择 Tracking Gantt（追踪甘特图）子命令，弹出一个新的界面——追踪甘特图。

b.由于右边的横道图时间刻度太小，需要调整，将时间刻度的中层改为年显示，下层改为月显示，改后的追踪甘特图详见图7-1。

c.从图7-1中我们可以看到，与主界面 Gantt Chart（甘特图）明显不同的是，在每条横道的下面都多了一条浅黑色的横道，这就是代表基准计划的横道，通过相叠的两条横道，很容易地看出上面的横道是提前了还是落后了，还是计划根本没变。某个任务越是进度落后，显示得越明显，用这种比对的方法，很能起到警示作用。比如对于已经完成的里程碑–项目开始时间，很明显，代表当前任务的黑色里程碑的钻石图案处在代表基准计划白色里程碑的钻石图案的左边，说明该时间提前完成。

四、前锋线原理

在上面二、d章节中，我们曾谈到，当我们输入任务完成百分比数值时，我们会发现在右边横道图中，代表任务计划时段的横道内出现了一条黑道，这个就是进度横道，通常我们称之为 Thermometer（进度温度计），如果它的右端伸至当前时间线的右边，表示进度提前，如果它的右端在当前时间线的

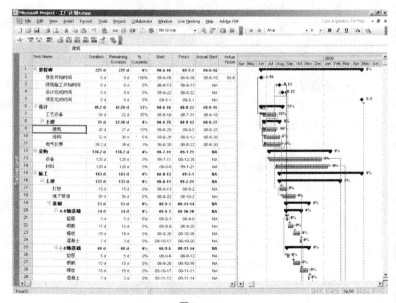

图7-1

左边,表示进度落后。为了更明显地突出该项进度的情况,我们使用前锋线原理来表现在某一时间段内各项任务的进展情况,具体方法如下:

a.点击主菜单上的View(视图)命令,选择Gantt Chart(甘特图)子命令,回到工厂计划主界面Gantt Chart(甘特图)。

b.在主界面的菜单命令中选择Tool(工具)命令,弹出子菜单后选择Tracking(追踪)子命令,滑至下一级菜单,选择Progress Lines(进度线),弹出进度线对话框,详见图7-2:

c.MS Project默认的子页是Dates and Intervals(日期和间隔),另一子页Line Style(线的格式)是关于前锋线的形态及颜色的设置,我们不必重新调整。

d.对话框第一行有两个复选框,前一个是Always display current progress line(总是显示当前进度线),后一个是Display selected progress lines(显示选择的进度线),我们当然选择前面的一项,点击它。

e.点击选择后,下面出现两个选项,一个是At progress status date(在进度更新时刻),比如上面我们假定的7月1日;另一个是At current date(在当前时刻),也就是正在进行操作该项命令的时间,我们选择前者;

f.再往下,又是一个复选框——Display progress line at recurring intervals(按发生间隔显示进度线),如果我们选择它,则下面又出现好多关于时间的选项框,由于我们只想随时查看前锋线,并不想让它按时显示,因此我们不选择此项功能。

g.在对话框的右下方,有一行提问:Display

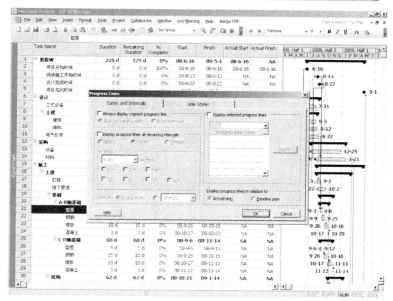

图7-2

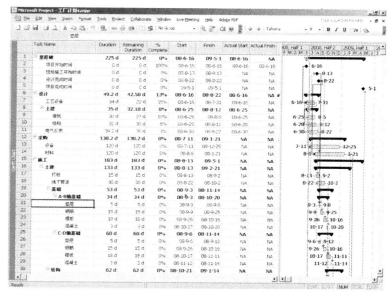

图7-3

progress line in relation to(显示进度线与什么有关?),下面两个选项,一个是Actual plan(实际计划),另一个是Baseline plan(基准计划),MS Project默认前者,我们当然也选择前者。

h.点击OK。

i.突然弹出一警示框,上面写道:项目的更新时刻没有设定;如果你没有设定更新时刻,使用当前时刻来代替;如果要设定更新时刻,在主菜单Project(项目)中,点击Project information(项目信息);看完如上信息后,点击 OK,弹出新界面,如图 7-3 所示。

j.图中出现了一道鲜红的竖线,它是将各个任务的实际进度线的右端连缀而成的。因此红圆点往右偏说明进度提前,往左偏说明进度落后。提前或落后得越多,线条的曲折度越大,看得越清楚,反之,说明进度按计划正常实施。

五、赢得值原理（Earned Value Analysis）

上面三、四节所谈到的控制进度的方法是计划管理当中最基本也是最常用的两种方法,优点是简单、直观,缺点是只针对各项任务进行计划与实际的对比,查看它们是否提前或落后,至于整个项目是提前还是落后,则只能给出一个大概的估计和判断,因为有的时候某任务提前了,而某任务又落后了,因而无法给出一个精确的数据来说明目前的进度状况以及分析判断今后进度的发展趋势。针对这一问题,赢得值原理为我们提供了一个解决之道,使得我们可以对进度控制进行数字化、量化的管理。

首先让我们先熟悉一下三个名词 BCWS、BCWP、ACWP:

(1)BCWS-Budgeted cost of work scheduled(计划任务的预算费用),它是截至当前时刻或当天基准费用在各个时间段里累计的费用。我们用一个具体的例子加以更好地解释:某项任务的基准费用(Baseline cost)为 500 元,该费用被均匀地分摊到该任务的整个工期中,该任务的基准计划是 6 月 1 日开工,8 月 1 日完工,如果今天是 7 月 1 日,那么它的 BCWS 就是 250 元,因为按照基准计划,此时该任务应完成一半。它在这里的概念应该是时间过半,任务过半。

(2)BCWP-Budgeted cost of work performed（实施任务的预算费用),它是指截至当前时刻或当天所实施任务完成的百分比乘以该任务的基准费用。也叫赢得值。同样拿上面的例子举例,如果截至 7 月 1 日,该项任务已完成 40%,那么它的 BCWP=500×40%=200 元。它在这里的概念应该是时间过半,但任务并未过半。

通过对 BCWS 和 BCWP 的比较,得出的数字我们称之为 SV-Earned Value Schedule Variance（赢得值计划变量),通过它来判断该项任务是落后于计划还是提前于计划。SV=BCWP-BCWS。按照上面的例子,截至 7 月 1 日,它的 SV=200-250=-50。如果 SV<0,说明进度落后,如果 SV>0,则进度提前。

(3)ACWP-Actual cost of work performed（实施任务的实际费用),它是指截至当前时刻或当天所实施任务的实际发生的费用。通过与 BCWP 的对比,得出的数字我们称之为 CV-Earned Value Cost Variance（赢得值费用变量),通过它我们可以知道费用是否超支。CV=BCWP-ACWP。按照上面的例子,截至 7 月 1 日,假如该任务所发生的费用为 300 元,那么它的 CV=200-300=-100。如果 CV<0,说明费用超支,如果 CV>0,则费用在预算内。

事实上,由于使用 MS Project 进行费用控制非常复杂,输入数据量巨大,因此很少有人用它来作项目的成本控制,更多的还是侧重于计划管理。因此,当我们利用赢得值原理进行计划进度控制时,多半只使用 BCWS 和 BCWP 两个数据。

使用赢得值原理对项目进行进度控制还必须具备以下几个条件:

• 在保存项目的基准计划之前,所有任务或工序的资源输入必须完成;

• 如果没有输入相关资源,直接输入相关费用也可以,并随着保存基准计划,该相关费用也被保存为基准费用(Baseline cost);

• 定期更新计划,并确保进行赢得值计算时,在当前时刻或当天各项任务的完成百分比都得到了及时的更新。

当我们完成以上工作时,我们就可以进行赢得值分析了,具体方法如下:

a.在主界面的菜单命令中选择 View(视图)命令,弹出子菜单后选择 Toolbars(工具条)子命令,滑至下一级菜单,选择 Analysis(分析),弹出一个新的工具条。

b.在该分析工具条内,选择 Analyze Timescaled Data in Excel（在 Excel 中分析时间刻度数据）按钮,弹出分析时间刻度数据向导,详见图7-4。

c.第一个页面,向导问是否对整个项目进行数据分析,接受软件默认,即对整个项目进行分析,然后点击 Next(下一步)。

d.第二个页面是选择导出数据栏目,详见图7-5,左边栏为待选内容,右边栏为已选内容,通过中间的两个按钮"Add"（增加）和"Remove"（除去）将右边已选的 Work（工时）除去,再通过右边栏目的下拉菜单分别选择 BCWS 和 BCWP,将它们加入到右边栏去,然后再点击 Next（下一步）。

e.第三个页面向导问使用什么样的日程？时间单位是什么？软件默认日程为项目的开始时间到项目的结束时间,在此接受。但对于软件默认的以天为时间单位则改为周,这也是我们项目计划进度更新的时间间隔。将天改为周后,继续点击 Next(下一步)。

f.第四个页面向导问是否在 Excel 里面生成图表,当然是,接受默认,继续点击 Next(下一步)。

g.第五个页面向导告诉你现在开始将数据导出至 Excel,同时提醒你在你的电脑中应安装不低于 Excel 5.0 版本的 Excel 软件,还有整个导出时间将花费几分钟,请耐心等待。我们点击中间的那个按钮——Export Data(导出数据),几秒钟后（因为处理数据不多）,出现图7-6所示的界面。

h.该图并不是一个完整的赢得值图表,原因上面也提到了,一是没有将所有的资源或者费用输入到各个任务当中;二是从项目开始,只在7月1日进行过一次进度更新,因此我们看到的曲线都是直上直下的,没有反映出项目正常进展的曲线状况。当然,这仅仅是个示意图,但它给了我们很多启示,主要有以下几个方面:

● MS Project 将数据导出至 Excel 进行数据分析是它的一大亮点,具有任何其他项目管理软件所不可比拟的优势,因为它可以充分利用 Excel 强大的电子表格功能对数据进行更深入的数据分析及图形

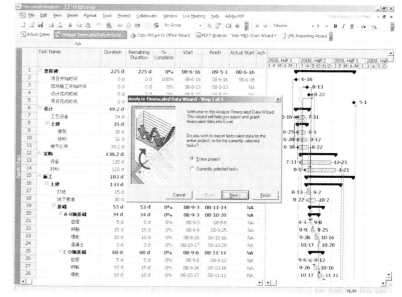

图7-4

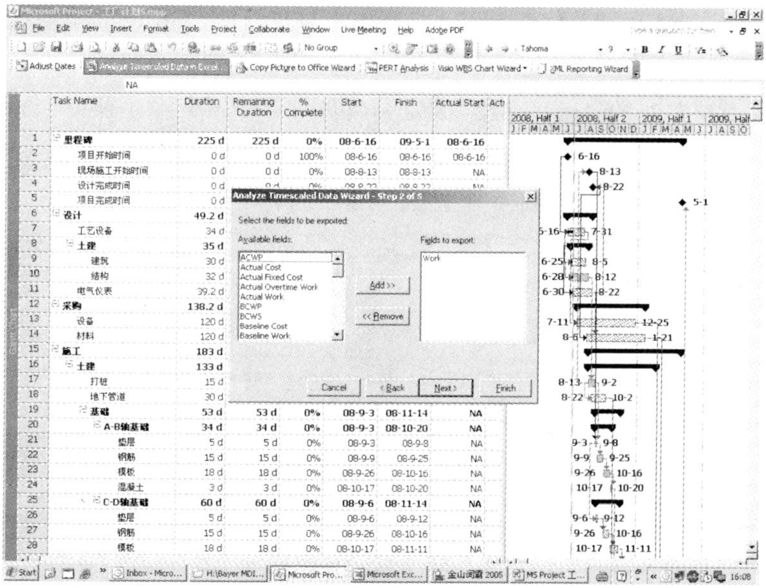

图7-5

化处理,将 MS Project 的功能拓展得更深更广;

● 因为生成的图形(图 7-6)已是 Excel 文件格式,因此我们可以很容易地利用图中的 Chart(图表条)将其改为任何我们所喜欢的图形;

● 在生成的 Excel 文件中,我们点击相邻的 Timescaled Data(时间刻度数据)小页,就可以进入图表的数据库中,在该页,所有的数据都按照任务项、时间刻度分门别类地列出,让我们很容易地进行各种分析和处理。我们可以注意到,在 7 月 1 日以后的所有时间段里,BCWS、BCWP 全部为零。这也是上面我们在解释 BCWS 和 BCWP 时经常强调截至当前时刻或当天的结果。但这也是赢得值分析最致命的缺点,因为在它生成的坐标图中,我们无法看到未来计划进度的走势,也看不到在目前进度的状况下,未来会是怎样的一个趋势。

使用赢得值的方法对进度进行控制并不多见,原因是它生成的坐标图形并不完善。上面也提到,在进度更新的截止日之前,我们可以看到计划和实际的进度曲线及相关信息,但截止日期之后,连计划进度曲线都看不到了,这显然不是一个我们所需要的能反映整个项目计划进度情况的坐标图表。

但是赢得值原理为我们提供了一个很好的启示,即如何利用 MS Project 在 Excel 电子表格中对相关数据进行进一步的分析和利用。

六、创建S曲线(S-Curve)

在整个项目的实施过程中,人员、机具、材料的投入都是呈现出一种先是慢慢开始,然后逐渐增加,进而达到高峰,又逐渐减少,直至收尾,最终结束的运行状态。如果将这些投入的人、材、机所发生的费用累计起来,并用线条在坐标图中表示出来,那么出现在我们面前的就是一个斜着的 S

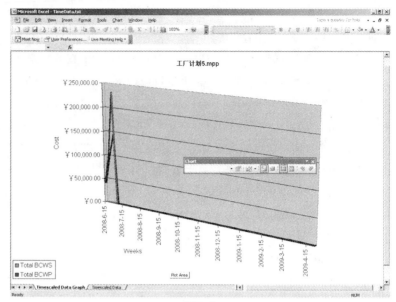

图7-6

曲线图。图中 X 轴为时间刻度,而 Y 轴为费用刻度。下面我们还是拿工厂计划做一个创建 S 曲线的例子。首先我们需要给该计划再加入一些人力资源,使得我们的数据更充分一些。在计划的设计阶段,将工艺设备的设计分配 5 名工艺工程师,接下来,建筑设计分配 3 名建筑工程师,结构设计分配 6 名结构工程师,电气仪表设计分配 5 名电仪工程师。由于仅是示意举例,因此只对以上四项任务分配相应的人力资源。请注意,在你分配以上所说的工程师之前,一定要先在资源库里对这些工程师进行相关的设定。

相关的资源分配完毕后,按照上面进行赢得值分析的方法,再次进入在 Excel 中分析时间刻度数据向导,具体操作步骤如下:

a.点击分析工具条内的 Analyze Timescaled Data in Excel(在 Excel 中分析时间刻度数据)按钮,弹出分析时间刻度数据向导。

b.第一个页面,接受软件默认,然后点击 Next(下一步)。

c.第二个页面是选择导出数据栏目,先在左边待选内容的栏目中,点击下拉菜单,选择 Cumulative Cost(累计费用),点击中间的 Add(加入)将其加入到右边已选栏目中,再将右边栏目中原有的 Work(工时)通过点击中间的 Remove(除去)按钮将其除去,然后点击 Next(下一步)。

d.第三个页面将软件默认的以天为时间的单位改为周,因为我们项目计划进度更新的时间是按周进行的。将天改为周后,继续点击 Next(下一步)。

e.第四个页面接受默认,直接点击 Next(下一步)。

f.第五个页面直接点击中间的那个按钮——Export Data(导出数据),几秒钟后,弹出一个新的坐标图。

g.由于该坐标图带有 3D 式样,看起来不太方便,因此我们还是利用 Chart(图形条),将其改为最常见的 2D 坐标图表。详见图 7-7。

图 7-7 虽然仅仅是个示意图,但通过该曲线,我们还是能够获得很多关于计划和进度方面的信息。至少有以下几个方面:

(1)可以很直观地看出按照以上计划,项目什么时候开始,什么时候结束,最高峰集中在什么时段。

(2)对应着 X 轴的时间刻度以及 Y 轴的费用刻度,我们很容易知道计划的费用使用情况,这对于安排项目的资金计划是非常有用的。

(3)累计的费用曲线即以上显示的 S 曲线。

累计的费用曲线可以作为我们计划的进度曲线,这是我们创建的第一条 S 曲线即计划 S 曲线,而下一步就是生成进度的实际曲线。我们回到图 7-7 所示的 Excel 文件的图表中,点击下角的子页——Timescaled Data,进入该图背后的数据库中,详见图 7-8。

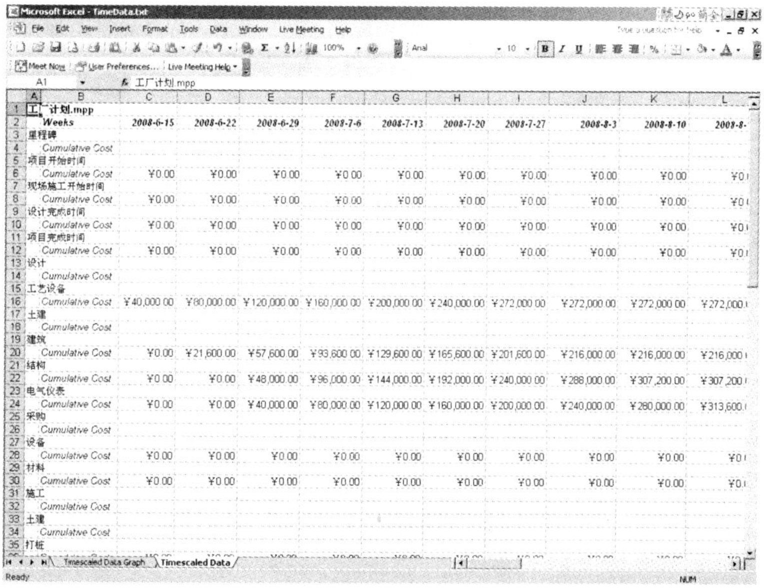

现在我们知道生成计划进度曲线的数据来自何方了,但目前显示的数据都是计划数据,我们需要按照它的格式加入进度的实际数据。很简单,在每项任务计划数据行的下方,逐一加入一行,用该行记录实际进度数据。比如我们在 7 月 1 日对计划进行更新,那么就将统计的实际进度数据,分别对应着每项任务,在 7 月 1 日那个时间段填入该实际进度数据即可,然后也像计划进度数据一样,在最下方作一个汇总,同时利用图形功能,让实

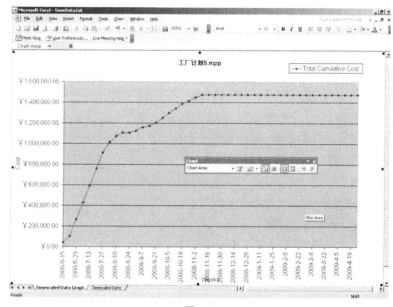

图7-7

图7-8

际进度曲线也在坐标图中与计划S曲线一同显示，这样，计划S曲线与实际S曲线同时显示在一张坐标图中，对它们进行比较就更加容易了，一望之下，就能够看出进度是提前了还是落后了，今后进度的趋势如何。

还有一点需要强调和改进。我们注意到坐标图Y轴标注的单位是费用单位——元，我们最好将其改为百分数，因为使用百分数的概念更容易让我们理解进度所处的位置。比如说目前进度完成80万元，我们很难将其与进度完成多少联系在一起，但当说目前进度完成50%，那我们马上会知道目前进度已经过半。将费用单位改成百分比单位也很简单，我们回到后面的数据库中，在每项任务的计划费用行下面加入一行作为该任务的计划百分比行，然后用每个时间段的累计费用数除以该任务的总费用数，那么该时间段计划完成的百分数就出来了。由于是Excel电子表格，只要计算出一个后，利用拖动复制的功能，很容易、很快地就能够完成这一转换工作。而今后统计实际进度时会更加容易，直接将统计来的形象进度的完成百分比填入即可。

以上我们所说的计划完成数据都来自于计划当中通过资源输入而产生出来的费用数据，但有的时候，我们不想输入如此多的人、材、机的资源，也可以直接输入费用信息。比如在项目投标阶段，企业都会有一个项目成本估算的明细表，该表的分类往往与项目的WBS相对应，因此计划当中的各项任务很容易找到相对应的成本费用，直接将这些数据填入即可。具体方法如下：

a.在主界面的菜单命令中选择View（视图）命令，弹出子菜单后选择Table:Entry（表格:输入）子命令，滑至下一级菜单，选择Cost（费用），弹出一个新的费用界面；

b.在该界面中，选择Baseline（基准）栏目，对应着左边的各项任务，逐一输入各项任务的相关费用；

c.我们也可以在Gantt Chart（甘特图）主界面中，使用插入栏目功能，直接插入Baseline Cost（基准费用）栏目，然后输入相关费用数据。

如果我们觉得获取所有的费用数据也不太容易的话，那么我们可以使用人工时来作为生成S曲线的基础数据，毕竟在项目管理当中，人工时的使用更加普遍、更容易获得。比如很多项目是包工不包料的，更多的设计单位使用人工时作为费用计算的基数等。

人工时的输入有两种方法，一是按照上面所说的资源分配的方法，将相应的人工数量输入到各项任务当中，由软件根据该任务的工期自动计算；二是在Gantt Chart（甘特图）主界面中，使用插入栏目功能，直接插入Baseline Work（基准人工时）栏目，然后输入相关的人工时即可。

当所有任务的人工时输入完毕后，仍使用在Excel中分析时间刻度数据向导，产生计划S曲线，但与使用费用数据不同，在第二个页面选择导出数据栏目时，在左边待选内容的栏目中，点击下拉菜单，这次选择的不是Cumulative Cost（累计费用），而是Cumulative Work（累计人工时），加入后其他操作完全相同。此时产生的图表在Y轴上，费用单位变成小时单位，我们同样也要按照上面所说的方法将它们转换成百分比数。

使用S曲线对项目的计划和进度进行控制是一种非常先进的方法，它不但可以分门别类地针对项目的各阶段、各专业、各区域建立相应的S曲线以反映项目进度情况，也可以将它们汇总，产生一个总的S曲线全面反映整个项目的进展情况以及今后的发展趋势。通过建立S曲线所产生的进度统计系统，能够在项目的执行过程中，按时更新、迅速采集相关数据，密切监视项目的进度状况。当进度出现不好的趋势时，及时提醒相关人员采取相应的纠正措施，使落后的曲线趋向好转，避免项目的严重落后。

目前这一方法在工程管理行业得到越来越多的应用，但它对企业的管理水平也提出了较高的要求，比如准确的费用估算或人工时数据，WBS结构分解合理。使用者需要有较高的计划管理理论水平和较丰富的实践经验，另外数据输入量巨大，需要得到各方的支持。®

结合长春盛世城项目探析大型城市综合体全过程控制的方略要点

龚建翔, 张玉霞

(吉林盛世集团, 长春 130000)

摘　要：随着我国城市化步伐的加快,大型城市综合体项目,因其产品定位的起点高,使用功能的多样性,并能够快速形成区域商圈等显著优点,在一、二线城市的 CBD 中快速崛起,并成为引领当前商业地产开发的新潮流。如何对城市综合体项目,在开发全过程进行有效控制,是关系到项目能否实现预期目标的关键。

关键词：城市综合体,全过程控制,区域商圈

一、引言

所谓"大型城市综合体"是将城市中的商业、办公、居住、旅店、展览、餐饮、会议、文娱和交通等城市生活空间的三项以上进行组合,并使它们建立一种相互依存、相互助益的能动关系,从而形成一个多功能、高效率的综合体。

城市综合体是商业地产发展的最高等级,起源于 1986 年法国巴黎西北部的拉德方斯,同年 hopsca 概念也最先诞生于此。在法国巴黎主轴线西端崛起的现代巴黎,实际上是汇集了酒店、办公楼、生态公园、购物、会所、高尚住宅六大业态于一体的城市综合体。经过 20 多年的发展演变,该综合体集纳了巴黎部分最大的企业,并拥有了欧洲最大的商业中心和众多国际总部大厦,同时该综合体也是欧洲最大的公交换乘中心。拉德方斯不仅成就了崭新的现代巴黎,也成为了城市综合体的代名词。

二、长春"盛世城"城市综合体概况和区域特点

长春"盛世城"城市综合体,位于长春市朝阳区红旗商圈内,人文景观、自然景观独特,综合体北侧与原"伪满州国政府"八大部所在地新民大街相连,东侧与 222 万 m² 的南湖公园相毗邻,整个项目建筑面积达 38 万 m²,其中地上部分 28 万 m²,集 5A 级写字楼、大型购物广场、多功能电影厅和 3 栋高层酒店式公寓等组成;地下部分 10 万 m²,集地下三、四层 1 800 个停车位和地下一、二层的商业街及大型仓储式超市等组成。

三、长春"盛世城"城市综合体在决策和方案设计阶段的控制要点

长春"盛世城"城市综合体,在决策阶段就以该区域的产品定位与商业业态有机组合作为控制重点,使产品在满足使用功能的前提下,最大限度地实现与周边环境的有机结合。以5A级写字楼、购物广场等地上建筑的区位选定为例:

在制定方案时为了达到写字楼环境景观最优,将其正外立面朝向南湖公园,背立面朝向省军区干休所,不仅噪声污染在区域范围内降到了最低限度,还实现了视觉景观的最佳效果。大型购物广场设置在临近两条交通干道旁,出入口设置在交通最为便利的干道路口交会处,实现了人流、车流的最佳结合。酒店式公寓的设置,在满足交通便捷、人员进出方便安全的前提下,最大限度地实现了居住与办公兼用的使用功能。

在方案设计阶段,聘请专业咨询团队提出咨询建议,也是对项目进行有效控制的重要手段。"盛世城"城市综合体在方案策划初期,相关人员也多次实地考察了深圳万象城、香港太古城两座运作成功的shopping mall,并聘请国内最具权威性的戴德梁行顾问团队,对其方案设计提出建设性咨询意见,同时在外环境方案设计阶段,还聘请北京华夏柏新商业运行公司,对其外环境和商业交通动态设计提出相关咨询建议。

总之,长春"盛世城"城市综合体,从决策到方案设计的各阶段,不仅对国内成功的大型城市综合体进行有效调研,而且还聘请专业顾问团队为项目提出专业咨询建议,这就从源头上降低了决策过程的风险,使项目的全过程控制体现到决策和方案设计的每一个环节上。

四、长春"盛世城"城市综合体施工阶段的控制要点

长春"盛世城"城市综合体,因每一个单体建筑面积较大,受规划、拆迁等制约因素影响较多,固工程采用分期建设的方式来完成。即一期完成写字楼和购物广场建设;二期完成影剧院和三栋酒店式公寓的建设。虽然项目地上部分各单体的使用功能各不相同,但地下部分确是一个统一整体。由于整个工程地下部分面积超过整个项目总面积的四分之一,同时,地下工程又是整个综合体的重点和难点。因此,能否对地下工程进行有效控制,是关系到整个工程能否实现预期目标的关键所在。

1.结合工程实际加强业主方对地下工程的有效控制

长春"盛世城"城市综合体地处老城区,周边环境和地下情况极为复杂,这里不仅有距基坑边缘6.5m,需保留的六层砖混结构住宅,还有大量文革后期遗留下来的人防工程和各种地下管网。地面以下平均开挖深度达16.5m,面对一个如此庞大的深基础工程,首要问题是选定一个组织管理能力强,并且有着丰富地下工程施工经验的总包单位。然而,实际情况是,通过招标选定的总包单位是对主体结构工程有着丰富施工经验的外埠施工企业,在长春本地无任何人力和信息资源。针对此种情况,支护、降水和土方开挖由业主直接发包无疑是规避这一过程风险最有效的手段,其优势表现在以下几方面:①土方开挖、基坑支护及降水是一个系统工程,只有统筹考虑,系统安排才能达到投资、进度、质量、安全的最佳效果;②有利于整个项目的组织协调,降低工程发包成本,保证一、二期降水

和支护结构方案的连续性和持续性；③在二期的工程建设中，可有效地总结一期建设的成功经验，规避前期所遇到的风险。

总之，通过业主直接对支护、降水和土方工程的发包和强有力的组织协调，不仅保证了总包单位主体工程按期开工，还降低了工程管理成本，实现了业主和总包单位双赢的局面。

2. 加强重要环节的过程控制，保证工程进度和质量

对于支护结构能否安全可靠，不仅关系到土方开挖，还关系到地下基础工程能否顺利进行。在边坡的开挖过程中，由于原保留建筑距基坑边缘仅6.5m，并且，还需保留为原有生活设施服务的地下蓄水池，这就对边坡支护工程提出了严峻的考验。既要尊重原设计，同时还要结合现场实际情况，有针对性地调整原设计方案，解决现场的实际问题，以盛世城二期支护工程为例：

（1）在边坡支护施工过程中遇到了地下蓄水池和人防工程等地下构筑物，我们在实施方案的过程中及时调整原设计，将其中复合土钉墙锚杆的数量、长度和角度进行了必要的调整。

（2）在原降水方案中及时地调整了原保留建筑物、构筑物周边降水井的数量、位置和降水方式，从而避免了由于降水而使周边地面产生不均匀沉降和造成降水区域内建筑物、构筑物的损坏。

3.加强组织协调，保证各单位工程实现预控目标

有力的组织协调工作是保证工程建设顺利进行最有效的手段。由于城市综合体项目分包单位多，相互间工作交叉点多，不可避免地会产生各种矛盾和问题，仅靠总包单位的协调在一定程度上会有一定的难度，这时也需要业主方强有力的支持配合。以土方工程夜间施工为例：

（1）在土方开挖过程中遇到了周边居民的强烈反对，通过业主与各级政府相关部门及街道居委会

的协调，采用分段补偿和分区域施工的方式，化解了与周边住户的矛盾，在扰民程度降到了最低的情况下，实现了工程预期目标。

（2）在噪声污染和交通管制的情况下，通过积极协调政府职能部门，提高噪声补偿标准和划定通行区域的方式，使工程如期实现预期目标。

五、长春"盛世城"项目在竣工验收阶段的控制要点

加强竣工验收阶段的控制，是保证合格产品交给使用者的重要手段。竣工验收，通常分为工程实体验收和竣工资料验收两部分。通常各承包商只注重实体结构验收，轻视资料验收，造成很多建筑工程已投入使用，但因报验资料不齐等原因影响了竣工备案。针对这一情况，"盛世城"城市综合体在验收过程中，由一名主要领导亲自处理工程验收过程的主要问题，定期协调监理、总包、分包单位，进行阶段验收和工程竣工验收，使验收工作能够达到预控目标。

总之，大型城市综合体作为一种新型商业地产开发模式，虽然在中国大陆起步时间较晚，但它却引领着未来商业地产的发展潮流，随着各地大型城市综合体的日益崛起，城市综合体全过程控制管理将会提高到一个新的水平。

结合长春"盛世城"城市综合体探析CBD区域内大型地下停车场的建设与管控

任晓光，龚建翔

（吉林盛世集团，长春 130000）

摘 要：随着我国城市化步伐的加快，一、二线城市汽车保有量以突飞猛进的速度发展，特别是在城市CBD区域内，由于商务及公务的需要，汽车的保有量是非CBD区域的数倍，地面停车位的数量难以满足要求，大量汽车占用城市道路和绿地，交通时常出现车满为患的现象。在CBD区域内建设设施完善的大型、特大型地下停车场，是解决地面停车难和城市道路被挤占的重要举措。

关键词：CBD（中央商务区），地下停车场，建设与管控

一、引言

随着国家扩大内需刺激消费等优惠政策的出台，汽车等耐用消费品迅速进入家庭，一、二线城市的汽车保有量与日俱增，一时间城市CBD区域内，车满为患，时常造成大量机动车占用城市道路挤占城市绿地的现象。建设功能完善、环境一流的大型、特大型地下停车场，是提升CBD区域整体功能，并缓解地面停车难的一项重要举措。

二、长春"盛世城"城市综合体特大型地下停车场的概况

长春"盛世城"地下停车场，位于长春市新民广场"盛世城"CBD区域内，地下部分三层，建筑面积近10万㎡，设有1 800个固定停车位和与城市交通次干道、同德路及未来的规划路相通的出入

口,用以满足"盛世城"CBD区域内的业主、顾客等特定人群停车需要。在地下停车场内部设有多部垂直载人电梯和楼梯,与"盛世城"CBD区域内的购物广场、写字楼、影剧院、酒店式公寓等设施相通。

三、"盛世城"地下停车场在设计阶段的管控措施

"盛世城"地下停车场在设计阶段就以满足城市交通现代化和商业动态交通为重点,进行统筹考虑,以最大限度地满足现在及未来车辆增长的需要,并在符合规范和环保要求的前提下,进行了突破性创新,其主要措施如下:

1.在设计时,以满足现有的城市交通基础设施为前提,使车辆的主入口尽可能避开城市交通干道主要拥堵路段,同时在新开辟建设的规划路和写字楼下方设置车辆出入口,这样既方便了车辆进出入,同时也最大限度地满足了顾客和写字楼业主进出城市综合体的需要。

2.在停车场的出入口处设有醒目的车位引导统和智能收费系统,并采用电子摄像的方式来实现全天候的安保监控。

3.配合消防广播在停车场内设有语音提示系统,在满足停车场使用功能的前提下,最大限度地实现了为用户方便快捷地服务。

4.在消防、喷淋、通风、照明系统中采用高可靠性双电源自动切换,实现了供电系统的无间断运行。

5.在停车场出入口部位,设有快速卷帘门、发热电缆石材面层及电热风幕,用来抵御低温所造成的地面冰冻和寒风对地下停车场的侵袭。

6.在部分层高达到5m的区域,预留"复式机械停车位",用以解决未来车辆超过设计1 800辆的需要,给未来的发展提供了空间。

四、"盛世城"地下停车场在设备选用和安装阶段的管控措施

"盛世城"地下停车场在设备选用和安装阶段就对采暖、通风、空调、给排水、消防、强弱电、通信等专业进行统筹考虑,并对各专业的管线桥架路径进行集中深化设计,避免了各专业在安装"支吊架"过程中不必要的重复建设,最大限度地解决了各种管路的交叉等问题的发生,其主要管控措施如下:

1.在进行供暖、消防、给水等不同专业进行施工时,对其"支吊架"系统进行统一考虑,按其干线和支线的走向统一进行深化设计和管序的排列,这在一定程度上既避免了不同专业间管路走向交叉,同时又从整体上降低了分别安装不同专业支吊架所重复发生的费用。在观感效果上也达到了最佳状态。

2.在电缆桥架的安装过程中集中对强电和弱电桥架的走向路径进行统筹考虑,将消防监控、通信、有线电视、安防监控等系统的布线集中设置在弱电桥架内,同时对照明、动力等强电系统布线集中设置在强电桥架内,使桥架的使用达到了兼容最优的状态。

3.在通风系统和采暖、消防管道交叉处理上,既采用灵活多样的形式满足单位面积通风流量的要求,同时也考虑到尽可能不降低和少降低净高来实现各自的使用功能。

4.在变配电设备选用上,采用国际上目前最为节能、环保产品之一的"ABB"高低压配电柜;在照明灯具上,选用照度高、节能效果显著的飞利浦日光型节能灯管和飞利浦低功率车道射灯。

5.在停车场出入口和停车区域内,设有智能管理收费系统和电子巡更系统,使中央控制室可对整个停车场的管理实现全天候、无死角的动态管控。

五、"盛世城"地下停车场在土建和装饰阶段的管控措施

"盛世城"地下停车场在土建和装饰阶段,以提高产品的耐久性、细化产品的使用功能为管控重

点,其主要措施如下:

1.针对"盛世城"地下停车场车辆多、使用频率高,一年中无间歇的实际,在地面等易发生质量问题的部位,采用提高建筑标准的措施,来提高产品的使用年限,降低产品维修频率。如:在停车场的出入口坡道部位,将原设计的混凝土面层改用石材面层,同时将停车场混凝土面层标号由C20提高到C30。

2.将停车场的集水沟盖板由通常采用的"铸铁箅板"改用"热镀锌钢格板",同时对车库出入口等行车频率较高的部位,采用"加强型钢格板"的方式来增加产品的耐久性和观赏性。

3.在"人防"分区部位,采用"钢制人字纹热镀锌钢板"制作成永久性汽车减速带,来实现产品的使用功能,提高产品的耐久性。

4.在地面装饰面层的使用上,采用国际大品牌环保型"多乐士环氧树脂地坪漆"进行面层的涂装。同时对柱、墙等分区部位也采用颜色各异的同品牌产品进行涂装,不仅装饰效果达到了预定目标,而且耐久性也超出了同类产品。

5.在停车场地下主入口部位,设置大型的LED显示屏以提醒进出车辆,同时对环形坡道转弯处和车辆行车视线盲区内设置大型凸透镜,以提高车辆的行车安全。

6.在停车场的柱脚部位,设置方形黑黄相间的警示标,替代了传统的斜向警示标志所带来的视觉偏差,同时在墙上的警示标识上设置憨态可掬的"QQ"卡通像,以提高地下停车场的人性化水平。

7.通过对地下停车场墙面、天棚面等部位混凝土面层打磨找平,并涂刷"环保型防霉乳胶漆"来实现防潮和观感效果的最佳状态。同时在地下停车场主要区域,设置颜色各异的国际象棋盘标识,来提高进出停车场人员的方位识别性。

六、结束语

总之,建设功能完善、设施齐全、环境一流的大型、特大型地下停车场,是现在乃至将来解决停车难,缓解地面交通拥堵的一项重要举措。这就要求我们不仅在设计阶段要有超前眼光,而且还要在施工阶段有着打破常规统筹考虑的措施。随着时代的进步和未来新材料、新技术、新设备的推广运用,对大型、特大型地下停车场的建设与管控也将会达到一个新水平。

参考文献

[1]中华人民共和国行业标准.汽车库建筑设计规范 JGJ100-98.

上海环球金融中心工程项目管理的体会

钱 进

(上海市建设工程监理有限公司，上海 200072)

摘 要：从监理单位对工程项目进行管理的角度，阐述了笔者参与上海环球金融中心工程项目管理的体会。

关键词：上海环球金融中心工程，监理，项目管理，体会

一、引 言

上海环球金融中心是上海的新地标，达到超高层建筑"屋顶高度世界第一"和"人可到达高度世界第一"两项指标。其主要功能包括办公、观光、商贸及展览等其他公共设施。整个建筑高度为 492m，地上 101 层，地下 3 层，总建筑面积 38 万 m^2，由日本森大厦株式会社投资兴建，中国建筑工程总公司与上海建工(集团)总公司组成总承包联合体负责施工，上海市建设工程监理有限公司负责基础底板以上部分的全过程施工质量、安全和进度控制的监理工作。针对参与该工程项目监理工作的体会，笔者进行了一些思考和总结，与各位同仁和读者探讨交流。

二、标准化管理是工程项目管理的基础

标准化就是对随意性的限制，因此它是工程项目管理的基础。而监理标准主要是把"四控制、两管理、一协调"中的监理内容从形式到内容都转化为标准化管理和控制，使每项每一步工作都有统一规定、统一要求，都有标准依据，都有定性、定量的衡量标准。包括"形象"标准化管理、"现场"标准化管理和"资料"标准化管理三大内容。公司进驻环球金融中心项目现场后，首先就是把监理组织机构、监理工作方针、监理工作目标、监理人员职责、监理工作程序等以展板的形式上墙展示出来，并为每一名监理人员配发了统一印有公司标志的安全帽和工作服，使得业主和承包方等有关人员从形象上就一目了然地了解本项目部监理工作运行的概貌；其次，本项目部自始至终按照公司贯彻 ISO 9000 国际质量管理体系系列标准的要求做好"现场"标准化管理，从预控、过程监控、检验、复验和签认等各方面都按照规定和程序统一的要求进行，做到及时审批各种施工组织设计(方案)、及时确认和核查各厂家的材料/构配件/设备、加强巡视检查和各道工序的平等检验和验收、每天及时记录各专业的监理日记、及时整理由监理主持召开的工程例会纪要、每月定期编报监理月报。最后，做好"资料"标准化管理工作，将各种文件合理分类后按照统一规格和统一标准分门别类存放，做到及时、准确和完整。上述三项内容主要从监理内部管理标准化，使监理规章制度进一步完善，具有可操作性，使监理内部组织运行和个人行为进一步得到规范，使监理内部组织和个人行为的优劣从定性、定量两个方面具有可衡量性，以建立起奖优惩劣和优胜劣汰的竞争激励机制，是做好监理控制的内在保

证和基础；其二，外部控制标准化主要是从工程安全、质量、进度、计量、信息与合同管理等方面要求施工承包单位按照规定的控制要求进行工程施工方案策划、实施、检查及纠偏。如，施工过程中施工承包单位必须按照统一内容、标准的报表形式报送各种工程项目签证、检测、验收和计量等资料。这一方面规范了监理服务行为，有利于监理人员提高管理水平；另一方面，限制承包单位在管理方面的随意性，推动他们施工管理水平的提高。监理按照标准化管理的有关要求去做，工程质量才能得到保证，所以说，标准化管理是监理做好工程项目管理工作的一项基础性工作。

三、监理机构是工程项目管理的保证

项目监理机构（习惯称监理项目部）是监理企业在接受建设单位委托，签订监理的合同后，针对项目成立的由总监理工程师全面负责和领导，由各专业监理工程师、监理员及其他有关人员组成的依据监理合同授权对项目建设进行管理、全面履行监理合同的组织机构。在完成委托监理合同约定的监理工作后即完成了该项目监理部的使命。因此，监理项目部是监理企业实现监理企业服务的最重要、最直接的组织，对监理项目部的组织管理也是工程项目管理中最重要的内容。甚至可以说，项目监理机构对于项目管理的成败起着至关重要的作用。项目监理机构的重要性仅次于公司最高领导人的挑选。对于项目监理人员来说，在一个结构设计良好的项目监理机构中工作，才能保持较高的工作效率，并且能充分显示其才能，而在一个结构紊乱、职责不明的项目监理机构工作，其工作绩效就很难保持在一个较高的状态上。笔者所在公司一直以来非常重视有关项目监理机构的组织与管理，通过不断实践、不断总结与改进，使每一个项目的监理组织形式都能适应公司发展要求及业主要求、法规要求，并通过公司对监理项目部工作的检查、考核，实现对监理项目部的有效控制，通过培训及开展重视个人信誉、树立个人品牌

的活动，稳定人员、提高人员素质，最终实现通过监理项目部为业主提供优质的监理服务来求得企业的生存与发展。本项目从工程伊始，即根据单位工程量大、工程测量复核难度大、基坑开挖风险大和结构复杂、质量控制要求高、机电设备系统复杂、安全风险大、施工分包单位多等特点，采用直线制监理机构，设置总监理工程师、总监代表和项目监理总工程师各一名，按专业设置主楼土建、裙房土建、钢结构、机电、设备、装饰装修、幕墙、测量、安全及见证取样监理组和资料管理组，设置各专业副总监，配备各专业工程师和监理员。高峰时间监理人员总数达51人，通常人员保持在45人。自始至终做到分工明确、责任到位，做到谁管理谁负责，有效避免了人人都管而又人人无责、相互扯皮推诿的弊病，从而在根本上保证了各项工程项目管理目标的圆满落实。

四、过程控制是工程项目管理的重点

众所周知，项目质量是项目建设的核心，是决定整个工程建设成败的关键，也是一个项目是否成功的最根本标志。工程项目质量控制则是进度控制和投资控制的基础和前提，如果质量失控，那么投资、进度控制就无从谈起。因此，本项目部重点加强过程控制。首先，抓好工序质量验收过程控制。为防止口说无凭，结合本工程验收内容多的特点，项目部实施了《验收工作联系单》制度。其作用是在各工序施工完成后，再在分包自检合格、总包复查合格的基础上，监理和业主工程管理部进行验收，对验收内容和结论及时记录，如在验收过程中发现存在不符合设计和规范要求的工程质量问题，除在现场口头提出外，对那些当场未改的以书面形式记录在案，要求总包督促相关分包进行整改，分包将质量问题整改完成后，再按上述程序进行申报复验，争取在三次循环内整改合格，通过验收。其优点是：①督促施工单位专职质量员加强现场质量管理和自身检查力度，及时发现施工过程中存在的质量问题，避免监理员沦

为施工单位的质量员;②无形中提高了现场监理检查力度,逐步养成验收过程有记录的工作习惯;③避免了走过、路过、看过、说过而事后不落实的弊病。开具的《验收工作联系单》一般有多条,施工方可逐条落实整改,监理可逐条复查,确保整改有依据,减少口舌之争。其次,对本项目的钢结构构件、幕墙单元板块的加工生产实施了驻厂监理制度。没有驻厂监理工程师签字认可,不得进入工地现场,对于重要构件,出厂前要和业主、总包、相关分包一起到加工厂进行联合检查,合格后方可进入工地现场。驻厂监理及时将工厂生产情况以监理周报的形式上报项目部和业主,据统计,本项目共上报监理周报429份,其中钢结构周报332份,幕墙周报97份。实施驻厂监理制度的作用是落实科学监理理念、创新监理形式、加强对加工生产企业的动态监督、控制工程质量风险和提升监理效果。要做好驻厂监理工作,驻厂监理人员首先必须转变自己的角色,把自己看做是该企业的一名生产管理者或普通员工,真正融入到这个企业。努力处理好监理与服务的关系,寓监理于服务之中。既严格按照《建设工程监理规范》要求,有针对性地查找加工生产企业生产中存在的问题,做好驻厂监理检查记录,并及时反馈给企业,要求企业限期整改,并在企业整改完成后及时复查整改情况。还要在检查中宣传有关法律法规和技术规范,帮助企业树立"第一责任人"意识,增强质量意识。并针对企业在质量方面存在的问题,深入企业生产现场,认真分析原因,并积极建言献策,提出解决方案,切实帮助企业提高质量。工欲善其事,必先利其器。驻厂监理制度的落实与驻厂监理员自身的业务素质和业务知识的掌握程度密切相关。因此,加强学习是落实好驻厂监理制度的根本保证。驻厂期间,驻厂监理员就采取在检查中加强自身培训的方法,边检查、边学习,定期召开讲座分析会,交流经验,在实践中提高驻厂监理水平,随时向有关专家请教在驻厂工作中遇到的不懂的问题,向加工企业有关人员请教,不断提升工作效率。

五、监理人员应不断加强自身影响力

作为一名监理人员,应该具备较高的个人影响力。为了提高监理人员的个人影响力,本项目始终要求每一位监理人员增强学习意识,不断更新已有的知识,对一切有利于推动和改进工作的新概念、新观点、新知识和新方法,永远保持一种职业敏感。通过不断学习,增长知识、提高能力,这样才能不断夯实提高自身影响力的根基。加强学习,从内容上看,要兼收并蓄,既要有调节又要有深度和广度。既要加强本专业知识的学习,也要增强相关专业知识的学习,根据工作的需要,广泛学习现代经济、管理、法律等方面的知识。从方法上看,既要注重读"有字之书",更要注重读"无字之书"。一是要从书本中学习。从书本中学习系统和理论知识,学习新的思想与观念,以此增长知识、开拓眼界。二是要向他人学习。孔子说:"三人行,必有吾师焉"。作为重大建设项目的监理人员,更要重视学习,敢于借鉴别人的好思想、好作风、好方法,取人之长、补己之短。监理人员要做有心人,在日常生活、工作的方方面面,处处留心,并在实践中边摸索、边总结、边积累、边提高。三是要注重联系实际,活学活用。"纸上得来终觉浅,觉知此事要躬行。"无论是书本上得来的知识,或者是学习借鉴他人的长处,还是依据自己的经验,都要与当时当地的实际情况相结合,坚持实事求是的精神,具体情况具体分析,创造性地开展监理工作。

六、监理人员应始终保持良好形象

"其身正,不令而行;其身不正,虽令不从。"可见,古人早已注意到了自身形象所产生的重要影响。本项目部要求每一名监理人员,始终都应该以亲和、廉洁、权威的形象展示在业主和施工方面前,亲和就是要与业主方和施工方保持良好关系,对专业不卑不亢,对施工方不居高临下、目中无人、摆架子、显威风,不以发号施令、盛气凌人的"领导"自居。廉洁就是要在日常监理工作中始终遵守职业道德,挡得住各种诱惑,切忌营私舞弊、钱权交易,必须恪守廉洁自律、克己奉公的原则,并以此来取得业主和施工单位的信任和支持。权威不是别人赋予的,而是自身树立起来的。权威有三个要素:职位、知识和价格。职位是必要条件但不是充分的。权,就是监理的职位,一纸任命即可拥有,没有职位不行,即所谓的名不正言不顺,但没有威,权是无效率的。这个威就是相关的知识和价格。身为监理人员不但要有良好的专业素质,更要熟悉监理工作程度,始终按照监理内部管理的要求和规范的工作程序开展工作。到施工现场行使监督管理的职能时应认真、严格、稳重、通情达理,在充分熟悉有关的技术要求和仔细听取各方不同意见的基础上对需要解决的问题作出正确的判断,尽量避免和减少失误的发生。发出的任何指令都要慎重,处理问题要注意有理、有节。一旦指令发出,必需得到认真执行。否则,推动权威的指令将会严重地损坏监理的形象。尊重甲方,维护甲方的正当权益,是义不容辞的责任,但不是无原则地调和或折中,也不是简单地在矛盾的双方保持中立,而要做到既替业主方着想,又不盲从业主方的所有想法和意见,只按严格的工作程序办事。

七、有效沟通应注意的问题

监理人员的沟通能力是能否做好监理组织协调工作的关键。对内通过沟通,可使得项目监理部内部团结协作、信息畅通,优化各项监理服务;对外通过沟通可达到事半功倍的效果。而监理人员从工作的性质上具有监理及监控的特点,难免会有位高权重的优势,在沟通时应注意以下一些问题:

(1)不能只想让施工单位听自己的。很多监理人员嘴上说是要与施工单位沟通,其实是想要施工单位听命而行。这是抱着预定的立场,在已有定见的状态下沟通,虽然施工单位迫于权力,必须听命于你,可是这种沟通行为却无法激起施工单位的合作意愿,也无法真正设身处地地为施工单位着想。久而久之,施工单位必定虚于应付,不会真正表达自己的想法。

(2)不应使用不良的口头禅。使用不良的口头禅有时会成为沟通中的阻碍力量,小则或不欢而散或无法沟通,大则或怀人为仇或制造事端等。比如"你不懂……"、"这个我比你清楚……"、"你有问题……"、"废话少说……"、"笨蛋……"、"你思想太幼稚……"、"我比你懂,这个不要你教……"、"你什么级别,怎么乱说话……"等。

(3)不用威胁语句。威胁的语句一定让人反感,使沟通起不到应有的作用,甚至起反作用。常见的威胁用语如"你最好这样做……否则……"、"我只给你两个选择……"、"如果你不能……就别怪我要……"等。

(4)不在易受干扰的环境下沟通。与施工单位沟通时,要留意沟通的场所。例如,某施工单位约好时间与你就某件事情进行沟通,你请他来办公室。施工单位的人在介绍情况时,不时有人进入办公室提醒你要开会、报验单要签字、电话铃又响了,在这种环境下沟通很难达到效果。

(5)不用过多的专业术语。沟通是要清楚地让对方了解你的意见,虽然专业术语能正确表达一个定义完整的概念,但前提是你的沟通对象也能明确地知道专业术语的含义;否则你传达给对方的信息将是不完整的,无法让其充分了解。

(6)避免不夹杂外文。有些人与人沟通时不时掺杂一些英文或日文,以表达一些情绪上的用语或加强语气或彰显自己对新思维的理解。除非对方很熟悉这引用语所代表的特别意义,否则你的沟通对象无法感受你的原意。

(7)千万不要忽略不了解的信息。你有责任用明确的方式表达自己的意思,同样也有义务确定自己能充分了解对方传达的任何信息。千万不要因为不好意思而不懂装懂,这样的沟通将来一定会产生许多误会。

(8)不只听自己想要听的。只听一些和自己立场一致的意见,而无意识地忽视对方的一些其他意见,则无法掌握对方全部的意见。

BM轻集料砌块在工程中的应用
——京辉高尔夫俱乐部会馆工程砌筑施工总结

王 威

(北京建工集团有限责任公司，北京 100557)

京辉高尔夫俱乐部会馆是一所功能齐全、设施完善的智能化建筑工程。总建筑面积为 11 800m²，地下 1 层，地上 3 层。地下一层为设备用房，一层为出发站、车库，二层为大堂、餐厅、会议室，三层为客房。本工程为框架混凝土结构，填充墙采用 BM 轻集料砌块。

BM 轻集料砌块是一种新型砌体材料，具有强度高、外观平整光滑、可兼作保温层、采用芯柱无须支设模板及工序简单等优点。从施工工艺看，使用 BM 轻集料隔墙砌块与使用普通的隔墙砌块相比，在施工中减少了支模、拆模等工序。因此，应用此材料减少了工序、缩短了工期，为业户提前入住提供了条件；同时它在节省建筑材料方面具有强大的优势，能降低建筑施工成本。

BM 轻集料砌块材料以膨胀矿渣为主轻集料，煤矸石陶粒为辅轻集料，加适量煤渣。现场主要使用的规格为 190mm×395mm×195mm、90mm×395mm×195mm，连系梁主要使用 U 形砌块，主要规格为 190mm×195mm×195mm。芯柱混凝土模板采用砖模板（图1）。

BM 轻集料隔墙砌块施工工艺如下。

1 施工顺序

BM 轻集料砌块砌筑工艺流程为：墙体放线→芯柱植筋→砌块排列→铺砂浆→砌块就位→芯柱施工→校正→砌筑镶砖→勒缝。

2 砌筑前准备工作

2.1 浮尘等杂物清扫、剔凿，按设计图纸放出墙体控制线以及芯柱、水平系梁等控制线

2.2 布置芯柱、水平系梁、过梁，进行植筋

芯柱的施工顺序：钻孔，清除孔内杂物→植筋，注胶→砌砖→清除芯柱孔内杂物→定量浇筑芯柱混凝土→振捣芯柱混凝土。

BM 轻集料隔墙砌块墙按设计要求设置芯柱、圈梁、过梁。芯柱、圈梁、过梁钢筋在墙体砌筑之前植入柱子里，钢筋埋入深度≥10d(ϕ10≥100mm、ϕ12≥120mm)，钢筋搭接长度≥50d(ϕ10≥500mm、ϕ12≥600mm)。芯柱、过梁混凝土强度等级为 C20。墙长大于 5m 时，在墙长中段设置芯柱，芯柱配筋为 1ϕ12。

门窗洞口过梁：当洞口宽度在 1.5m 以下时，在槽型过梁内设置 3ϕ12 水平筋作为过梁，ϕ6@250 三角形箍筋套子。对于跨度为 2.1m 的门窗现场支模设置 200mm×200mm 的过梁，过梁内设置 4ϕ12 的水平筋，ϕ6@250 方形箍筋套子。抗震设防烈度 8 度且墙长大于 5m 时，填充墙顶与梁或楼板 1ϕ12@1 000。外

图1 U形砖作为连系梁的砖模板

露5~6cm,采用微膨胀混凝土填实。门窗洞两侧砌块孔须灌C20混凝土,孔内插1φ12钢筋。

2.2.1 芯柱布置(图2)

A.门窗洞口两侧,1φ12。

B.墙长超过5m时,墙中段设置1φ12。

C.转角、丁字墙、十字墙交接部位设芯柱,大于3m设1φ12,不超过3m设1φ10。

2.2.2 设水平系梁(图3)

A.无门窗洞口时,墙高中部设置3φ10 φ6@250。

B.有门洞口时,在门洞口上部设置3φ10 φ6@250与过梁连通。洞口宽度超过1m时,过梁配筋按设计。

C.门洞高度超过3m时,洞高中部增设水平系梁3φ10 φ6@250。

2.2.3 门窗洞口、预留洞口宽度不小于400mm时,洞口上部设过梁

2.3 排块

根据砌筑、灰缝等模数进行排块,灰缝厚度5~8mm,上下皮应错缝搭砌,其搭砌长度不宜小于90mm。排块应考虑芯柱和水平系梁位置,从芯柱开始排水平块,不符合模数时,用辅块调节或切割整砖;竖向排块时需考虑门洞标高,不符合模数时,可用辅块调节(图4)。

2.4 摆底

BM轻集料隔墙砌块墙底部采用豆石混凝土或砌实心砖,以此来调整BM轻集料隔墙砌块符合模数,实心砖皮数不大于4皮。

2.5 砌筑

水平缝和竖缝宽度控制在5~8mm,水平缝满铺,应砂浆饱满,平直道顺,竖缝只在砌块两端抹薄缝粘结砂浆挤紧。砌筑时宜采用刮浆法砌筑,每次刮浆长度不宜大于800mm,竖缝应顶浆砌筑,用皮槌敲实。砌BM轻集料隔墙砌块墙体组砌方法应正确,上、下错缝,交接处咬槎搭砌,掉角严重的砌块不使用。BM轻集料隔墙砌块墙砌至梁或楼板下的

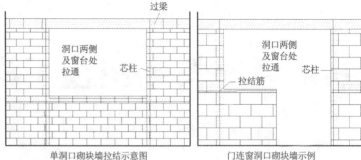

图2

 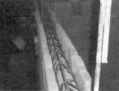 

图3 槽型连梁

图4 墙体底部采用页岩砖调整模数

填充,根据BM轻集料隔墙砌块墙与梁或板之间的距离,梁或板下留置5cm,用微膨胀混凝土填实。与框架柱、剪力墙交接的部位应该满粘胶粘剂。各种预留洞、预埋件等,应按设计要求设置,避免后剔凿。拉通线砌筑时,随砌、随吊、随靠,保证墙体垂直平整,不允许砸砖修墙(图5)。

2.6 水电管线在砌筑前按图纸位置提前安装到位,避免后期剔凿破坏墙体

由下至上的线管,砌筑时将砌块套入;由上至下

 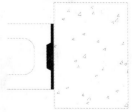

梁或板下部采用微膨胀混凝土填实　　交接部位粘结

图5

的线管,砌筑时将砌块侧面开槽,将管线套入砌块中(图6)。

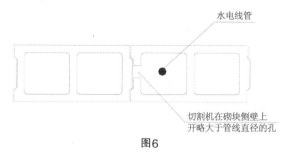

图6

3 其他应注意的事项

3.1 砌块砌筑前不需浇水。

3.2 BM轻集料砌块所有砌筑用砂浆为成品干拌砂浆。水与粉料重量比一般为1:4,宜采用机械搅拌。

3.3 BM内隔墙砌块墙体不宜设置临时间断洞口。

3.4 需要移动砌体中的砌块或砌块被撼动时,应清除原砂浆,重新刮浆砌筑。

3.5 埋设固定各种设备的固定件时,应根据设备情况采取必要措施保证固定件锚固牢靠。

(1)砌体砌筑过程中,在墙体上部需要挂物处,如散热器、小便斗等较重设备的固定件,须将该处墙体使用C20混凝土填实,以固定挂件。

(2)对于室外空调机等外挂设备,应在墙体中预埋空调机托板或托架,固定点处室外一侧的砌块孔洞应用C20微膨胀混凝土灌实。

(3)对较大较重的外挂设备应采取附加钢筋混凝土芯柱等构造措施。

3.6 严禁在砌好的墙体上打凿洞口或用冲击钻成孔。确需留孔时,可用无齿锯开孔。

3.7 砌块每日砌筑高度不宜大于1.5m,低温季节应适当降低。24h后方可继续砌筑。砌体转角和交接部位应同时砌筑,对不能同时砌筑又必须留临时间断处,应砌成斜槎。

3.8 芯柱梁施工:

(1)芯柱砌筑用芯柱块砌筑。第一皮砖应切割出清扫口,以便清理遗落在孔内的杂物。

(2)芯柱筋应上、下生根与主体结构植筋连接,锚固长度10d~12d,搭接长度按规范要求。

(3)芯柱混凝土控制在1.5m左右由专人浇筑一次,连续浇筑。每浇筑400~500mm高度捣实一次,严禁灌满一个楼层后再振实。混凝土坍落度不小于50mm。为确保芯柱混凝土灌注密实,浇灌前应先清除落地灰等杂物。

(4)顶部处理如图7所示。

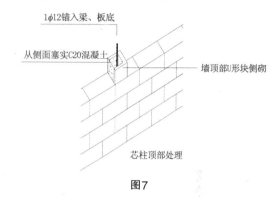

图7

3.9 水平系梁、过梁施工:

墙体水平系梁可用U形块兼作模板内部浇筑混凝土成型;门洞宽度不大于1.5m时,过梁下部用木方进行承托,U形块兼模板砌筑,门洞宽度大于1.5m时,过梁支设模板现浇成型。

3.10 砌至梁底、板底部位时,至少间隔7d后,方可进行顶部砌筑。

3.11 砌块墙体表面的平整度和垂直度、灰缝的厚度和饱满度应随时检查、校正偏差。

3.12 墙体与框架柱、梁、板及构造柱、剪力墙界面处应沿缝两侧通长铺玻纤网,网宽度不应小于200mm,且缝每侧宽度不应小于100mm(玻纤网不宜小于165g/m²)。挂网前应清除其层表面的浮灰、油污,待绷紧圈定后再作粉刷。玻纤网搭接不小于150mm。

3.13 墙体粉刷应在墙体收缩稳定后进行,抹灰前墙面可不洒水,天气炎热干燥时,可在操作前1~2h适度喷水,使之略显潮湿即可。

3.14 墙体砌筑完成后,首先在砌筑墙体与混凝土结构交界处采用无纺布粘贴,防止该处开裂。墙体采用抗裂砂浆抹灰,同时压入网格布,防止墙体开裂。在抗裂砂浆表面刮粉刷石膏。墙体粉刷应在墙体收缩稳定后进行,抹灰前墙面可不洒水,天气炎热干燥时,可在操作前1~2h适度喷水,使之略显潮湿即可。

建造师论坛

"大智慧"决胜4·18
"高标准"打造高铁劲旅

北京建工集团天津西站"4·18"既有线第一次拨线施工提前告竣

张炳栋

(北京建工集团，北京 100055)

4月13日，伴随北区高架层W轴两侧底板混凝土浇筑完成，北京建工集团天津西站项目部"4·18"战役提前5d完成。4月20日凌晨3时许，首列火车顺利穿过北区主站房，标志着京沪高速铁路天津西站工程首个大型攻坚会战的全面胜利！

从"2·10"战役到"4·18"战役，集团天津西站指挥部和项目部克服重重困难，做到整体部署、计划在先、科学管理，从"忙而无序"到"忙而有序"，从"千辛万苦"到"千方百计"，从如履薄冰的"焦虑"到从容不迫的"自信"，全体参战将士舍小家、为大家，每日24h连续作战，仅仅用了2个月零8d的时间，就完成了既有线第一次拨线的整体施工，这在集团建设史上创下了奇迹。集团天津西站总指挥张立元感慨地讲道：如此大的施工量，与常规施工相比，工期提前了一个月；各项工作与管理发生了"质"的变化。这得益于集团整体优势的发挥，得益于集团"大智慧"的结晶。业主方北京铁路局天津西站工程建设指挥部指挥长郑雨欣慰地说：北京建工已经适应了高铁建设的规范和要求，现场指挥是强有力的，整个调排是有序的，我过去对北京建工的担心是多余的！

目前，西站建设者正以昂扬的斗志、顽强的作风，向实现天津西站"世界一流"的目标大踏步迈进！

大智慧 善于总结内外协调　发挥集团整体优势

走进北京建工集团天津西站办公区，抬头望去，二层办公楼上赫然悬挂着"千方百计，千辛万苦，把天津西站建成国内领先、世界一流精品工程"、"弘扬现代精神，树立现代意识，创造现代速度，展示现代服务"等振奋人心的巨幅标语。的确，从"2·10"战役的"千辛万苦"到"4·18"战役的"千方百计"，天津西站施工管理有了"质"的飞跃，"大智慧"彰显其中。

"大智慧"体现在勇于自我剖析、善于总结上。"2·10"战役结束后，天津西站指挥部和项目部正视现实、不回避矛盾，本着"轻看成绩、重看问题"的原则，及时深刻汲取经验教训，对前期工作进行了认真梳理。与"2·10"战役相比，"4·18"节点施工更加艰难，既有线确定的第一次改线最后期限已定，"后门"被关死，不仅时间紧迫，而且管理上面临巨大压力。项目上下定决心，必须改变进场之初疲于应付、缺少策划的被动局面，快速适应高铁建设标准化、规范化管理和"六位一体"要求。他们及时向全体员工发出了一封信，鼓励大家坚定必胜信心，并制定出四项保证措施，坚决打赢这场攻坚战。张立元讲到，"千辛万苦"是个态度问题，仅靠"千辛万苦"是解决不了所有问题的；"千方百计"是方法问题，只有动脑筋、想办法、出思路，才是解决问题的途径。

建造师论坛

"大智慧"体现在运筹帷幄、集团作战、发挥整体优势上。关键时刻,集团和三建给予了天津西站项目部鼎力支持,两级党政工领导数次深入现场进行慰问、动员、现场指导、现场办公;现场指挥部领导、顾问每天现场巡视,掌握一线第一手材料,出谋划策、精心指导;集团三代工程专家会同北京中建科研究院和天津当地专家齐聚现场"会诊",对施工方案进行反复论证,确保施工安全和质量;三建公司作为总包单位,与集团总承包(区域)部、安装集团公司、机械公司、商品混凝土中心等分包单位联合作战,发挥各自专业特长,各显神通,彰显集团整体优势。在北区钢结构安装施工时,为保护楼面层且又能达到承载的目的,项目上邀请建研院专家对支撑模架进行反复检测、论证,不仅保证了模架受力、保护了楼面,还节省了三分之一的制作材料。

"大智慧"体现在善于理清思路、统筹安排、内外协调上。"4·18"战役以来,项目部克服交接与施工并行、施工战线过长、现场文明施工与既有线安全防控并行等不利因素,以及百年不遇的大雪和京津冀地区50年罕见的连续低温和前期劳动力严重不足等困难,多次召开全员大会,明确各阶段工作主线,抓好钢结构施工、既有线拨线等大的工作环节,科学安排施工,合理布局,做到上道工序必须为下道工序服好务。项目部成立现场协调小组,深入一线现场办公,对施工生产、物资供应、劳动力保障及生活后勤等进行组织协调,提前做好物资供应计划,使各类物资保质、保量及时进场,努力确保施工需求。同时,精心组织,合理安排工期,以日保周、周保旬、旬保月,狠抓生产进度计划落实。在劳动力安排上,做好各阶段劳动力需求计划,巧用现场劳动力,将队伍化整为零,改用多支施工队伍,划小责任区域,多片包干,突显了"游击战术"灵活作战的特点,做到有备无患。对外,充分做好与市政、地铁、铁路站场的协调、沟通,在集团化、多单位、内外协同作战、立体交叉作战中,有条不紊地按计划目标向前推进。

大手笔 细化分工昼夜奋战 啃下"钢构"硬骨头

钢结构施工是天津西站施工中最为关键的环节之一,只有"大手笔"才能啃下这块"硬骨头"。自"4·18"会战打响以来,天津西站项目部积极协调各配合单位,科学安排施工进度,合理穿插施工工序,想尽一切办法为钢结构吊装创造施工条件;钢构部全体员工更是昼夜奋战、科学施工,赢得了最终胜利。

天津西站总共钢结构用钢量达到6万t,相当于机场T3B航站楼6倍、鸟巢一半的用钢量。仅"4·18"战役钢结构施工总用钢量即达到3 000t,最重的钢构件每根重达49t,而且4月11日铁路方将拉网通电,所有施工将全部停止。这些,都给钢结构安装带来严峻的考验。任务重,时间紧,后门堵死,没有任何退路。为确保在规定时间内完成吊装任务,钢结构项目经理部确定24h昼夜吊装的方案,并规定进一步严格项目管理,确保技术质量的安全到位。同时,严格按照统一信号指挥、一辆车一个信号工、一个焊点一个看火人的标准进行吊装操作。夜间则保证充足的照明,现场不留暗角,并保证夜间吊装至少有3名管理人员值守。吊装过程中,项目部一直坚持贯彻安全生产从点滴入手的方针,焊接之前,凡是焊接区域内的所有易燃物品必须及时清理干净,方可进行焊接。而在吊装过程中,平时吊装启动两三台起重机、七八十人即可满足的施工方案,增加到了六台起重机、三百名工人。

此间,由于回填土、站房自动扶梯作业以及高承台施工都会影响到钢结构通道的形成,西站项目经理柳沁为此多次深夜前往北京路局西站指挥部与相关人员讨论方案,当讨论出可能形成通道的新方案时,柳沁便立刻赶往现场察看实际地形,验证方案是否可行。在经过细致的策划、合理的协调、有效的穿插和连续24h的日夜奋战后,3月19日,一条宽9m、长200余m、坡高7m的大通道终于形成,准时为主站房高架层钢结构的吊装作业提供了条件。

正在大家为即将开始的钢结构吊装作业而欣喜的时候,2010年第一场沙尘暴于3月20日突然袭来,西站北区施工现场地面风力超过七级,空气中的沙土颗粒遮蔽了整个天空,大大影响了能见度,也影响了西站的工程施工。由于钢结构的吊装作业要求精细程度非常高,构件的吊装误差都以毫米计算,因此在如此恶劣的天气下,吊装工作不得不被迫推迟,然而西站的建设者们没有气馁,而是一边继续完成受天气影响较小的工作,一边时刻等待着天气的好转。3月21日,天空一片蔚蓝,温暖的阳光洒满了西站的施工现场,钢结构吊装准时开始,经过一天的连续施工,当日共计完成吊装高架层钢柱7根。钢结构吊装是一项技术难点很高的工作,起重机要开到楼面上进行作业,而且由于钢构本身单体重量巨大,更给施工带来很大影响。为减少重量又要节省材料而且还要能够承受压力,项目部十数次地计算钢体用料,精简体量。通过一系列的简化、计算、论证达到施工要求。期间,共计吊装1 800多吊次,大桁架、支撑柱、主梁次梁、3 000t的钢网架依次吊装焊接就位。

4月9日,经过全体参战员工十余天的日夜鏖战,天津西站北区高架层钢构架全部安装到位,比计划提前两天完成任务,为"4·18"战役的全面胜利奠定了坚实基础。同时,也创出钢构部施工史上数个之最:单根钢构件最重,难度最大,安装标高最高……

大眼光 标准化规范化施工 实现"量"到"质"的飞跃

"'4·18'和'2·10'最大的不同就是大智慧、大手笔、大眼光!现在,员工们对这个项目心里有数多了,比'2·10'更有信心了!"4月14日下午,天津西站工程总指挥办公室里传来张立元总指挥兴奋的声音。

"2·10"节点是跑步进场的,一切以"苦"字当先。"千辛万苦"之下,随着"2·10"攻坚战的圆满完成,工作的重点也悄然从"保进度"转入到"4·18"的"常态化管理"上来了。对于首次承建高铁项目的北京建工而言,进行高铁建设常态化管理和标准化、规范化施工,目的不仅在于能够在节点之前完工,而且在于能够在总结前期工作经验的基础上,从大局着眼,对项目整体进行统筹,彻底从一个历尽"千辛万苦"的入门者身份蜕变为"胸有成竹"的高铁行业领跑者。如果说"2·10"会战是凭借员工坚强的毅力实现的成功量变的话,"4·18"就是要在"2·10"量变的基础上实现质变,即在质量管理、安全管理、文明施工三个方面均实现实质性突破,一个都不能少。

4月8日,在天津西站工程召开的建设工程安全质量工作会议上,集团接连提出了六个"坚持",要求坚持三检制、例行检查制、样板制等六项制度,内容覆盖从样板引导、质量监察、责任落实到不合格项目整改等质量控制的各个环节,从制度上将工程质量规范化。为了使工程最终顺利赢得天津市"结构海河杯"、"金奖海河杯"和国家建设工程"鲁班奖",天津西站领导班子明白,工程必须彻底告别"头痛医头,脚痛医脚"的被动局面,人要跑在工程前面,从制度的高度上保证项目有章可循、有序施工。

"大眼光"要求指战员必须站得更高。高铁建设安全问题的重中之重是对既有线的保护,如果既有线发生意外,将会直接影响到京沪全线铁路的运行问题。为此,指挥部从全局出发,决定要在"4·18"节点之前,完成既有线两侧所有的工程以及在其上方的钢结构建设。根据合同规定,在4月19日11:55既有线进行拨线之后,为保证线路运行安全,既有线附近10m不得施工。安排钢结构建于既有线上方,可以对既有线实行有效的立体保护,保障其安全运行。

然而,"大眼光"却不意味着忽视细节,而是要在重视细节的基础上超越细节。5mm,一个塑料袋,两者看似都是日常生活中引不起人们丝毫注意的小细节,但是在天津西站的工程中,轨道地基移动5mm就会影响京沪铁路全线的运行;塑料袋如果被风刮起,进入2.75万V高压线的安全区内,也会发生重大安全事故。在工地现场,任何不被注意的细节都可能造成隐患。因此,指挥部决定,在轨道旁放置渣石留作备用,当地基移动时,这些渣石就可以随时派上用场,防止地基侧滑。同时,派两个部门同时对轨道安全进行检查,确保安全无事故。23名安全员,平均每人每日工作16h,采取严防死守、定点旁站、全程控制的方式,使每一个施工角落都在安全员的视线之内。

项目部还按照《铁路建设项目现场管理规范》和天津市文明施工工地推荐标准,采取有效措施,使现场文明施工上了一个新台阶。路局总指挥郑雨高兴地说,现在的他丝毫不为建工集团此前没有建设高铁的经验而担心,相反,他已经越来越相信建工集团在高铁建设方面的能力,目前,他正考虑将天津西站打造成为京沪沿线的样板工程。

经过不懈努力,集团在短短两个多月的时间里实现了从一个高铁建设的"跟随者"到"领跑者"的转变。

浅谈工程索赔

郑 丽

(江西省水电工程局,南昌 330096)

摘 要：随着我国改革开放的不断深入和招投标承包制的不断完善，"索赔"这个词已越来越为人们所熟悉，并日益成为企业关注的一个重大问题。施工索赔是一项涉及面广、学问颇深的技巧，是承包商保护自己并获取利益的手段。因此了解和掌握索赔工作的内容及应注意的问题，科学运用有效的方法开展索赔显得更为重要。本文从索赔发生的主要原因和一般索赔的主要内容及其目前承包商索赔存在的问题等方面来了解工程索赔，阐述了工程索赔对承包商的重要意义；并且从加强承包商索赔管理，提高承包商索赔成功可能性等方面，详细阐述了承包商应如何建立健全索赔管理机制，索赔时应采取何种索赔策略，索赔谈判时如何运用谈判技巧等。

关键词：建设工程，索赔

索赔是当事人在实施过程中，依据法律、合同规定及惯例，对并非由于自己的过错，而是由于应由合同对方承担责任的情况造成的，且实际发生了损失，向对方提出给予补偿要求。在工程建设的各个阶段，都有可能发生索赔，但在施工阶段索赔发生较多。工程索赔是承包商减少风险损失的有效途径、是承包商维护其合同权益的重要手段、是承包商经营管理水平的体现。施工索赔是合同和法律赋予受损失者的权利，对承包企业来说是一种保护自己，维护自己正当权益、避免损失、增加利润的手段。

受长期计划经济体制的影响，承发包双方对工程索赔的认识都不够全面、正确。同时，合同管理及企业内部管理与索赔工作的要求，有一定差距。并且，实施索赔的方法、程序及问题处理等，不够科学、规范。

下面就承包商如何加强索赔管理及怎样采用索赔策略和索赔技巧，谈谈本人的一点体会。

一、索赔的原因

(1)业主违约；(2)合同缺陷；(3)施工条件变化；(4)工程变更；(5)工期拖延；(6)工程师指令；(7)国家政策及法律、法令变更；(8)其他承包商干扰。

二、索赔的机会

(1)业主的行为潜在着索赔机会；
(2)业主代表的行为潜在着索赔机会；
(3)设计变更潜在着索赔机会；
(4)合同文件的缺陷潜在自索赔机会；
(5)施工条件与施工方法的变化潜在着索赔机会；
(6)国家政策法规的变更潜在着索赔机会；
(7)不可抗力事件潜在着索赔机会；

三、索赔的依据和原则

1.索赔的依据

(1)招标文件、施工合同文件及附件、经认可的施工组织设计、工程图纸、技术规范等。

(2)双方的往来信件及各种会议纪要、施工进度计划和具体的施工进度安排、施工现场的有关文件，如施工记录、施工备忘录、施工日记等。

建造师论坛

(3)工程检查验收报告和各种技术鉴定报告。

(4)建筑材料饿采购、订货、运输、进场时间等方面的凭据。

(5)工程中电、水、道路开通和封闭的记录与证明。

(6)国家有关法律、法令、政策文件,政府公布的物价指数、工资指数等。

2.索赔的原则

(1)根据招标文件及合同要求中有关规定提出索赔意向书,意向书中应包含索赔桩号(结构物名称)、索赔事由及依据、事件发生起算日期和估算损失,无须附有详细的计算资料和证明。这样,使监理工程师通过意向书就可以把整个事件的起因、地点及索赔方向有大致了解。

(2)索赔意向书递交监理工程师后应经主管监理工程师签字确认,必要时施工单位负责人、现场负责人及现场监理工程师、主管监理工程师要一起到现场核对。

(3)索赔意向书送交监理工程师签字确认后要及时收集证据,收集的证据要确凿,理由要充分;所有工程费用和工期索赔应附有现场工程监理工程师认可的记录和计算资料及相关的证明材料。

四、索赔的技巧

1.做好收集、整理签证工作

"有理"才能走四方,"有据"才能行得端,"按时"才能不失效。所以,必须在施工全过程中及时做好索赔资料的收集、整理、签证工作。索赔直接牵涉到当事人双方的切身经济利益,靠花言巧语不行,靠胡搅蛮缠不行,靠不正当手段更不行。索赔成功的基础在于充分的事实、确凿的证据。而这些事实和证据只能来源于工程承包全过程的各个环节之中。关键在于用心收集、整理好,并辅之以相应的法律法规及合同条款,使之真正成为成功索赔的依据。

2.主动创造索赔机遇

在施工过程中,承包商应坚持监理及业主的书面指令为主,即使在特殊情况下必须执行其口头命令,亦应在事后立即要求其用书面文件确认,或者致函监理及业主确认。同时做好施工日志、技术资料等施工记录。每天应有专人记录,并请现场监理工程人员签字;当造成现场损失时,还应做好现场摄像、录像,以达到资料的完整性;对停水、停电、甲供材料的进场时间、数量、质量等等,都应做好详细记录;对设计变更、技术核定、工程量增减等签证手续要齐全,确保资料完整;业主或监理单位的临时变更、口头指令、会议研究、往来信函等应及时收集,整理成文字,必要时还可对施工过程进行摄影或录像。又如甲方指定或认可的材料或采用新材料,实际价格高于预算价(或投标价),按合同规定允许按实补差的,应及时办理价格签证手续。凡采用新材料、新工艺、新技术施工,没有相应预算定额计价时,应收集有关造价信息或征询有关造价部门意见,作好结算依据的准备。其次,在施工中需要更改设计或施工方案的也应及时做好修改、补充签证。另外,如施工中发生工伤、机械事故时,也应及时记录现场实际状况,分清职责;对人员、设备的闲置、工期的延误以及对工程的损害程度等,都应及时办理签证手续。此外要十分熟悉各种索赔事项的签证时间要求,区分二十四小时、四十八小时、七天、十四天、二十八天等时间概念的具体含义。特别是一些隐蔽工程、挖土工程、拆除工程,都必须及时办理签证手续。否则时过境迁就容易引起扯皮,增加索赔难度。做到不忘、不漏、不缺、不少,眼勤、手勤、口勤、腿勤。不能因为监理的口头承诺而疏忽文字记录,也不能因为大家都知道就放松签证。这些都是工程索赔的原始凭证,应分类保管,以创造索赔的机遇。

3.正确处理好同业主与监理的关系

索赔必须取得监理的认可,索赔的成功与否,监理起着关键性作用。索赔直接关系到业主的切身利益,承包商索赔的成败在很大程度上取决于业主的态度。因此,要正确处理好业主、监理关系,在实际工作中树立良好的信誉。古人云:人无信不立,事无信不成,业无信不兴。诚信是整个社会发展成长的基石。因此,按"诚信为本、操守为重"的理念,健全企业内部管理体系和质量保证体系,诚信服务,确保工程质量,树立品牌意识,加大管理力度,在业主与监理的心目中赢得良好的信誉。比如,施工现场次序井然,场容整洁;项目经理做到有令即行,有令即止。总之，要搞好相互关系，保持友好合作的气氛，互相信任。对业主或监理的过失，承包商应表示理解和同情，用真诚换取对方的信任和理解。创造索赔的平和气氛，避免感情上的障碍。

4.注意谈判技巧

谈判技巧是索赔谈判成功的重要因素，要使谈判取得成功，必须做到：

首先应事先做好谈判准备。

知己知彼，百战不殆。认真做好谈判准备乃是促成谈判成功的首要因素，在同业主和监理开展索赔谈判时，应事先研究和统一谈判口径和策略。谈判人员应在统一的原则下，根据实际情况采取应变的灵活策略，以争取主动。谈判中一要注意维护组长的权威；二要丢芝麻抓西瓜，不斤斤计较；三要控制主动权，并留有余地。谈判的最终决策者应是承包方的领导人，可实行幕后指挥，以防僵局和陷于被动。

注意谈判艺术和技巧。

实践证明，在谈判中采取强硬态度或软弱立场都是不可取的，难以获得满意的效果。因此，采取刚柔结合的立场容易奏效，既掌握原则性，又灵活性，才能应付谈判的复杂局面；在谈判中要随时研究和掌握对方的心理，了解对方的意图；不要使用尖刻的话语刺激对方，伤害对方的自尊心，要以理服人，求得对方的理解；善于利用机遇，因势利导，用长远合作的利益来启发和打动对方；准备有进有退的策略。在谈判中该争的要争，该让的要让，使双方有得有失，寻求折衷办法；在谈判中要有坚持到底的精神，经受得住挫折的思想准备，决不能首先退出谈判，发脾气；对分歧意见，应相互考虑对方的观点共同寻求妥协的解决办法等。

五、索赔工作应注意的几个问题

1.增强索赔意识

首先认识到索赔工作是提高企业管理水平，增加效益的有效途径和手段，是一种新的竞争方式，开展好工程索赔不仅要求项目经理、概预算人员有索赔意识，而是要使全体职工有参与的思想，使所有的管理人员都了解明确索赔范围，在施工中通过项目经理提出索赔内容，通过索赔提高社会信誉和经济效益。其次工程索赔是建筑市场经济活动的一部分，它是落实和调整合同双方经济责、权、利关系的手段，对施工企业来说是一种保护自己，维护自己正当权益，避免损失增加利润的措施。在国际、国内建筑市场竞争日益激烈的今天，承包方往往为取得工程，只有压低报价，以低价中标，而发包商为节约投资千方百计与承包方讨价还价，使承包方处于不利地位，而承包方主要对策之一是通过工程中的索赔减少或转移风险，保护自己，避免亏本，赢得利润。

2.职能转换问题

开展好索赔工作不但有经济利益问题，而且还是政府职能转换问题。虽然施工企业已经率先走向市场，不再靠行政任务生存，但是束缚企业的条条框框依然存在，企业权力依然无法全面落实，企业自主权依然受政府部门的计划经济的干预和约束。既然索赔工作有利于企业的生存和发展，所以政府必须为企业创造一个良好宽松的外部环境，彻底从计划经济的模式中走出来，把企业推向市场，平等竞争应具备相应的政策和保障措施。

现在的建筑市场正在健康的建立和完善，只有相配套的法规政策、规章制度进一步完善，才使索赔工作有法可依，有章可循，使索赔工作规范化、制度化，否则开展索赔工作缺乏依据，更不利于建筑市场的竞争。

参考文献

[1]乔志勇.略论工程索赔.经济师，2001年10期.

[2]王文元，主编.《建筑工程招标投标》.中国环境科学出版社.

[3]夏铨波.承包商如何做好索赔工作.西部探矿工程，2002年第1期.

[4]梁鉴.国际工程施工管理[M].北京:中国建筑工业出版社,2005:274.

[5]张文来.FIDIC合同条件下的国际工程索赔.国际经济合作，2001年02期.

[6]郭耀煌，王亚平，著.《工程索赔管理》.中国铁道出版社.

[7]李启明，朱树英，黄文杰.工程建设合同与索赔管理[M].北京:科学出版社,2001:469.

建造师风采

非洲建筑工地上的故事（七）

大 凉

水泥工"搅一搅"是一个憨厚、不爱说话的小伙子。他的名字您听起来肯定觉得很奇怪，"搅一搅"这明明就是我们中国话嘛，给他起这个名字还得从他的工作说起。

我们房子外墙面要贴小瓷砖，他是给贴砖师傅做小工的。和国内情况一样，大多数讲究一点的房子都要做外墙饰面，尤其是在雨水多的地方，能起到很好的防潮作用，在非洲更是如此，那儿的雨季前面的故事里也说过了，雨下起来大得就像是老天爷从天上拿个盆往下倒水，那不是倾盆大雨，而是倾"缸"大雨！水这样大能不潮吗？所以在非洲的房子也准备这么干，我请了中国水泥工来干这个活儿，贴瓷砖是个有些难度的技术活儿，我的工地所在的国家这种建筑不多，所以我还是有些信不过非洲的水泥工技术。

一天，巴比问我："什么叫'搅一搅'？"我楞了一下，难道这里的土话也有这样的发音？因为在非洲的土语中很多发音象中国话，而且意思也相近。例如："佛勒得"就象我们中国话里的"沸腾"，有热情高涨的意思。巴比说："那个中国师傅老是叫'温多'（就是做小工的那个小伙子）'搅一搅'。"我一下明白了，不禁笑了起来，问巴比："师傅是不是让他搅一搅贴砖用的水泥？"巴比点头称是，"师傅老是不停地对他说'搅一搅'。"从那儿以后，我和工人们就都叫小工温多"搅一搅"了。

中国水泥工师傅是抽出空闲来帮我干的，属于干私活儿。他们自己的工地忙了，领导就不让他来了，这样一来，我一下子就犯难了，还有些活儿没完呢。我让巴比找几个非洲师傅来试试，真是和我原来担心的一样，他们根本没有横平竖直的准确概念，活儿干得很随意，贴两行就歪了。这天，"搅一搅"对我说他想试试，那天工地上活很多，我忙着呢，顺口应了一声就离开了。中午吃饭的时候，巴比来了，让去看看"搅一搅"贴的活儿，我心里想，准又是在浪费我的水泥和工时，好在他是小工，工资也不高。可是来到跟前一看，真是出乎我的意料，这小子贴得还真是横平竖直。也许就是这些天打下手留心看会的，活儿让我很满意。他一下子就变大工了，工资从那天起就比以前多了一倍，以后贴外墙瓷砖的活儿都是由他完成的。

"搅一搅"从来不和工友们一起闲聊天，和人说话的时候也总是低着头，手里老是抱着一台收音机，边干活边听电台播放的音乐，好象他有着一个属于他自己的世界——而且看得出来，还是一个很幸福的世界。这使他为人处事总是谦和，态度里边有着更多的淡定。

这一天早晨，工人们都上班了，可是有几个人不是赶紧换上工作服干活，而是在那儿有说有笑地聊着天，不知道什么开心事让他们说起来没结没完的。非洲人特别爱聊天，有时聊得兴致来了就这样，把原本该做什么都忘了。我本来就每天为工程进度着急，希望他们早点进入工作状态，但是我知道他们的生活习惯，有时他们说几句我也能尽量忍着不去干涉，可是这天聊得有点多了，我就冲着他们大叫起来，我也是越嚷越气，说真的，这也就是我撒气的一种方式。"搅一搅"过来了，手里边拿着一个刚削好的木瓜，他还是那样低着头对我说，"您吃一口这个吧，很甜。"正好我还没吃早饭呢，这一口下去是真好吃呀，我几口就吃光了，气也消了大半儿。他看见我不那么生气了，就又对我说："这样生气对身体不好，您可以多说，但不能这样着急，您知道吗，工人们说你脸一红就知道你着急了，都知道该怎么做了，您再多说多少都是一样的了。"听他这样一说，我也觉得很有道理，心里边的气彻底消了。他挑的那种木瓜我后来怎么也找不到了，真是很甜。

在非洲工作自己的神经每天都是绷得很紧，做什么事都要很小心，生存环境和工作环境都容不得我松懈，就是每天睡觉时还要担心工地上的东西是不是会被偷盗，自己会不会有什么麻烦。一次，我开着小卡车带着几个工人去办事，回到工地我准备把车停下来，可能是人太多超载了，一下没刹车了，眼看着车就奔后面的河冲过去，河床有十几米深，掉下去就肯定完了，车上的人都大叫起来，有的人就跳车了，我的心也一下就揪紧了，怎么踩也没刹车，车在这个下坡路上越来越快，一侧眼看见"搅一搅"就在我身边的坐椅上，一声不出地看着我，他不会开车，要是会准会有办法，他很聪明。他的镇定让我也清醒了，我急中生智拉起手刹，我怕拉断了，一下又一下，不拉得太死，车晃动几下就停下来了，是他镇定和信任的眼神给了我鼓励。

"搅一搅"曾经送给我一本英文版的《圣经》，他让我开车时就放在车里边，睡觉时就放在枕边，说它有保护我的力量，多看看它就会去掉很多烦恼，心会很安稳，生活就会顺利。他说他从小就读这本书，是一个教堂的牧师送给他的，他觉得读完后一切变的挺美好的了。我照他说的这样做了，更主要是我懂得怎么和他们相处了，把心尽可能地静下来，我后面的工作一直还算顺利，这本书带回中国后，看到它，更多的时候是让我想起了"搅一搅"——一个有着自己世界的人。

以发展节能建筑为突破口 推动建筑业节能降耗减排

陈庆修

（国务院机关事务管理局，北京 100017）

摘　要：建筑业是耗能大户，在全社会节能降耗减排中占据重要地位。发展节能建筑是建筑业节能降耗减排的突破口，对于建设资源节约型、环境友好型社会，以及实现经济社会可持续发展至关重要。要针对目前建筑节能中所存在的问题，在加强和改善宏观调控的同时，更多运用市场手段，把握好政策的激励和约束机制相结合、建筑技术创新与产业化相结合、节能评估与能耗标识制度相结合、行政手段和经济手段相结合这"四个结合点"，推动节能建筑持续健康发展。

关键词：节能建筑，节能降耗减排，存在问题，政策引导，技术创新，市场机制

建筑是人类活动的基本场所，也是现代社会大量消耗能源的重要环节。建筑能耗在我国终端总能耗中所占的比例超过30%，而且随着城镇化进程的加快迅速攀升。能源供应量和环境容量已达到极限。建筑业在节能降耗减排中占据重要地位。大力发展节能建筑，对于全社会的节能降耗减排，建设资源节约型、环境友好型社会，以及实现经济社会可持续发展都具有重要意义。

一、发展节能建筑是建筑业节能降耗减排的突破口

我国现有430亿m²建筑总量，这些既有建筑能源利用效率低，节能效果差，单位建筑面积采暖能耗是发达国家标准的3倍以上。主要原因是建筑围护结构的保温性能不高，门窗气密性能差，外墙传热系数是发达国家的3~4倍，门窗为2~3倍，屋面为3~6倍，门窗空气渗透为3~6倍。结果很多还可再利用的余热、余冷都浪费掉了，造成了单位面积能耗居高不下。与气候相近的发达国家相比，我国绝大多数采暖地区围护结构的热功能存在较大的差距。以供暖为例，北京市一个采暖期的平均能耗为21瓦/m²，而相同气候条件的瑞典、丹麦、芬兰等国能耗仅为11瓦/m²。我国建筑的能源系统大多依赖不可再生的一次能源，可再生能源的利用还不多，仅北方采暖地区每年就多耗标准煤1 800万t。

我国每年新建房屋面积高达20亿m²以上，超过所有发达国家年新建总和，建筑能耗占社会能耗比重快速增长，每年增加一个百分点以上，如果不采取有力措施，国家节能降耗减排的宏观目标将落空；如果推行节能建筑，到2020年我国可以把能耗控制在7.54亿t标准煤，可节约3亿多t标准煤。根据住房和城乡建设部最新发出的通报，截至2009年底，全国累计建成节能建筑面积40.8亿m²，占城镇建筑面积的比例逐年提高[1]。但是，从整体上来看，建筑行业增长方式仍属于粗放型，节能建筑所占的比例还不高，大力发展节能建筑任务十分艰巨。

节能建筑是遵循气候设计和节能的基本方法，在满足建筑功能的基础上，对建筑朝向、间距、太阳辐射、风向以及外部空间环境进行综合平衡，规划、设计、建造出的低能耗建筑。狭义上讲，节能建筑就是指建筑在使用过程中，采暖、空调、热水供应、照明等日常生活方面能耗比常规建筑低的建筑。节能建筑的目标在于实现节能、节水、节地、节材，保护环境和减少污染，注重人的舒适以及人与自然环境的和谐，代表了现代建筑发展方向。从降低内外热交换的外墙保温材料，到带有冷热桥隔断的新型窗框，到低辐射保温性能高的

中空玻璃，到能将80%阳光遮挡于墙外的遮阳卷帘，再到充分利用地下热能保持房间恒温的地源热泵，节能措施的使用可使建筑节能达到70%以上。

新建节能建筑，初期投入虽然高一些，但消费者入住后使用费用低，从住房平均50~70年的使用期来看，前期那点节能投入是微不足道的。节能建筑能够给居住者带来潜在的经济效益，节能建筑比普通建筑增加的那部分成本一般7~10年就可以通过节能的效益收回，以后年份节约的能源费用将成为用户的直接收益，以隔热性较强的中空玻璃为例，在5年之内仅节约的电费，就能收回成本；节能建筑还能够减少屋内墙面结露、透寒、开裂和长毛的现象，改善室内热环境，提高建筑的舒适度，延长建筑的使用寿命。

我国既有建筑存量巨大，其中大多是非节能建筑，至少有三分之一、约150多亿m²有节能改造的价值。与新建建筑相比，既有建筑的节能改造投资少、见效快。普通建筑改造成节能建筑可以节省能源费用支出10~50个百分点。其中保温方面的投资回报率达到65%，而照明方面的节能投资回报率则高达85%[2]。上述单项节能措施如能结合在一起将会产生协同效应，节能效果更为可观。

二、建筑节能当前存在的主要问题

目前，我国节能建筑的基本状况是，技术创新与市场应用脱节，设计标准与施工质量脱节，建材生产与应用脱节，建筑节能要求虎头蛇尾。主要表现在：节能建筑规范相对完整，节能设计和立项审批阶段，八仙过海、蒙混过关；施工阶段为降低成本，偷工减料，面目全非；监理和验收，穷于应付眼前的安全问题，日后节能的问题只能睁只眼闭只眼。结果许多不合标准的建筑投入使用。具体地讲，建筑节能问题表现在：

一是缺乏建筑节能降耗减排意识。节能环保意识落后，对节能建筑的认识不足，作为构成建筑市场主体的开发商和广大用户，由于信息不对称等种种原因，对节能建筑的节能性、经济性，尤其是长期使用情况下节能建筑的性价比还缺乏清楚的认识。再加上多数建筑统一供暖，没有施行分户计量，能源价格偏低，对业主来说建筑后期运营能耗费用的差别不足以调动购买节能建筑的积极性，大多数消费者购房时更关注诸如价格、地段、房屋结构、小区环境、配套设施等基本条件，很少考虑房屋是否节能，这影响了开发商开发节能建筑的积极性；开发商在卖房时不提供建筑能耗性能信息，购房者对建筑节能性能不知情，也不知道如何去选择节能建筑，这反过来也影响了节能建筑的推广工作。

二是缺乏有效的政策激励机制。建筑节能缺乏的并不是节能的新技术，缺的是政府支持和市场机制，缺乏相应的鼓励政策和必要的资金支持。目前，建筑节能仍然是行政主导模式，缺乏有效激励机制，加之现行的法律法规没有可操作的硬性约束，对各利益主体的行为难以规范和制约。尽管建筑节能方面包括通风、遮阳、太阳能等科技成果都已研发出来，可是建造节能建筑的一次性投资明显偏高，考虑到成本问题，很多开发商缺乏节能建筑投入的积极性，缺乏产业化、市场化的内在动力。尤其是近年来，因为房市火爆、房价高涨、房子好卖等原因，造成房地产开发商急功近利，只考虑眼前利益，不愿意采用新型节能产品和新技术，结果不达标建筑不断出现。

三是缺乏节能建筑能耗评价体系。建筑是否达到节能标准，能节约多少能量需要进行科学评估。由于现行建筑能耗规范和能耗评估体系不完善，已出台的标准执行不力，节能评价方式和结果混乱；对高效节能技术的评估、检测、认证的能力不足，缺乏对建筑整体节能评估手段；缺乏建筑能源消耗量的基本数据技术资料，配套标准规范和设计图集编制工作滞后，致使在经济定额、构造图集、产品标准、验收标准方面相对薄弱。房产开发商不能以权威的"节能建筑"为招牌去推销，购房者也无法根据图纸或在购房现场认定节能建筑，导致节能建筑难以市场化运作。

四是建筑节能管理体制不完善。目前，建筑节能管理体制不完善，监管职能不明确；建筑节能的综合规划和决策体制不完善，没有形成完整的产业规划和产业政策；建筑节能的程序性法律法规及其配套实施办法滞后，执行力度不够；建筑节能等级评价指标体系不健全，缺乏权威的资质认定和评价机构；建筑节能产品的质量认证制度尚未建立起来，等等。建筑节能监管缺位，缺乏强有力的约束机制，做不做节能住宅对于开发商来说只是凭职业道德和社会责任感，并不具有强制性。

三、发展节能建筑的基本思路

发展节能建筑，应针对目前建筑节能存在的主要问题,运用行政和经济相结合的办法,在加强和改善宏观调控的同时,更多运用经济手段,积极引导和培育规范节能建筑市场,加强新建建筑节能规划设计,严格施工节能标准监理,全面推广新型节能建筑材料,更好推动我国建筑领域节能降耗减排。

一是提高用户购买使用节能住宅的积极性。用户是节能建筑的最终消费者和受益者,建筑节能市场的成熟,主要依赖用户使用节能建筑的主动性,让更多用户购买并使用节能建筑是市场形成的基础。要加强能源危机意识宣传,加强绿色节能理念教育,使广大消费者充分认识节能建筑的优越性和巨大潜在效益,以调动消费者购买的积极性,形成节能建筑开发与消费的良性循环。为提高用户购买使用节能住宅的积极性,还要对使用节能建筑及产品的用户进行补贴。例如,可在采暖费或电费的价格上实行优惠措施,使用户因使用节能建筑得到实实在在的实惠。通过严格的税收政策来提高用户使用非节能建筑及产品的边际成本,来刺激、提高用户使用节能建筑的积极性,为建筑节能市场发展提供动力,形成节能建筑资源配置市场化运行机制,促进节能建筑持续健康发展。

二是全面开展既有建筑的节能改造工作。既有建筑节能改造比新建节能建筑投资少,更容易取得成效。改造的项目有:加强遮阳,充分利用自然通风条件和太阳能,照明改用节能灯管,减小门窗玻璃面积或改用中空玻璃等新型玻璃,合理使用空调,等等。建筑物围护结构的节能改造和制热供冷系统的改造需要大量资金投入,发达国家的普遍做法是,由能源管理公司或者能源服务公司对既有建筑进行评估,做出改造预算以及回报周期方案,与房屋所有者签订协议后,财政给予贷款贴息优惠。然后,能源管理公司负责改造,承担风险,改造后协议期内的收益归能源管理公司所有;对于房屋所有者来说,协议期内仍然要按照原先的标准缴纳费用,协议到期后,收益归房屋所有者。要借鉴国外先进经验,加大财政支持力度,专门安排资金对既有建筑节能改造给予投资补助或贷款贴息,并实行相应的税收优惠政策,通过节能服务公司等多种形式,把资金、技术和需求结合在一起,通过市场化运作,调动社会资金和外资投资参与既有建筑改造的积极性。

三是发挥经济杠杆作用推动节能建筑发展。节能建筑的收益需要在房屋使用的较长时期内累积而成,投资节能的企业不能拿到节能带来的收益,这对开发商来说是外部效应。没有利益驱动,开发商难以自觉地搞节能建筑。建筑节能是市场失灵的领域,难以由市场自发地调节,单纯依靠开发商、居民用户的自觉行为难以实现建筑节能目标,而必须由政府主导,运用政策法规加以规范约束,甚至是强制执行。应加大对节能建筑的财政支持力度,对建设节能建筑的企业实行一定程度的税收减免等优惠措施,对示范项目给予贴息优惠政策,通过财政杠杆的作用,使开发商建设节能建筑产生的外部效应内部化,让开发商有利可图,主动承担起建筑节能的责任。以经济手段推动节能建筑持续健康发展,关键要完善建筑能效标识与节能建筑税收优惠等政策,获得相应能效标识的节能建筑,应给予相应的税收和费用减免,提高节能建筑开发建设的积极性。

四是运用税收政策支持节能建筑市场发展。从各国经验来看,节能建筑在市场形成期应给予一定的税收方面激励政策,将隐性的节能空间转化成显性的市场。税收优惠政策是对部分特定纳税人和征税对象给予一定鼓励或照顾的各种特殊规定的总称。对达到节能能效标准的建筑对开发商给予一定的营业税税率优惠,或对购买节能建筑的消费者给予契税的优惠,对于大力应用和推广建筑节能的项目或产品,给予相应税费上的减免等,通过对商品的供给方加大税收优惠,从而刺激市场提供节能建筑的积极性;对不符合节能型建筑标准的高能耗建筑征收能源超量消费税等手段增加不节能行为的成本,间接影响价格,从而抑制非节能型建筑的建设和购买。

四、推动节能建筑持续健康发展应把握的"四个结合点"

建筑领域节能空间巨大,要立足于节能建筑这个突破口,在明确发展节能建筑基本思路的基础上,运用法律、行政、经济、标准等多种手段,把握好以下"四个结合点",积极进行引导和干预,推动节能建筑持续健康发展。

一是将政策的激励和约束机制结合起来。在节能建筑的政策体系中要坚持激励与约束并举的原则。激励性政策,就是采取多种政策手段,在不同环节对建筑节能给予政策优惠和支持;而约束性政策则是强制性的法规标准和准入限制,以及对非节能建筑予以相应的处罚。鼓励与约束并举的优势在于,除了二者政策各自产生的直接影响外,还可给政策的运用提供更多的可操作空间。以税收手段为例,在制定约束性政策时,可以有加税与否的选择。同时,也可以有鼓励还是不鼓励的政策选择。将政策的激励和约束机制结合起来,可以具体体现在:把建筑节能列为工程验收的一项重要内容,实行节能标准一票否决制,凡达不到节能设计标准或在工程中采用国家明令禁止、淘汰的产品、材料和设备的,一律定为不合格工程,不得办理竣工验收备案手续,不得减免新型墙体材料专项基金,不得参加优质工程的评选,并给予相应的处罚;开展建筑节能优秀设计方案评选活动,表彰奖励在建筑节能新技术、新材料和新产品的研发、推广、应用等方面取得明显成效的单位和个人。

二是节能建筑技术创新与产业化结合起来。 认真落实国家中长期科学和技术发展规划纲要中有关城乡现代节能与绿色建筑等专项规划。加大建筑节能技术的开发研究力度,因地制宜开发具有自主知识产权的新型实用技术、新建材,注重解决墙体改革中的关键技术和技术集成,通过科技创新为发展节能建筑提供技术支撑。建立健全建筑科技成果推广应用机制,尽快把科技成果转化为现实生产力,实现节能建筑产业化和市场化。加强国际合作,积极引进、消化、吸收国际先进理念和技术,不断增强自主研究开发能力,广泛开辟应用渠道,结合工程设计和技术改造项目,整合国际、国内技术资源形成适当的技术体系,加快新工艺、新技术、新材料产业化。加快高强钢和高性能混凝土的推广应用,积极采用中空玻璃、热发射镀膜玻璃等新型玻璃。技术系要立足于国产产品,关键设备材料采用在国内市场上可以购买到的国外产品。

三是将节能评估与能耗标识制度结合起来。 近年来,《公共建筑节能设计标准》等重要的国家标准和行业标准相继颁布,具有中国特色的建筑节能标准体系已经基本形成。关键要抓好对新建建筑执行节能设计标准的监管。要在进一步完善政策法规体系和技术标准体系的基础上,建立起建筑能耗评估体系。根据节能建筑的设计标准、评定标准和技术规程等,在对建筑节能及其围护结构的节能产品实施检测和认定的基础上,对建筑节能进行全面评估,为节能建筑的标识认定、工程质量鉴定提供可靠依据。节能评估和能效标识体系建设,是实施节能建筑激励政策的基础和前提。应对新建建筑进行能耗评估,对新建建筑节能状况进行注册和备案管理。房地产开发商在销售时,必须出具评估权威机构出具的能耗及性能证明,明示所售建筑物的耗热量指标、节能措施及保护要求等基本信息,降低建筑开发商与购房人之间的信息不对称性。

四是将经济手段与行政手段结合起来。 经济手段和行政手段都是宏观调控的重要工具,二者各有其特定的适用领域。节能建筑市场发育不完善,是市场机制部分失灵的领域,单靠市场主体各方难以实现建筑节能降耗减排的目标,采用行政手段可直接而明确地要求贯彻执行宏观调控的政策意图。而经济手段则是通过利益引导,间接推动市场主体实现政策目标。与经济手段相比,行政手段具有纵向性、强制性和速效性的特点,二者各有长短。即使在完全充分竞争的市场经济条件下,单纯通过经济手段来调控也很难真正发挥作用。同样,过分依赖行政手段,也存在削弱市场主体主观能动性、降低调控效果等问题。所以,在鼓励节能建筑发展中,要探索政府引导和市场机制推动相结合的方法和机制,通过法制化手段明确各方在建筑节能中应承担的责任。进而,通过完善推动节能建筑发展的产业政策,确立节能目标、制定节能规划、鼓励开发创新、引进先进技术、规范产品标准、分析市场动态、评估节能效果等途径,向社会发布有关政策法规、建筑节能产品的需求预测、节能技术发展方向和节能市场信息,完善节能建筑行业标准和最低能效标准;公布限制和淘汰产品目录,并通过监督检查产品和工程质量,处罚违规企业,引导节能建筑通过正常竞争做到结构优化、产业升级、产品配套、规模合理、质量提高,从源头上杜绝非节能建筑的形成。

总之,发展节能建筑是建筑业节能降耗减排的着力点。要针对影响节能建筑发展的现实问题,综合运用法律、行政、经济、标准等多种手段进行强引导和干预,营造建筑业节能降耗减排环境,培育节能建筑市场,调动建筑开发商和用户的积极性,促进节能建筑持续健康发展,推动整个建筑业节能降耗减排。

参考文献

[1] 杜宇.截至2009年底全国累计建成节能建筑面积40.8亿 m²,新华网北京,2010年4月7日电.

[2] 杜悦英.建筑节能将助益城市环保,2009年9月10日《中国经济时报》.

建筑节能

低碳
悬在中国工程承包企业头上的达摩克利斯之剑

周 密

(商务部国际贸易经济合作研究院，北京 100710)

人们对气候问题的关注为时已久，然而有趣的是，真正引起如此广泛而激烈争论的却是一场百年不遇的经济危机。而工程承包企业与建筑施工直接打交道，在低碳经济离我们越来越近的情况下，一旦处理不当，达摩克利斯之剑就可能坠下，直接终结企业的未来发展之路。

一、低碳还是不低碳，不需选择的选择题

经济危机让不差钱的欧美发达国家陷入窘地，流动性的大量释放对物价水平、政府财政平衡和汇率稳定均造成了严重影响。为了继续保持高额利润，西方发达国家努力争夺"低碳经济"的发展制高点，在节能环保标准、技术方面已经走在了前面。

而大自然的警钟也在不断敲响。洪水、干旱、风灾、冰冻灾害、生态环境失衡，达到极限的自然环境通过一次次的局部崩溃提醒人们环境保护的重要性。而冰川融化、海平面上升，季风、洋流规律的改变，对更大范围、更长时期的气候造成了更大影响，

地势较低的岛国更是面临没顶亡国的巨大威胁。

在此情况下，企业在是否应该和需要推动符合"低碳"的发展模式已不容讨论，而采取什么措施、如何实现气候的逐步改善成为了各方讨论的焦点。同样的，对中国工程承包企业而言，走一条低碳发展之路已经成为必然选择。在巨大的市场机遇和挑战面前，既然要做，怎么才能做得更好，趋利避害，结合企业自身特点实现跨越式的发展，成为政府和企业都需要思考的问题。

二、广阔天地，大有作为

低碳经济中，政府、社会、企业都有通过各种措施减少温室气体排放的压力，也为中国企业提供了巨大的发展空间。

(一)各国减排舆论压力和现实压力增大

尽管哥本哈根联合国气候大会与会各方并未就减排的途径与各方责权利达成一致意见，各国政府在减少温室气体排放上所面临的压力却并未因此减少。全球气候变暖已经是不争的事实，海平面上升、

建筑节能

气候灾害频发、物种灭绝加快、生态系统逐渐偏离平衡状态。为了保护地球这一共同的家园，保持经济的可持续发展，各国政府都将采取相应的措施，改变现有的生产、生活模式，促进能源利用效率提升，尽量阻止全球气温的持续升高。这些措施和计划，为中国工程承包企业提供了巨大的市场。例如，据调查，全球范围，建筑物能耗占到所有能耗的40%~50%，节能空间广阔，更新、改造的需求巨大。

（二）资金支持和技术合作机会增加

发达国家在哥本哈根协议中承诺，将不迟于2020年开始每年提供1 000亿美元的援助，并努力推动技术转移。一些非政府组织、基金会也会针对特定的项目进行支持。例如，WWF（世界自然基金会）就支持了中国保定实施可替代能源项目，以减少碳排放。这些来自政府和社会的资金支持，有助于工程企业提高自身的技术水平，在日常的施工活动中尽量减少温室气体的排放。

（三）国内减排市场发展潜力巨大

中国自主承诺在2020年实现温室气体排放减少40%~50%的目标。国家将采取多种措施保证这一目标的实现，包括产业发展规划、建筑物节能标准、减排技术研发支持资金等。这些政策措施必然将推动国内减排市场发展，通过市场机制提高中国企业的环保意识。特别是在后金融危机时代，经济刺激政策尚不能退出，而单纯扩张型的基础设施建设不利于经济结构调整。对低碳经济相关产业的政策倾斜很可能成为中国经济刺激的重点之一。

（四）环境保护相关领域快速扩展

随着环境保护理念的发展，新的工程领域不断涌现。与之前通过各种技术改造自然环境相反，一些国家逐渐认识到还原自然生态系统的重要性。例如，美国斥资8 400万美元拆除加州卡梅尔河（Carmel River）上的San Clemente大坝，以保护生态的多样性，还原河流自身对环境的复原能力。工业化和城市化在带来更高生活水平的同时给自然环境带来的压力更大。工业生产导致的危险废弃物处理需求的增加，快速城市化过程中对地下和地表水系、土壤环境、动物生存环境的保护日益紧迫，而能够在相关领域中提供专业服务的工程承包企业数量较少，行业发展空间巨大。

三、低碳之路，道路坎坷

但是，不可否认的是，自身技术和实力水平不足，外部市场制约等因素在相当大程度上影响了中国工程承包企业进入"低碳"相关市场的机会。

（一）技术水平不足仍是最主要制约因素

中国工程承包企业的施工能力很强，在传统的隧道、路桥、堤坝、建筑物等方面都具有全球领先的施工效率和质量水平，能够克服各种险恶的自然环境，按照业主单位的要求完成各类工程项目。然而，低碳经济下的许多新领域都对技术、管理和设备有较高的要求。例如，在工程施工中对环境的影响要降低，各类设备的能效和碳排放需要加以控制，施工所用的原材料和设备应符合低碳经济的要求。工程承包企业自身技术水平的不足与国内相关配套产业的落后严重减少了中国企业参与分享"低碳经济"这块市场大蛋糕的机会。

（二）标准门槛较高限制企业平等对话权

发达国家对于绿色建筑、新能源等领域的研究和探索已经拥有多年的经验，也制定了诸如美国绿色建筑委员会制订的LEED标准、欧盟环保标准等，中国企业的工程施工尚较为粗放，拥有国际标准的企业数量不多，而中国自身相关标准还未建立，难以形成行业的统一规范。现代的工程施工项目中，国际大型工程承包商更多参与前期设计、与业主的沟通更为普遍。如果缺少对相关标准的理解或不具有特定行业施工的资质，中国的工程承包企业就无法参与这些具有较高利润的市场和行业的国际竞争，而仅仅局限于传统的施工模式，不利于企业提升自身在产业价值链上的位置。

（三）GPA未开放限制中国企业市场进入

中国正在就WTO的《政府采购协议（GPA）》与有关各方积极沟通。GPA成员以美国、欧盟等发达经济体为主，其政府采购市场规模巨大。未加入GPA，中国企业就无法进入这些成员方的政府采购市场,也无法直接承揽低碳经济下这些国家政府的政府工程项目。

四、千里之行,始于足下

面对机遇和挑战,无论政府还是企业,都需要尽快行动起来,采取积极措施,促进中国企业实现低碳经济下的快速发展。

(一)政府引导是促进行业转型升级的关键

1.制订并强制推行"低碳"标准,努力扩大中国标准影响力

中国政府在节能环保方面已经颁布了不少规定。但"低碳经济"开启了新的时代,依据我国优势,制订适合中国特点的低碳标准,就有可能在国际竞争中获得先机。标准的制订应参考已有的国际惯例,具有可操作性和前瞻性。一方面在审核企业开展对外经济合作业务时作为强制性的考核标准之一,另一方面也应积极利用自由贸易区等多双边协议的互认等方式推动标准的国际化,力争在产品生产、服务提供等多个领域为中国企业的未来竞争打好基础。

2.扶持"低碳"产业发展,增加对基础领域研发投入支持

新技术、新产品和新工艺的研发需要一定的周期,而加大资金支持则能够加快这一进程。政府需要尽早出台土地、财税、知识产权保护等系列配套政策,培育企业的成长,迅速提高"低碳"产业的国际竞争力。

3.调整教育学科设置,培养符合"低碳经济"要求的人才

现有的教育学科设置主要侧重于学科基础知识的培养,在内容和体系上已经逐渐不适应现代经济的快速发展。在一些院校已经开始尝试设立循环经济学科,与"低碳"有关的环境保护等仍散落于多个学科。人才的培养需要一定的周期,而专业对口人才的缺乏直接制约了中国低碳经济的发展速度。应尽快确立适合中国实际情况、符合低碳经济发展要求的学科,尽快培养更多的专业人才。

(二)企业重视和积极应对是提升自身竞争力的必要条件

中国工程承包企业在新的机遇和挑战面前,应充分意识到按照低碳经济发展要求进行转变的重要性和紧迫性。关注和响应政府政策导向,积极学习国际领先同行的成果经验和做法,投入更多资源对自身业务流程中不适应低碳经济要求的环节进行改造,以期在未来发展中抢得先机。

1.具有前瞻和远见,注重技术研发

金融危机以来,中国的对外工程承包市场仍然保持了较快增长。但此时企业更需保持清醒的头脑,一方面看清市场的繁荣在相当程度上是受各国刺激性财政扩张资金的推动而出现的;另一方面应认识到低碳经济对企业工程技术的要求已经明显提高。若不能在企业资金较为充裕的时期尽快提高自身技术水平,就很有可能在下一轮的竞争中被同行甩在后面。企业应加大技术研发投入,尽量占领技术高地。

2.注重人力资源培养和有效使用

在国家为适应低碳经济调整人力资源培养结构的外部环境下,企业将有更多有针对性的人才供应。中国的工程承包企业应加强人才的使用,在继续发挥拥有丰富传统工程经验人员作用的同时,应根据企业自身的特长专业领域,适当增加拥有低碳经济相关知识和技能的人才发挥其才干的机会。

3.积极推进产业链的发展和聚合式对外工程承包

中国工程承包企业的专业化已经发展到一定的水平,在产业链上形成了各有分工、相互配合的局面,专业化的分工为中国工程承包提高效率、降低成本和增强竞争力带来了更多帮助。低碳经济下,产业链的各个环节需要协同努力、共同创新,才能有效提高对外工程承包行业整体的竞争力。同时,不同专长的企业以及小规模的工程承包企业应探索聚集式"走出去",形成有效配合,增强竞争力,拓展国际工程承包市场。

可持续发展与国际绿色建筑评估体系

王文广

可持续发展是现在一个大家都很关注的问题，同时也正如"低碳"概念一样，是一个让很多人进行炒作的话题。现在大家动辄就会讲低碳，把什么东西都往可持续发展、低碳方面联系，什么低碳饮食了，低碳旅行了，甚至有的宽带公司在居民小区里的小广告上，都堂而皇之地冠以"低碳运营"的名称，好像可持续发展与低碳是一个很时髦的东西，而现在这个时代，似乎只要是时髦的东西，就会有人追捧。然而，事实上有多少人真正意识到这个可持续发展的严重性，又有多少人愿意牺牲一点儿自己眼前的利益来为整个环境的可持续发展，为我们的后代来实实在在地做点儿事情呢？

那么为什么要可持续发展？我们经常说，天灾人祸。天灾与人祸联系在一起，足见中国文化的智慧。它暗含了天人合一的观念，并且清楚地表明，人的行为，足以影响到人类作为一个整体所赖以生存的自然环境。同时，这个词也明确地意味着，人类，应该对他们自己的行为负责，并承担由自己的行为所带来的后果。就中国来讲，2008年的冰灾，汶川地震，2010年玉树地震和西南地区极度干旱，看似是独立的事件，但实际上，谁又能说它们之间是完全没有关联的呢？关于这些事件，世界各地的学者和专家们有很多的解释，其中有不少就涉及到全球变暖的气候问题，比如现在地震、火山爆发频繁发生，有学者研究发现是由于全球气候变暖，导致地球冰盖融化，从而引起地球大陆板块之间的受力发生改变，进而导致地震和火山爆发这类灾害发生。而同样是由于全球气候变暖，导致印度洋暖流运行状况发生改变，从而导致今年中国西南部的大旱。所有这些，无一不是在提示我们，我们已经开始在承受人类对于环境的不负责所带来的恶果。

再列举一些简单的数据就更让人感到忧患重重了。2009年一年间，中国的二氧化碳排放量达到了60亿t；世界上城市人口已经占到总人口的50%；城市交通占地已经达到40%~50%，世界总人口预计从2000年的60亿增加到2050年的100亿。这些数据难道不让人心惊么？

曾有人说，人类近代文明最烂的两项发明，一个是汽车，一个是电梯。细想起来，不无道理。汽车扩大了人的活动范围，使城市无限延伸；而电梯，扩展了人的竖向交通能力，使建筑越建越高。这两大问题，实际上也是可持续发展面临的关键问题，即城市化和建筑对环境所产生的巨大影响。

建筑对于一个城市以及生活在其中的人产生非常直接的影响。举例来说，大量建筑和城市道路，增加了地表雨水径流。降落的雨水不能被土壤自然吸收，而是汇总到城市雨水管网排放，这样就极大增加了雨水管网的负荷，特别是在强降雨的时候，由于雨水管网无法承担瞬时的大量雨水流量，就会造成排水不畅，积水现象的发生，近年在北京城区降雨频发的季节，经常发生积水造成交通瘫痪的严重问题，这在很大程度上是由于开发的不合理造成的。同时，这种设计也导致地下水源的得不到充分的涵养，使地下水的自然平衡遭到严重破坏。由于以前开发和设计者都不具备全面和深入的生态学和可持续发展的知识，造成很多设计和建造上的不合理。比如前些年说要控制城市中的扬尘，很多人就想到用水泥、沥青等材料把所有裸露的地面都盖起来，美其名曰"黄土不见天"。这样做，尘土是盖住了，可是，土地地面良好的渗透功能也同时被废掉了，而且这些材料的地面在很大程度上造成了城市的热岛效应，导致区域环境温度的升高，并极大地增加了地表雨水径流，破坏了地下水资源的平衡。现在人们已经开始认识到这些做法是错误的，所以，开始提倡透水铺装，鼓励

建筑节能

雨水入渗，雨水收集利用等等。

说了这么多，最终还要回到建筑本身上来，因为在中国，随着城市化进程的加速发展，建筑行业所带来的环境影响已经到了非常严重的程度。如果各利益相关者不在建筑开发的环境问题上协同努力，那么建筑行业对环境的负面影响将会是灾难性的，人们迟早要承担自己种下的苦果。建筑行业消耗大量的资源，比如说对土地资源的占用，对与建筑相关材料资源的消耗，建造过程中对环境的破坏，运行过程中对能源的消耗等等，甚至从精神、人文和健康层面上来讲，建筑也会对居住在城市中的人产生深刻的影响。综合以上所有这些，如何合理开发建筑，如何使建筑开发的过程和结果都能够对环境有利，对人有利，都是值得让人认真思索的问题，于是，绿色建筑的理念开始出现，并越来越受到人们的重视。

那么什么是绿色建筑呢？它不简单是在建筑周围多种些树、草坪，把屋顶做成屋顶花园等，这些只是表象。绿色建筑的真正内涵应该是：对地球资源的节约性；对周围环境的生态友好性；对建筑使用人员的安全舒适和健康性。详细一点儿的解释就是，在建筑物的全生命周期中，最少程度地占有和消耗地球资源，用量最小且效率最高地使用能源，最少产生废弃物并最少排放有害环境物质，成为与自然和谐共生、有利于生态系统与人居系统共同安全、健康且满足人类功能需求、心理需求、生理需求及舒适度需求的宜居的可持续建筑物。绿色建筑，不仅仅是一种设计和施工方法，也不是一些高科技技术的罗列。它应该是基于与环境和谐共生的理念，通过技术手段来实现的一整套完整的体系。

这么说来，绿色建筑似乎又是一个比较虚的东西，如何实现呢？如果一个建筑的建造者声称自己建造的是一栋绿色建筑，那么，靠一个什么样的标准来评价这个建筑是不是绿色的呢？于是，就需要有一套针对绿色建筑的评价体系。世界上很多国家都对这个问题进行了深入的研究，并推出了一些绿色建筑评价体系。比较知名的比如有美国的LEED，英国的BREEAM，日本的CASBEE。我们中国近年来也开始意识到这个问题的重要性，于2006年推出了中国自己的绿色建筑评价标准。

不管是哪一个标准，其内在的意义都是针对建筑的全生命周期所涉及到的环境生态问题，建立一套完整的体系，尽可能量化这些问题，使这个体系能够客观地评价一栋建筑对于生态、环境和建筑使用者的表现。

目前在中国，实际应用比较多的国际绿色建筑标准比较知名的是美国的LEED评估体系，它进入中国已经有5、6年的时间，很多项目采用了这个体系进行的认证评估工作。LEED体系主要从可持续场地，节约水资源，能源利用，室内空气环境质量，材料和资源以及设计创新共6大方面对一栋建筑进行全面的评价。这6大类中，每一类又会分成若干个得分点，用以评估建筑在这一大类中细化的各方面的表现。每一个得分分点都会根据不同的权重设计不同的得分分值，最后会把所有的得分汇总，得到一个总的分数，用以评定建筑在这个评估体系中处于什么样的位置，即取得什么要的级别。目前，LEED最新的版本是LEED2009，总分是106分，根据不同的分数，设置有不同的级别，从认证级、银级、金级到白金级。分级的目的，也是为了评估一栋建筑在绿色环保方面所做出的努力的程度的不同。

LEED认证体系比较客观，也比较成熟，但是它毕竟是一个舶来品。为了更切合中国的国情，借鉴LEED等国际标准，结合中国自己的实际情况，尽快完善推广自己的绿色建筑评价体系，是政府相关职能部门以及业内人员的努力方向。可喜的是我们已经在这方面迈进了一大步，我们自己的绿色建筑评价标准已经从理论研究进入到了实际应用阶段。尽管它还有很多需要改进的地方，但是这毕竟是一个良好的开始。在绿色建筑领域，无论从理念上还是实际经验上，国际上的绿色建筑标准都有很多值得我们学习的地方，我们应该广泛吸收各个体系的优点，最终确立适合中国本土建筑的完善的科学的绿色建筑体系，不仅包括评价标准，还应该包括绿色产品的开发和推广，绿色建筑理念的宣传，融资和税务方面政策的倾斜等等，形成一个跨专业、跨学科、跨行业的一整套理论和实践体系。这将最终会对中国建筑行业以及生态环境和人文传统产生深远的影响。

市场化是推动绿色建筑发展的关键

张晨强

(太原社会科学院经济研究室，太原 030002)

在人类的生命历程中，有80%的时间呆在建筑内，人类栖息地实质是各式各样的建筑。可以说，世界上凡是有人的地方，就有人类营造的建筑。建筑已成为人类社会的重要组成部分，也是人类活动对自然影响最大的载体。据统计，建筑物所排放的二氧化碳气体占全球排放量的40%，固体废物占48%，水污染占50%，同时，其消耗的能源也占全球天然能源的40%~50%。①人们已经认识到，建筑对环境的影响远远超过了汽车以及其他人造物，由建筑所产生的废弃物正严重污染着地球，损害着人类的健康，以至于人类社会自身都面临着严峻的挑战。应对这种危机，人们按照可持续发展的理念提出人与建筑、建筑与环境和谐共处、永续发展的新的建筑形态——绿色建筑。绿色建筑除了能够减少温室气体排放之外，还能够在建筑物的整个生命周期中缩小其碳足迹，并减少建筑物的整体开支，有着帮助人类应对环境和经济挑战的巨大潜力。毫无疑问，发展绿色建筑是当前解决环境和经济双重挑战的良方。自20世纪90年代，绿色建筑的理念引入我国后，绿色建筑日益成为我国建筑发展的新潮流。国家制定了一系列政策、标准引导绿色建筑的发展，各地也纷纷制定地方所谓的绿色建筑标准和政策，开发商也纷纷炒作绿色建筑题材，科研机构也加强了绿色建筑方面的科技研发，但绿色建筑的发展反而举步维艰，一个重要的原因是绿色建筑的发展缺乏市场的拉动，正如美国LEED(美国绿色建筑委员会领先能源与环境设计建筑评级体系)绿色建筑标准的制定者罗伯特·沃森指出的，绿色建筑的"所有东西都必须受到市场的考验，如果不能完美地植根于市场，那所有的努力都是没有意义的。"②构建绿色建筑市场体系，完善绿色建筑市场机制对于发展绿色建筑具有重要意义。

一、绿色建筑的形成本身就是一个市场化的过程

根据我国出台的《绿色建筑评价标准》，绿色建筑与传统建筑相比，能在建筑的全寿命周期内，最大限度地节约资源(节能、节地、节水、节材)、保护环境

---

①绿色建筑是未来发展方向，2008年10月24日，联合国电台新闻。
②莫书莹.我希望消灭绿色建筑这个概念[N].外滩画报，2009-04-03.

建筑节能

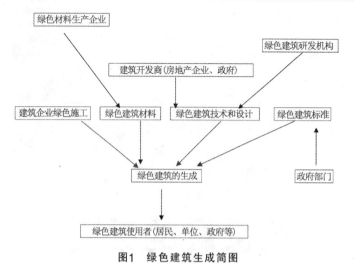

图1 绿色建筑生成简图

和减少污染,为人们提供健康、适用和高效的使用空间,做到建筑与自然和谐共生。绿色建筑的建成过程与传统建筑的不同表现在,它将绿色的理念、环保的理念、生态的理念融入建筑之中。以人、建筑和自然环境的协调发展为目标,在利用天然条件和人工手段创造良好、健康的居住环境的同时,尽可能地控制和减少对自然环境的使用和破坏,充分体现向大自然的索取和回报之间的平衡。但绿色建筑作为一种特殊的商品,其建造和开发就经济意义来说,跟传统建筑一样,也是一个市场机制发挥作用的过程。如图1所示。

在我国,绿色建筑发展的相关利益主体包括政府建设主管部门、建筑开发商(房地产企业、政府等)、建筑施工企业、绿色建筑材料生产企业、绿色建筑研发机构、绿色建筑的使用者(居民、单位、政府等)等。具体开发过程:政府建设主管部门制定相关的绿色建筑标准体系,建筑开发商按照标准要求根据建筑所在地的气候、环境、地理位置、能源利用情况、建筑材料状况等条件状况委托绿色建筑研发机构提供绿色建筑的设计规划方案并提供相关的绿色技术支持。设计规划方案经政府主管部门批准后,再由建筑开发商委托建筑企业按照绿色建筑设计的要求进行绿色施工,施工中运用绿色材料和绿色技术,使绿色建筑的建成全过程都符合绿色建筑标准的要求,最终建成满足居民、单位、政府等绿色建筑消费者需要的绿色建筑。在绿色建筑生成的过程中,除了政府以绿色建筑相关的政策、标准和法规管理调控绿色建筑市场外,绿色建筑的开发商整合建筑生产要素的过程(包括建筑施工企业施工、绿色建筑材料的应用、绿色建筑技术的应用、绿色建筑的规划设计等)、绿色建筑得到社会承认的过程(绿色建筑的销售、消费)都是通过市场来调节的。甚至政府调控绿色建筑市场的政策措施有一些也是通过市场机制达到目的的,比如政府对达到国家规定的节能减排要求的建筑给予一定的补贴或税收优惠等措施。影响绿色建筑发展的一个重要因素是绿色建筑比一般的建筑成本有所提高,价格因素使得绿色建筑难以被市场接受,这也是典型的市场因素。总之,绿色建筑的生产、消费的各个环节都离不开市场机制的作用。绿色建筑的生产决定消费,人们对绿色建筑的认知程度和消费要求反过来又影响和引导绿色建筑的生产。

二、我国绿色建筑发展缓慢的重要根源:市场化发展滞后

市场经济是市场机制发挥着基础性的资源配置功能的经济制度。历经几百年发展,市场经济已逐渐形成了复杂而精巧的制度。我国实行社会主义市场体制,市场机制必然要在社会资源配置中发挥基础性作用,绿色建筑的发展也不例外。由于绿色建筑是新事物,人们对它的内涵和概念的认识有一个过程,加之绿色建筑的理念和标准本身也是一个不断完善的过程。当前,人们对发展绿色建筑的研究更多地侧重于发展绿色建筑的意义、绿色建筑的理念、绿色建筑的设计、绿色建筑的规划、绿色建筑的技术、绿色建筑的标准、绿色建筑的政策等,毋庸置疑这些研究对发展绿色建筑都有重要价值,问题是,所有这些发展绿色建筑的因素如何能够顺利运行起来,如何能够顺利实施,最核心的一点是发挥市场优化配置绿色建筑要素和绿色建筑消费市场的作用。目前我们在利用市场机制发展绿色建筑方面存在很多不足和障碍,突出表现在以下几个方面。

建筑节能

1. 消费者缺乏绿色建筑的市场需求

绿色建筑的发展归根到底是满足其使用者(居民、单位、政府等)的消费需求。我国目前还处于绿色建筑的市场导入期,现存建筑中很少有达到绿色建筑标准的,2009年全国符合美国LEED标准的建筑仅有20幢左右,广大消费者对绿色建筑的特点不了解,也没有可以引导住房消费的绿色建筑样板。根据对太原市民的抽样调查,90%的市民不知道什么是绿色建筑,仅有50%的市民知道绿色建筑能节约能源,92.55%的市民愿意支持采用建筑节能技术,很多市民反映绿色建筑虽然好,但离自己很远,认为房价持续暴涨,普通住房都无力购买,住房已成为心中挥不去的痛,哪里还谈什么绿色建筑类住房的消费。

2. 房地产开发商缺乏建造绿色建筑的动力

和众多企业一样,房地产开发商经营的目的也是为了追求利润。近年来,房价节节高升,住房供不应求,开发商即使造出质量很差的房子也会被市场一抢而空。卖方市场格局主导下的大部分房地产开发商更多关注短期收益,对提升住宅品质的认识不够,推行绿色建筑的动力严重不足。正如某开发商所说的,"房子太好卖了,根本不用装修",言外之意,房子也不用追求节能减排等功能,更不用说开发绿色建筑了。开发商也在高喊绿色建筑,只不过他们利用消费者对绿色建筑知识的缺乏,将绿色建筑作为其谋取更高的暴利的噱头罢了,并不真正开发绿色建筑。住房和城乡建设部副部长仇保兴在第六届绿色建筑和建筑节能会上表示,中国是世界上每年新建建筑量最大的国家,每年有20亿m²新建面积,但这些建筑只能持续25~30年。可见,开发商连建造质量有保证的建筑都做不到,就更不用说开发绿色建筑了。在当前,城市居民失去自建住房的权利,开发商已经实际成为住房市场的垄断者,根据市场经济规律,垄断者创新和科技开发的动力都不足,是阻碍社会前进的羁绊。

3. 研发机构缺乏绿色建筑的设计和技术研发实力

虽然建筑学界和政府部门都认为绿色建筑是未来的发展方向,市场潜力巨大,但在实际设计和科技开发过程中,往往还停留在低水平的重复中,因为研发机构服务的客户是建筑开发商,开发商没有开发绿色建筑的要求,他们自然没有绿色建筑的设计和技术研发的动力。政府对绿色建筑设计也重视不够,投入不足,相应的绿色建筑节能生态设计体系尚未成熟,技术准备不足,符合要求的设计、技术人才相当缺乏。即使部分研发机构开发了部分符合绿色建筑要求的设计规划和技术,也只是局限于小范围,难以系统地满足绿色建筑发展的要求。

4. 绿色建筑标准推行中忽视经济杠杆的作用

在市场经济条件下,与市场的结合度实际成为衡量规章、标准可操作性水平的重要指标。近年来,绿色建筑的发展越来越受到国家的重视,相关评价标准、指标体系及技术导则先后出台,各地也陆续建立了地方标准,绿色建筑逐步从示范性阶段步入实际操作阶段。我们的标准制定过程,仍然是一个政府主导的、科研院所专家为主体参与的过程,没有消费者、开发商的意见,很难准确反映市场的要求。但在标准设置上,实际评估中侧重建筑环境质量的评价,强调节地、节能、节水、节材等内容,忽视了建筑本身的经济性,未能实现包括开发商和建筑使用者利益在内的绿色效应最大化,进而影响到绿色建筑的推广和拓展,使绿色标准在实际中难以实施。

5. 政府监管制度落实不到位

在绿色建筑发展过程中,政府作为指导者、监督者,需维护建筑市场正常的秩序。目前,建筑市场秩序混乱,监管制度难以落实。建筑必然要依赖土地资源,由于实施土地招拍挂制度,地方政府出让土地使用权供开发商开发,开发商利润高,土地拍卖价就高,地方政府与开发商形成了天然的利益联盟,对开发商鱼目混杂、采取不正当手段谋取利益、扰乱市场秩序的行为往往打击不力,甚至纵容包庇,导致许多消费者对开发商、政府和绿色建筑本身都持怀疑态度,妨碍了绿色建筑市场的发展。

6. 政府政策引导机制效果不佳

发展绿色建筑,政府需要通过制定合理的政策将推行绿色建筑的宏观动力真正转化为房地产企业和消费者的微观动力。从发达国家的经验来看,在绿色建筑尚未形成规模效应、成本相对较高、市场认知度低的情况下，政府的推动和扶持是引导建筑市场绿色之路的重要手段。目前，很多绿色建筑的地方性配套法规的制定相对滞后，且多数法规只有强制性的法规要求，没有有效的激励性的经济政策。部分城市实施激励政策，比如北京市规定新建两限房、普通商品房、公共建筑等若使用太阳能供热，太阳能集热器利用面积超过 100m² 的将享受每平方米 200 元的补贴，由于要求条件苛刻，在实际操作中对大多数消费者难以起到激励作用。我国还未成功搭建起与绿色建筑项目相关的有效的投融资机制和风险补偿机制，政府对部分绿色建筑项目融资提供信用担保等，还处于摸索阶段。财政资金对绿色建筑的补贴以及国家对绿色建筑的减免税优惠等都没有实施。在相关税收优惠不足以抵消掉购房成本的增加额时，绿色建筑往往只能成为高档住宅的尝试，难以赢得绝大多数市场。发展绿色建筑的资金支持需求较大，建筑"绿色化"之路任重而道远。

7.市场垄断局面致使市场机制难以真正发挥作用

我国实行的是政府出让土地使用权，开发商整合资源负责建筑的开发格局（政府负责保障性住房的开发建设）。自从1998年住房制度改革以后，个人和单位都被剥夺了建房权，政府保障性住房建设严重缺位，绝大多数消费者不得不从开发商手中购买住房。政府通过控制拍卖土地使用权的进度与开发商形成实质上的垄断联盟，共同获取高额利润。如不打破建筑市场的垄断局面，就难以发挥通过市场机制来调整建筑市场的供求关系，进而通过竞争鼓励房地产企业开发绿色建筑获取高额利润的动力。

三、加快市场化进程，大力发展绿色建筑

发展绿色建筑，市场虽不是万能的，但没有市场是万万不能的。加快市场化进程就是要在政府调控和引导下，充分发挥市场机制在绿色建筑发展中的积极作用，推动绿色建筑的快速健康发展，因而，要将市场机制贯穿于绿色建筑发展的方方面面和各个环节。

1.科学普及绿色建筑知识，培育理性市场主体

首先，要利用网络、电视、报刊、杂志等媒体，开展形式多样、内容丰富的节能与绿色建筑宣传，提高全社会对推广节能与绿色建筑重要性的认识，在全社会倡导绿色建筑开发和消费活动。其次，要使开发商认识到，绿色建筑并不是昂贵的建筑。绿色建筑强调材料可循环使用和充分地本地化，从而有可能实现最低成本的节能。一般认为，绿色建筑仅比普通建筑投入多10%。根据斯坦福大学的研究，有些绿色建筑采用了太阳能，并且鼓励全面进行材料的创新、技术的创新，但由于用了可循环的材料，总的成本折算起来还是比较低的，比一般的建筑成本并没有提高。第三，要使消费者认识到，消费绿色建筑不能仅看暂时的成本，要根据生命周期成本理论来辩证地计算成本，绿色建筑的初期造价成本仅高于传统建筑的10%左右，在未来5~10年可以完全收回，长期来看收益大于付出。通过理性教育使开发商愿意建造绿色建筑，消费者愿意购买绿色建筑，从而相互推动、相互促进。

2.完善要素市场，创造绿色建筑发展条件

绿色建筑发展需要物质、技术和人才等要素。政府要采取优惠政策优先发展绿色建筑所需的新型材料市场，比如节能膜、断热材料、防水材料、防湿材料、防声材料、遮声材料、外壁材料，以市场来引导这些材料产业的发展。要鼓励研发机构开发支撑绿色建筑的建筑金属技术、粘结性建筑材料、恒温调节、湿度调节、污水处理、废水处理、雨水处理和太阳能发电等节能环保技术，政府可采取政府投入和政府购买的方式，支持关键技术的研发，并通过建立新技术推广交流平台，推动建立以企业为主体、产学研相结合的绿色建筑技术创新与成果转化体系，加快科技成果产业化和普及化速度。要采取一切必要措施聚集一支高素质的人才队伍。积极引进绿色建筑所需要的各种人才，特别是在新能源、新材料、新设计等方面的高级专业技术人才，开展绿色建筑的专门研发活动，为绿色建筑的发展提供良好的条件。

3.因地制宜融入市场因素，完善绿色建筑标准

绿色建筑作为一个新兴事物，人们对其的探索

与研究将会不断深入,绿色标准也会随之不断调整。在制定完善绿色建筑标准时,要考虑经济利益驱动的力量,做到将外部成本内部化,用市场机制来抑制外部不经济,使人们感觉到,绿色建筑不仅将来有利,眼前也"划得来",应建立和完善促进节能、节地、节水、节材和环境保护的综合性的发展规划和标准体系,及时将新技术、新产品、新材料纳入标准规范。鼓励各地依据新颁布的绿色建筑标准,制定符合当地气候条件、地方建筑传统的绿色建筑实施细则和评估办法。比如建筑用太阳能、风能、无害自然资源、水资源等能源资源使用标准、绿色建筑材料标准、室内外环境标准、建筑温室气体排放标准、建筑绿色改造标准等一系列地方绿色建筑标准体系。

4.规范绿色建筑开发企业,强化抑黑促绿机制

强化绿色建筑评估体系的功能,降低商品房开发者与购房者之间的信息不对称性,发挥优"绿"优质优价的市场调节功能。严厉打击房地产开发企业假借"绿色建筑"之名欺骗消费者的行为,对于扰乱房地产市场的害群之马要坚决清理出局。对国家规定的建筑强制性标准,严格执行审查监督程序,切实加强标准的实施监管,确保标准落实到建筑工程建设全过程,否则,采取禁止投入使用等强制性措施进行限制。加大对非绿色建筑的企业、项目征收强制性能源消耗税和排放税,以加大非绿色建筑项目的成本,引导企业向绿色建筑方向转化。对于绿色建筑的引导性标准,采取政策鼓励、税费优惠、奖励、免税、材料折扣、快速审批、特别规划许可、技术支撑等优惠措施给予鼓励。只有当开发商在生产和销售绿色建筑方面获得了实际的收益,绿色建筑才能得到较好的发展。

5.采用经济杠杆,发挥政府导向作用

在绿色建筑的起步阶段,政府的导向作用往往能发挥很好的示范和推动作用。一是绿色建筑相关产品的推广和绿色建筑的使用,首先应从政府办公楼和公共建筑项目开始,促使绿色建筑被社会广泛关注和认可。太原市通过对政府办公建筑和大型公共建筑的节能管理,取得了明显的经济效益,为该市的建筑节能工作起到了很好的表率作用。政府可积极与有实力的房地产企业合作,试点推出一系列受市场认可的绿色建筑产品,并逐步带动其他的房企参与进来。二是为绿色建筑的评估和实践提供财政支持和税收优惠政策,减少开发商和住户的额外支出,促进和培育各种市场主体,最大限度地动员建材供应商、房地产开发企业、建筑公司、研发机构和消费者等积极推广和使用绿色建筑。三是政府扶持节能服务公司模式。政府支持节能公司以市场化手段参与到用能主体(包括开发商以及后期消费者)的项目进行建设投资,节能服务公司的收益与节能量直接挂钩,分享项目的部分节能效益。

6.打破市场垄断,发挥竞争对绿色建筑发展的促进作用

目前,开发商绿色建筑责任意识淡薄、设计机构的绿色建筑设计能力欠缺、绿色建筑的投资不足等问题归根到底是垄断。要采取灵活的拍卖上地使用权办法,鼓励全社会参与绿色建筑的开发,而不是仅限于开发商。优先供地给具有而且用于绿色建筑开发的企业或进行项目招标(政府已经确定好的绿色建筑规划设计项目),鼓励有实力的团体和个人投资进行绿色建筑项目开发,杜绝开发商不思进取、坐收暴利的不正常现象。中央政府调整财税政策,改变地方财政过度依赖土地收益的状况。总之,要打破开发商垄断制约市场机制发挥作用的窘状,形成开发绿色建筑、绿色材料、绿色技术、绿色设计的积极向上的新局面。

参考文献

[1]西安建筑科技大学绿色建筑研究中心.绿色建筑[M].北京:中国计划出版社,1999.

[2](美)布莱恩·爱德华兹.绿色建筑[M].沈阳:辽宁科学技术出版社,2005.

[3]李百战.绿色建筑学概论[M].北京:化学工业出版社,2007.

[4]绿色建筑是未来发展方向,2008年10月24日,联合国电台新闻.

[5]莫书莹.我希望消灭绿色建筑这个概念[N].外滩画报,2009-04-03.

[6]应对气候变化建设绿色北京应大力发展绿色建筑[OL].人民网,2010-01-27.

关于印发《注册建造师继续教育管理暂行办法》的通知

建市[2010]192号

各省、自治区住房城乡建设厅，直辖市建委（建设交通委），国务院有关部门建设司，总后基建营房部：

为进一步提高注册建造师职业素质，根据《注册建造师管理规定》（建设部令第153号），我们组织制定了《注册建造师继续教育管理暂行办法》。现印发给你们，请遵照执行。

中华人民共和国住房和城乡建设部
二〇一〇年十一月十五日

注册建造师继续教育管理暂行办法

第一章 总则

第一条 为进一步提高注册建造师职业素质，提高建设工程项目管理水平，保证工程质量安全，促进建筑行业发展，根据《注册建造师管理规定》制定本办法。

第二条 注册建造师应通过继续教育，掌握工程建设有关法律法规、标准规范，增强职业道德和诚信守法意识，熟悉工程建设项目管理新方法、新技术，总结工作中的经验教训，不断提高综合素质和执业能力。

第三条 注册建造师按规定参加继续教育，是申请初始注册、延续注册、增项注册和重新注册（以下统称注册）的必要条件。

第二章 继续教育的组织管理

第四条 国务院住房城乡建设主管部门对全国注册建造师的继续教育工作实施统一监督管理，国务院有关部门负责本专业注册建造师继续教育工作的监督管理，省级住房城乡建设主管部门负责本地区注册建造师继续教育工作的监督管理。

第五条 注册建造师参加继续教育的组织工作采取分级与分专业相结合的原则。国务院住房城乡建设、铁路、交通、水利、工业信息化、民航等部门或其委托的行业协会（以下统称为专业牵头部门），组织本专业一级注册建造师参加继续教育，各省级住房城乡建设主管部门组织二级注册建造师参加继续教育。

第六条 各专业牵头部门按要求推荐一级注册建造师继续教育培训单位并报国务院住房城乡建设主管部门审核，各省级住房城乡建设主管部门审核二级注册建造师继续教育培训单位，并报国务院住房城乡建设主管部门备案。培训单位的培训规模与该年度应参加继续教育的建造师数量应基本平衡。

第七条 各专业牵头部门负责一级注册建造师继续教育培训单位专职授课教师的培训，各省级住房城乡建设主管部门负责二级注册建造师继续教育培训单位专职授课教师的培训，培训合格的教师可按规定从事注册建造师继续教育的授课工作。

第八条 国务院住房城乡建设主管部门在中国建造师网（网址：www.coc.gov.cn）上公布培训单位名单。

第三章 继续教育的教学体系

第九条 国务院住房城乡建设主管部门会同国务院有关部门组织制定注册建造师继续教育教学大纲，并组织必修课教材的编写。

第十条 各专业牵头部门负责本专业一级建造师选修课教材的编写，各省级住房城乡建设主管部门负责二级建造师选修课教材的编写。

第十一条 必修课包括以下内容：

（一）工程建设相关的法律法规和有关政策。

（二）注册建造师职业道德和诚信制度。

（三）建设工程项目管理的新理论、新方法、新技术和新工艺。

（四）建设工程项目管理案例分析。

选修课内容为：各专业牵头部门认为一级建造师需要补充的与建设工程项目管理有关的知识；各省级住房城乡建设主管部门认为二级建造师需要补充的与建设工程项目管理有关的知识。

第十二条 国务院住房城乡建设主管部门负责一级建造师继续教育必修课课程安排的编制，各专业牵头部门负责本专业一级注册建造师继续教育选修课课程安排的编制并报国务院住房城乡建设主管部门汇总，各省级住房城乡建设主管部门负责本行政区域内的二级建造师继续教育课程安排的编制并报国务院住房城乡建设主管部门备案。课程安排由国务院住房城乡建设主管部门在中国建造师网上公布。

第四章 培训单位的职责

第十三条 培训单位应当具有职业教育经验或大学专科以上专业教育经验，且具有办学许可证、收费许可证，有固定教学场所，专职授课教师不少于5人。

第十四条 专职授课教师应满足以下条件：

（一）大学及以上学历，从事建筑行业相关工作5年以上。

（二）从事建筑行业培训工作2年以上。

（三）具有丰富的实践经验或较高的理论水平。

（四）近5年没有违法违规行为和不良信用记录。

（五）经专业牵头部门或省级住房城乡建设主管部门培训合格。

第十五条 培训单位对培训质量负直接责任。培训单位应当遵照国务院住房城乡建设主管部门公布的继续教育课程安排，使用规定的教材，按照国家有关规定收取费用，不得乱收费或变相摊派。培训单位必须确保教学质量，并负责记录学习情况，对学习情况进行测试。测试可采取考试、考核、案例分析、撰写论文、提交报告或参加实际操作等方式。

第十六条 对于完成规定学时并测试合格的，培训单位报各专业牵头部门或各省级住房城乡建设主管部门确认后，发放统一式样的《注册建造师继续教育证书》，加盖培训单位印章。

第十七条 培训单位应及时将注册建造师继续教育培训学员名单、培训内容、学时、测试成绩等情况以书面和电子信息管理系统的形式，报各专业牵头部门或各省级住房城乡建设主管部门。各专业牵头部门或各省级住房城乡建设主管部门确认后送国务院住房城乡建设主管部门备案。

第五章 继续教育的方式

第十八条 注册建造师应在企业注册所在地选择中国建造师网公布的培训单位接受继续教育。在企业注册所在地外担任项目负责人的一级注册建造师，报专业牵头部门备案后可在工程所在地接受继续教育。个别专业的一级注册建造师可在专业牵头部门的统一安排下，跨地区参加继续教育。注册建造师在每一注册有效期内可根据工作需要集中或分年度安排继续教育的学时。

第十九条 注册一个专业的建造师在每一注册有效期内应参加继续教育不少于120学时，其中必修课60学时，选修课60学时。注册两个及以上专业的，每增加一个专业还应参加所增加专业60学时的继续教育，其中必修课30学时，选修课30学时。

第二十条 注册建造师在每一注册有效期内从事以下工作并取得相应证明的，可充抵继续教育选修课部分学时。每一注册有效期内，充抵继续教育选修课学时累计不得超过60学时。

（一）参加全国建造师执业资格考试大纲编写及命题工作，每次计20学时。

（二）从事注册建造师继续教育教材编写工作，每次计20学时。

（三）在公开发行的省部级期刊上发表有关建设工程项目管理的学术论文的，第一作者每篇计10学时；公开出版5万字以上专著、教材的，第一、二作者每人计20学时。

（四）参加建造师继续教育授课工作的按授课学时计算。

一级注册建造师继续教育学时的充抵认定，由各专业牵头部门负责；二级注册建造师继续教育学时的充抵认定，由各省级住房城乡建设主管部门负责。

第二十一条 注册建造师继续教育以集中面授为主。同时探索网络教育方式,拟采取网络教育的专业牵头部门或省级住房城乡建设主管部门,应将管理办法和工作方案报国务院住房城乡建设主管部门审核,并对网络教育的培训质量负责。

第二十二条 完成规定学时并测试合格后取得的《注册建造师继续教育证书》是建造师申请注册的重要依据。

第六章 监督管理和法律责任

第二十三条 各专业牵头部门、省级住房城乡建设主管部门对培训单位实行动态监督管理,包括对培训单位的投诉举报情况进行调查处理,并对培训单位的培训质量负监管责任。

第二十四条 各专业牵头部门、省级住房城乡建设主管部门应对培训单位进行定期和不定期的检查,并于每年年底将检查情况书面报送国务院住房城乡建设主管部门备案。国务院住房城乡建设主管部门对培训单位的培训情况进行抽查。

第二十五条 培训单位有以下行为之一的,由各专业牵头部门、省级住房城乡建设主管部门提出警告直至取消培训资格,并报国务院住房城乡建设主管部门统一公布。取消培训资格的,在五年内不允许其开展注册建造师继续教育工作。

(一)未严格执行注册建造师继续教育培训有关制度。

(二)未使用统一编写的培训教材,课程内容的设置、培训时间的安排等不符合相关规定。

(三)不具备独立培训能力,无法承担正常培训任务。

(四)组织管理混乱,培训质量难以保证。

(五)无办学许可证或收费许可证。

(六)无固定的教学场所。

(七)专职授课教师或师资数量、水平不符合要求。

(八)无正常财务管理制度,乱收费或变相摊派。

(九)出卖、出租、出借或以其他形式非法转让培训资格。

(十)通过弄虚作假、伪造欺骗、营私舞弊等不法手段开具《注册建造师继续教育证书》或修改培训信息。

(十一)不及时上报继续教育培训学员名单、培训内容、学时、测试成绩等情况。

(十二)其他不宜开展继续教育活动的情形。

第二十六条 注册建造师应按规定参加继续教育,接受培训测试,不参加继续教育或继续教育不合格的不予注册。

第二十七条 对于采取弄虚作假等手段取得《注册建造师继续教育证书》的,一经发现,立即取消其继续教育记录,并记入不良信用记录,对社会公布。

第二十八条 各专业牵头部门、省级住房城乡建设主管部门及其工作人员,在注册建造师继续教育管理工作中,有下列情形之一的,由其上级机关或者监察机关责令改正,对直接负责的主管人员和其他直接责任人员依法给予处分;构成犯罪的,依法追究刑事责任:

(一)同意不符合培训条件的单位开展继续教育培训工作的。

(二)不履行应承担的工作,造成继续教育工作开展不力的。

(三)利用职务上的便利,收受他人财物或者其他好处的。

(四)不履行监督管理职责或者监督不力,造成严重后果的。

第七章 附则

第二十九条 注册建造师在参加继续教育期间享有国家规定的工资、保险、福利待遇。建筑业企业及勘察、设计、监理、招标代理、造价咨询等用人单位应重视注册建造师继续教育工作,督促其按期接受继续教育。其中建筑业企业应为从事在建工程项目管理工作的注册建造师提供经费和时间支持。

第三十条 各专业牵头部门、省级住房城乡建设主管部门可依据本办法,细化本专业一级建造师、本行政区域内二级建造师继续教育管理的具体事项,包括培训单位推荐程序、编写选修课教材、编制课程安排、认定学时充抵、培训专职授课教师、确认合格人员名单、实行动态监管等内容。

第三十一条 本办法由国务院住房城乡建设主管部门负责解释。

第三十二条 本办法自发布之日施行。